现代气象业务丛书

现代数值预报业务

主　编　矫梅燕
副主编　龚建东　沈学顺
吴统文　陈德辉

内容简介

本书介绍了我国数值预报业务的技术能力、业务体系和预报水平，内容包括数值预报技术的发展历史与所面临的重大科学技术问题，资料同化、数值模式、集合预报的主要理论和技术方法，天气与气候数值预报、集体概率预报、专业(专项)数值系统的业务发展水平与系统，数值预报的检验评价、产品解释应用方法，以及高性能计算机等数值预报支撑技术的水平与业务状况。

图书在版编目(CIP)数据

现代数值预报业务/矫梅燕主编；龚建东等编. —北京：气象出版社，2010.2(2015.12重印)

(现代气象业务丛书)

ISBN 978-7-5029-4936-5

Ⅰ.①现… Ⅱ.①矫…②龚… Ⅲ.①数值天气预报-中国 Ⅳ.①P456.7

中国版本图书馆CIP数据核字(2010)第027425号

出版发行：气象出版社

地　　址：北京市海淀区中关村南大街46号　　**邮政编码**：100081

总 编 室：010-68407112　　**发 行 部**：010-68409198

网　　址：http://www.cmp.cma.gov.cn　　**E-mail**：qxcbs@263.net

责任编辑：王萃萃　　**终　　审**：章澄昌

封面设计：博雅思企划　　**责任技编**：吴庭芳

责任校对：赵　瑗

印　　刷：北京中新伟业印刷有限公司　　**彩　　插**：4

开　　本：889 mm×1194 mm　1/16　　**印　　张**：13.75

字　　数：433千字

版　　次：2010年3月第1版　　**印　　次**：2015年12月第3次印刷

定　　价：56.00元

《现代数值预报业务》分卷编写人员

主　编　矫梅燕

副主编　龚建东　沈学顺　吴统文　陈德辉

撰稿人（按姓氏笔画排列）

万齐林　马　刚　王　雨　邓　国　田付友
田　华　刘一鸣　刘奇俊　刘绿柳　孙明华
孙　健　孙　婧　朱　禾　朱　江　闫之辉
齐　丹　佟　华　张　华　张　林　张　玺
张培群　李应林　李　娟　李晓莉　李　莉
杨根录　肖华东　肖贤俊　陈子通　陈丽娟
陈海山　陈　静　宗　翔　胡江凯　赵声蓉
赵琳娜　徐枝芳　陶士伟　高　辉　曹越男
梁旭东　梁妙玲　谌　云　麻素红　黄　伟
黄丽萍　黄　静　董　敏　廖洞贤　管成功
薛纪善　魏　敏　瞿安祥

总　序

《国务院关于加快气象事业发展的若干意见》(国发〔2006〕3 号,以下简称“国务院 3 号文件”)明确要求,新时期气象事业发展要以邓小平理论和“三个代表”重要思想为指导,全面贯彻落实科学发展观,坚持公共气象的发展方向,按照一流装备、一流技术、一流人才、一流台站的要求,进一步强化观测基础,提高预报预测水平,加快科技创新,建设具有世界先进水平的气象现代化体系,提升气象事业对经济社会发展、国家安全和可持续发展的保障与支撑能力,为构建社会主义和谐社会,全面建设小康社会提供一流的气象服务。到 2020 年,建成结构完善、功能先进的气象现代化体系,使气象整体实力接近同期世界先进水平,若干领域达到世界领先水平。

发展现代气象业务,是气象现代化体系建设的中心任务。为此,中国气象局党组认真总结中国特色气象事业发展改革的经验,深入分析我国经济社会发展对气象事业发展的需求,坚持“公共气象、安全气象、资源气象”发展理念,扎实推进业务技术体制改革,加快推进现代气象业务体系建设,努力实现国务院 3 号文件提出的实现气象现代化的战略目标,并下发了《中国气象局关于发展现代气象业务的意见》(气发〔2007〕477 号)。

现代气象业务体系主要由公共气象服务业务、气象预报预测业务和综合气象观测业务构成,各业务间相互衔接、相互支撑。现代气象业务体系建设要以公共气象服务业务为引领、气象预报预测业务为核心、综合气象观测业务为基础。做好现代气象业务体系的顶层设计,扎实推进现代气象业务体系的建设,是当前和今后一个时期气象现代化体系建设,推动气象事业科学发展的重点任务。而编写一套能够体现现代气象科技水平和成果的《现代气象业务丛书》(以下简称《丛书》),以满足各类从事气象业务、科研、管理以及教育培训等人员的实际需要,是中国气象局党组推进现代气象业务体系建设的具体举措。

《丛书》遵循先进性、实用性和前瞻性的原则,紧密围绕建设现代气象业务体系的总体要求,以适应新形势下气象业务技术体制改革需要和以提高气象业务科技水平和气象服务能力为宗旨,立足部门,面向行业,总结分析了国内外现代气象科技发展的最新成果和先进的业务技术体制与流程。《丛书》的编写过程是贯彻落实科学发展观和国务院 3 号文件的具体实践,也是科学推进现代气象业务体系建设的重要内容。

《丛书》共计十五分册,分别是《现代天气业务》、《现代数值预报业务》、《现代气候业务》、《气候变化业务》、《现代农业气象业务》、《大气物理与人工影响天气》、《大气成分与大气环境》、《气象卫星及其应用》、《天气雷达及其应用》、《空间天气》、《航空气象业务》、《综合气象观测》、《气象信息系统》、《现代气象服务》和《气象防灾减灾》。

《丛书》编写工作是在气象部门科研业务单位、高等院校和科研院所以及气象行业管理专家、科技工作者的参与和大力支持下，在《丛书》编委会办公室的精心组织下进行的，凝聚了各方面的智慧。在此，我对为《丛书》编写工作付出辛勤劳动的专家、学者及参与编写工作的单位和有关人员表示诚挚的谢意！

郑国光

2009 年 12 月于北京

前　言

自1954年人类首次实现数值天气预报业务以来，随着气象综合探测系统、通信传输系统能力的增强，动力气象学和天气学的发展，以及数值预报理论和方法的完善、经验的积累，数值预报业务水平获得了长期持续的快速发展，全球天气模式北半球年均可用预报天数平均每10年提高1天，欧洲中期天气预报中心全球模式可用预报天数已经达到8.5天，我国T639全球模式已接近7天。随着业务数值预报的建立完善和预报水平的逐步提高，几乎所有国家的气象预报中心的天气预报都在很大程度上越来越依靠数值预报的结果，基于数值天气预报的支撑已经成为现代天气预报业务的重要标志。数值预报模式水平是一个国家气象现代化的重要标志，数值预报业务能力是提高天气气候预报预测准确率的基础。

《现代数值预报业务》系统地介绍了目前我国数值预报业务的技术能力、业务体系和预报水平，展示我国数值预报预测业务现状和发展的最新成果。本书共分十章。第1章概述了数值预报技术的发展历史、数值预报内涵与所面临的重大科学技术问题；第2、3、4章总结了资料同化、数值模式、集合预报的主要理论和技术方法；第5、6、7章分别介绍了天气与气候核心数值预报模式系统、集合预报系统、专业(专项)数值系统的业务发展概括与水平；第8、9章介绍了数值预报的检验评价、产品解释应用的方法与业务系统；第10章介绍了高性能计算机、存储、资源管理、作业管理、数据管理、并行计算等数值预报支撑技术与支撑系统的发展。

本书编写大纲由矫梅燕审定；第1章由中国气象科学研究院薛纪善编写；第2章由中国气象科学研究院薛纪善，国家气象中心龚建东、陶士伟，国家卫星气象中心马刚，中国科学院大气物理研究所朱江，南京信息工程大学大气科学学院陈海山编写，龚建东完成统稿；第3章由国家气象中心廖洞贤、刘奇俊、闫之辉，中国气象局气象培训中心朱禾，国家气候中心张华，中国气象科学研究院孙健编写，沈学顺完成统稿；第4章由国家气象中心陈德辉、陈静、李晓莉、李莉编写，陈德辉完成统稿；第5章由国家气象中心龚建东、陈德辉、佟华、黄静、徐枝芳，中国气象科学研究院沈学顺、孙健、黄丽萍、张林，国家气候中心吴统文、张培群、董敏、刘一鸣、肖贤俊，中国气象局广州热带所万齐林、陈子通编写，龚建东、吴统文完成统稿；第6章由国家气象中心陈静、邓国、田华、李应林，国家气候中心张培群编写，陈静完成统稿；第7章由国家气象中心赵琳娜、孙明华、麻素红、瞿安详、梁妙玲、齐丹、田付友、曹越男，中国气象局上海台风所梁旭东、黄伟编写，赵琳娜、梁旭东完成统稿；第8章由国家气象中心王雨、赵声蓉、李应林、魏敏，国家气候中心张培群、陈丽娟、刘绿柳、高辉编写，王雨、张培群统稿；第9章由国家气象中心胡江凯、佟华、孙明华、王雨、田华、湛云、麻素红，国家气象信息中心杨根录，国家气候中心张培群编写，胡江凯、张培群统稿；第10章由国家卫星中心宗翔、孙婧、李娟、肖华东、魏敏、张玺编写，由孙婧、宗翔完成统稿。

全书由龚建东、沈学顺、吴统文、陈德辉编审，并由龚建东、管成功对全书进行了编排和校审，矫梅燕最后定稿。

编者

2009年12月

目录

第1章 绪论

1.1 数值预报的内涵与历史

天气、气候现象是地球大气运动的结果，它们受一定的物理、化学定律的支配，这些定律可以用一组微分方程来表示。从一定的初始状态出发，在一定的环境条件(即边界条件)下求出这一微分方程组的解，就可能对未来的天气或气候状况做出预报。由于方程组的复杂性，必须借助于现代高性能计算机使用数值方法才能求解，这就是数值预报。根据预报对象的时间尺度，可以将数值预报分为中期或短期数值天气预报、气候数值预报等；而根据预报的空间范围与尺度又可以分为全球数值预报、区域数值预报、中尺度数值预报等。不同对象的数值预报所使用的技术方案与预报产品都有很大区别，例如一般的数值天气预报关注并预报具体的天气过程与气象要素的演变，而短期气候数值预报则关注预报月与季节尺度的冷暖、旱涝趋势而不是具体的天气过程。

通过积分控制大气运动的方程组来预测天气的想法最早是挪威科学家 V. Bjerknes 在 1904 年提出来的，20 世纪 20 年代英国数学家 Richardson 进行了采用数值方法求解这组方程的最初尝试。40 年代末至 50 年代初美国科学家 J. Charney 等在电子计算机的发明的促进下，吸取了当时大气动力学、计算数学等新的研究成果，首次取得了数值预报的成功。从 1954 年开始数值预报被应用到实时业务预报中。最初数值预报使用的是简单的采用地转近似的预报模式，到 60 年代初就过渡到更接近真实大气的初始方程模式，并从最初的绝热模式(即不包括纯动力过程以外的大气中的任何物理过程)发展为包括大气中的主要物理过程的非常复杂的非绝热模式。预报变量从早期的单层高度场增加到三维的基本气象要素场与降水等重要的天气现象的定量预报，预报区域也逐步扩展，70 年代末至 80 年代初部分业务中心将预报区域扩展到全球，并开展了中期预报业务。从 90 年代开始高分辨率的中尺度数值预报进入业务，到 21 世纪初连全球模式也进入了中尺度的时代。

经过半个世纪的发展，数值天气预报的科学基础与技术方法已经比较成熟，当前数值天气预报已经成为制作天气预报的最主要的科学途径，并在极端天气事件的预报方面显示了以经验为基础的方法所不具备的独特优势。科学家预计，到 21 世纪 20 年代初，短期天气的数值预报将更接近实况；可信的中期数值天气预报时效将比现在进一步延长。数值模式还将逐步向对流尺度发展，从而成为精细预报与城市环境预报的重要工具。随着数值预报技术的发展与计算机性能的大幅度提高，利用数值模式制作气候预测，特别是短期气候预测也正在成为现实。与天气数值预报不同，气候数值预报除了要全面地考虑各种尺度的大气运动的贡献外，还必须考虑大气与地球其他圈层的相互作用，因而需要将大气环流数值模式与海洋环流模式、陆面过程模式、冰雪圈的模式甚至生物圈的模式，以及大气化学与气溶胶模式耦合在一起，进行气候研究与预报。

控制大气运动的方程组是复杂的非线性偏微分方程组，将控制大气运动的微分方程组按照一定的数值求解方案，编制成计算机上可以进行计算的程序，统称为数值预报模式，它是数值预报的核心。实际的数值预报模式总是对真实大气进行了一定程度的简化，一方面突出对所要预报的大气现象具有最重要影响的动力、物理或化学过程，而对其他过程作简化处理；另一方面引入数值求解方案，用有限个数的变量在不同时刻的值来近似表示在时间与空间都连续的大气状态变量的演变，求取预报方程的近似数值解。这些简化使得模式的计算在当前的计算机条件下是可行的，但也不可避免地带来预报误差。随着计算机技术的飞跃发展，数值预报模式正越来越接近真实大气的状态，预报也更加精细。

数值预报属于数学中微分方程的初值问题，需要输入起始时刻的状态才能启动模式，而初始场是对观测资料经过与模式相容的处理过程得到的，这就是数值预报中的资料同化，它是决定数值预报成败的又一个重要因子。资料同化实质上是一个对观测资料吸收、消化，形成既能反映大气的观测信息，又与模式协调的气象要素场的过程。先进的资料同化方案不仅能使用常规的气象观测资料，而且能吸收、消化利用卫星、雷达等获取的大量遥感观测资料，因而在很大程度上克服了常规观测资料偏少且分布不均匀给数值预报带来的困难。资料同化系统的发展与大量遥感资料的使用是近十几年来数值预报质量明显改进的一个重要原因。

数值预报是利用高性能计算机来制作的。数值预报诞生以来的五十多年中，计算机的计算能力从每秒几千次提升到千万亿次，相应地数值预报模式也经历了从网格距为几百千米的粗糙的地转近似模式到网格距只有 1 km 左右的、不采用传统动力学近似的精细模式的发展历程，从这个意义上可以说计算机的性能及其利用的效率决定了数值预报模式的性能。

在看到数值预报的发展潜力的同时，也需要对数值预报存在的问题与困难有充分的认识。数值预报模式模拟的大气只是真实大气的一个近似，无论模式动力框架、物理过程都存在着误差；由资料同化系统得到的模式积分初值也存在不可避免的误差；而计算机的能力限制还使实际的业务数值预报系统不得不做更多简化，带来更大的误差。由于大气运动本质上具有混沌特性，有限的初值或模式误差会在模式积分中不断增长，致使具体的预报总存在着不确定性。特别是当数值预报向我们知之甚少、比传统的天气变化更长时间尺度或更小的空间尺度两个方向延伸时，不要误以为数值预报的理论已经完美无缺，也不能期望预报能力会随着时间"直线式"地提高。因此不应该由于当前数值预报的成功而忽视经验的积累，甚至放弃探索天气变化、改进预报的所有其他努力。实际上无论作为数值预报基础的大气动力学理论，还是数值预报本身的发展都有赖于自经验上升到理论的不断深化。

进入 21 世纪后，随着国家经济与科技实力的不断增长，我国数值天气预报发展的基础条件已经极大地改善，高性能计算机的研制能力已赶上发达国家。同时我国的大气探测系统，特别是气象卫星与雷达网建设已经进入世界先进行列，更为重要的是我国数值天气预报研究和开发能力也大大加强了。我们应当抓住当前数值天气预报发展的良好机遇，有效发挥我国的各种资源与组织优势，使我国数值天气预报的研究与业务水平在较短的时间内真正进入世界先进行列，在气象业务与服务中发挥重要作用，进而推动我国相关高新科学技术的发展。

1.2 当代数值的成就与影响

数值预报起始于 20 世纪 50 年代，在大气科学本身的发展与高性能计算机以及大气遥感技术快速进步的推动下，以全球大气环流模式与全球气象卫星观测资料在数值报的业务应用为标志，从 20 世纪 80 年数值预报进入了一个延续至今的快速发展时期，其成就突出地表现在以下几方面。

(1)预报质量显著提高，有效预报时效大大延长。以全球中期预报为例，国际上最先进的模式的可信预报时效已超过一周，对将近半数的热带气旋可以预报出它们的生成，而在以前对热带气旋的生成几乎没有预报能力。

(2)中尺度天气系统的数值预报进入业务应用，彻底改变了早期的数值预报主要是针对大尺度天气形势的局面，使得具体气象要素的预报有了很大的可用性，中尺度预报与集合预报的发展带来了对极端天气事件预报能力的提高。

(3)数值预报的应用扩展到传统气象预报以外，促进了水文、空气质量等多个相关领域预报的定量化。

(4)数值天气预报向更长的时效发展，基于动力模式的延伸期预报、短期气候预测与气候变化的数值模拟正成为现实。

数值预报业务效果的提高是多年来数值预报技术进步的结果。从科学技术的角度看主要是：

(1)空基与地基遥感资料的同化技术的突破使长期制约天气预报质量提高的观测资料空缺问题基本得到解决，全球数值预报质量，包括常规观测资料稀少的南半球地区的预报质量大幅度提高；

(2)数值预报模式的分辨率与刻画大气完整动力过程的能力不断提高，使数值预报与模拟的对象扩展到各种尺度的大气运动，为提高数值预报与模拟的精度，特别是发展精细预报与环境预报奠定了基础；

(3)数值预报模式物理内容不断完善，特别是大气与地球其他圈层的相互作用成为模式研究发展的热点，地球多圈层的统一考虑不仅是数值预报模式向气候系统模式扩展的基本条件，对于延长中期数值预报时效、提高中短期预报精度都有重要意义；

(4)基于对大气混沌性质与数值预报误差来源的增长规律的认识，集合预报成为数值预报的一个新的发展方向，与传统的单一模式预报相比，集合预报提供了对天气概率分布的预报，增强了对于极端天气事件的预报能力，拓宽了应用领域；

(5)借鉴计算机与信息技术高速发展的经验，数值预报模式系统的基础构架越来越受到重视。数值预报模式向标准化与模块化的方向发展，不同应用目的的模式的集约发展被普遍接受。同时并行计算、可视化等计算机新技术与数值预报模式的结合也进一步促进了数值预报的发展。

鉴于社会对高质量数值预报的需求与当代科学技术进步为数值预报的进一步发展所创造的机遇，各国都在积极推进数值天气预报模式的发展更新，并启动实施了一系列有关新一代模式发展的大型科学研究与发展计划。国际上数值预报研究开发的计划尽管各不相同，但基本趋势是一致的。在科学技术上的共同点有以下几方面：

(1)遥感资料的同化仍是关注的重点之一。在技术方法上出现多元化的趋势，并在研究中与数值预报的其他科学问题，如集合预报、预报误差的增长理论等研究联系起来。

(2)强调各种动力学过程对改进预报的重要性。除了提高模式分辨率与计算精度并普遍发展非静力平衡模式外，一些过去作简化处理的大气动力因子被重新加以考虑；同时大气内的各种物理、化学过程与大气的动力、热力过程的相互作用被更全面地反映在模式中，模式大气已更加接近真实大气。

(3)大气与其他圈层的相互作用通过不同圈层的模式之间的耦合反映到模式中。大气—陆地—海洋以及冰雪间的耦合模式已经不单是气候系统模式发展的方向，也是天气预报模式发展的方向。

(4)集合预报技术被作为一个发展重点，其应用被扩展到更广泛的时间与空间尺度，如将海气耦合模式的集合预报系统应用于延伸期预报，利用多物理过程的集合预报作中尺度预报等，有关集合预报产品的应用也受到普遍重视。

(5)数值预报模式的程序发展吸收大型软件工程的研发经验，强调基础架构的合理性与可持续发展，有利于不同领域广大科学家的共同参与。实施标准化、模块化与异构计算机的可移植性等技术原则都是为了适应这一要求。

(6)计算机科学的新成果被大量应用于数值预报的模式研究开发与产品应用。并行计算、网格技术给模式性能的进一步提高带来新的机遇，可视化与先进模式的结合形成了真正的天气仿真，为研究与实际预报提供了更有力的工具。

1.3 当代数值预报的几个重大科学技术问题

1.3.1 资料的四维同化

数值预报的初值是决定数值预报的质量的根本因子之一。而初值质量又取决于观测资料的空间覆盖率与对观测资料的同化技术。由于遥感技术的发展，一方面资料空缺问题已经大大缓解，但另一方面也对资料同化技术提出了新的要求。随着遥感资料成为大气观测的主体，资料同化的主要对象也已由常规观测转变为空基或地基遥感。与前者不同，遥感仪器的测量结果与模式需要的大气参数间是复杂的非线性关系，20 世纪 90 年代发展起来的变分同化技术对同化空基遥感资料起了重要作用，但还有许多科学技术问题仍没有得到完全解决。因此可使用的遥感资料还是有限的。与探测技术发展相似，数值模式的发展也提出了对资料同化的新要求。模式物理过程的不断完善，特别是海—气、陆—气耦合模式的发展，要求提供大气内各种水物质与成分以及大气外圈层的初值，因而同化问题的研究对象扩展到更多要素与各个圈层。

资料同化的理论研究总是与解决资料同化中的新问题联系在一起的。当前尽管变分同化方法在业务上取得广泛应用，并有效推动了预报质量的提高，但它在处理模式误差方面的弱点与系统开发的难度，也使科学家寻求资料同化的其他途径。随着序列同化方法，例如基于集合预报的卡尔曼滤波方法逐渐走向业务化，资料同化的方法正向多元化方向发展。尽管如此，目前的资料同化理论基本上是建立在预报与观测算子近线性、误差分布近高斯分布的假定基础上的，实际情况远非如此，这些基本的理论问题还没有得到充分研究。而如何在不同的环流与观测资料分布的条件下实现同化效果的真正优化，即适应性同化的问题的研究现在也只是一个开端。发展资料同化的新理论与新方法，推进同化技术的持续发展，应是一项长期的任务。

1.3.2 动力模式的精细化

随着社会经济的发展和高性能计算能力的不断提高，精细的数值模拟逐步提到了业务系统建设的议事日程，如城市热岛、大风、暴雨、龙卷、飑线、雷暴、高影响天气等局地天气的预警预报，以及定点、定时、定量降雨预报。针对这些对象的数值模式，无论是动力过程，还是物理过程较之过去传统的中尺度数值模式都有着质的飞跃。伴随着模式分辨率的提高，模式模拟包含的动力学过程必须有相应的改进，如激烈的垂直运动是各种中小尺度天气过程的重要基本特性，如何正确描述中小尺度天气过程中的垂直运动是发展精细化数值预报模式首先要解决的问题。一些传统的数值预报模式认为可以忽略不计的因素与动力过程的重要性会在高分辨的非静力模式中突现出来，过去对与此相关的数值方案还缺乏深入研究。为了适应模式精细化又不带来无法实现的计算资源需求，还必须引入高效、高精度的数值离散方法，这是数值预报模式精细化过程中遇到的又一个重大挑战。模式精细化的另一个特点是小尺度的物理过程的引入，模式动力框架与物理过程的耦合必须能正确反映物理过程对大气运动的影响，这也是动力模式精细化必须考虑的问题。类似还有高分辨率条件下局地地形坡度增大带来的气压梯度等的计算困难等，也有待进行深入研究。

1.3.3 大气内的物理化学过程

与早期的数值预报模式只考虑纯动力过程不同，大气内的物理过程在当前的数值预报模式中占有重要的地位，没有模式对物理过程的相当准确的描述，就不可能有准确的天气过程的预报，更不可能产生对天气要素的数值预报。提高模式对大气内物理过程描述的精度是发展数值预报模式的重要方面。由于大气内的物理过程或化学过程的空间尺度往往与我们直接关注的大气动力过程不同，而数值预报模式的分辨率等一般是根据动力过程设置的，与物理过程的尺度不匹配，因此常需要采取初始化的方法，但随着数值预报分辨率的提高，这种状态正在改变中。

云与降水是大气中最重要的物理过程之一，也是预报中最关注的过程之一，特别是与中尺度强烈天气相联系的对流系统发展过程。传统的数值预报描写对流过程是通过参数化的方法。当模式分辨率达到 1 km 的量级时，对流过程不再属于次网格过程。对流的表达需要从参数化转为显式的云模式；但目前的模式分辨率多在 1～10 km 之间，积云参数化与云模式如何协调有待更多的研究。大气的辐射过程也是大气内的基本物理过程之一，早期数值预报模式中的辐射计算方案缺乏与云的相互作用的恰当描述，必然造成很大的计算误差。有关云对辐射的作用以及辐射对云的影响已经成为数值预报的物理参数化的重要研究内容。

大气与下垫面在地表层的动量、热量和水汽交换以及地形的热力动力作用是另一类重要的物理过程，与此联系的还有大气边界层内的过程以及与各类下垫面的模式的耦合。

随着数值预报模式在气候变化研究以及大气环境预报中的应用越来越广泛，数值预报模式中对大气化学过程的描述也成为研究的热点。目前研究较多的有臭氧变化、大气气溶胶的影响及扩散、沙尘与酸雨影响等问题，还有碳、硫、氮循环、大气自净能力等方面。大气化学和大气环境中有很多事实和现象还不十分清楚，发展完善的大气化学和大气环境过程数值模式仍存在巨大的挑战。近几年利用数值预报模式研究大气电学过程也取得了进展，云雨电学中关于云中起电机制以及雷电物理学的成果与数值预报模式内的云雨过程结合，对雷电预警有很大价值。目前这些研究还处于起步阶段，需要大力加强。

由于常规的业务气象观测不能满足模式物理过程的研究，因此外场科学试验在相关数值预报的物理过程研究中占有重要的位置。我国近几年连续进行了几次大规模的气象观测试验和很多外场观测试验，积累了丰富的实际观测资料。利用这些资料对大气的物理化学过程进行了深入的研究，从而使得数值模式的物理化学过程的表达更加与实际大气的情况相符合，使数值预报模式得到了优化。随着外场观测试验的不断实施，数值预报模式的优化也将不断地进行。

1.3.4 大气与其他圈层的耦合

天气变化受到下垫面状态的很大影响，正确反映这些影响一直是数值预报研究中的重要内容。在数值天气预报中海面水温的正确导入是数值天气预报精度改善的重要因素之一，但海温的变化受到大气与海洋环流的制约。迄今为止的业务数值预报尤其是短期数值预报，多在模式中将海面水温作为固定边界条件来考虑。但对于中长期数值天气预报，未来预报精度的改善必须考虑大气海洋的耦合相互作用，这对于气候变化的模拟更为重要。即使对于台风的强度、路径的中期数值预报，大气模式与海洋混合层模式的耦合也是改善台风数值预报的重要因素之一。数值预报模式不仅要准确预报出逐日的天气扰动的发生、发展和移动，而且必须较为正确地再现实际大气中的能量、水分的平均收支状况。影响模式能量与水分平衡的其中一个重要过程就是大气与地表面的相互作用。与模式对于海面状态考虑相似，较早的数值预报模式只是作为下边界条件给出温度、反照率、粗糙度等参数。随着数值预报模式预报精度的提高及陆面模式的建立，陆气耦合模式不仅可以使得局地的土壤、植被等的不规则性在模式中得到充分体现，陆—气间的复杂相互作用的描写更加精细，而且使得与陆表水文过程有关的量的预报成为可能(例如河流、积雪融化、洪水等)，可以为社会提供更加详尽的气象水文信息。数值预报模式正向包含大气、陆面过程、河川水文模式耦合的方向发展，将提供更精确的河流流量及局地水文环境的预测。在更长的时间尺度，冰雪圈的影响非常重要，是气候系统的重要组成部分，冰雪圈模式也是多圈层耦合模式的一个主要成员。

未来的数值预报不仅仅是预测每日的天气变化、降雨与否，还将作为地球环境系统监测、预测的科学工具来为预测气候系统变化提供科学数据。因此，未来的业务数值预报模式将是大气、海洋海浪、陆面水文、冰雪模式的耦合系统。相应地，积雪、冰盖(海冰)、土壤水分、地中温度、海温、陆表的植被变化等的大气以外的资料对于未来精确数值预报的意义毋容置疑。现阶段，大气、海洋资料的同化对于数值预报尤其是中长期预报准确率的提高起到了巨大的推进作用。陆面水文过程的资料同化还处于初步阶段，但是一些先进国家已经投入了部分业务运行，对于减少数值预报模式系统误差和预报准确率起了相当的作用，可以预见，这种多圈层耦合的地球环境数值预报与资料同化业务系统将使数值预报向精确、细致、长时效的发展成为可能。

1.3.5 数值预报的产品应用

尽管模式预报精度已经极大地改进了，但模式的实际预报能力与人们所关心的具体天气要素仍有一定距离，为了增加预报的可用性，往往需要对模式的预报产品进行加工。数值预报产品释用是对数值预报的结果，运用动力学、统计学技术再一次加工、修正，以提高要素预报水平。释用方法包括动力统计方法、天气概念模式、动力诊断模式等，我国气象部门在技术上多是采用前两种，而动力诊断模式较少，使用卫星、雷达等非常规遥感探测资料方面更为薄弱。

除了数值预报产品释用外，将计算机的可视化技术应用于数值预报产品也是促进数值预报产品应用的重要方向。可视化技术的发展，不仅为综合大量信息以及形象化的显示数值预报产品提供了有效的手段，而且还为预报员和天气研究人员以新的视角分析认识天气系统的发生、发展机理起到了推动作用。数值预报系统的分析产品的应用也有很大应用价值，例如将大量雷达、卫星等非常规探测资料进行质量控制，或相互校正，再进行中尺度模式的资料同化，从而得到水平分辨率可高达几到十几千米的大气中尺度的实况。这将为中尺度天气动力研究和预报提供可靠的依据。利用最先进的同化技术与预报模式，将所能获取的全部历史资料包括的常规观测和大量的卫星探测资料与其他非常规资料应用于同化模式中，对历史天气做再分析，获取更能反映大尺度大气真实状态的历史资料系列。美国国家环境预报中心、欧洲中期数值预报中心均已建成并每日实时运行这一同化系统，其存储的资料在科研或业务中发挥了重要作用。我国具有长序列的独特的历史气象资料，开展再分析是扩大我国气候资料应用价值的重要工作。

1.4 数值预报的业务与我国数值预报的展望

数值预报从其诞生之初就是面向业务应用的，但数值预报业务与单纯的研究还是有很大区别。作为日常运行的业务，必须充分考虑系统运行的稳定性与时效，还必须顾及与其他气象业务的协调，而对质量的评价，也更强调长期的效果。当代的数值预报业务包括观测资料的采集与预处理、资料同化、模式运行、产品后处理与释用、产品的分发等一系列过程，除了数值预报本领域外，还涉及信息网络、数据库、计算机的图形显示等许多方面的技术，整个业务需要足够大的人力与计算机资源，并将其运行监控以及故障的处理通过预先设定的程序自动执行。因此数值预报业务水平体现了气象业务的综合水平。

我国早在 20 世纪 50 年代初即开展了数值预报研究，但受到计算机、观测资料的采集与处理等方面的能力的限制以及其他原因，长期没有建立起数值预报业务。改革开放后随着大型计算机等支持条件的改善与业务数值预报研发能力的提高以及国际技术合作的加强，在业务数值预报的建立方面取得突破。从 80 年代起逐渐建立起完整的数值预报业务体系，包括国家气象中心的全球资料同化和中期数值预报系统、区域资料同化与短期数值预报系统、东亚热带气旋数值预报系统以及一些专业预报模式；区域中心、部分省级气象部门的区域降水与热带气旋的数值预报系统等。部队与海洋部门也建立了数值天气预报的业务。我国业务数值预报体系的建立在增强我国气象业务与服务能力方面发挥了重要的作用，但我国的数值预报业务水平与先进国家以及社会对气象预报的要求相比，一直存在较大的差距。进入 21 世纪后为了提升我国在数值预报领域的自主科技创新的能力，保证数值预报的持续发展，中国气象局与国家科技部共同支持研究发展了我国新一代的全球与区域同化预报系统（GRAPES），这是我国首个自主研发的完整的数值预报系统，从 2006 年起逐步推向业务运行，并将逐渐成为我国数值预报的主要业务系统，这一系统的业务运行标志着我国数值预报业务已经进入以自主研发为主的新阶段，对我国数值预报业务的持续快速发展有重要的意义。

我国发展数值预报的根本目的是为了通过科学技术的进步，迅速提高气象预报服务的水平，提高气象服务社会效益与经济效益。在过去数值预报已有成果的基础上，中国气象局最近又制定了新的发展纲要。根据国家的需求并借鉴先进国家的发展经验，我国数值预报的发展，在 2010 年以前要以全面实现数值预报的业务体系的现代化，并建立我国数值预报科技创新能力为主要目标，不断吸收大气科学和相关学科的科技成果，在卫星和雷达等遥感资料的四维同化系统、全球中期天气预报与全国区域中尺度天气预报模式的研究开发和业务系统建立方面达到国际先进水平。全球中期天气预报的可用预报时效达到或超过 8 天，各区域中尺度天气预报模式 3 天的预报水平提高到当前 1～2 天的预报水平，并以中尺度天气模式为基础，向超级城市群精细化预报领域拓展，建立城市街道预报和雷电预报模式，提供城市街道天气、极端天气预报和雷电预警预报服务。在此基础上，以数值预报业务系统的持续发展为目标，通过科技创新，使我国的业务数值预报向世界一流水平前进，至2020年基本达到短期(2～3天)天气的定点、定量、定时数值预报与中期数值预报的时效达到10天以上的目标；同时将数值预报业务的适用范围扩展到水文(特别是洪水)、城市空气质量、雷电与其他应用领域，形成数值预报模式链，为环境领域的定量预报提供技术支持。

第2章 资料同化基本理论与同化技术

数值预报可以归结为一个初值问题，在给定初值后积分数值模式获得未来时刻的预报预测信息。四维资料同化（也称为客观分析）是数值预报的核心组成部分，其作用是为数值预报模式提供初值。资料同化技术经过了多项式插值法、逐步订正法、最优插值等历史发展阶段，目前业务普遍使用的方法是三/四维变分同化方法，集合卡尔曼滤波方法也在进行业务尝试中。资料同化的基本理论指出资料同化的本质是结合数值预报背景场信息与观测信息，通过统计结合的方式给出一个最大可能精确的大气（海洋）运动状态，资料同化的主要技术，如最优插值、变分同化、集合卡尔曼滤波，方法间存在内在的统一性，也各有优缺点。气象观测资料是数值预报的基础，对其误差的来源、资料质量控制的发展历程、主要质量控制的方法，以及目前主要使用的质量控制方法进行了阐述，对目前的气象综合观测系统中地基、天基、空基观测子系统的观测仪器构成及其主要的观测特征，以及在全球数值预报中使用的观测资料进行介绍。对大气资料同化的一些关键内容，包括变分资料同化状态变量的选择、初始化方案，以及卫星遥感资料的快速传输算子与卫星遥感资料同化方法进行了总体描述。在最后一节简要概述了海洋与陆面资料同化的主要观测资料及主要同化技术。

2.1 资料同化的基本概念与发展历史

数值预报属于微分方程的初值问题，模式预报变量在模式开始积分时刻的取值（通常称为初始场）正确与否对数值预报的结果往往有决定性的影响，而初值又来源于该时刻以及前期对大气的观测。但气象观测值并不能直接作为模式积分的初值，这首先是因为模式的预报变量是对大气状态（经过数值离散化）相对全面的描述，例如整个预报区域内均匀分布的一组格点上的气压、温度、湿度以及风的数值，而观测获取的只是大气的片面信息，进行观测的时间、地点也并不恰好与模式所需要的初值的时间与位置一致，观测的要素与模式的预报变量也可能不同。此外所有观测都不可避免地有误差，而且模式预报或模拟的又只是特定尺度范围的大气运动，观测在多大程度上能描述模式所模拟的尺度范围内大气的真实状态，取决于观测的精度及其代表性。由于以上的原因，需要发展一套科学方法将观测到的特定时段的气象（或其他）要素转化为模式的初值。需要强调的是，为了产生模式所需要的初值，单凭观测是不够的，还必须借助于观测以外的信息，早期主要是气候统计的结果，随着预报模式的改进，模式提供的背景信息逐渐成为主要的，由观测形成模式初值也就演变成融合观测与模式的信息对大气真实状态作出更为准确的估计的过程，这个过程实质上是预报模式通过吸收各个时刻的观测信息，不断地逼近大气真实状态，被称为资料同化。尽管资料同化最初是因解决模式对初值的需求而提出来的，但由于它给出了大气状态的完整的、比观测与模式预报更接近大气的真实状态的定量描述，且方便进行诊断分析，因此也广泛应用于天气、气候分析，例如当前的大气科学研究大多使用欧洲中期天气预报中心或者美国国家环境预报中心的再分析资料，它们都是由资料同化系统产生的。

一般说，资料同化包括三个主要阶段，其一是对观测资料做必要的处理，使之符合一定的质量标准与数据格式，这是观测资料的预处理与质量控制；其二是使观测资料与模式提供的背景信息融合生成与模式的预报变量在形式以及物理属性都相同的气象要素场的数值表示，这个过程被称为客观分析；其三是对客观分析的结果进行适当的调整，避免因与预报模式不协调而在预报积分过程中产生虚假的“噪声”甚至使积分无法进行，这一过程被称为初始化。随着变分同化方法的应用与发展，后两个过程的功能已经逐渐融合，即使是质量控制也可能与客观分析是交错进行的，因此上述资料同化的阶段划分主要是就功能而言的，并不一定表示实际运行阶段。

资料同化的概念及其理论是在数值预报实践中伴随着模式以及观测技术的进步而逐步发展的。20 世纪 50 年代为了给模式提供初值，发展了一些简单的插值方法。随着模式预报区域的扩大，必须弥补观测资料的不足，又发展了能够融合观测资料与其他先验信息（通称背景场）的逐步订正方法。这些方法被称为客观分析方法。这一时期由于所采用的地转预报模式只有位势高度一个变量，单凭客观分析即可满足需要。60 年代随着初始方程预报模式的出现，初值中的不同变量间的动力学平衡成为必须关注的问题，推进了对初始化的研究，并提出了一些基于地转近似或平衡方程的初值调整方案。由于预报模式的改进，客观分析所需要的背景场已经主要由模式预报提供，构成了预报—观测—预报的循环，科学家也从模式融合观测资料不断逼近大气真实状态的角度来认识这一循环的科学本质，产生了关于资料同化的完整概念。为了更有效地利用观测资料，提出了具有更坚实统计理论基础、能反映观测资料的分布影响的统计插值（又称最优插值）的客观分析方案。而在初始化的研究方面，70 年代初伴随着全球模式的出现，提出了基于全球大气基本运动模态的非线性正规模式初始化方案。这两个方案的结合成为 80 年代全球资料同化系统的基石，在国际上有的业务中心沿用至今。80 年代以后资料同化的理论框架逐渐建立起来，对资料同化的科学问题的研究更加广泛与深入；同时卫星遥感资料的应用也推进了对同化理论与方法的研究。80 年代后期提出的变分同化方案由于在同化遥感资料和同化结果与预报模式更加协调这两方面的突出优势，从 90 年代起逐渐被大部分业务中心所采用；90 年代中又提出了基于集合预报的卡尔曼滤波方法，在近年也有很快发展。目前资料同化的研究与业务大体上是围绕着这两类方法展开的，成为近十几年吸引最多研究、发展最快的方向。但资料同化的研究并不局限在同化的方法上，实际上关于观测资料的质量控制、同化中的观测算子、不同观测对同化与预报的影响、观测系统的设计与评价以及同化方案对观测系统的适应等都是资料同化的研究内容。而资料同化的业务也已经突破了单纯为模式提供初值的功能，而扩展到再分析、目标观测方案制定等。

2.2　资料同化的基本理论

下面我们将对资料同化的基本理论作一个扼要的叙述，有关操作性的内容放在下一节的具体方法中。

我们以 $\boldsymbol{x}(t)$ 表示 t 时刻大气状态，在数值模式中它是由全部预报格点上的预报变量值或者全部预报变量的谱展开系数所构成的一个巨型向量。它的演变受到模式预报方程的控制，我们将其表示为

$$\boldsymbol{x}(t_n)=\boldsymbol{M}(\boldsymbol{x}(t_{n-1}))+\boldsymbol{\varepsilon} \tag{2.1}$$

这里 $\boldsymbol{M}$ 是预报模式，而 $\boldsymbol{\varepsilon}$ 是模式预报的误差。n 为某一时刻，该时刻对大气的观测过程可以表示为

$$\boldsymbol{y}(t_n)=\boldsymbol{H}(\boldsymbol{x}(t_n))+\boldsymbol{\mu} \tag{2.2}$$

这里 $\boldsymbol{y}$ 是观测值，而 $\boldsymbol{H}$ 表示了观测量与大气状态变量之间的关系，称之为观测算子，$\boldsymbol{\mu}$ 是观测误差。在离散化的情况，$\boldsymbol{x}$，$\boldsymbol{\varepsilon}$，$\boldsymbol{y}$，$\boldsymbol{\mu}$ 均是向量，我们将前两者的长度记为 m，后者的长度记为 l。这里并不要求 $\boldsymbol{x}$ 与 $\boldsymbol{y}$ 有相同的物理属性，但显然它们间必定存在一定的物理联系，从数学上讲 $\frac{\partial \boldsymbol{H}}{\partial x}$ 必须不为零。只有在这种情况下，观测中才能包含有关大气状态的信息，从而才有可能在同化过程中发挥一定的作用。

模式与观测误差具有一定的随机性，作为粗略的近似可以假定它们服从多元正态分布，并假定其均值均为零，而协方差矩阵分别为 $\boldsymbol{B}$ 与 $\boldsymbol{R}$：

$$p(\boldsymbol{\varepsilon})=(\sqrt{2\pi}\det(\boldsymbol{B}))^{-1}\exp(\boldsymbol{\varepsilon}^{\mathrm{T}}\boldsymbol{B}^{-1}\boldsymbol{\varepsilon}) \tag{2.3}$$

$$p(\boldsymbol{\mu})=(\sqrt{2\pi}\det(\boldsymbol{R}))^{-1}\exp(\boldsymbol{\mu}^{\mathrm{T}}\boldsymbol{R}^{-1}\boldsymbol{\mu}) \tag{2.4}$$

这里 p 是概率密度。按定义，

$$\boldsymbol{\varepsilon}=\boldsymbol{x}^f-\boldsymbol{x},\boldsymbol{\mu}=\boldsymbol{y}-H(\boldsymbol{x}) \tag{2.5}$$

上标 f 表示模式的预报，故上两式等价于：

$$p(\boldsymbol{x}^f-\boldsymbol{x})=(\sqrt{2\pi}\det(\boldsymbol{B}))^{-1}\exp((\boldsymbol{x}^f-\boldsymbol{x})^{\mathrm{T}}\boldsymbol{B}^{-1}(\boldsymbol{x}^f-\boldsymbol{x})) \tag{2.6}$$

$$p(\boldsymbol{y}-\boldsymbol{H}(\boldsymbol{x}))=(\sqrt{2\pi}\det(\boldsymbol{R}))^{-1}\exp((\boldsymbol{y}-\boldsymbol{H}(\boldsymbol{x}))^{\mathrm{T}}\boldsymbol{R}^{-1}(\boldsymbol{y}-\boldsymbol{H}(\boldsymbol{x}))) \tag{2.7}$$

式中上标 T 表示矩阵的转置。根据概率论中的贝叶斯定理，在观测到 $\boldsymbol{y}$ 的条件下，状态变量取值 $\boldsymbol{x}$ 的概率密度为：

$$p(\boldsymbol{x}|\boldsymbol{y})=\frac{p(\boldsymbol{y}|\boldsymbol{x})p(\boldsymbol{x})}{p(\boldsymbol{y})} \tag{2.8}$$

右端的分母与 $\boldsymbol{x}$ 无关，在对 $\boldsymbol{x}$ 的估计中我们可以作为一个比例系数略掉。将式(2.6)、式(2.7)代入，得到：

$$p(\boldsymbol{x}|\boldsymbol{y})\propto((2\pi)\det(\boldsymbol{B})\det(\boldsymbol{R}))^{-1}\exp(-(\boldsymbol{x}^f-\boldsymbol{x})^{\mathrm{T}}\boldsymbol{B}^{-1}(\boldsymbol{x}^f-\boldsymbol{x})-(\boldsymbol{y}-\boldsymbol{H}(\boldsymbol{x}))^{\mathrm{T}}\boldsymbol{R}^{-1}(\boldsymbol{y}-\boldsymbol{H}(\boldsymbol{x}))) \tag{2.9}$$

关于 $\boldsymbol{x}$ 的最大似然估计应使 $p(\boldsymbol{x}|\boldsymbol{y})$ 最大，也即使目标泛函 J：

$$J=(\boldsymbol{x}-\boldsymbol{x}^f)^{\mathrm{T}}\boldsymbol{B}^{-1}(\boldsymbol{x}-\boldsymbol{x}^f)+(\boldsymbol{y}-\boldsymbol{H}(\boldsymbol{x}))^{\mathrm{T}}\boldsymbol{R}^{-1}(\boldsymbol{y}-\boldsymbol{H}(\boldsymbol{x})) \tag{2.10}$$

达到极小。可以证明，由此得到的 $\boldsymbol{x}$ 也是最佳线性无偏估计。这样我们把一个根据观测与模式提供的背景场对大气状态进行估计，转化为求上述目标函数的极小值的问题。以上我们并没有限定 $\boldsymbol{y}$ 与 $\boldsymbol{x}$ 的具体关系，也没有规定两者在时间上是否一致，但我们却假定了预报误差与观测误差的正态性。实际情况当然会有所不同，这是我们在处理同化问题时需要注意的。

观测算子可以是非线性的，在关于状态变量的一个基本合理的估计值附近可以对它作泰勒级数展开：

$$\boldsymbol{H}(\boldsymbol{x})=\boldsymbol{H}(\boldsymbol{x}^f)+\boldsymbol{H}'(\boldsymbol{x}-\boldsymbol{x}^f) \tag{2.11}$$

$\boldsymbol{H}'$ 是观测算子的切线性算子。将上式代入前述目标函数的表达式：

$$J=(\boldsymbol{x}-\boldsymbol{x}^f)^{\mathrm{T}}\boldsymbol{B}^{-1}(\boldsymbol{x}-\boldsymbol{x}^f)+(\boldsymbol{y}-\boldsymbol{H}(\boldsymbol{x}^f)-\boldsymbol{H}'(\boldsymbol{x}-\boldsymbol{x}^f))^{\mathrm{T}}\boldsymbol{R}^{-1}(\boldsymbol{y}-\boldsymbol{H}(\boldsymbol{x}^f)-\boldsymbol{H}'(\boldsymbol{x}-\boldsymbol{x}^f)) \tag{2.12}$$

上述目标函数对 $\boldsymbol{x}$ 求导数，可得：

$$\frac{1}{2}\nabla J=\boldsymbol{B}^{-1}(\boldsymbol{x}-\boldsymbol{x}^f)+\boldsymbol{H}'^{\mathrm{T}}\boldsymbol{R}^{-1}(\boldsymbol{y}-\boldsymbol{H}(\boldsymbol{x}^f)-\boldsymbol{H}(\boldsymbol{x}-\boldsymbol{x}^f)) \tag{2.13}$$

目标函数取极小意味着上式为零，可以解出 $\boldsymbol{x}$：

$$\boldsymbol{x}-\boldsymbol{x}^f=(\boldsymbol{B}^{-1}+\boldsymbol{H}'^{\mathrm{T}}\boldsymbol{R}^{-1}\boldsymbol{H}')^{-1}\boldsymbol{H}'^{\mathrm{T}}\boldsymbol{R}^{-1}(\boldsymbol{y}-\boldsymbol{H}(\boldsymbol{x}^f))=\boldsymbol{B}\boldsymbol{H}'^{\mathrm{T}}(\boldsymbol{H}'\boldsymbol{B}\boldsymbol{H}'^{\mathrm{T}}+\boldsymbol{R})^{-1}(\boldsymbol{y}-\boldsymbol{H}(\boldsymbol{x}^f)) \tag{2.14}$$

定义 $d=\boldsymbol{y}-\boldsymbol{H}(\boldsymbol{x}^f)$，通常称之为“新息”，它表示了实际观测值与模拟的观测值(也可称之为模式的观测相当量)之差，是根据观测对模式模拟的状态进行修正的基础。而矩阵 $\boldsymbol{K}=\boldsymbol{B}\boldsymbol{H}'^{\mathrm{T}}(\boldsymbol{H}'\boldsymbol{B}\boldsymbol{H}'^{\mathrm{T}}+\boldsymbol{R})^{-1}$ 称为增益矩阵或权重矩阵。以上的推导中用到了一个重要的恒等式：

$$\boldsymbol{B}\boldsymbol{H}'^{\mathrm{T}}(\boldsymbol{H}'\boldsymbol{B}\boldsymbol{H}'^{\mathrm{T}}+\boldsymbol{R})^{-1}=(\boldsymbol{B}^{-1}+\boldsymbol{H}'^{\mathrm{T}}\boldsymbol{R}^{-1}\boldsymbol{H}')^{-1}\boldsymbol{H}'^{\mathrm{T}}\boldsymbol{R}^{-1} \tag{2.15}$$

这一关系在同化理论中有广泛的应用。

上面的分析表达式还可以进一步写为：

$$\boldsymbol{x}=(I-\boldsymbol{K}\boldsymbol{H})\boldsymbol{x}^f+\boldsymbol{K}\boldsymbol{y} \tag{2.16}$$

它表明分析结果是模式的背景场与观测的加权平均，而权重取决于增益 $\boldsymbol{K}$。为了理解影响权重大小的因子，我们假定一种最简单的情况，即状态变量与观测都是单值的($l=1,m=1$)，且 $\boldsymbol{H}=I$，换言之，观测与分析位置重合，变量性质也相同。此时 $\boldsymbol{K}$ 简化为：

$$\boldsymbol{K}=\frac{\sigma_f^2}{\sigma_f^2+\sigma_o^2}$$

$$\boldsymbol{x}^a=\frac{\sigma_f^2}{\sigma_f^2+\sigma_o^2}\boldsymbol{y}+\frac{\sigma_o^2}{\sigma_f^2+\sigma_o^2}\boldsymbol{x}^f \tag{2.17}$$

σ_f 与 σ_o 分别表示背景场与观测均方差，上标 a 表示分析值。式(2.17)表示背景场与观测的权重与它们各自的均方误差成反比，即分析结果总是向较精确的一方靠拢。由于实际同化过程中观测与背景误差都是预先指定的，因此它们的取值是否恰当对分析结果有决定性的影响。进一步考虑一个复杂一点的情况，即单个观测，且观测点恰位于第 i 格点($l=1,m>1$)，

$$\boldsymbol{x}^a=\boldsymbol{x}^f+\frac{(\boldsymbol{y}-\boldsymbol{x}^f)}{\sigma_f^2+\sigma_o^2}\boldsymbol{B}_i \tag{2.18}$$

这里 σ_f^2 是观测所在格点上的背景场误差的均方差，而 $\boldsymbol{B}_i$ 是背景场误差协方差矩阵中与格点 i 相对应的列向量。可见新息 $d=\boldsymbol{y}-\boldsymbol{H}(\boldsymbol{x}^f)$ 被按照该点与周围背景场误差的相关性传播出去。从以上的讨论可以看出背景误差与观测误差的相对大小决定了两者对最终的分析结果贡献的大小，而背景场误差的空间相关性决定了观测的影响向周围传播的方式。因此经验指定的背景误差与观测误差的协方差矩阵对分析结果有决定性的影响。多数情况下可以假定各个观测的误差是互不相关的，即 $\boldsymbol{R}$ 是一个对角矩阵，因此需要指定的仅是观测的均方误差。需要注意的是这里的观测误差应包括仪器的量测误差与观测的代表性误差，后者专指观测采样与模式代表的运动尺度的差异。对有的观测系统，观测资料误差的相关性不能忽视，此时 $\boldsymbol{R}$ 不能作为对角矩阵处理。

至今我们没有对观测与状态变量的具体联系以及观测进行的时间提出任何要求，后面我们会看到资料同化理论上的灵活性为遥感观测与多时刻观测资料在同化中的应用创造了条件。

由以上关于分析结果的表达式，可以得到分析误差与背景误差及观测误差的定量关系：

$$\boldsymbol{\varepsilon}^a=\boldsymbol{\varepsilon}+\boldsymbol{B}\boldsymbol{H}'^{\mathrm{T}}(\boldsymbol{H}'\boldsymbol{B}\boldsymbol{H}'^{\mathrm{T}}+\boldsymbol{R})^{-1}(\boldsymbol{\mu}-\boldsymbol{H}'\boldsymbol{\varepsilon}) \tag{2.19}$$

这里 $\boldsymbol{\varepsilon}^a$ 是分析误差，由此可以求得分析误差的协方差阵：

$$\boldsymbol{p}^a=\boldsymbol{B}-\boldsymbol{B}\boldsymbol{H}'^{\mathrm{T}}(\boldsymbol{H}'\boldsymbol{B}\boldsymbol{H}'^{\mathrm{T}}+\boldsymbol{R})^{-1}\boldsymbol{H}'\boldsymbol{B}=(I-\boldsymbol{K}\boldsymbol{H}')\boldsymbol{B} \tag{2.20}$$

这表明由于观测资料的使用，分析误差比背景场的误差减小了 $\boldsymbol{K}'\boldsymbol{H}\boldsymbol{B}$，这大约是矩阵 $\boldsymbol{K}$ 被称为增益矩阵的理由。

以上的计算公式一般不能直接用于资料同化的计算，因为无论 l 还是 m 的数量都很大，例如对于一般的数值预报业务系统，m 可达 $10^6\sim10^7$ 量级，这样大规模的矩阵运算至少在当前的计算机条件下是不现实的。对上述计算的各种简化，构成了多个不同的分析方案。现代数值计算与计算机的发展还可能通过数值方法求取以上极小化问题的近似数值解，我们将在本章的后面做进一步讨论。

2.3 资料同化的主要方法

2.3.1 最优插值

最优插值也称为统计插值，由英文 Optimal Interpolation 或 Statistical Interpolation 而来，故一般简称为 OI。它是一种客观方法，可以看作上一节提出的有关资料同化的一般方法的特例。在上节推导的公式中假定观测算子是线性的，则 $\boldsymbol{H}=\boldsymbol{H}'$。此时我们有：

$$x-x^f=\boldsymbol{B}\boldsymbol{H}^{\mathrm{T}}(\boldsymbol{H}\boldsymbol{B}\boldsymbol{H}^{\mathrm{T}}+\boldsymbol{R})^{-1}(\boldsymbol{y}-\boldsymbol{H}(X^f))$$

我们令

$$\boldsymbol{B}\boldsymbol{H}^{\mathrm{T}}(\boldsymbol{H}\boldsymbol{B}\boldsymbol{H}^{\mathrm{T}}+\boldsymbol{R})^{-1}=\boldsymbol{W}^{\mathrm{T}},$$

即：

$$(\boldsymbol{H}\boldsymbol{B}\boldsymbol{H}^{\mathrm{T}}+\boldsymbol{R})\boldsymbol{W}=\boldsymbol{H}\boldsymbol{B}$$

相应地 x 的分析值成为：

$$x=x^f+\boldsymbol{W}^{\mathrm{T}}(\boldsymbol{y}-\boldsymbol{H}X^f)=\boldsymbol{W}^{\mathrm{T}}y+(I-\boldsymbol{W}^{\mathrm{T}}\boldsymbol{H})X^f$$

上式可以理解为分析对背景场的修正是所有的观测与相应的背景场观测相当量之间的差值的加权平均。而各观测的权重由$(\boldsymbol{HBH}^{\mathrm{T}}+\boldsymbol{R})\boldsymbol{W}=\boldsymbol{HB}$解出。抽出$\boldsymbol{W}$中的任何一列，纪为$\boldsymbol{w}$，上式等价于$\boldsymbol{w}$使以下目标函数极小化：

$$J=\boldsymbol{w}^{\mathrm{T}}(\boldsymbol{HBH}^{\mathrm{T}}+\boldsymbol{R})\boldsymbol{w}+2(\boldsymbol{Hb})^{\mathrm{T}}\boldsymbol{w}$$

式中的$\boldsymbol{b}$是$\boldsymbol{B}$中的相应一列。可以证明上式使分析误差在统计意义上达到最小。这是它被称为最优差值或统计差值的原因。

最优插值的步骤是先根据观测站点的分布计算每一个观测的权重，为此需要求解关于权重的方程。权重求得后，将各个观测的新息量乘以各自的权重后相加，即得到最后的分析值。在求权重时需要预知背景与观测的误差协方差，这是需要预先设定的。

上面的公式中包含了所有的观测资料，表面看当观测资料较多时，求权重系数的方程组规模很大，不易求解。但实际上当观测资料较远时，它们对分析的影响会随着观测距离的增加而减小，因此实际操作时，分析并不是全场一次完成的，而是逐点进行或划分为若干小区进行的，这时只需要考虑一定距离范围内的资料即可，这使得求解难度大大降低。

上面也没有具体说明观测资料的类型，只是要求观测算子是线性的。特别是观测与分析变量可以不是同类变量，例如分析变量是位势高度，而观测是风，或反过来。我们称这种情况为多变量最优插值。前面一节已经提到观测影响在变量间的传递是根据背景场误差协方差矩阵所包含的信息来进行的。分析变量应该服从的动力学约束也应体现在背景场误差的协方差矩阵中，这是在指定背景误差的协方差矩阵时需要给予特别关注的。

在最优插值中背景误差的统计特征是被高度模型化了的。将协方差分解为均方差与相关系数两个部分，分别予以考虑，前者反映了误差量值的分布，并假定它在空间上是均匀的或者有简单的地理分布；而后者反映了空间的相关性，并往往假定它是均匀即各向同性的。对它们的估计一般有两类方法。一类是基于对新息的统计。前面已经提到新息量是观测值与背景场的值的差，因此它包含了观测与背景两类误差的信息，这类方法的关键是两者的分离。一般情况可以假定不同观测点的观测误差是不相关的，即由新息统计得到的误差的空间相关性主要反映了背景场误差的空间相关性。另一类统计方法是基于对不同时效预报的差异的统计，其基本假定是对于同一预报对象的不同时效的预报的差反映了模式误差的增长。实际操作时只需求出同一预报对象的两个不同时效的预报（例如 24 h 预报与 12 h 预报）的差值即可进行最优差值需要的有关背景误差的各种特征参数的计算。两类方法各有优势与不足，第一类方法在观测稠密的地区可以给出更可靠的结果，但难以推广到资料稀疏的地区，由于计算是在“观测空间”进行的，要获得关于模式变量的统计结果可能需要额外的转换，有时会有一定困难；第二类方法是直接运用模式变量，计算上很容易实现，既可以方便地得到全场的总体统计结果也可以得到地域性的分布特点，但有的统计结果有较大的数量偏差。实际应用中往往是两个方法的结果互相参照使用的。随着集合预报的发展，利用集合预报个别成员的离散度模拟预报误差的统计也愈来愈多地应用于背景误差的估计，有可能成为今后的主要方法。

最优插值方法可以看作早期广泛应用的逐步订正方法与当前流行的变分同化方法的过渡，它与逐步订正相似都是建立在对观测资料的新息的加权平均基础上的，但逐步订正的权重是完全预先给定的，最优差值则根据观测资料的分布计算出在统计上能使分析误差达到最小的权重。变分同化则进一步放宽了对观测资料的限制，并把预报模式显式地引进来。理解最优差值的原理与实施对于变分同化方法的应用有很大意义。

2.3.2 三维与四维变分资料同化

前面已经提到资料同化可以归结为以下目标函数的极小化：

$$J=(\boldsymbol{x}-\boldsymbol{x}^f)^{\mathrm{T}}\boldsymbol{B}^{-1}(\boldsymbol{x}-\boldsymbol{x}^f)+(\boldsymbol{y}-\boldsymbol{H}(\boldsymbol{x}^f)-\boldsymbol{H}'(\boldsymbol{x}-\boldsymbol{x}^f))^{\mathrm{T}}\boldsymbol{R}^{-1}(\boldsymbol{y}-\boldsymbol{H}(\boldsymbol{x}^f)-\boldsymbol{H}'(\boldsymbol{x}-\boldsymbol{x}^f))$$

变分资料同化就是采用恰当的最优化算法直接求解使此目标函数达到极小的$\boldsymbol{x}$。此时已不再需要引入一些简单方法所必需的假定,因此更具普遍性,特别是对观测算子没有太多限制,可以方便地使用多时可得观测与遥感观测资料,因而成为当前各业务数值预报中心使用的主流方法。

假设观测资料位于时间区间$[t_0,t_n]$,模式的预报方程为:

$$\boldsymbol{x}(t_k)=\boldsymbol{M}_{0,k}(\boldsymbol{x}(t_0)),k=1,2,\cdots,n \tag{2.21}$$

与瞬间观测的情况不同,同化的目的是寻找一个模式状态,它与观测时段内的所有观测从总体上说是最接近的,这里的模式状态应该理解为模式变量的时间序列,或者说是模式变量构成的相空间里的一条轨迹,而在不考虑时间维的情况下只是相空间里一个点。由于在$[t_0,t_n]$内的模式状态唯一地决定于模式在t_0时刻的初值,这一问题转化为寻找t_0时刻的模式初值$\boldsymbol{x}_0$,使由$\boldsymbol{x}_0$积分产生的模式状态与这一时段的观测资料在总体上是最接近的。这里的"最接近"可以按照上一节的论述理解为由观测得到的"最大似然估计",也可理解为具有最小的均方误差,在我们前面所做的基本假定下,两者是一致的。我们将观测的时间分布显式地写出来,得到一个变分同化的基本目标函数:

$$J=(\boldsymbol{x}_0-\boldsymbol{x}_0^b)^{\mathrm{T}}\boldsymbol{B}^{-1}(\boldsymbol{x}_0-\boldsymbol{x}_0^b)+\sum_{i=0}^{n}(\boldsymbol{y}_i-\boldsymbol{H}_i(\boldsymbol{M}_{0,i}(\boldsymbol{x}_0))^{\mathrm{T}}\boldsymbol{R}_i^{-1}(\boldsymbol{y}_i-\boldsymbol{H}_i(\boldsymbol{M}_{0,i}(\boldsymbol{x}_0)) \tag{2.22}$$

上标b表示背景场。我们引入前面定义的新息量:

$$d_i=\boldsymbol{y}_i-\boldsymbol{H}(\boldsymbol{M}_{0,i}(X_0^b)) \tag{2.23}$$

可得:

$$(\boldsymbol{y}_i-\boldsymbol{H}_i(\boldsymbol{M}_{0,i}(\boldsymbol{x}_0))=d_i-\boldsymbol{H}_i'\boldsymbol{M}_{0,i}'(\boldsymbol{x}_0-\boldsymbol{x}_0^b) \tag{2.24}$$

目标函数可以改写为:

$$J=(\boldsymbol{x}_0-\boldsymbol{x}_0^b)^{\mathrm{T}}\boldsymbol{B}^{-1}(\boldsymbol{x}_0-\boldsymbol{x}_0^b)+\sum_{i=0}^{n}(d_i-\boldsymbol{H}_i'\boldsymbol{M}_{0,i}'(\boldsymbol{x}_0-\boldsymbol{x}_0^b))^{\mathrm{T}}\boldsymbol{R}_i^{-1}(d_i-\boldsymbol{H}_i'\boldsymbol{M}_{0,i}'(\boldsymbol{x}_0,\boldsymbol{x}_0^b)) \tag{2.25}$$

这里$\boldsymbol{M}'$是切线性预报模式。上述目标函数对$\boldsymbol{x}_0$的梯度是:

$$\frac{1}{2}\nabla\boldsymbol{x}_0 J=\boldsymbol{B}^{-1}(\boldsymbol{x}_0-\boldsymbol{x}_0^b)+\sum_{i=n}^{0}-\boldsymbol{M}_{i,0}'^{\mathrm{T}}\boldsymbol{H}_i'^{\mathrm{T}}\boldsymbol{R}_i^{-1}(d_i-\boldsymbol{H}_i'\boldsymbol{M}_{0,i}'(\boldsymbol{x}_0-\boldsymbol{x}_0^b)) \tag{2.26}$$

这里的上标T表示伴随模式,如果模式可以用一个矩阵表示,则伴随模式即为此矩阵的转置。选用适当的最优化算法,由目标函数及其梯度的表达式即可进行有关$\boldsymbol{x}_0$的计算,具体操作不在这里叙述。以下就变分同化的实施做进一步的讨论。

(1)三维变分同化

当观测资料都在同一时刻,以上目标函数及其梯度公式退化为:

$$J=(\boldsymbol{x}_0-\boldsymbol{x}_0^b)^{\mathrm{T}}\boldsymbol{B}^{-1}(\boldsymbol{x}_0-\boldsymbol{x}_0^b)+(d-\boldsymbol{H}'(\boldsymbol{x}_0-\boldsymbol{x}_0^b))^{\mathrm{T}}\boldsymbol{R}^{-1}(d-\boldsymbol{H}'(\boldsymbol{x}_0-\boldsymbol{x}_0^b)) \tag{2.27}$$

$$\frac{1}{2}\nabla\boldsymbol{x}_0 J=\boldsymbol{B}^{-1}(\boldsymbol{x}_0-\boldsymbol{x}_0^b)-\boldsymbol{H}'^{\mathrm{T}}\boldsymbol{R}^{-1}(d-\boldsymbol{H}'(\boldsymbol{x}_0-\boldsymbol{x}_0^b)) \tag{2.28}$$

这就是三维变分同化。由于三维变分同化中预报模式并不显式出现,变分同化的结果可能存在不利于模式稳定积分的"噪音",这些"噪音"与无气象意义的高频重力波相联系,因此实际的目标函数中需要增加一个重力波控制项,即:

$$J=(\boldsymbol{x}_0-\boldsymbol{x}_0^b)^{\mathrm{T}}\boldsymbol{B}^{-1}(\boldsymbol{x}_0-\boldsymbol{x}_0^b)+(d-\boldsymbol{H}'(\boldsymbol{x}_0-\boldsymbol{x}_0^b))^{\mathrm{T}}\boldsymbol{R}^{-1}(d-\boldsymbol{H}'(\boldsymbol{x}_0-\boldsymbol{x}_0^b))+J_g \tag{2.29}$$

J_g的形式可以借鉴早年一些初始化的方案,例如定义为模式中高频重力波模态的时间导数的模,即$J_g=\left\|\frac{\partial \boldsymbol{x}_g}{\partial t}\right\|$,这里$\boldsymbol{x}_g$指模式中的高频重力波分量。重力波的控制也可以通过附加的初始化过程,如数字滤波来实现。由于J_g项与我们后面讨论的问题没有关系,后面将它略去了。

由于无论观测数量还是模式的状态变量都很大,直接求解以上的最优化问题是不现实的。变分同化在实施中都要引入一系列变量变换。普遍使用的变换有两类,一类是用若干相互独立的变量来表示高度相关的分析变量,有时将这类变换称为物理(量)变换,例如用流函数、扣除与流函数相关部分的速度势与非地转位势高度来取代原来的风的分量与位势高度,这样分析问题可以处理为三个独立的问题,使计算的规模大幅度减小。另一类是通过变换优化目标函数的性状,提高求解的效率与精度,这类变换属于最优化问题的预处理(pre-conditioning)。令:

$$\boldsymbol{B}=\boldsymbol{U}^{\mathrm{T}}\boldsymbol{U}, \tag{2.30}$$

矩阵 $\boldsymbol{U}$ 是由背景场误差的协方差矩阵 $\boldsymbol{B}$ 的平方根分解得到的，$\boldsymbol{U}=\boldsymbol{B}^{1/2}$，与 $\boldsymbol{B}$ 一样也是正定实对称矩阵。存在向量 $\boldsymbol{w}$，使得

$$\boldsymbol{x}_0-\boldsymbol{x}_0^b=\boldsymbol{U}^{\mathrm{T}}\boldsymbol{w} \tag{2.31}$$

代入前面的公式，得到

$$J=\boldsymbol{w}^{\mathrm{T}}\boldsymbol{w}+(d-\boldsymbol{H}'\boldsymbol{U}^{\mathrm{T}}\boldsymbol{w})^{\mathrm{T}}\boldsymbol{R}^{-1}(d-\boldsymbol{H}'\boldsymbol{U}^{\mathrm{T}}\boldsymbol{w}) \tag{2.32}$$

$$\frac{1}{2}\nabla_w J=\boldsymbol{w}-\boldsymbol{U}\boldsymbol{H}'^{\mathrm{T}}\boldsymbol{R}^{-1}(d-\boldsymbol{H}'\boldsymbol{U}^{\mathrm{T}}\boldsymbol{w}) \tag{2.33}$$

这里已经不再涉及大矩阵的求逆，最优化迭代的收敛性也得到很大改善。在三维变分同化中 $\boldsymbol{B}$ 依然是预先指定的相对简单的模型，$\boldsymbol{U}$ 相乘等价于一个特定的空间滤波器的作用，找到这一滤波器，$\boldsymbol{U}$ 矩阵就不需要显式出现。目前的业务变分同化系统多采用递归滤波或球谐函数的滤波，前者适用于区域模式，后者适合于全球模式，关于滤波器的具体设计，可参看有关数值预报系统的文献或论著。受到滤波器使用的限制，在三维变分同化中的背景误差协方差基本上还是均匀、各向同性的，至多有一些局部的非均匀性与非各向同性的设计。关于背景误差的协方差的统计已经在关于最优插值部分叙述，这里不再重复。

实际的三维变分同化的计算步骤如下：

①由背景场计算每个观测的背景观测相当量以及与实际观测的差，即新息，并将观测误差加以标准化；

②取初始的 $\boldsymbol{w}$ 为 0，开始迭代循环；

③计算目标函数的观测项 $J_o=(\boldsymbol{H}'\boldsymbol{U}^{\mathrm{T}}\boldsymbol{w}-d)^{\mathrm{T}}\boldsymbol{R}^{-1}(\boldsymbol{H}'\boldsymbol{U}^{\mathrm{T}}\boldsymbol{w}-d)$；

④计算目标函数梯度的观测项 $(\nabla J)_o=\boldsymbol{U}\boldsymbol{H}'^{\mathrm{T}}\boldsymbol{R}^{-1}(\boldsymbol{H}'\boldsymbol{U}^{\mathrm{T}}\boldsymbol{w}-d)$，这里包含了前面提到的变量变换，即某种根据背景误差协方差矩阵设计的滤波运算；

⑤以上结果与 $\boldsymbol{w}$ 本身的公式合并求得 J 及其梯度；

⑥利用 J 的梯度，采用适当的最优化算法，确定 $\boldsymbol{w}$ 的更新值，并返回到③，继续极小化的循环，直至达到预定的精度要求。

与最优插值相比，三维变分同化的最突出的优势是允许与模式变量具有更复杂的关系的观测资料进入同化系统。当观测算子 $\boldsymbol{H}$ 是非线性的，由前面的推导可知需要导出观测的切线性算子及其伴随算子。由于卫星资料同化的重要性，我们将其列为单独一节，这里不做进一步讨论。

三维变分同化尽管不考虑观测随时间的分布，但实际上很难得到完全同时的观测资料，因此"同时"是近似的，为了减小观测资料的时间分布带来的误差又能保持三维变分同化的简便易行的特点，科学家们提出了一种简单的背景场时间校正方法(简称 FGAT，即 First Guess At Proper Time)。其基本做法是在由观测与背景场计算每个观测的新息量的时候，所使用的背景场取自准确的观测时刻的模式积分值，而维持目标函数的其他部分不变。这一处理减小了新息的计算误差，但整个同化的计算依然与原来的三维变分同化一样简单。

(2)四维变分同化

将三维变分同化所采用的变量变换 $\boldsymbol{x}_0-\boldsymbol{x}_0^b=\boldsymbol{U}^{\mathrm{T}}\boldsymbol{w}$ 应用于多个时刻观测的情况，可以得到

$$J=\boldsymbol{w}^{\mathrm{T}}\boldsymbol{w}+\sum_{i=1}^{n}(d_i-\boldsymbol{H}_i'\boldsymbol{M}_{0,i}'(\boldsymbol{U}^{\mathrm{T}}\boldsymbol{w}))^{\mathrm{T}}\boldsymbol{R}_i^{-1}(d_i-\boldsymbol{H}_i'\boldsymbol{M}_{0,i}'(\boldsymbol{U}^{\mathrm{T}}\boldsymbol{w})) \tag{2.34}$$

$$\frac{1}{2}\nabla_{X_0}J=\boldsymbol{w}+\sum_{i=1}^{n}\boldsymbol{U}\boldsymbol{M}_{0,i}'^{\mathrm{T}}\boldsymbol{H}_i'^{\mathrm{T}}\boldsymbol{R}^{-1}(\boldsymbol{H}_i'\boldsymbol{M}_{0,i}'(\boldsymbol{U}^{\mathrm{T}}\boldsymbol{w})-d_i) \tag{2.35}$$

一般说

$$\boldsymbol{M}_{0,n}=\boldsymbol{M}_{0,1}\boldsymbol{M}_{1,2}\cdots\boldsymbol{M}_{n-1,n}=\prod_{i=1}^{n}\boldsymbol{M}_{i-1,i} \tag{2.36}$$

代入并重新整理后得到

$$\frac{1}{2}\nabla_{X_0}J = \boldsymbol{w} + \sum_{i=1}^{n}\boldsymbol{U}\prod_{k=i}^{1}\boldsymbol{M}_{k,k-1}^{\prime\mathrm{T}}\boldsymbol{H}_i^{\prime\mathrm{T}}\boldsymbol{R}^{-1}(\boldsymbol{H}_i^{\prime}\prod_{k=1}^{i}\boldsymbol{M}_{k-1,k}^{\prime}(\boldsymbol{U}^{\mathrm{T}}\boldsymbol{w}) - d_i) \tag{2.37}$$

为简洁起见，记

$$F_i = \boldsymbol{H}_i^{\prime\mathrm{T}}\boldsymbol{R}_i^{-1}(\boldsymbol{H}_i^{\prime}\prod_{k=1}^{i}\boldsymbol{M}_{k-1,k}^{\prime}(\boldsymbol{U}^{\mathrm{T}}\boldsymbol{w}) - d_i) \tag{2.38}$$

代入后得到：

$$\begin{aligned}\frac{1}{2}\nabla_{X_0}J &= \boldsymbol{w} + \sum_{i=1}^{n}\boldsymbol{U}\prod_{k=i}^{1}\boldsymbol{M}_{k,k-1}^{\prime\mathrm{T}}F_i \\ &= \boldsymbol{w} + \boldsymbol{U}(F_0 + \boldsymbol{M}_{1,0}^{\prime\mathrm{T}}(\cdots(F_{n-2} + \boldsymbol{M}_{n-1,n-2}^{\prime\mathrm{T}}(F_{n-1} + \boldsymbol{M}_{n,n-1}^{\prime\mathrm{T}}F_n))))\end{aligned} \tag{2.39}$$

最后一个等式右端的第二项表示伴随模式从最后一个观测时间向前积分，并且在积分过程中将观测的影响不断加入，其中的 F_i 可以理解为观测时间段内的观测对梯度的贡献。实际同化时不可能完全按照观测发生的时间与那一瞬间的模式状态去比较并结合。如果一次同化考虑时间区间$[t_0, t_n]$的观测资料，我们将这一时间区间称之为同化时间窗，并将其进一步划分为若干个相等长度的小时间段并称之为观测时隙，对同一个时隙内的观测资料我们认为它们是同时进行观测的，例如可以认为它们都在该时隙的中间瞬间或起始瞬间进行观测，使得计算较容易实施。由以上的公式可以看出四维变分同化的基本步骤：

①在同化时间窗的起始时刻以上次预报为初始场积分预报模式到同化时间窗的终点，并将预报变量(可称之为背景预报)记录下来以备后面计算引用；

②按照时隙的划分来组织观测资料并进行预处理使之成为适于同化使用的格式；

③利用与观测同时的背景预报计算所有有效观测的模式观测相当量以及与实际观测值的差，即新息量；

④从同化时间窗的终点时刻开始，反向积分伴随模式，并在每个观测时隙增加相应的观测资料的贡献，直至同化时间窗的起点；

⑤计算目标函数及其梯度，用适当的最优化算法估计状态变量的修正值；

⑥返回到①，开始下一轮的优化循环，直至达到预期的精度。

目标函数与梯度的计算是为了利用最优化方法来求使目标函数取极小值的模式初始状态值。这种大规模的最优化问题一般都是迭代求解的，从前面的公式可以看出，单次计算即涉及预报模式及其切线性的正向积分与伴随模式的反向积分，计算量已经很大，再多次迭代其计算量又要大幅度增长。因此四维变分同化的实施严重地受到计算量的制约。20 世纪 90 年代中 Courtier(1994)等提出了一个增量策略，其基本思想是高分辨的非线性模式积分只用来计算观测的模式相当量以及它们与真实观测之差(即新息)，而最优化迭代中的切线性模式以及伴随模式的反复计算只在一组较低分辨率的网格中进行，换言之最优化是对低分辨率的模式进行的。在低分辨率网格中得到的结果，反插回模式原来的分辨率，重新积分非线性模式，并重复前面的过程。这一增量策略被证明既能大幅度节省计算量，又可以保证足够的精度。由于这一策略的提出与实施，使得四维变分同化从 90 年代末开始成功地被数值预报业务所采用，并对数值预报质量的提高发挥了关键的作用。

与三维变分分析相比，四维变分同化的主要优势在于考虑了背景误差的分布随着环流变化的特点并更合理地使用了多时刻观测资料。四维变分同化尽管还需要用到初始时刻的背景场的误差相关模型，但由于预报模式的引入，最终的背景场误差结构已经具有随着气流变化的特征。我们用简单的例子说明三维与四维变分同化的区别。先假定一个简单的四维变分同化系统，它的预报模式是正交的，即 $\boldsymbol{M}^{-1}=\boldsymbol{M}^{\mathrm{T}}$，并且 $\boldsymbol{B}=\sigma_b^2\boldsymbol{I}$，$\boldsymbol{R}=\sigma_o^2\boldsymbol{I}$，还假定整个状态向量在某个观测时间都被观测到，即 $\boldsymbol{H}=\boldsymbol{I}$，这里 $\boldsymbol{I}$ 是单位矩阵。对于单个时刻的观测，根据变分同化的理论，分析误差协方差矩阵的表达为

$$\boldsymbol{P}_{4D}^{a}(t_0)=(\boldsymbol{B}^{-1}+\boldsymbol{M}^{\mathrm{T}}\boldsymbol{H}^{\mathrm{T}}\boldsymbol{R}^{-1}\boldsymbol{H}\boldsymbol{M})^{-1} \tag{2.40}$$

在目前的情况下

$$\boldsymbol{P}_{4D}^{a}(t_0)=\frac{1}{\sigma_b^2+\sigma_o^2}\boldsymbol{I} \tag{2.41}$$

而在其后的时间的分析误差为：

$$\boldsymbol{P}_{4D}^{a}(t)=\boldsymbol{M}^{\mathrm{T}}\boldsymbol{P}_{4D}^{a}(t_0)\boldsymbol{M}=\frac{1}{\sigma_b^2+\sigma_o^2}\boldsymbol{I} \tag{2.42}$$

即误差协方差矩阵保持不变，并与三维变分时相同。分析值为

$$\boldsymbol{x}_a(t_0)=\boldsymbol{x}_b(t_0)+\boldsymbol{P}_{4D}^{a}(t_0)\boldsymbol{M}_{t_0,t_i}^{\mathrm{T}}\boldsymbol{H}^{\mathrm{T}}\boldsymbol{R}^{-1}(\boldsymbol{y}-\boldsymbol{H}\boldsymbol{M}_{t_0,t_i}(\boldsymbol{x}_b(t_0))) \tag{2.43}$$

而三维变分分析的结果是

$$\boldsymbol{x}_a(t_0)=\boldsymbol{x}_b(t_0)+\boldsymbol{P}_{3D}^{a}(t_0)\boldsymbol{H}^{\mathrm{T}}\boldsymbol{R}^{-1}(\boldsymbol{y}-\boldsymbol{H}(\boldsymbol{x}_b(t_0)) \tag{2.44}$$

尽管在目前的特殊例子里 $\boldsymbol{P}_{4D}^{a}(t_0)=\boldsymbol{P}_{3D}^{a}(t_0)$，比较上面两个式子我们可以看出，预报模式的引入使得观测与正确时刻的背景场进行比较，而在三维变分分析中观测是与同化时间窗的起始时间的背景场进行比较的，由于观测发生在其后的 t_i 时刻，因此这种比较是不正确的。同样的四维变分同化中伴随模式的向后积分又把观测的贡献传回到起始时刻。而这个过程在三维变分同化中同样被遗漏了。

实际上的分析误差的协方差矩阵不可能像上面这个例子那样是不变的。为了考察分析误差的传播，这里分析一单个观测的例子：假定这个观测正好就是状态向量的第 k 个元素，容易证明分析场为：

$$\boldsymbol{M}_{t_0,t_i}(\boldsymbol{x}_a(t_0)-\boldsymbol{x}_b)=\left(\frac{\boldsymbol{y}-\boldsymbol{x}_a(t_i)}{\sigma_o^2}\right)\begin{bmatrix}(\boldsymbol{M}_{t_0,t_i}\boldsymbol{B}\boldsymbol{M}_{t_0,t_i}^{\mathrm{T}})_{1k}\\(\boldsymbol{M}_{t_0,t_i}\boldsymbol{B}\boldsymbol{M}_{t_0,t_i}^{\mathrm{T}})_{2k}\\\vdots\\(\boldsymbol{M}_{t_0,t_i}\boldsymbol{B}\boldsymbol{M}_{t_0,t_i}^{\mathrm{T}})_{Nk}\end{bmatrix} \tag{2.45}$$

左端等于 $\boldsymbol{x}_a(t_i)-\boldsymbol{M}_{t_0,t_i}(\boldsymbol{x}_b)$ 是观测时刻的分析与由背景场积分到观测时刻的场的差，也就是相空间里分析与背景轨迹的差。而左端的 $\boldsymbol{M}_{t_0,t_i}\boldsymbol{B}\boldsymbol{M}_{t_0,t_i}^{\mathrm{T}}$ 是 t_i 时刻的背景场的误差协方差，它的变化受到模式的支配。这表明无论是背景误差的协方差矩阵还是分析增量都是随着气流而变化的，这与三维变分分析中背景误差始终不变是有本质区别的。

四维变分同化还特别有利于观测资料时间序列的使用。有的观测资料的时间序列如地面气压的时间变化能敏感地反映天气形势的变化，但静态的同化方法，如三维变分同化，却难以捕捉这类信息，而四维变分同化为这类资料的使用创造了条件。

前面已经看到四维变分资料同化需要开发切线性与伴随模式，这可能是开发四维变分同化的主要困难所在。对非绝热模式来说，由于多数物理参数化方案是强非线性的，甚至包括一些突变式的“开关”，发展相应的切线性模式及伴随模式存在困难，因此在实际上常对资料同化所用的模式的物理过程进行简化使之适于发展切线性与伴随模式。由于四维变分同化的梯度计算主要用于求目标函数的极小值，而它是一个全局量，实践表明在多数情况下局部的强非线性不致对此造成严重的影响，因此四维变分同化即使对于非绝热预报模式依然是可行的。

2.3.3 集合卡尔曼滤波

集合卡尔曼滤波(ENKF)是近年发展起来的新的资料同化方法。一个数值预报系统的状态变量随时间的变化与对大气的观测可以表示为

$$\boldsymbol{x}(t_n)=\boldsymbol{M}(t_{n-1})+\boldsymbol{\varepsilon} \tag{2.46}$$

$$\boldsymbol{y}_n=\boldsymbol{H}(\boldsymbol{x}_n)+\eta \tag{2.47}$$

符号的含义不变，并暂且假定预报模式与观测算子都是线性的。对 t_n 时刻的状态变量的估计是由 t_{n-1} 所做的预报与 t_n 时刻的观测信息的线性组合，根据 2.1.1 节的推导，这一估计为

$$\boldsymbol{x}_n^a=\boldsymbol{x}_n^f+\boldsymbol{K}(\boldsymbol{y}_n-\boldsymbol{H}_n(\boldsymbol{x}_n^f)) \tag{2.48}$$

$$\boldsymbol{K}=\boldsymbol{P}_n^f\boldsymbol{H}_n'^{\mathrm{T}}(\boldsymbol{H}_n'\boldsymbol{P}_n^f\boldsymbol{H}_n'^{\mathrm{T}}+\boldsymbol{R}_n)^{-1} \tag{2.49}$$

而分析(估计)误差为：

$$\boldsymbol{P}_n^a=\boldsymbol{P}_n^f-\boldsymbol{P}_n^f\boldsymbol{H}_n'^{\mathrm{T}}(\boldsymbol{H}_n'\boldsymbol{P}_n^f\boldsymbol{H}_n'^{\mathrm{T}}+\boldsymbol{R}_n)^{-1}\boldsymbol{H}_n'^{\mathrm{T}}\boldsymbol{P}_n^f=(\boldsymbol{I}-\boldsymbol{K}_n\boldsymbol{H}_n')\boldsymbol{P}_n^f \tag{2.50}$$

$\boldsymbol{x}_n^f$ 是从 t_{n-1} 起步所做的 t_n 时刻的预报，$\boldsymbol{P}_n^f$ 是其误差协方差，它们等于

$$\boldsymbol{x}_n^f = \boldsymbol{M}_{n-1,n}(\boldsymbol{x}_{n-1}^a) \tag{2.51}$$

$$\boldsymbol{P}_n^f = \boldsymbol{M}_{n-1,n}\boldsymbol{P}_{n-1}^a\boldsymbol{M}_{n-1,n}^{\mathrm{T}} \tag{2.52}$$

以上给出了卡尔曼滤波的全部公式，可以看到卡尔曼滤波不仅给出了对状态变量的估计，也给出了估计误差随着时间的演变。可以进一步证明，在模式与观测误差都是正态分布的情况下，在同化的结束时刻卡尔曼滤波与四维变分同化将得到相同的状态变量估计。卡尔曼滤波应用到资料同化有两个主要障碍。一是实际的预报模式与观测算子都是非线性的；二是由于卡尔曼滤波需要显式估计每一步状态变量的误差协方差矩阵，即其计算量与状态变量的个数平方成比例，对于像气象资料同化这样的大规模问题，这一计算量实际上是无法承受的。为了处理非线性问题，将预报模式与观测算子都围绕背景场作线性化，这时以上方程需要做适当修改，将预报模式与观测算子改为它们的切线性模式。但计算量问题仍无法解决。

20 世纪 90 年代中，科学家提出了用集合预报的各个成员间的离散度估计模式的预报误差的新方法，即：

$$\boldsymbol{P}_n^f \approx X_s X_s^{\mathrm{T}} \tag{2.53}$$

这里 $\boldsymbol{X}_s$ 是全体集合成员的预报构成的矩阵，其内每一个列向量是一个成员的预报变量：

$$\boldsymbol{X}_s = \begin{pmatrix} \boldsymbol{x}_1^{f1} & \cdots & \boldsymbol{x}_1^{fk-1} & \boldsymbol{x}_1^{fk} \\ \boldsymbol{x}_2^{f1} & \cdots & \boldsymbol{x}_2^{fk-1} & \boldsymbol{x}_2^{fk} \\ \cdots & \cdots & \cdots & \cdots \\ \boldsymbol{x}_m^{f1} & \cdots & \boldsymbol{x}_m^{fk-1} & \boldsymbol{x}_m^{fk} \end{pmatrix} \tag{2.54}$$

这里 m 表示状态变量的总数，k 表示集合预报的成员数。预报与分析误差的传递不再显式地进行预报，计算量大幅度降低。这样求得的背景误差协方差矩阵，充分体现了误差随着气流传播的特点。当观测数量多的时候增益矩阵 $\boldsymbol{K}$ 的显式计算依然是很困难的。由于背景误差是非各向同性、非均匀的，像三维变分同化中的规则变量变换是不适用的。传统的卡尔曼滤波的顺序算法是一个可考虑的方案。

集合卡尔曼滤波突出了背景误差的统计特征随着环流的变化而改变，与背景误差被限定取简单形式的变分同化有明显的优势，另外它不需要预报模式的切线性与伴随，因此系统研发的难度比四维变分要小得多。对于强非线性物理过程占主导的中小尺度问题切线性模式与伴随模式的发展有很大困难，集合卡尔曼滤波也是一个较好的选择。

集合卡尔曼滤波是通过有限个集合样本的统计模拟预报误差的统计分布，集合成员数应该很大才能得到可用的结果，但实际上集合成员数是很有限的，这会造成很严重的后果，例如使得估计的背景误差不真实地偏小，并进一步导致观测资料的贡献减小，最终使得同化无法继续。实际同化时总是对有限集合估计的背景误差进行必要的修正。

2.4　气象观测资料的质量控制

2.4.1　气象观测资料的误差分类

气象观测资料中总是存在观测误差。所谓观测误差是相对于实际大气的‘真值’而言的，由于“真值”并不能获得，往往用其他参考值给出，如气候值或数值模式的预报值，由此估计的观测误差也有差异。根据观测误差特性，把气象观测资料的误差大致归纳为随机误差、系统性误差和过失误差（gross error）三类。

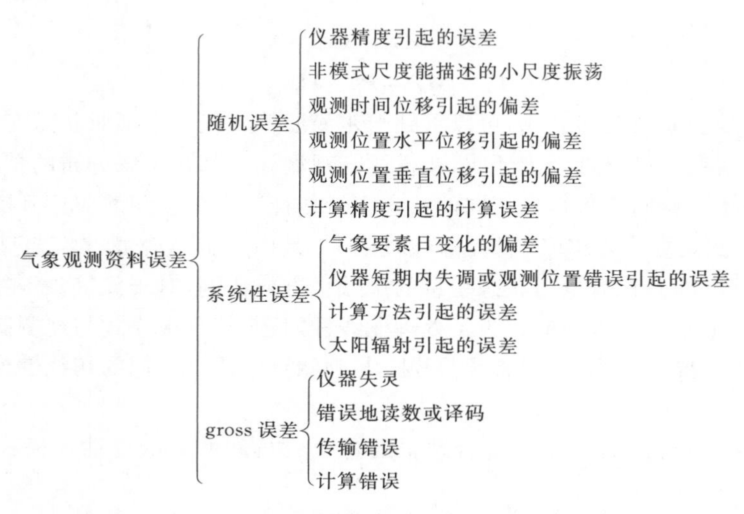

图 2.1 气象观测资料的误差分类及产生的原因

随机误差是任何资料中都存在的固有特性,误差来源具有多样性,它的概率分布多被假设为正态分布,其均方根误差被用作度量随机误差的大小,它包含观测仪器和观测方法引起的误差以及模式不能描述的次网格尺度扰动(又称代表性误差)。在处理气象观测资料时,不可能也不必要试图把它排除掉。

系统性误差(通常称为偏差)通常在时间上呈持久性。引起系统性误差主要原因为仪器标尺的偏移或没有考虑持久性因素的影响。借助这一特点应用统计方法或经验知识确定,并进行必要的偏差订正来消除它。

过失误差的危害是非常大的。它往往能造成数值天气预报系统中断或产生严重偏离。气象观测资料质量控制的主要目的是识别和剔除过失误差。随着数值预报技术的发展,对观测资料的质量要求越来越高。因此观测资料的质量控制也就显得越来越重要。数值预报的质量控制大致包含对数据质量的检查与在资料同化中的使用决策两个步骤,前者是指依据关于某类观测要素的知识,对观测数据的真伪进行判断或进行可能的误差估计;后者是指在第一步的基础上对如何使用观测数据作出决策,如正常使用、剔除或进行订正等。

2.4.2 基本气象要素观测资料的质量检查

对于基本气象观测要素(温、压、湿、风)的基本质量检查方法有气候极值检查等十余种。

气候极值检查是为了剔除超出气象值范围的错误数据。其极值标准是根据气候资料统计获得的(Eischeid 和 Bruce 1995)。为了避免错误地剔除正确资料,所规定的极值检查判据比较宽松,只能剔除明显的错误资料。

要素间一致性检查又称内部一致性检查,其基本算法是基于两观测要素的气象学相关性,检查它们之间是否存在矛盾现象。数值预报内部一致性检查的观测资料只有风向与风速,空气温度与露点温度。

时间一致性检查的目的是检验相邻时次观测信息或观测要素的时间变化率,识别出不真实的突然变化。此方法适用于高时间分辨率的观测资料,其检查判据与样本的时间分辨率有关。

最小变率检查主要功能是检查仪器失灵等(如结冰、通信问题)造成的观测参数变化太小或不变。该检查有两种方法,其一是标准差方法,它要求给定时间范围内观测资料的标准差大于给定的判据;其二是相邻观测时次资料差方法,它要求给定时间范围内所有相邻观测时次资料差的最大值大于给定判据。

垂直一致性检查是应用于多层次观测资料(如探空),检查要素在垂直方向满足一致性,还要求要素之间满足一些气象学关系(如静力学关系)。对于探空资料,除要经过气候值检查外,还要做气压对数线性内插检查、温度垂直递减率检查、逆温层结检查、静力学检查、风的垂直切变检查、结冰检查等。

背景场一致性检查是为了避免观测资料和背景场偏离太大,造成模式初值不协调。背景场一致性检查是根据观测资料和背景场的差(简称观测余差)是否超出允许范围而判别观测资料可疑与否。一般取观测余差3、4倍标准差作为背景场一致性检查的警告、可疑判据。

水平一致性检查是检查观测资料与周围测站观测资料的一致性。可用于水平一致性检查的方法有很多,如最优插值方法(Lorenc 1981)、逐步订正方法(Barnes 1964)、伙伴(BUDDY)法。

除以上的客观检查外,人工干预过程也是质量控制的重要组成部分。有时,一些隐蔽的细微的问题(如仪器漂移、地形起伏较大的地区或局地小尺度现象)自动观测质量控制观测不易识别或作出错误决策。人工干预的主要目的是对自动质量控制不易判别的资料进行人工主观决策,包括订正自动观测质量控制的错误决策。

人工干预需要大量可视化辅助工具,其中包括误差列表、实况天气图、模式预报图、气候天气图、卫星云图、雷达天气图、时间序列图、统计信息、地形图和测站环境信息等。

2.4.3 质量控制的决策方案

不同数值预报系统或数值预报系统的不同发展阶段,往往采用不同的质量控制的决策方案。主要的质量控制的决策方案有:分散独立质量控制决策方案、综合质量控制决策方案和贝叶斯(Bayesian)质量控制方案。

分散独立质量控制决策方案中,各种质量控制方法分别进行决策,把检查判据以内的资料作为正确的而保留,把临界以外的资料作为过失误差的而剔除。这种方案存在错误决策的风险。

综合质量控制决策方案(Complex Quality Control of Meorological Observations,简称CQC)首先是由Gandin提出并发展起来的(Gandin 1988,William 2001),它包括各个质量控制方法(又称CQC分量)和较复杂决策(DMA)算法。它的主要优点是每个CQC分量不做决策,只对判别结果做标识,最后由DMA算法根据先验知识进行综合判别,以减少错误决策。

贝叶斯质量控制决策方案是Lorenc(1988)提出并运用于气象观测资料。它是根据观测误差分布特性推导的。以达到用概率来定量地描述观测资料为过失误差的概率。

由于历史原因,目前国家气象中心数值预报同化系统的观测资料质量控制方案仍采用分散独立质量控制决策方案。其中的水平一致性检查仍采用伙伴法。没有进行人工干预工程。最近,针对地面自动站资料,设计了二次迭代的逐步订正方法(陶士伟等 2009)。

2.4.4 变分质量控制

变分质量控制(VARQC)是以变分同化系统为基础的质量控制过程(Andersson 1999)。基本原理是根据观测误差分布特性(随机误差满足正态分布,过失误差满足均匀分布),应用贝叶斯理论推导的在变分同化迭代过程中的质量控制技术。当观测资料错误时,其权重函数趋于零;反之,当观测资料正确时,其目标函数及其梯度采用正态分布观测误差的概率密度函数。

变分质量控制与变分分析同步进行的,即将质量控制作为变分分析问题的一部分。考虑观测误差包括随机误差和过失误差,其中随机误差满足正态分布,过失误差满足均匀分布。对于单一观测资料,误差的概率密度函数为:

$$p^{QC}=(1-A)N+AF \tag{2.55}$$

式中 A 为过失误差概率,可根据历史观测资料的统计获得,N、F 分别为正态分布与均匀分布函数,分别表示随机误差与过失误差的概率分布。

根据前面所引的Bayesian估计原理,分析相当于一个极小化问题,其目标函数的观测项可写为(Lorenc 1988):

$$J_o=-\ln p+c \tag{2.56}$$

式中 p 是观测误差的概率密度,c 为任意常数,将式(2.55)代入,可得

$$J_o^{QC}=-\ln\left[\frac{\gamma+\exp(-J_o^N)}{\gamma+1}\right] \tag{2.57}$$

$$\nabla_y J_o^{QC}=\nabla_y J_o^N W^{QC} \tag{2.58}$$

这里：

$$W^{QC}=1-\frac{\gamma}{\gamma+\exp(-J_o^N)}=1-p \tag{2.59}$$

$$\gamma=\frac{A\sqrt{2\pi}}{(1-A)2d} \tag{2.60}$$

$$p=\frac{\gamma}{\gamma+\exp(-J_o^N)} \tag{2.61}$$

参数 d 为过失误差等概率分布的半宽度。式(2.61)说明，当观测资料错误时($p\approx1$)，其权重函数趋于零；反之，当观测资料正确时($p\approx0$)，其目标函数及其梯度采用正态分布观测误差概率密度分布函数。式(2.59)表明在极小化迭代过程中，每一步都需要重新计算观测误差权重函数，其大小与观测资料与分析场的偏差有关。在分析过程中，只要获得周边观测资料的支持，即使先前被拒绝的资料也可以重新影响分析结果。

对全体观测资料

$$J_o^{QC}=-\ln\prod_i p_i+C=-\sum_i \ln p_i+C=\sum_i J_{oi}^{QC} \tag{2.62}$$

过失误差后验概率 p 依赖分析偏差并假定观测算子是正确的，这意味着在变分质量控制之初，需要分析场足够好；在实践中，极小化迭代过程中前若干步不用变分质量控制，然后采用变分质量控制直到极小化迭代过程结束。

2.5 气象综合观测系统与探测内容

2.5.1 气象综合观测系统的构成

现代气象综合观测系统可以分为地基、空基、天基三大分系统，分类的依据是传感器所在的空间位置或传感器搭载的平台，王强等(2008)对气象综合探测系统进行了综合描述。地基观测系统的传感器位于地球表面，既包括通过传感器与空气的直接接触方式进行气象参数测量的系统，如各类地面气象观测站，车载和船载的气象观测系统，气象海洋浮标等，也包括地基遥感探测系统，如天气雷达等。空基观测系统的传感器位于地球表面以上、大气层以内，如气象气球无线电探空、飞机气象探测、飞艇气象探测、气象火箭探测等。天基观测系统的传感器位于地球大气层以外，主要是指气象卫星遥感探测，主要包括位于赤道上空的地球静止气象卫星、近极地太阳同步轨道卫星，以及为专门探测目的设置的小卫星，如 GPS 掩星信号接收的小卫星。

在地基观测系统中，全球有一万多个气象观测站按照 WMO 统一技术要求进行连续观测，有 4000 多个气象站参与天气资料全球交换。地基遥感包括 X/C/S 波段的系列化天气雷达、风廓线雷达、雷电检测、GPS 可降水率遥感探测等。在空基观测中，全球气象高空探测有 1000 多个探空站，实施每天 2 次以上的探空业务，有 600 多个探空站参与天气资料全球交换。有 3000 多架商用飞机进行气象探测业务，每天资料可达 30 万份，其他飞机直接探测和下投式探空仪资料也通过 GTS 线路进行交换。在天基观测中，静止轨道气象卫星主要包括美国的 GOES-11/12，欧空局的 MSG/METEOSAT-7/8，日本的 METSAT 和中国的 FY-2 C/D 星，极轨气象卫星主要有美国 NOAA 系列卫星和军用 DSMP 系列卫星，欧空局的 METOP-A，中国 FY-3 卫星等，还有一系列应用技术卫星提供气象业务所需要的观测资料，包括具有专门气象探测功能的卫星，如 EOS，TRMM，SPOT，GPS/COSMIC 等。

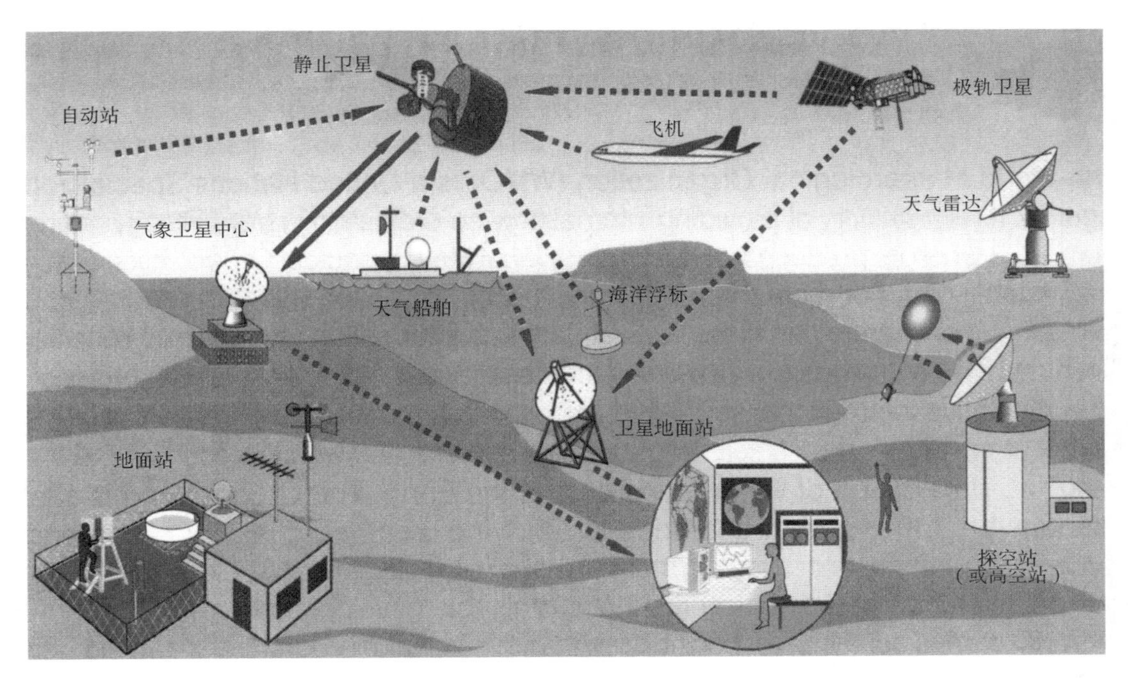

图 2.2　气象综合观测系统示意图

2.5.2　气象综合观测系统的主要探测内容

直接观测通过传感器与空气的直接接触测量空气的某方面参数如压、温、湿、风等要素，多数情况下就是数值预报模式的大气状态变量，数据的误差较小，长期以来是数值预报的基本资料来源。但由于属于人工观测，因此只能局限于人类活动能够到达的区域，观测的时间频次也受到很大限制。

天气雷达与气象卫星的遥感观测在空间位置与时间频次都不受到人的限制，因此其空间覆盖与时间频次都较直接观测大幅度增加，特别是可以填补人迹罕至的地区观测资料的空白和进行连续的观测。天气雷达遥感探测的主要是电磁波信号强度的变化，多普勒天气雷达还能测量电磁波信号频率的变化。天气雷达主要探测的是大气中雨滴等湿度参数和雷达径向风的信息。

气象卫星遥感探测包括被动式、主动式和掩星遥感探测三类。气象卫星被动式遥感探测本身不放射电磁波，只是被动的接受地球大气发出的电磁波，按观测种类分为大气垂直探测仪与成像仪两类，前者以探测大气垂直廓线特征为主，对大气吸收的电磁信号敏感，主要包含温度、湿度信息，代表性的有 NOAA 卫星搭载的 ATOVS，AQUA 搭载的 AIRS 探测仪。成像仪对地面电磁信号的发射敏感，以探测地面信息、大气中云与可降水等湿度特征为主，代表性的有 NOAA 搭载的 AVHRR，DSMP 搭载的 SSMI，以及静止气象卫星搭载的探测仪。气象卫星主动式遥感探测直接对观测目标发射电磁信号，探测电磁波信号的回波与散射，探测的信息主要是海面的风、洋面高度、云雨信息、大气风廓线与湿度廓线等，代表性的有 TRMM/PR，ESR/ASCAT 等。气象卫星掩星探测主要是接收 GPS 信号的时间延迟信息，主要包含大气的温度、湿度信息，代表性的有 GPS/COSMIC。此外，通过对同一区域的连续观测，利用空间相关特征可以获得平均风的观测信息，代表性的有静止轨道气象卫星与极轨气象卫星的云导风信息。

目前用于全球数值天气预报的观测资料如图 2.3（彩）、图 2.4（彩）所示。

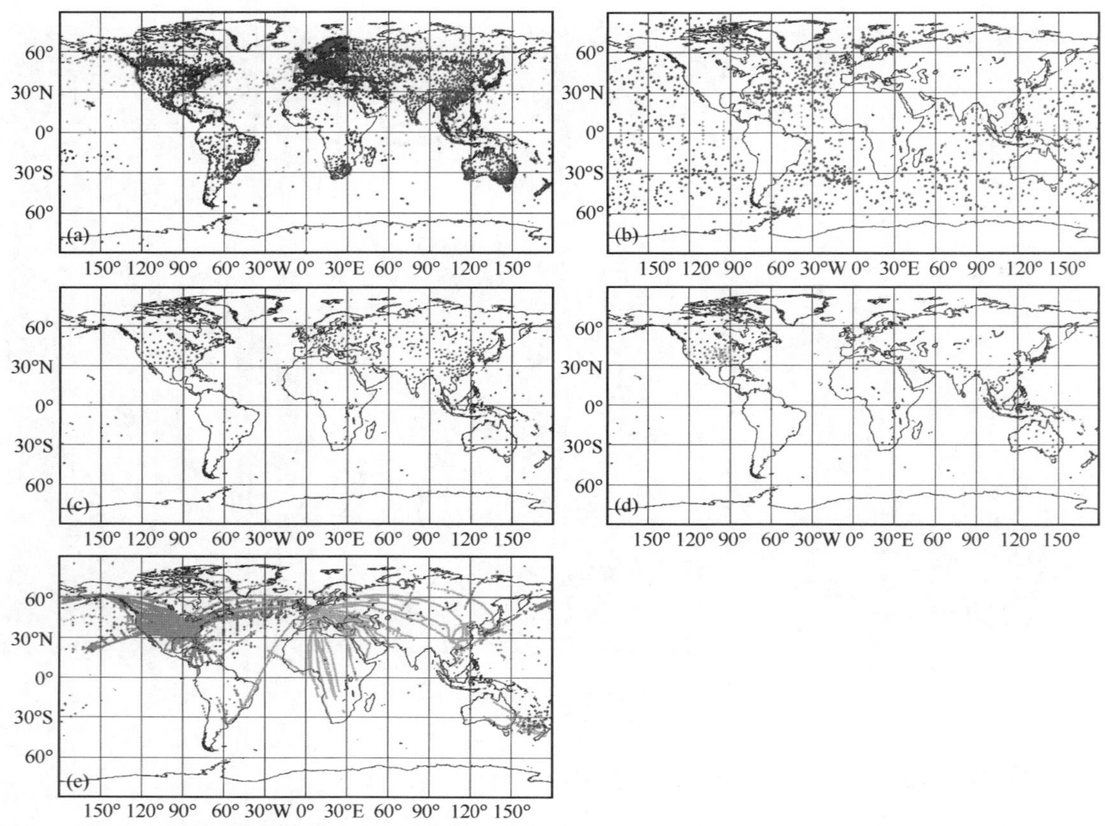

图 2.3 用于数值预报的常规观测资料及其分布特点((a)地面与船舶观测;(b)浮标气象观测;(c)无线电探空观测;(d)小球测风关观测;(e)飞机报告,不同颜色代表不同的资料种类)

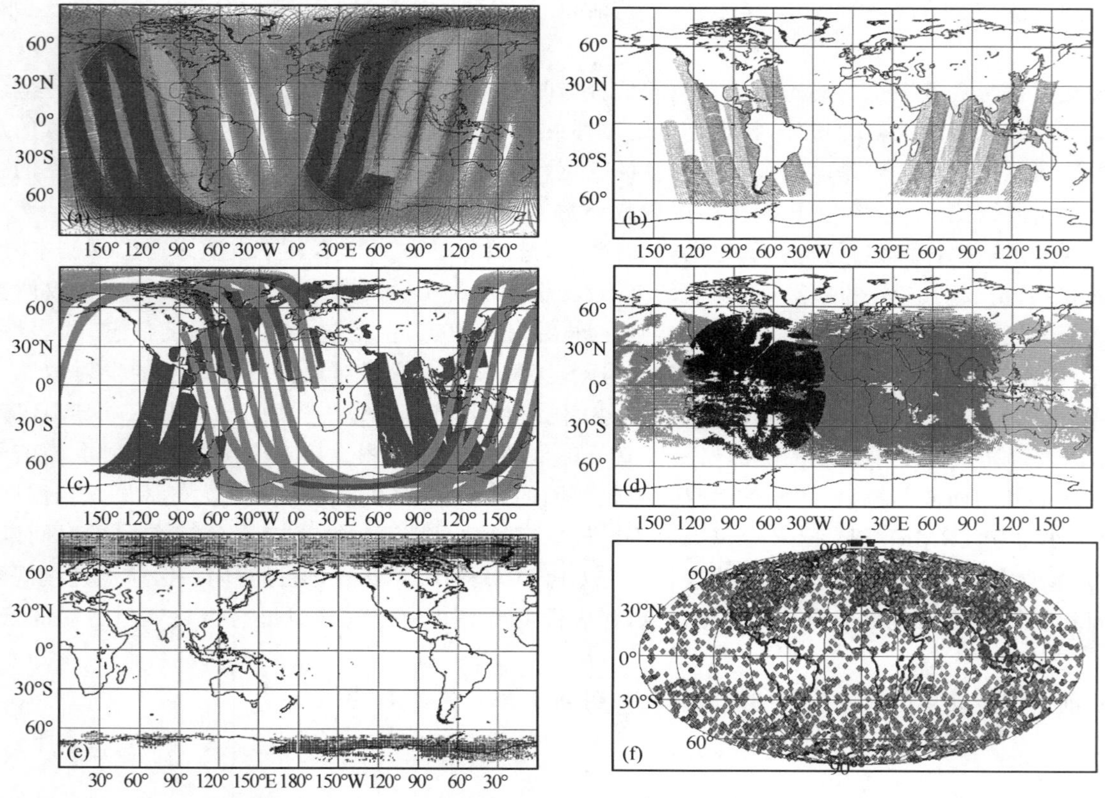

图 2.4 用于数值预报的主要卫星遥感探测资料及其分布特点((a)大气垂直探测仪资料;(b)微波成像仪资料;(c)洋面散射仪测风资料;(d)静止卫星导风资料;(e)极轨卫星导风资料;(f)GPS 掩星资料。不同颜色代表不同的资料种类)

2.6　大气资料同化的主要技术

当代大气资料同化普遍采用了变分同化技术，三/四维变分同化系统已在业务数值预报中广泛使用，且大部分业务中心的全球与区域模式都实现了四维变分同化分析业务。我国的全球谱模式 T639 采用三维变分同化技术，新一代数值预报业务系统 GRAPES 采用三/四维变分同化可选的方案，其中三维变分同化已在业务中应用。集合卡尔曼滤波资料同化技术也在加拿大等国进行业务尝试，目前还没有进行业务应用。

前几节叙述了资料同化的主要理论与技术方法，本节讨论大气资料同化中的一些具体问题。

2.6.1　大气数值预报模式与资料同化的状态变量

当前的大气数值预报模式可以分为静力平衡和非静力平衡两类，前者假定垂直加速度与垂直运动方程中其他项相比可以忽略，因此重力与垂直气压梯度力达到平衡(称为静力平衡)，后者则考虑了垂直加速度的贡献。对于静力平衡模式，气压与温度有一个固定的关系，因此气压(或位势高度)与温度存在确定关系，在分析变量中只能两者取其一。而对于非静力模式气压与温度必须同时包括在模式与同化系统的状态变量中。但在实际预报系统中，初始场往往取成静力平衡的，因此实际的同化系统的状态变量中，温度与气压只取其一。

原本连续的大气状态变量在数值预报模式中是被离散化了的，模式与同化系统的状态变量是连续的状态变量的数值近似。目前最通用的模式离散化方案有谱方法与有限差分方法两类，相应的模式及同化系统的状态变量也就有两类，一类是预报变量场的谱展开系数，另一类则是离散格点上的预报变量值。但也有一些同化预报系统为了分析同化的方便，同化系统的分析变量与预报模式的预报变量并不一致，在模式积分开始前再将同化的结果转换成模式需要的变量，如对谱模式可以先分析离散格点的变量值，再展开成谱系数。下面用 GRAPES 系统说明大气资料同化的基本情况。

GRAPES 的变分资料同化有两套方案，一套并不绑定在 GRAPES 预报模式的方案，称之为通用分析方案或等压面分析方案；另一套完全绑定在 GRAPES 预报模式上，称之为 GRAPES 专用分析方案或模式变量分析方案。GRAPES 模式的预报变量是风的三个分量 u，v，w，标准化气压变量(即 EXner 函数)Π，位温 θ，比湿 q_v 以及其他水物质变量：云水、云冰、雨水、雪、霰、雹，表示为 q_c，q_i，q_r，q_s，q_g，q_h 等。模式的变量空间分布采用 Charney-Phillips 垂直交错与 Arakawa-C 水平交错网格。在第二套方案中分析变量取得与预报模式一致，即直接分析交错网格点上的预报变量值 Π，θ，u，v，q_v 等(垂直速度与 q_v 暂时没有分析)，这可以避免由于变量的转换与插值带来的附加误差，但使得同化方案显得复杂，特别是部分观测算子的表达非线性增加。而在等压面分析方案中，分析变量是通用的位势高度、温度、风的南北与东西分量以及水汽混合比，它们都定义在相同的等距经纬度网格点即 Arakawa-A 网格点上，垂直方向也没有变量交错。这套方案可以方便地与任何其他模式对接，也可方便地引用其他系统的部分模块，例如直接移植其他系统的新型观测的观测算子，但存在附加变量变换与插值误差。目前的业务系统使用模式变量方案，而四维变分也全部采用模式变量方案。

同化的水汽变量的选取是一个相对特殊的问题。从同化系统的角度，希望所选取的湿度分析变量的误差接近正态分布并与其他变量有较好的独立性。而从观测与预报模式的角度则希望在观测算子与模式的云雨降水过程的计算相对简单直接，不产生附加的误差。这些要求经常是互相冲突的，例如相对湿度一般其误差较接近正态分布，但与温度不独立，而比湿的误差与其他变量有较好的独立性，但远离正态分布。有的业务中心推荐采用所谓的假相对湿度，它是由比湿与背景场的饱和比湿相除得到的，具有相对湿度的量纲，因此误差分布较接近正态，但本质上是比湿，因此相对温度变量是独立的。我们的试验也支持了这一建议。当然还可以做进一步的变量变换以取得更好的分析效果。

2.6.2　数字滤波初始化过程

由资料同化分析得到的初值场中，气压场和风场之间仍有可能不平衡，造成数值模式积分开始几个小时因模式自动调整产生虚假的高频重力波振荡。必须对初值进行调整以便有效地控制气压场和风场间的不平衡，避免虚假的高频重力波振荡对预报的损害。这种调整过程称为初始化。早期的初始化采用非线性正规模方法，该方法用模式自由大气中自由振荡的正规模来表示分析场，然后修正其中的快波模即重力波模的系数，使其初始倾向为零，从而约束高频重力波的发展。

Lynch 和 Huang(1992)提出了一种由离散 Fourier 函数与 Lanczos 函数窗构造的数字滤波器(DFI)，权重系数为：

$$h_n=\frac{\sin(n\theta_c)}{n\pi}\times\frac{\sin[n\pi/(N+1)]}{n\pi/(N+1)} \tag{2.63}$$

截断频率 $\theta_c=\omega_c\Delta t=\frac{2\pi}{T_s}\Delta t=\frac{\pi}{n}$，$T_s$ 是滤波的时间长度。对于 $\theta\gg\theta_c$ 的高频波，振幅将消减到零附近，而 $\theta\ll\theta_c$ 的低频波，振幅大致保持不变。滤波器的频率响应函数可表示为

$$T(\theta)=h_0+2\sum_{K=1}^{N}h_k\cos k\theta \tag{2.64}$$

标准化后的滤波器参数如图 2.5 所示。式(2.63)和图 2.5(a)告诉我们，权重系数是一个偶函数。由于经过标准化处理，图 2.5(b)中的频率响应函数在频率为零时等于 1，这符合理想滤波器的要求。但是，过渡区域($|\theta|>|\theta_c|$)太宽，说明有强烈的 Gibbs 振荡，在频率为 0.1 的地方响应函数还保持在靠近 0.6 的位置，此时高频扰动并没有完全截断，直到 θ 增大到 0.2 附近，响应函数才降到 0 附近，这说明截断的精度并不是很高。

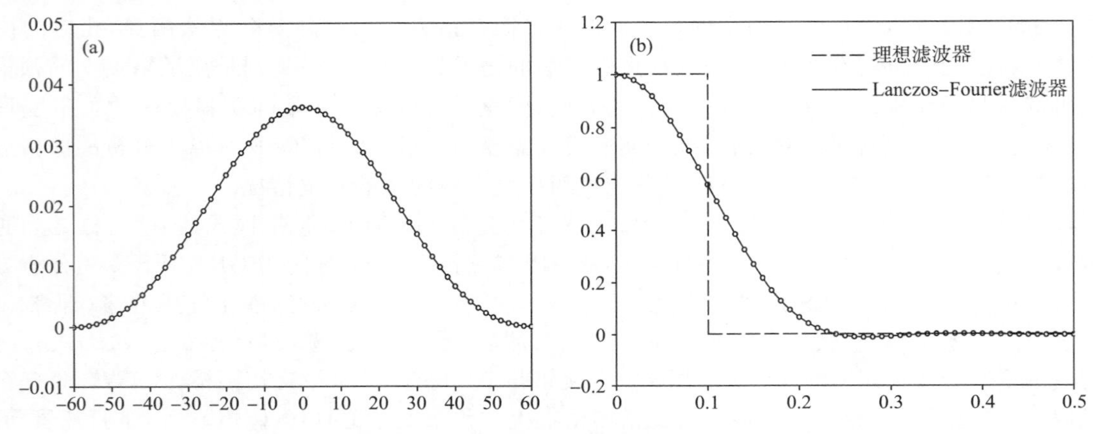

图 2.5 标准化后的滤波器参数(a)权重系数，(b)频率响应函数

考虑一组时间离散序列$\{X_n\}$，数字滤波器可以理解为从$-T_M$ 到 T_M 积分的时间加权平均：

$$Y=\sum_{n=-T_M}^{T_M}h_nX_n \tag{2.65}$$

这里已经考虑了权重系数 h_n 是偶函数，Y 就是模式的初始值。对模式面每一层上的每一个点进行滤波就可以得到初始场。对具体模式初值，模式向前积分至 T_M，获得$(0,T_M)$时间序列 X_n，向后积分至$-T_M$，获得$(-T_M,0)$时间序列 X'_n，然后利用式(2.65)进行滤波处理。

2.6.3 大气遥感资料的同化

气象卫星遥所直接感应的是不同波长的电磁波的强度。由于被星载仪器感应的电磁波是由地球大气发射或者经过地球大气的作用后返回的，因此在一定程度上反映了大气的物理属性，这是卫星遥感资料同化的物理基础。只要定量地描写出所观测的电磁波与大气相互作用的物理过程，就可以建立起有关卫星观测的观测算子，利用前面两节的理论与方法对卫星观测资料进行同化。

卫星资料的同化分为间接与直接同化两类。所谓间接同化是指先将卫星观测的数据采用物理或者统计方法反演出气象要素，如大气温度或湿度，再将反演的结果作为气象观测值放入同化系统进行同

化。而直接同化是将大气状态变量与卫星观测的电磁波参数的定量关系作为观测算子放在同化系统中，因此可以直接同化卫星观测的数据。间接同化所同化的是一般的气象要素，因此对同化系统的要求不高，早期发展的简单同化方法都可使用这些资料，但其前面的反演过程与同化是独立的，而反演过程一般也需要引入背景场，因此整个同化过程实质上存在两个背景场，使得背景误差复杂化：如果它们是同一个场，则它被重复使用，其在同化中的作用会被夸大；如果它们不相关则不仅引入了新的误差源，并且其特性不能在同化系统中得到反映。由于这些原因卫星资料的同化的效果长期不佳。由于变分同化技术的发展，复杂的观测算子的使用不再有困难，为直接同化创造了条件。目前卫星资料的直接同化已经成为气象资料同化最重要的部分。

极轨气象卫星搭载的大气垂直探测器使用微波与红外通道，根据大气辐射能量传播的理论，卫星所接收的（也即由大气顶向空间发射的）特定波长的辐射能量可以表示为大气柱温度与湿度的加权平均，而不同的波长的权重函数形式是不同的。实际观测到的各个通道的辐射能量是按相应的权重函数计算的气柱温、湿度的加权平均。这意味着对于给定的大气温湿度廓线，可以计算出大气顶发出的各个通道的辐射能量。这些计算公式定义了卫星的观测算子，为了同化的需要还要求出它们的切线性与伴随算子。实际的资料同化中为了加速计算并不按照辐射传输模式来严格计算辐射能量，而是发展了具有足够精度的快速算法，这些算法根据高垂直分辨率的大气柱温湿度数据直接算出大气顶的辐射能量。计算中需要用到一部分地面参数与气象要素，气柱内的云的参数以及模式顶以上的气象要素，还需要一部分大气成分数据。对于特定的通道，辐射能量对一些无法精确知道的数据并不敏感，因此可以通过适当的通道选择减小同化中的不确定性。一旦观测算子确定后，即可根据模式的背景场计算各个通道的模式观测相当量，并进而采取与其他观测资料相同的步骤进行资料同化。

卫星资料同化的一个重要问题是卫星观测资料的质量控制与偏差订正。与其他的多数观测仪器不同，卫星观测可能存在明显的系统偏差，在同化前后同化过程中应将这种系统偏差消除。根据分析系统性的偏差，与扫描角以及大气本身的要素有关，基于对历史资料的统计，可以减了偏差订正的统计模型，从而实现对观测的偏差订正。而统计模型本身要随着季节或天气而调整。偏差订正也可以纳入到变分同化中进行，从理论上讲应该可以取得更好的结果。

卫星资料的同化还包括其他的卫星观测量，如大气运动矢量（即卫星云导风），星载散射仪的观测等。这些资料中有的不是采取直接同化的方法，而是同化反演得到的气象要素，故从同化的角度它们等同于直接观测；有的资料的直接同化涉及更为复杂的问题我们不在这里讨论了。还有一些新的卫星观测资料，如GPS掩星观测。间接同化掩星反演的温湿度与同化探空没有大的差别，由于其垂直分辨率很高，有必要在垂直方向进行适当的稀疏化。直接同化掩星观测需要把掩星观测算子加到同化系统中，基本原理与前面说的卫星资料同化是相似的。

有一类十分重要的遥感资料是天气雷达，特别是多普勒天气雷达，它的直接观测数据是三维径向速度与回波强度。可以用物理或统计的方法反演成二维的风场，作间接同化，也可以直接利用径向速度与反射率作直接同化。由于天气雷达回波的主要反射体是大气中的雨滴或云滴，因此天气雷达资料同化是获取大气中的水物质含量的主要途径，这就需要与模式的云与降水过程结合起来。这是目前变分同化中较为困难的方面，有不少研究转而求助于集合卡尔曼滤波，是目前一个研究热点。

2.6.4　快速辐射传输算子

辐射传输算子用于模拟卫星红外或微波辐射率，其核心是大气透过率模式。大气透过率的计算是一个十分复杂的过程，目前，在大气遥感领域经常使用的大气透过率模式有两类：一类是逐线（LBL）模式，通常称为精确模式；另一类是参数化（或解析）模式，通常称为快速模式。快速、精确的透过率模式是卫星大气垂直探测资料直接变分同化应用的核心技术之一。

大气层顶向上的大气辐射可以看作大气温度以及大气中吸收气体分布的函数，气象卫星在大气层顶探测到的大气辐射也就包含了这些信息。由于这些电磁辐射遵循一定的物理规律，因此利用辐射传递模式模拟大气层顶向上的大气辐射，这时一般需要假设大气为平行平面局地动力、热力平衡的情况，有时还需要忽略散射以及地球表面镜面反射的影响。此时，晴空条件下大气层顶向上的单色辐射可以表达为：

$$L^{Clr}(\nu,\theta)=\tau_s(\nu,p_s,\theta)\boldsymbol{\varepsilon}_s(\nu,\theta)\boldsymbol{B}(\nu,T_s)+\int_{\ln p_s}^{\ln p_\infty}\boldsymbol{B}(\nu,T(p))\frac{\partial\tau(\nu,p,\theta)}{\partial\ln p}\mathrm{d}\ln p+$$
$$(l-\boldsymbol{\varepsilon}_s(\nu,\theta))\tau_s(\nu,p_s,\theta)\int_{\ln p_s}^{\ln p_\infty}\boldsymbol{B}(\nu,T(p))\frac{\partial\tau(\nu,p,\theta)}{\partial\ln p}\mathrm{d}\ln p \tag{2.66}$$

式中右边第一项表示表面对大气层顶向上的单色辐射的贡献，$\varepsilon_s(\nu,\theta)$为表面的入射角为$\theta$，在光谱位置(波数)$\nu$的单色发射率，下标$s$表示表面变量；第二项表示大气的单色辐射，$\boldsymbol{B}(\nu,T(p))$为气压层$p$间在背景温度为$T$时的平均Planck函数，$\tau$为从该气压层到大气层顶的单色透射率；第三项为表面反射的向下大气辐射。由于卫星探测通道具有一定的光谱宽度，对于卫星探测的大气层顶向上的辐射还需要将单色的大气辐射与卫星探测通道的光谱响应函数作卷积处理：

$$\hat{L}(\nu^*,\theta)=\int_{-\infty}^{\infty}L(\nu,\theta)f(\nu^*-\nu)\mathrm{d}\nu \tag{2.67}$$

式中$f(\nu^*-\nu)$为归一化的通道光谱响应函数，ν^*为通道的中心波数，θ为辐射通量的入射角，$L(\nu,\theta)$为入射角为θ，光谱位置为ν的辐射通量。

目前在数值预报资料同化中业务使用的快速辐射传输模式属于用回归方程定义光学厚度计算系数的模式。即依据平行平面大气假设，按照等压面的设置和大气中吸收气体含量划分辐射传输模式的模式层。模式中，卷积后任意模式层到大气层顶的通道光学厚度可以展开成若干依赖于大气廓线的预报因子与光学厚度计算系数乘积的累加和的形式，其中，光学厚度计算系数(也称快速透射率计算系数)的得出依据精确的逐线积分大气辐射传递模式预先对不同的大气状态廓线，在不同的观测角度时计算好任意模式层到大气层顶的透射率，利用线性回归方程得到。这里，用于精确计算大气透射率的廓线集应该能够代表实际大气中大气温度以及吸收气体含量可能的变化范围，并且包含大气中典型天气气候背景条件下的大气状态，因此，利用线性回归方程得到的光学厚度计算系数可以在该快速辐射传递模式中计算任意一条输入的大气廓线。同时，光学厚度计算系数在回归时应该针对含量可变(H_2O和O_3)以及含量固定(均一混合气体)的吸收成分单独计算。依赖于大气廓线的预报因子的最基本的参数化形式主要由模式层的平均大气温度以及可变吸收气体含量确定，为了保证模式模拟的精度，其他吸收气体、光谱响应函数、通道所在光谱区域的线形以及模式层到大气层顶的厚度也相继考虑进来。此外，为使模式在任意观测角度时能够较为精确的模拟通道观测的辐射值，观测角的影响也应该在预报因子中有所考虑。然而，此时计算的光学厚度是单色的，为使模式能够计算卫星通道透射率，通道的光谱响应函数必须在预报因子中有所体现。一般而言，使用回归的光学厚度计算系数计算大气层顶向上的通道辐射值的快速辐射传递模式采用简单的线性方程组，这对于书写模式的伴随模式，从而在数值天气预报模式的变分资料同化中计算模式相对于初始场廓线的Jacobians矩阵是非常有益的。

目前业务数值预报中使用的快速辐射传输模式有：1)RTTOV，由ECMWF开发的用于模拟多种气象卫星探测的地球环境红外和微波辐射的快速辐射传递模式系统，RTTOV在GRAPES_3DVAR中使用；2)CRTM，由美国JCSDA(Joint Center for Satellite Data Assimilation)开发，主要应用于NOAA/NCEP资料分析系统的快速辐射传输模式系统，目前主要在国家气象中心T639全球三维变分同化系统和WRF区域三维变分同化系统中应用。

2.6.5 气象观测资料在数值预报中的应用

地基、空基、天基观测系统提供了大量的观测资料。在数值预报中一般将观测资料分为常规观测资料(直接观测)和遥感观测资料两类。直接观测的压、温、湿、风等要素一般可直接在资料同化系统中应用，同化方法简单。

但遥感观测的传感器所接受的是受到大气影响的电磁波，从这种电磁波的信号数据变为大气的热力、动力参数往往需要一个复杂的转换过程,并且它们的误差特征比较复杂,因此资料同化的难度要比直接观测大得多。随着遥感仪器的改进与资料同化技术的发展,遥感资料在数值预报中的应用愈来愈多,在发达国家资料同化中使用的遥感资料已经达到同化使用的总资料量的 90%以上,其对数值预报的贡献已经超过常规观测(图 2.6)。先进国家的经验表明,卫星资料的应用能力与数值预报水平的改进成正比,卫星遥感资料在北半球对预报技巧的改善超过 0.5 天,在南半球超过 2 天,南半球与北半球的预报水平差距逐年减小。

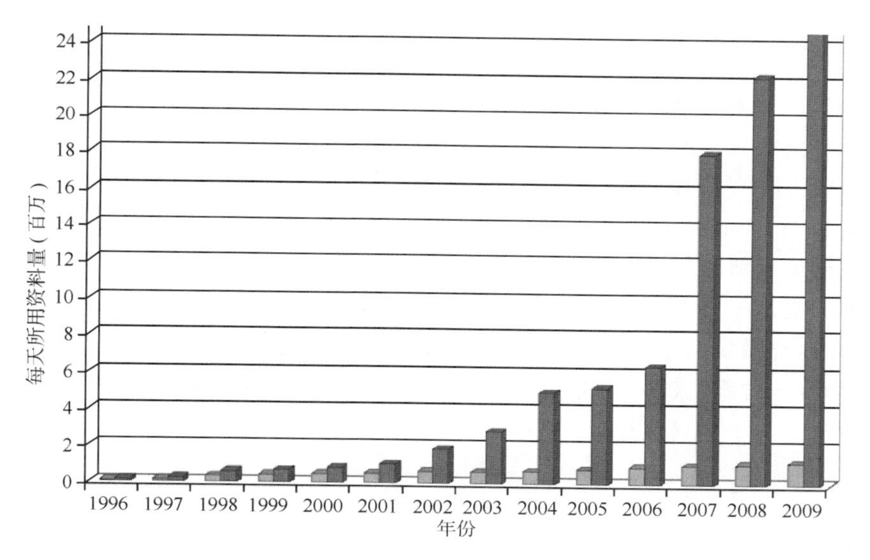

图 2.6　欧洲中期天气预报中心所用卫星资料逐年演变图
(灰色是常规观测与卫星云导风资料,黑色是所有同化使用的资料)

2.7　海洋、陆面中的资料同化技术

2.7.1　海洋资料同化技术

(1)海洋观测资料

海洋观测广泛应用了浮标观测和卫星遥感观测信息。20 世纪 90 年代海洋廓线浮标研制成功,1999 年国际上实施了 Argo 计划,至今全球已有超过 3000 多个 ARGO 浮标在发送海洋的温盐垂直廓线观测资料,2009 年开始正式实施的高分辨率海面温度计划(GHRSST-PP)将针对业务化海洋学和气候研究与预测提供全球覆盖的高时空分辨率的海面温度观测资料,其空间分辨率为 10 km,部分地区可以达到 2 km,时间分辨率可达到 6 h。除了上述两个新的海洋观测系统计划外,继 20 世纪 90 年代初成功实施了 Topex/Poseidon 卫星高度计观测计划后,Jason-1 海面高度观测卫星也在 2001 年 12 月发射升空,这个观测系统可以提供几乎全球覆盖(范围为 66°N～66°S)、时间分辨率为 10 天的海面高度观测资料。所有这些海洋观测系统联合构成了前所未有的全球海洋观测网络。

(2)变分资料同化技术

与大气资料同化技术一样,海洋模式也采用了变分资料同化技术。业务中广泛使用三维变分同化技术,目前四维变分同化方法也已经应用到海洋同化分析中。然而,由于海洋尤其是次表层的变化要小于天气的变化,对海洋模式的四维变分同化经常需要较长的时间窗口,对于高空间维数(10^7～10^8)的海洋模式,在计算上存在限制。需要寻找能够大幅度减少控制变量维数的方法,加快计算效率。其中,基于适当正交分解(Proper Orthogonal Decomposition,下简称 POD,Cao 2006)的降维方法可以大幅减少控制变量的维数,降低动力系统的规模,显著减少计算时间。这一方法和其他降维方法最显著的区别是该方法不但对控制变量空间也对模式本身降维。

海面高度的变化可以由卫星高度计观测得到，而大中尺度的海面高度变化和海洋次表层的海水密度变化有很好的相关性。因此在同化卫星高度计观测中，海洋三维变分同化系统可将同化的分析变量定义为三维温度、盐度场(T,S)，并且通过“海面动力高度”来定义观测算子(朱江等 2005)：

$$h(T,S)=-\int_0^{z_m}\frac{\rho(T,S,p)-\rho_0(p)}{\rho_0(p)}\mathrm{d}z \tag{2.68}$$

式中$\rho(T,S,p)$为海水密度公式；$\rho_0(p)=\rho(0,35,p)$；z_m为参考层深度，经常作为无流面(比如1000 m)。定义新息增量：

$$h(T,S)-\bar{h}(T,S)-[h^o-\bar{h}^o] \tag{2.69}$$

这里$h(T,S)$是分析时刻海面动力高度，$\bar{h}(T,S)$是某一段时间内模式的海面动力高度的时间平均；相应地，$h^o-\bar{h}^o$是分析时刻相对于同一时间段内平均的海面高度观测异常。以海面动力高度作为观测算子就可以利用同化高度计观测来调整海洋模式的温盐场，在这个过程中需要利用“温度—盐度”约束关系，如位涡守恒(Cooper 和 Haines 1996)等，使得温度和盐度能够符合物理或者统计上的水团特征。

(3)集合最优插值资料同化技术

Evensen(2003)提出了一个集合卡尔曼滤波的简化算法——集合最优插值。集合最优插值类似于最优插值方法，不过，背景场误差协方差矩阵是由一组静态样本统计出来的。

对于由海面高度(η)，温度(T)，盐度(S)和水平流场$(u;v)$所组成的分析向量$\boldsymbol{w}=[\eta,t,s,u,v]\in\Re^{m\times1}$，分析方程为：

$$\boldsymbol{w}^a=\boldsymbol{w}^f+\boldsymbol{K}(\boldsymbol{w}^o-\boldsymbol{H}\boldsymbol{w}^f)$$
$$\boldsymbol{K}=(C_oP^f)\boldsymbol{H}^{\mathrm{T}}(\boldsymbol{H}(C_oP^f)\boldsymbol{H}^{\mathrm{T}}+\boldsymbol{R})^{-1} \tag{2.70}$$

式中上标a，f和o分别表示分析、预报和观测；$\boldsymbol{K}$是卡尔曼增益矩阵，$\boldsymbol{H}$是线性观测算子；C是用来进行局地化的相关函数；$\boldsymbol{P}$是由样本得到的背景场误差协方差矩阵；$\boldsymbol{R}$是观测误差协方差矩阵；C_oP^f表示矩阵的 Schur 乘积(也称 Hadamard 乘积)。背景场误差协方差矩阵

$$\boldsymbol{P}^f=\boldsymbol{A}\boldsymbol{A}^{\mathrm{T}}/(N-1) \tag{2.71}$$

式中

$$\boldsymbol{A}=\alpha[\boldsymbol{w}_1',\boldsymbol{w}_2'\cdots\cdots\boldsymbol{w}_N']\in\Re^{m\times N}$$

是一组模式积分结果减去其样本均值得到的样本，N是样本数；α是一个标量，用来控制背景场误差方差的大小，在不同的应用中可以调试选取适当的值。

集合最优插值仅是一个次优的算法，其主要优点是计算量小，但是同化结果通常不如集合卡尔曼滤波。目前集合最优插值在海洋业务应用包括挪威的 TOPAZ 系统和澳大利亚的 BLUELink 系统(Oke 等 2008)。

集合卡尔曼滤波利用一组(通常为 20～100 个)动态集合预报样本来统计背景场误差协方差矩阵，而集合最优插值由一组静态样本统计背景场误差协方差矩阵。因此一个自然的想法就是利用较少数量的动态样本(比如 10 个)和较大数量的静态样本来统计背景场误差协方差矩阵，其好处是在一定程度上考虑了动态样本的动态信息。同时较大数量的静态样本有助于减少采样误差和部分弥补动态样本中遗失的背景场误差信息。一种组合动态样本和静态样本的方法是所谓的“dressing”方法(Roulston 和 Smith 2003)，将这个想法应用到实际的海洋资料同化中，并且和 100 个样本的集合卡尔曼滤波进行了比较，结果表明这个方法可以有效减少计算量，同时得到和集合卡尔曼滤波相似的结果。另外一个组合的方法是将由动态样本得到的背景场误差协方差矩阵和由静态样本得到的背景场误差协方差矩阵进行线性组合(Counillon 等 2009)。

2.7.2 陆面资料同化技术

(1)陆面同化观测资料

对陆面信息观测，除常规地表观测外，随着美国 NASA 对地观测(EOS)计划的实施，可用的遥感数据种类繁多，它们具有高时间分辨率、高空间分辨率、高光谱分辨率等特性，从不同角度记录了地球表面及地下一定深度内的多种有用信息。如通过对高空间分辨率遥感影像可以获得研究区的土地利用、植

被分布等参数；通过从 NOAA 卫星 AVHRR 传感器、Terra 卫星 MODIS 传感器获得的高时间分辨率影像数据，可以提取随季节变化的 NDVI、LAI、FPAR 等生物物理参数，利用雷达数据可以提取降水、雪、地表温度等信息等。

（2）陆面同化主要技术方法

陆地表面作为大气运动的重要下边界，通过动量、热量及水分交换等特定的方式与大气发生复杂的相互作用，发生在陆地表面的热力、动力、水文以及生物物理、生物化学等一系列复杂过程以及陆气之间的各种交换过程可以对区域乃至全球天气、气候产生重要的影响。

陆面作为数值预报模式的重要下边界条件，其初始状态的准确性，将直接对数值天气预报的准确性和预报水平产生影响。如何为数值模式提供准确的陆面状况信息也就显得至关重要。而陆面资料同化也逐渐被用来作为解决业务数值模式陆面状况的初始化问题的主要手段。陆面资料同化起步于 20 世纪 90 年代末期，早期的工作包括在陆面过程模型的约束下从被动微波遥感数据反演地表水分，现已逐步扩展到利用卫星、雷达资料同化地表土壤水分、地表温度、能量通量。美国 NASA、NCEP、NCAR 等一些科研、业务部门已经将陆面参数化的改进成果和陆面资料同化应用于实际的业务中，在提高数值预报和气候预测的准确性方面也取得令人鼓舞的进展。

陆面资料同化的核心思想是在陆面过程模型的动力框架内，融合不同来源和不同分辨率的直接与间接观测，将陆面过程模型和各种观测算子如辐射传输模型集成为不断地依靠观测而自动调整模型轨迹，并且减小误差的预报系统。陆面资料同化在陆面模型和水文模型基础上，采用不同的资料同化算法同化地表观测资料、卫星和雷达数据，优化地表和根区土壤水分、温度、地表能量通量等的估算。

陆面资料同化系统主要由驱动数据和参数集、陆面过程模型、资料同化方法、观测数据、输出数据等构成。其中，驱动数据集通常是由大气资料同化系统获得大气状态数据；参数集主要包括陆面模型中所需要的静态参数和动态参数；观测数据包括各种地面观测数据以及卫星、雷达数据；输出数据与具体的陆面模型有关，主要是地表的土壤湿度、能量通量、径流、蒸散等数据。

陆面资料同化系统的基本流程通常包括：

①利用大气环流模式与陆面过程模型耦合的大气资料同化系统生成精度较高的大气驱动数据（辐射、气温、降水、水汽压、风速等）；

②用遥感和地表观测制备陆面过程模型所需的陆面参数；

③驱动数据与陆面参数进入陆面过程模型，生成当前时刻的状态变量；

④同化当前时刻的地面观测、卫星、雷达资料，估计背景场误差，优化状态变量；

⑤陆面同化与大气同化继续向前推进，生成下一时刻的背景场。

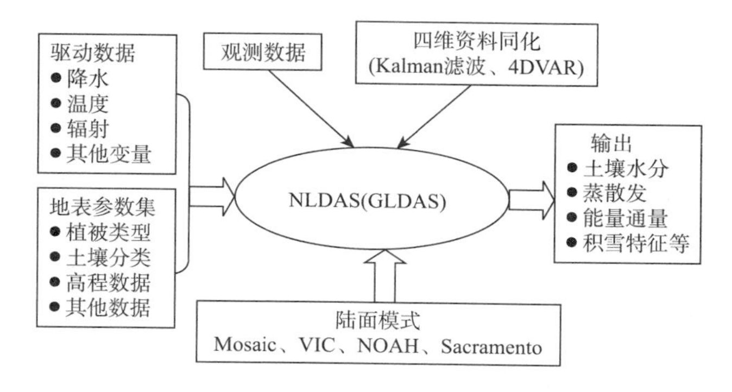

图 2.7　陆面资料同化系统框架（黄春林等 2004）

参考文献

Andersson Erik, Heikki Jarvinen. 1999. Variational quality control. *Q. J. R. Meteorol. Soc.* ,**125**,697-722.

Barnes S L. 1964. A technique for maximizing details in numerical weather map analysis. *J. Appl. Meteor.* ,**3**, 396-409.

Cao Y,Zhu J,Luo Z D,Navon I M. 2006. Reduced order modeling of the upper Tropical Pacific Ocean model using proper orthogonal decomposion. *Computer Mathematics with Applications*. **52**,1373-1386.

Cooper M C, Haines K. 1996. Data assimilation with water property conservation. *J. Geophys. Res.* , **101** (C1), 1059-1077.

Counillon F, Bertino L. 2009. Ensemble Optimal Interpolation: multivariate. properties in the Gulf of Mexico. *Tellus-A*, **61**, 296-308.

Courtier P, Thépaut J N,Hollingsworth A. 1994. A strategy for operational implementation of 4D-VAR, using an incremental approach. *Quart. J. Roy. Meteor. Soc.* , **120**, 1367-1387.

Eischeid J K,Baker Bruce,Karl Tom. 1995. The quality control of long-term climatological data using objective data analysis. *Journal of Applied Meteorology* ,**34**,2787-2795.

Gandin L S. 1988. Complex quality control of meteorologial observations. *Mon. Wea. Rev.* ,**116**(5),1137-1156.

Lorenc A C. 1981. A global three dimensional multivariate statistical interpolationscheme. *Mon. Wea. Rev.* , **109** (4), 701-721.

Lorenc A C,Hammon O. 1988. Objective quality control of observations useing Bayesian methods. Theory and a practical implementaion. *Q. J. R. Meteorol. Soc.* ,**114**,515-543.

Lynch P, Huang X Y. 1992. Initialization of the HIRLAM model using a Digital Filter. *Mon. Wea. Rev.* , **120**, 1019-1034.

Oke P R, Brassington G B,Griffin D A, Schiller A. 2008. The Bluelink Ocean Data Assimilation System (BODAS). *Ocean Modelling*, **20**, 46-70, doi:10.1016/j.ocemod.2007.11.002.

Roulston M S, Smith L A. 2003. Combining dynamical and statistical ensembles. *Tellus A* ,**55**, 16-30.

William G Collins, Feb. 2001. The operational complex quality control of radiosonde heights and temperatures at the National Centers for Environmental Prediction. Part Ⅱ: Examples of error diagnosis and correction from operational use. *J. A. P. Mete.* ,**40**.

黄春林,李新. 2004. 陆面数据同化系统的研究综述. 遥感技术与应用,**19**(5),424-430.

陶士伟等. 2009. 地面自动站资料质量控制方案及应用. 高原气象,**28**(5),1022-1029.

王强等. 2008. 国际气象科技合作重点领域和重点国别政策专题研究报告. 中国气象局国际合作司.

朱江,闫长香. 2005. 三维变分资料同化中的非线性平衡约束. 中国科学 D 辑,**35**(12),1187-1192.

第 3 章 模式基本理论与数值求解

天气、气候现象是地球大气运动的结果，它们受一定的物理、化学定律的支配，这些定律可以用一组微分方程来表示。从一定的初始状态出发，在一定的环境条件（即边界条件）下求出这一微分方程组的解，就可以对未来的天气或气候状况做出预报。由于方程组的复杂性，这一过程必须借助于现代高性能计算机使用数值方法才能求解，这就是数值预报。根据预报对象的时间尺度，可以将数值预报分为短期或中期数值天气预报、气候模式预测等；而根据预报的空间范围与尺度又可以分为全球数值预报、区域数值预报、中尺度数值预报等。不同对象的数值预报所使用的技术方案与预报产品都有很大区别，例如一般的数值天气预报关注并预报具体的天气过程与气象要素的演变，而短期气候模式预测则关注预报月与季节尺度的冷暖、旱涝趋势而不是具体的天气过程。

通过求解控制大气运动的方程组来预测天气的想法是科学家在 20 世纪初提出来，并在 20 世纪 20 年代进行了采用数值方法求解这组方程的最初尝试。40 年代末至 50 年代初在电子计算机的发明与大气动力学、计算数学等发展的促进下首次取得了成功，并很快在业务中得到应用。经过半个世纪的发展，数值天气预报的科学基础与技术方法已经比较成熟，当前数值天气预报已经成为解决天气预报问题的最主要的科学途径，并在极端天气事件的预报方面显示了其他以经验为基础的方法所不具备的独特优势。科学家预计，到 21 世纪 20 年代初，短期天气的数值预报还将有更大的进步；可信的中期数值天气预报时效将接近两周左右。数值模式还将在对流尺度的预报问题中得到应用，从而成为精细预报与城市环境预报的重要工具。随着数值预报技术的发展与计算机性能的大幅度提高，利用数值模式制作气候预测，特别是短期气候预测也正在成为现实。与天气数值预报不同，气候数值预测除了要全面地考虑各种尺度的大气运动的贡献外，还必须全面考虑大气与地球其他圈层的相互作用，因而需要将大气环流数值模式与海洋环流模式、陆面过程模式、冰雪圈的模式甚至生物圈的模式，以及大气化学与气溶胶模式耦合在一起，进行气候研究与预测。目前利用耦合数值模式进行短期气候预测已经在包括中国在内的一些技术先进的国家业务化气候预测中发挥着重要的作用。

数值预报模式总是对真实大气进行了一定程度的简化，一方面突出对所要预报的大气现象具有最重要影响的动力、物理或化学过程，而对其他过程作简化处理；另一方面引入数值求解方案，用有限个数的变量在不同时刻的值来近似表示在时间与空间都连续的大气状态变量的演变，求取预报方程的近似数值解。这些简化使得模式的计算在当前的计算机条件下是可行的，但也不可避免地带来预报误差。随着计算机技术的飞跃发展，数值预报模式网格距从几百千米的粗糙的地转近似模式到网格距只有 1 km 左右的、几乎不做动力学近似的精细模式，从这个意义上可以说计算机的性能及其利用的效率决定了数值预报模式的性能。

3.1 模式动力学方程组与基本理论

3.1.1 基本方程组

(1)旋转坐标系中的基本方程组

对于单位质量空气块而言基本方程组可以写成:

$$\frac{\mathrm{d}\boldsymbol{v}}{\mathrm{d}t}=-\frac{1}{\rho}\nabla p+\boldsymbol{g}-2\boldsymbol{\Omega}\times\boldsymbol{V}+\boldsymbol{D} \tag{3.1}$$

$$\frac{\partial\rho}{\partial t}+\nabla\cdot\rho\boldsymbol{V}=0 \tag{3.2}$$

$$Cv\frac{\mathrm{d}T}{\mathrm{d}t}+RT\,\nabla\cdot\boldsymbol{V}=Q \tag{3.3}$$

$$P=\rho RT \tag{3.4}$$

$$\frac{\mathrm{d}q}{\mathrm{d}t}=S \tag{3.5}$$

式中 $\boldsymbol{D}$ 是以湍流黏性力为主的黏性力;Q 是非绝热加热率;q 是比湿;S 是水汽源。若讨论干空气可以去掉方程(3.5);若讨论无耗散情况在方程(3.1)和(3.3)中各可以去掉 $\boldsymbol{D}$ 和 Q。

(2)球坐标系的分量方程组

在球坐标系中,方程(3.1)～(3.5)成为

$$\frac{\mathrm{d}u}{\mathrm{d}t}+\frac{1}{\rho r\cos\varphi}\frac{\partial p}{\partial\lambda}=F_\lambda+D_\lambda \tag{3.6}$$

$$\frac{\mathrm{d}v}{\mathrm{d}t}+\frac{1}{\rho r}\frac{\partial p}{\partial\varphi}=F_\varphi+D_\varphi \tag{3.7}$$

$$\frac{\mathrm{d}w}{\mathrm{d}t}+\frac{1}{\rho}\frac{\partial p}{\partial r}+g=F_r+D_r \tag{3.8}$$

$$\frac{\mathrm{d}\rho}{\mathrm{d}t}+\rho\,\nabla\cdot\boldsymbol{V}=0 \tag{3.9}$$

$$Cv\frac{\mathrm{d}T}{\mathrm{d}t}+RT\,\nabla\cdot\boldsymbol{V}=0 \tag{3.10}$$

$$\frac{\mathrm{d}q}{\mathrm{d}t}=S \tag{3.11}$$

其中

$$\frac{\mathrm{d}}{\mathrm{d}t}=\frac{\partial}{\partial t}+\boldsymbol{V}_H\cdot\nabla_H+w\frac{\partial}{\partial r}$$

$$\nabla_H=\frac{u}{r\cos\varphi}\frac{\partial}{\partial\lambda}+\frac{v}{r}\frac{\partial}{\partial\varphi}$$

$$\boldsymbol{V}_H=u\boldsymbol{i}+v\boldsymbol{j}$$

$$\nabla=\nabla_H+\boldsymbol{k}\frac{\partial}{\partial r}$$

$$\nabla\cdot\boldsymbol{V}=\nabla_H\cdot\boldsymbol{V}_H+\frac{1}{r^2}\frac{\partial}{\partial r}(r^2w)$$

$$\nabla_H\cdot\boldsymbol{V}_H=\frac{1}{r\cos\varphi}\frac{\partial u}{\partial\lambda}+\frac{1}{r\cos\varphi}\frac{\partial}{\partial\varphi}(v\cos\varphi)$$

$$F_\lambda=\hat{f}v-\bar{f}w-\frac{uw}{r}$$

$$F_\varphi=-\hat{f}u-\frac{vw}{r}$$

$$F_r = \bar{f}u + \frac{u^2+v^2}{r}$$

D_λ, D_φ 和 D_r 是黏性力沿 λ, φ 和 γ 方向的三个分量；$\hat{f} = f + \frac{u}{r}\tan\varphi$, $f = 2\Omega\cos\varphi$。设地球平均半径为 a，令 $r = a + z$，因在一般大气活动范围内 $z \ll a$，故 $\frac{\partial}{\partial r} = \frac{\partial}{\partial z}$，而 $\nabla \cdot \boldsymbol{V}$ 中的 $\partial(r^2 w)/r^2\, \partial z$ 可用 $\partial w/\partial z$ 代替，且 $\partial/\partial t$ 和 $\nabla \cdot \boldsymbol{V}$ 各可表示为

$$\frac{\mathrm{d}}{\mathrm{d}t} = \frac{\partial}{\partial t} + \frac{u}{a\cos\varphi}\frac{\partial}{\partial \lambda} + \frac{v}{a}\frac{\partial}{\partial \varphi} + w\frac{\partial}{\partial z} \tag{3.12}$$

$$\nabla \cdot \boldsymbol{V} = \frac{1}{a\cos\varphi}\left[\frac{\partial u}{\partial \lambda} + \frac{\partial}{\partial \varphi}(v\cos\varphi)\right] + \frac{\partial w}{\partial z} \tag{3.13}$$

(3)水平运动方程的变形

因为：

$$\frac{\mathrm{d}\boldsymbol{V}_H}{\mathrm{d}t} = \frac{\partial \boldsymbol{V}_H}{\partial t} + \frac{1}{2}\nabla(\boldsymbol{V}_H \cdot \boldsymbol{V}_H) + w\frac{\partial \boldsymbol{V}_H}{\partial z} - (\zeta + f)v \tag{3.14}$$

式中 $\zeta\boldsymbol{k} = \nabla_H \cdot \boldsymbol{V}_H$。这样，水平运动方程式(3.6)、式(3.7)可以写成

$$\frac{\partial u}{\partial t} + \frac{1}{a\cos\varphi}\left(\frac{1}{\rho}\frac{\partial p}{\partial \lambda} + \frac{\partial k}{\partial \lambda}\right) = (f+\zeta)v - w\frac{\partial u}{\partial z} + F_\lambda + D_\lambda \tag{3.15}$$

$$\frac{\partial v}{\partial t} + \frac{1}{a}\left(\frac{1}{\rho}\frac{\partial p}{\partial \varphi} + \frac{\partial k}{\partial \varphi}\right) = -(f+\zeta)u - w\frac{\partial v}{\partial z} + F_\varphi + D_\varphi \tag{3.16}$$

其中 $k = \frac{u^2+v^2}{2}$, $\zeta = \frac{1}{a\cos\varphi}\left[\frac{\partial v}{\partial \lambda} - \frac{\partial}{\partial \varphi}(u\cos\varphi)\right]$。为了应用谱方法，方程式(3.15)和式(3.16)还可以写成如下涡度方程和散度方程。

$$\frac{\partial \zeta}{\partial t} = \frac{1}{a\cos\varphi}\left(\frac{\partial}{\partial \lambda}G_\varphi - \frac{1}{a}\frac{\partial}{\partial \varphi}G_\lambda\right) \tag{3.17}$$

$$\frac{\partial D}{\partial t} = \frac{1}{a\cos\varphi}\left(\frac{\partial}{\partial \lambda}G_\lambda + \frac{1}{a}\frac{\partial}{\partial \varphi}G_\varphi\right) - \nabla^2 k \tag{3.18}$$

其中

$$G_\lambda = (f+\zeta)v - w\frac{\partial u}{\partial z} - \frac{1}{a\cos\varphi \cdot \rho}\frac{\partial p}{\partial \lambda} + F_\lambda + D_\lambda$$

$$G_\varphi = (f+\zeta)u - w\frac{\partial v}{\partial z} - \frac{1}{a\rho}\frac{\partial p}{\partial \varphi} + F_\varphi + D_\varphi$$

(4)垂直坐标变换

1)数学物理条件

在描写大气运动时人们常用一些气象要素，如 p, θ 或用有关它们的表达式代替高度 z 作垂直坐标，而水平坐标则用几何坐标，如球面坐标和直角坐标等。这些气象要素或有关它们的表达式有个共同特点：在所定义的域或计算域内它们都是随高度严格单调变化的，或者经过修改是严格单调变化的；p 具有前者的性质，θ 具有后者的性质。可以证明：在这个条件下垂直坐标变换有唯一的反变换存在；并且，p 或 θ 都是 z 的单值函数，反之亦然。不过，这些变换和纯粹的数学变换不同，后者是纯粹的几何或位置的变化，而前者却牵涉到物理性质和过程，它们有本质的不同。

2)一些常用垂直坐标

除了用 p 等作垂直坐标外，还有为了便于考虑地形作用而提出的坐标，如

①

$$\sigma_1 = p/p_s \tag{3.19}$$

和

$$\sigma_2 = \frac{p_s - p}{p_s - p_t} \tag{3.20}$$

②

$$\tilde{z}_1 = \frac{z_t - z}{z_t - z_s} \tag{3.21}$$

$$\tilde{z}_{12}=Z_T\frac{z_t-z}{z_t-z_s} \tag{3.22}$$

式中 Z_T 是一常数,相当于海平面到模式顶的高度。

③混合坐标

模式顶附近为等压面,模式底为 σ_1 面(或 σ_2 面),其间为二者的过渡面。在这类坐标中最著名的是 η 坐标,其中 $\eta=\eta(p,p_s)$。当 $p=p_s$ 时,$\eta=1$;当 $p=0$ 时,$\eta=0$;当 $p=p_t$ 时,$\eta=\eta_t$。大气以上向下分为 NLEV 层,层间的分界面气压为

$$p_{k+1/2}=A_{k+1/2}+B_{k+1/2}p_s \tag{3.23a}$$

其中 $k=0,1,2,\cdots,NLEV$;$A_{k+1/2}$ 和 $B_{k+1/2}$ 是确定 η 值的常数,但 $A_{1/2}=B_{1/2}=A_{\mathrm{NLEV}+1/2}=0,B_{\mathrm{NLEV}+1/2}$。当 $A_{k+1/2}=0,k=0,1,2,\cdots,\mathrm{NLEV}$ 时可看作是 σ_1 一坐标。在分界面上:

$$\eta_{k+1/2}=A_{k+1/2}/p_0+B_{k+1/2} \tag{3.23b}$$

p_0 是标准海平面气压。当坐标面为等压面时 $\eta=p/p_0$。在各层中 η 可用线性插值求得。

3)变换公式

Kasahara(1976)曾给出普遍的垂直坐标变换公式。设标量 A 在 x,y,z,t 坐标系和 Z 在 x,y,a,t 坐标系,σ 在 x,y,z,t 坐标系中的函数形式各是

$$A=A(x,y,z,t) \tag{3.24}$$

而

$$Z=Z(x,y,a,t) \tag{3.25}$$

$$\sigma=\sigma(x,y,z,t) \tag{3.26}$$

则

$$\frac{\partial A}{\partial Z}=\frac{\partial A}{\partial\sigma}\frac{\partial\sigma}{\partial Z} \tag{3.27}$$

$$\left(\frac{\partial A}{\partial X}\right)_\sigma=\left(\frac{\partial A}{\partial X}\right)_z+\frac{\partial A}{\partial Z}\left(\frac{\partial Z}{\partial X}\right)_\sigma=\left(\frac{\partial A}{\partial X}\right)_z+\frac{\partial\sigma}{\partial Z}\left(\frac{\partial Z}{\partial X}\right)_\sigma\frac{\partial A}{\partial\sigma} \tag{3.28}$$

用 y,t 各代替 X 还可以得到类似的形式。故

$$\nabla_\sigma A=\nabla_z A+\frac{\partial\sigma}{\partial Z}\frac{\partial A}{\partial\sigma}\nabla_\sigma Z \tag{3.29}$$

故

$$\frac{\mathrm{d}A}{\mathrm{d}t}=\left(\frac{\partial A}{\partial t}\right)_\sigma+\boldsymbol{V}_H\cdot\nabla_\sigma A+\frac{\partial A}{\partial\sigma}\frac{\partial\sigma}{\partial Z}\left[w-\left(\frac{\partial Z}{\partial t}\right)_\sigma-\boldsymbol{V}_H\cdot\nabla_\sigma Z\right] \tag{3.30}$$

如定义

$$\frac{\mathrm{d}A}{\mathrm{d}t}=\left(\frac{\partial A}{\partial t}\right)_\sigma+\boldsymbol{V}_H\cdot\nabla_\sigma A+\dot{\sigma}\frac{\partial A}{\partial\sigma} \tag{3.31}$$

其中 $\dot{\sigma}=\mathrm{d}\sigma/\mathrm{d}t$。比较式(3.30)和式(3.31)则有

$$\dot{\sigma}=w-\left(\frac{\partial Z}{\partial t}\right)_\sigma-\boldsymbol{V}_H\cdot\nabla_\sigma Z \tag{3.32}$$

4)σ 坐标系的连续方程

w 可以表示为

$$w=\left(\frac{\partial Z}{\partial t}\right)_\sigma+\boldsymbol{V}_H\cdot\nabla_\sigma Z+\dot{\sigma}\frac{\partial Z}{\partial\sigma} \tag{3.33}$$

故

$$\frac{\partial w}{\partial Z}=\frac{\partial w}{\partial\sigma}\frac{\partial\sigma}{\partial Z}=\frac{\partial\sigma}{\partial Z}\left[\frac{\mathrm{d}}{\mathrm{d}t}\left(\frac{\partial z}{\partial\sigma}\right)+\frac{\partial\boldsymbol{V}_H}{\partial\sigma}\cdot\nabla_\sigma Z\right]+\frac{\partial\dot{\sigma}}{\partial\sigma}$$

故

$$\nabla_H\cdot\boldsymbol{V}_H+\frac{\partial w}{\partial Z}=\nabla_\sigma\boldsymbol{V}_H+\frac{\partial\dot{\sigma}}{\partial\sigma}+\frac{\mathrm{d}}{\mathrm{d}t}\ln\frac{\partial z}{\partial\sigma} \tag{3.34}$$

代入方程(3.9)，则有

$$\frac{\mathrm{d}}{\mathrm{d}t}\ln\left(\frac{\partial z}{\partial \sigma}\right)+\nabla_\sigma \boldsymbol{V}_H+\frac{\partial \dot{\sigma}}{\partial \sigma}=0 \tag{3.35}$$

利用静力方程有

$$\rho\frac{\partial Z}{\partial \sigma}=-\frac{\partial P}{g\partial \sigma}$$

方程(3.35)成为

$$\frac{\partial z}{\partial \sigma}\left(\frac{\partial P}{\partial t}\right)_\sigma+\nabla_\sigma\left(\frac{\partial P}{\partial \sigma}\boldsymbol{V}_H\right)+\frac{\partial}{\partial \sigma}\left(\dot{\sigma}\frac{\partial P}{\partial \sigma}\right)=0 \tag{3.36}$$

利用式(3.19)用 σ 代替 σ_1，再代替 σ，可以得到 σ 坐标系中的连续方程

$$\frac{\partial P_s}{\partial t}+\nabla_\sigma\cdot(P_s\boldsymbol{V})+\frac{\partial}{\partial \sigma}(P_s\dot{\sigma})=0 \tag{3.37}$$

3.1.2　模式设计

模式设计的目的是要根据客观需要和可能决定是作短期预报或中、长期预报，降水预报或强风预报等。这样，就可以决定模式须采用的类型，如静力模式，非静力模式等。

(1)模式类型

当前业务用的模式主要可以分为静力模式和非静力模式两类。其差别在于动力学方程组的近似程度不同。根据预报对象的时空尺度不同，还有全球模式和区域模式之分。其优缺点如下。

1)静力模式

这类模式在数值天气预报中应用的时间最长，比较成熟，待解决的问题较少，比较可靠，已大量用于短、中期预报和短期气候预测。其优点有：

◆ 能量形式和能量转换关系简单，不论在连续或时空离散情况，隐式或显式情况，最好水平可达到能量守恒和能量转换关系合理；

◆ 没有声波的垂直传播，在垂直方向最大量级差较小，任一方程中，垂直分辨率可以取得较低，时间步长较大，计算量较小。

但静力模式也有缺点，它们是：

◆ 垂直速度通过诊断关系得到，没有垂直加速度，远小于实际可能出现的 w，从而导致全位能和动能之间的转换小，暴雨预报偏弱；

◆ 静力近似会引起虚假的重力惯性波的快速传播和快速能量传播；

◆ 有经向动能和纬向动能之间的转换，没有水平动能和垂直动能之间的转换。

2)非静力模式

过去非静力模式多用于中尺度预报及与对流有关的中小尺度现象的研究。现有业务模式逐渐走向区域/全球一体化的非静力模式。其优点如下。

◆ 能量形式完全，它们之间的转换关系合理。不仅有动能—位能、动能—内能和内能—位能之间的转换，还有经向动能和纬向动能，以及垂直动能与水平动能之间的转换。

◆ 垂直速度有加速度，可以报出迅猛发展的上升气流。

◆ 可以考虑完全的科氏力和曲率项；前者的垂直分量在西风带可以持续引起正的 $\mathrm{d}w/\mathrm{d}t$。后者可以持续地引起正的 $\mathrm{d}w/\mathrm{d}t$，对中长期降水预报有利。

不过，这类模式也有缺点，它们是：

◆ 在时、空离散时还未见到总能量守恒和能量转换关系合理的推导；

◆ 在垂直运动方程中气压梯度力项的截断误差对倾向的影响往往大于除重力项外的各项对倾向的贡献，以致 $\mathrm{d}w/\mathrm{d}t$ 和 w 过大，尽管使用静力平衡分离热力学变量，得到的扰动方程仍有类似问题；

◆ 时间步长小于静力模式使用时间步长，计算量大。

(2)模式设计的原则

根据数值天气预报的历史经验和分析,要使模式设计的目的能圆满实现,须遵循如下原则。

1)模式包含有可能达到目的的有关制约大气环流和天气过程的物理因子和机制。

对于短期预报来说系统的移动和位置很重要,因而平流作用是制约它们的重要动力学因子。但是,对中长期预报来说,则持续性作用或影响环流指数的作用很重要。有些项虽然很小,但由于持续性很强,由于时间一长就变得较大。这是不可不注意的。

2)模式整体性质(总能量和总质量的守恒性和各不同形式能量之间的转换)合理,完全。

不过,就现有水平来说,并不是现有模式都能达到。一般来说,连续的情况大多可以达到,也应该达到,否则模式设计有问题。但是,在离散或半离散情况,并不都能达到。在时间连续,空间离散情况,能达到的较多,但对于内容复杂或计算复杂的情况,则达到的较少。对于时空离散情况,特别是非静力模式或半拉格朗日静力模式还未见到达到模式整体性质合理、完全的报道。

3)计算稳定、精确。

预报要求精确,而精确预报的先决条件是计算稳定。反过来,则计算稳定并不一定计算精确,因而,计算应当在计算精确的基础上进行,不能以牺牲计算精确度为代价而求得计算稳定,否则是没有意义的。

4)模式各部分协调。

这方面的问题较多。由于物理过程的复杂性和多样性,许多物理过程往往是就某一过程本身设计的,并没有考虑或很少考虑它和其他物理过程的联系,也没有考虑它和模式的关系。如果把这些过程原封不动地放到模式中去,则可能出现矛盾或不协调或使预报质量下降。对此,Geleyn 曾提出不同(物理过程)参数化方案,通用常数、热力学函数和模式方程组之间的协调。

5)有合适的分辨率。

很多模式所采用的分辨率,只能说是针对一个物理量或单波的而不是针对一个模式的。一个模式只能采用一个分辨率,因而,它只能作为整体来考虑。由于它有一个方程组,而每个方程中又含有不同的物理量的大小不一的项。它们因离散而产生的截断误差之间的关系,是决定模式各项对所在方程的倾向是否有准确贡献的关键。如果方程中的最大项的截断误差(也是最大截断误差)大于某项,则最大截断误差对倾向的影响大于该项对倾向的贡献,以致后者被前者所掩盖或歪曲,反之后者能得到正确的反映。所以,使模式分辨率对模式中任一方程任一项都能防止前一种情况的出现才是我们应取的合适的分辨率。对此,朱禾等提出过一种决定模式分辨率的方法可以参考。

6)有合适的计算域。为了方便,我们按不同预报时段进行讨论。

◆ 短期预报:计算域可以是有限区。考虑气象要素主要是沿基本气流传播的,边界误差主要也是由基本气流传播。如其速度为 10 m/s,则有限区和边界之间的距离至少应大于 1700 km,在 48 h 内中心部位的预报才不会受边界误差的影响。这样,计算域长、宽各应大于 3400 km,考虑天气实际,东西长度应大于南北长度。当有急流出现时,基本气流速度大于 10 m/s,计算域范围还应再大些。

◆ 中期预报:这时,超长波的预报很重要,计算域应为全球,至少为半球。

◆ 长期预报:计算域应为全球。

◆ 中尺度预报:这时,重力惯性波很重要,即使只作 12 h 预报,计算域长、宽最好也各不小于 1000 km。

3.1.3 数值离散

(1)数值预报模式的离散化

各种数值预报模式都包括了一组非线性方程组,按照其数学特性,可以分为双曲型、抛物型、椭圆型等许多类型。由于非线性方程的复杂性,通常不可能求出其解析解。一般都需要对方程组作离散化后,用计算机数值求解。目前气象上普遍使用的有差分法和谱方法。对各类数值方法,首先是要构造网格,计算的精度与网格的分辨率有关;变量与网格的配置不同,所采用的计算方法、计算精度也会不同。

◆ 经—纬度网格

根据大气运动在地球的球面上，以及根据球坐标建立的大气基本运动方程组，建立经—纬度网格非常便于表示在球面分布的气象要素，以及作全球的数值预报计算。最简单的经—纬度网格，就是在经(纬)度方向等间距分隔的网格。

◆ 直角坐标网格

在许多有限区域模式中，多采用局地直角坐标系中的基本方程组，如 MM5，WRF 模式等。在一个有限区域，水平范围可以取到几千千米，但比整个地球球面小很多，此时可以不计地球曲率的影响，方程形式会比球坐标形式更加简单。同样在此可以考虑在 $x(y)$ 方向等间隔的网格。经—纬度网格和直角坐标网格都可能会遇到计算极点矢量不连续的问题，另外，经—纬度网格还会遇到经线在极点辐合造成网格在赤道与极地附近分辨率的较大差异及时间步长的缩短的问题。

◆ 高斯(Gauss)网格

谱模式中水平网格都采用 Gauss 网格，其中沿纬向是等经度分隔的网格；经向是不等距分布的 Gauss 节点。如经向有除南、北极外的 n 个网格，则网格坐标应取为 n 阶勒让德(Legendre)多项式的 n 个零点值作为网格坐标，即 Gauss 纬度。在谱模式中，沿纬圈是采用付氏级数展开，根据目前计算非线性项所采用的谱转换法，为保证非线性项计算不产生混淆误差，Gauss 网格的经向格点数 I，纬向格点数 J 和经向最大波数 M 应满足以下关系：

$$I \geqslant 3M+1$$

$$J \geqslant \frac{3M+1}{2} \text{（三角形截断）}$$

这种高斯格点也称为二次高斯格点。Cote 和 Staniforth(1988)引入了“线性高斯格点”，用同样的格点数，它比二次高斯格点能够表现更多的波。由于采用半拉格朗日方案计算不出现欧拉平流项，格点数与截断波数可以用下式表示：

$$I \geqslant 2M+1$$

$$J \geqslant \frac{2M+1}{2} \text{（三角形截断）}$$

◆ 垂直网格

在垂直方向上，多数模式采用跳点网格。即把垂直速度写在各层的交界面上，而把预报变量定义在层的中心。如图 3.1 所示，一种是 Lorenz(1960)提出的网格，它具有二次守恒和模式顶和底没有通量的边界条件易于实现的特点；另一种是 Charney 和 Phillips(1953)提出的网格，垂直跳点分布的 ϕ 和静力方程一致，因而不产生附加的计算解。非跳点垂直网格可以在垂直方向上有简单的高阶差分形式，但会在解中出现更多的计算解。

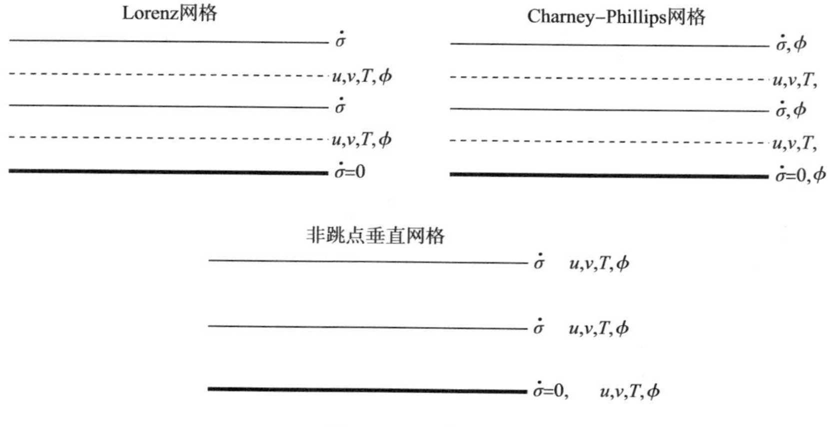

图 3.1　垂直网格

现在许多业务模式垂直方向都用不等距分层，考虑边界层附近气象要素垂直变化最大，因此，在边界层附近垂直分层较密；对流层顶由于有逆温层存在，也可取密一点。而模式顶，现在有从 10 hPa 到 0.01 hPa 的。但为了更好地作好中长期预报，如根据观测，1 波中心高度很多都在 200 hPa 以上，甚至到 30 hPa，因此，模式顶不能低于 30 hPa。

(2)变量配置

变量在网格上的不同配置方法，即跳点格式，也会影响计算的精度、稳定性及守恒性等。

Arakawa 和 Lamb(1977)列出了如图 3.2 所示的几种二维跳点格式。A 网格是非跳点的，其优点是简洁，很容易构造高阶精度的格式。其缺点是所有计算都在 $2d$ 格距上计算。相邻格点的气压和散度项不耦合，最终会造成水平不耦合，需要用高阶扩散加以控制。B，C，D，E 属于跳点格式。其方程中的某些项可以在 $1d$ 网格上计算，相当于分辨率增加了一倍。如 C 网格中的散度项 $\left(\frac{\partial u}{\partial x}+\frac{\partial y}{\partial y}\right)$ 和气压梯度力项 $\left(g\frac{\partial z}{\partial x}\right.$ 和 $\left.g\frac{\partial z}{\partial y}\right)$，可以用差分表示为 (u_x+v_y) 和 $(gz_x$ 和 $gz_y)$。B 网格由于速度场都在同一个格点上，因此，对于采用半拉格朗日时间积分方案的模式，由于空气质点的速度各分量在同一点上，不需要作空间平均处理，而对于速度各分量不在同一格点的模式，就要采用平均的方法加以处

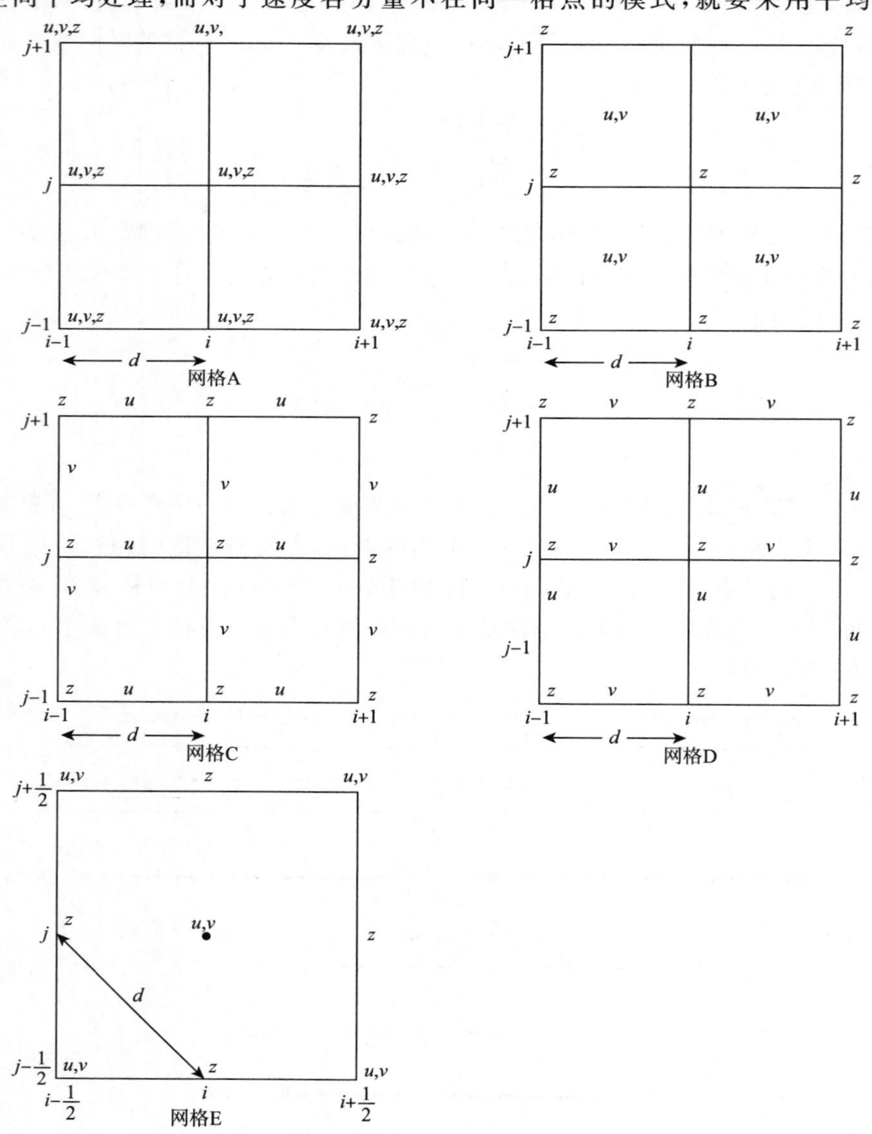

图 3.2　水平跳点网格(Arakawa 1977)

理。但应注意，过分的平均必然会造成对波动频率的歪曲。E 网格在方形网格下，可以看作将 B 网格旋转 45°得来的。因此许多计算性质与 B 网格相同，但在深入分析后，从某种意义上说，E 网格是综合了 B 网格和 C 网格优点的网格。美国 NCEP 的 Eta 模式和中国科学院大气物理研究所的 AREM 模式都是采用 E 网格设计。

采用原始方程设计的模式，就是希望模式可以模拟出准地转演变和准地转适应过程。在准地转演变过程中，大气运动是非线性的，因此方程中的非线性项起主要作用；而在准地转适应过程中，大气运动以线性为主，重力惯性波把地转偏差的能量扩散到更广阔的空间，从而使风压场重新达到准地转平衡状态。温宁霍夫(Winninghoff 等 1968)指出，用差分方程模拟地转适应过程的效果与变量在网格上的分布有很大关系。温宁霍夫以二维线性地转适应方程组为例阐述了此问题，方程组如下：

$$\begin{aligned}&\frac{\partial u}{\partial t}-f_0 v+g\frac{\partial z}{\partial x}=0\\&\frac{\partial v}{\partial t}+f_0 u+g\frac{\partial z}{\partial y}=0\\&\frac{\partial z}{\partial t}+H\left(\frac{\partial u}{\partial x}+\frac{\partial v}{\partial y}\right)=0\end{aligned}\tag{3.38}$$

按图 3.2 中 B 网格和 C 网格的变量分布，将式(3.38)写成差分格式(其中时间导数保持微分形式不变)：

B 网格

$$\begin{aligned}&\frac{\partial u}{\partial t}-f_0 v+g\bar{z}_x^y=0\\&\frac{\partial v}{\partial t}+f_0 u+g\bar{z}_y^x=0\\&\frac{\partial z}{\partial t}+H(\bar{u}_x^y+\bar{v}_y^x)=0\end{aligned}\tag{3.39}$$

C 网格

$$\begin{aligned}&\frac{\partial u}{\partial t}-f_0 \bar{v}^{xy}+gz_x=0\\&\frac{\partial v}{\partial t}+f_0 \bar{u}^{xy}+gz_y=0\\&\frac{\partial z}{\partial t}+H(u_x+v_x)=0\end{aligned}\tag{3.40}$$

设 u,v,z 的解都正比于 $\exp i(kx+ly-\omega t)$，k,l 是水平波数，ω 是频率，$i=\sqrt{-1}$为虚数单位。将解代入式(3.38)可以得到：

$$\left(\frac{\omega}{f_0}\right)^2=1+\lambda^2(k^2+l^2)\tag{3.41}$$

$\lambda=\dfrac{\sqrt{gH}}{f_0}$为 Rossby 变形半径。令 $x=id$；$y=jd$；$i,j=0,1,2\cdots$。将解离散化后分别代入式(3.39)和式(3.40)得

B 网格：

$$\left(\frac{\omega}{f_0}\right)^2=1+4\left(\frac{\lambda}{d}\right)^2\left(\sin^2\frac{kd}{2}\cos^2\frac{ld}{2}+\sin^2\frac{ld}{2}\cos^2\frac{kd}{2}\right)\tag{3.42}$$

C 网格：

$$\left(\frac{\omega}{f_0}\right)^2=\cos^2 kd\cos^2 ld+4\left(\frac{\lambda}{d}\right)^2\left(\sin^2\frac{kd}{2}+\sin^2\frac{ld}{2}\right)\tag{3.43}$$

式(3.41)代表真解，图 3.3 比较真解与 B 网格和 C 网格解，可以看出，B 网格只在低频部分接近真解，高频部分误差较大，且波数越大误差越大，在某些波数上出现极值，此时群速度为零。C 网格的频率随波数单调递增，与真解最接近。现代数值预报模式有许多是采用 B 网格或 C 网格。

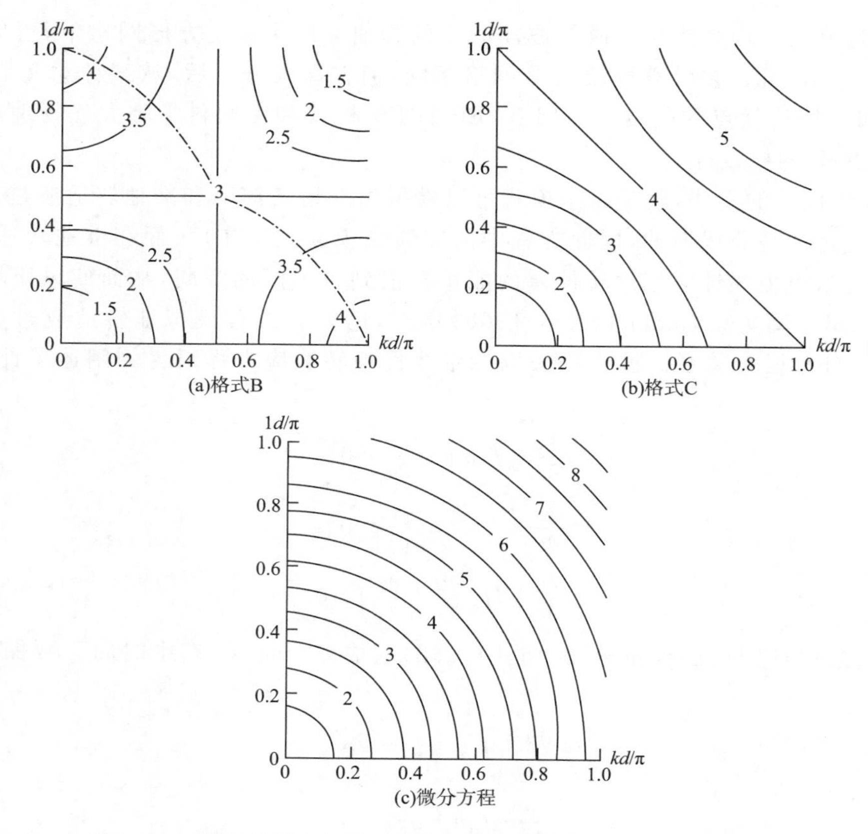

图 3.3 二维地转适应方程的频率与波数的关系(Winninghoff 1968)

(3)差分方法

差分方法就是以差商(分)代替微分,将方程组写在离散的网格点上,从而,得到一组代数方程组,用代数方法求得离散点上的数值解。用差商代替微分,一种简单的方法,通过泰勒(Taylor)级数构造差分格式。可以认为,计算网格的格距比方程实际描述运动的特征尺度要小得多,因此,可以将任意函数展开成泰勒级数

$$f(x\pm\Delta x)=f(x)\pm\Delta x\frac{\mathrm{d}f}{\mathrm{d}x}+\frac{(\Delta x)^2}{2!}\frac{\mathrm{d}^2 f}{\mathrm{d}x^2}\pm\frac{(\Delta x)^3}{3!}\frac{\mathrm{d}^3 f}{\mathrm{d}x^3}+\cdots \tag{3.44}$$

式(3.44)代表分别取$+\Delta x$和$-\Delta x$两种情况展开的泰勒级数。为了构造一阶差商$\frac{\mathrm{d}f}{\mathrm{d}x}$和二阶差商$\frac{\mathrm{d}^2 f}{\mathrm{d}x^2}$的差分格式,通过两种情况展开式之间适当的代数运算,可以得到各类差分格式。

1)一阶差商

向前差:
$$\frac{\mathrm{d}f}{\mathrm{d}x}=\frac{f(x+\Delta x)-f(x)}{\Delta x}+R$$

$R=\frac{\Delta x}{2!}\frac{\mathrm{d}^2 f}{\mathrm{d}x^2}+\cdots$代表余项,也称为差分近似的截断误差,代表上式中略去R后,用差商代替相应微分误差的大小。可以用$R=O(\Delta x)$表示,即R的大小与Δx同阶。

向后差:
$$\frac{\mathrm{d}f}{\mathrm{d}x}=\frac{f(x)-f(x-\Delta x)}{\Delta x}+R,R=O(\Delta x)$$

中央差:
$$\frac{\mathrm{d}f}{\mathrm{d}x}=\frac{f(x+\Delta x)-f(x-\Delta x)}{\Delta x}+R,R=O(\Delta x^2)$$

2)二阶差商
$$\frac{\mathrm{d}^2 f}{\mathrm{d}x^2}=\frac{f(x+\Delta x)-2f(x)+f(x-\Delta x)}{\Delta x^2}+R,R=O(\Delta x^2)$$

3)Shuman 符号

为了能更简洁地表示上述差分算子,为此 Shuman 定义了以下符号,这些符号是方程组离散化时常用的表示:

$$\overline{F}^{x}=\frac{1}{2}(F_{i+\frac{1}{2},j}+F_{i-\frac{1}{2},j})$$

$$F_{x}=\frac{1}{d}(F_{i+\frac{1}{2},j}-F_{i-\frac{1}{2},j})$$

$$\overline{F}^{xx}=\frac{1}{4}(F_{i+1,j}+2F_{i,j}+F_{i-1,j})$$

$$F_{xx}=\frac{1}{d^2}(F_{i+1,j}-2F_{i,j}+F_{i-1,j})$$

$$\overline{F}_{x}{}^{x}=\frac{1}{2d}(F_{i+1,j}+F_{i-1,j})$$

4)差商的相对误差

许多物理量，如平流、气压梯度的计算都与空间差商有关，差商计算的精度受网格分辨率影响。以一个单波为例计算其差商(中央差格式)与微商之比，来衡量差商的精度。设有如下形式的一单波

$$f=A\sin\frac{2\pi}{L}x$$

定义比值

$$R=\frac{\dfrac{\Delta f}{\Delta x}}{\dfrac{\partial f}{\partial x}}\overset{\text{中央差}}{=}\frac{\sin\dfrac{2\pi}{q}}{\dfrac{2\pi}{q}}$$

取 $L=q\Delta x$，R 代表差商与微商之比，q 取不同值，得到表 3.1。

表 3.1　差商的精度比 R

$q(\Delta x)$	2	4	6	8	10	12	14	16
R	0.0000	0.6366	0.8269	0.9002	0.9355	0.9549	0.9668	0.9745

从表 3.1 中可以看出，如要求 R 都大于 0.9，波长应大于 $8\Delta x$，考虑天气图上一个 1000 km 的波，则差分计算的网格应小于 125 km。

(4)谱方法

谱方法也是目前一种流行的数值计算方法。国家气象中心目前用 T_L639L60 模式发布的全球预报就是用谱方法计算的结果。谱方法是把预报变量在计算区域内用有限项(截断)正交函数展开，代入微分方程组，从而把原微分方程组转化成以展开系数及其导数为变量的常微分方程组求解。与格点模式比较，谱模式具有计算精度高、稳定性好的特点。另一方面，随着模式分辨率不断的提高，谱模式计算量急剧增加，从模式嵌套，减少物理过程计算环节，与海洋模式耦合，大规模并行计算等多方面考虑，格点模式又重新受到重视。

1)球谐函数展开

对于一个球面上单值，且具有两次以上连续导数的函数 $f(\lambda,\varphi)$，可以用球谐函数进行展开。

$$f(\lambda,\varphi)=\sum_{m=-\infty}^{\infty}\sum_{n=|m|}^{\infty}F_n^m Y_n^m(\lambda,\mu)$$

$\mu=\sin\varphi$，F_n^m 即谱系数，

$$F_n^m=\frac{1}{4\pi}\int_{-1}^{1}\int_{0}^{2\pi}f(\lambda,\varphi)\overline{Y}_n^m(\lambda,\mu)\,\mathrm{d}\lambda\,\mathrm{d}\mu \tag{3.45}$$

$Y_n^m(\lambda,\mu)=\mathrm{e}^{im\lambda}P_n^m(\mu)$，$m=0,\pm1,\pm2,\cdots\pm n$；$n=0,1,2,\cdots$，即球谐函数，$\overline{Y}_n^m(\lambda,\mu)$ 是其共轭函数，$P_n^m(\mu)$ 是连带勒让德函数

$$P_n^m(\mu)=\sqrt{(2n+1)\frac{(n-|m|)!}{(n+|m|)!}}\frac{(1-\mu^2)^{|m|/2}}{2^n n!}\frac{\mathrm{d}^{n+|m|}}{\mathrm{d}\mu^{n+|m|}}(\mu^2-1)$$

$P_n^m(\mu)$ 和 $Y_n^m(\lambda,\mu)$ 都具有正交性，并且 $P_n^m(\mu)=P_n^{-m}(\mu)$，$\overline{Y}_n^m(\lambda,\mu)=Y_n^{-m}(\lambda,\mu)$

式(3.45)计算谱系数公式可以变成

$$F_n^m=\frac{1}{2}\int_{-1}^{1}\left(\frac{1}{2\pi}\int_{0}^{2\pi}f(\lambda,\varphi)e^{-im\lambda}\,\mathrm{d}\lambda\right)P_n^m(\mu)\,\mathrm{d}\mu$$

即求谱系数过程需要先求一次付氏变换，再求一次高斯—勒让德变换。

2)付氏变换和 FFT

与球函数展开类似，对某一函数也可以用付氏展开

$$f(\lambda) = \sum_{m=-M}^{M} F^m e^{im\lambda}$$

$$F^m = \frac{1}{2\pi}\int_0^{2\pi} f(\lambda) e^{-im\lambda} \mathrm{d}\lambda$$

设在某一纬圈等距分隔 N 个格点，则上两式的离散表示形式称为离散付氏(DFT)变换和付氏逆变换。

DFT 变换： $$F^m = \frac{1}{N}\sum_{j=0}^{N-1} f_j e^{-im\lambda_j}, m = 0,1,\cdots N-1, \lambda_j = j\Delta\lambda$$

DFT 逆变换： $$f_j = \sum_{m=0}^{N-1} F^m e^{im\lambda_j}$$

DFT 的正、反变换可以采用称为快速付氏变换(FFT)的方法计算，这是由 Cooley 等 1965 年提出的算法，现在在许多领域都有应用，并能找到许多现成的计算程序。

3)高斯—勒让德变换

设沿经向从南极到北极之间有 N 个网格点，一般形式的高斯—勒让德积分公式：

$$\int_{-1}^{1} f(\mu)\mathrm{d}\mu \approx \sum_{i=1}^{N} c_i f(\mu_i)$$

c_i 是高斯—勒让德积分系数，与被积函数无关；根据高斯积分公式的推导，N 个积分节点，$\mu_1, \mu_2, \cdots \mu_N$，是勒让德多项式 $P_N(\mu)$ 的 N 个零点，称为高斯节点。

$$c_i = \frac{2(2N-1)(1-\mu_i{}^2)}{[NP_{N-1}(\mu_i)]^2}$$

高斯节点可以通过近似公式或牛顿迭代法预先计算好。与沿纬向等距离分隔的网格不同，沿经向用高斯节点构造的网格是不等距网格。

4)变换法

谱模式的设计思想最早在 1954 年就已提出，但由于非线性项计算量的巨大，一直没有实现。其后 1965 年库利和德基提出了快速付氏变换(FFT)，使谱方法计算大大加快。1970 年埃利亚申(Eliasen)等和奥斯扎戈(Orszag)提出了谱变换法来计算非线性项，使计算量大大降低，为谱模式的发展铺平了道路。目前世界上主要谱模式中，非线性项的计算都是采用的所谓变换法。

非线性项在方程中表现为预报变量与预报变换或其导数相乘形式出现，传统的方法，需要首先要把预报变量和/或其导数以有限项球谱函数的多项式展开，然后计算这些多项式相互的乘积，因此会产生一个更大的多项式及两两相乘的谱系数。这些都会使计算量成倍增加。如取截断波数为 M，则会在每一步都会产生 $0(M^5)$ 次计算和占用 $0(M^5)$ 个存储单元。变换法是在每一次计算非线性项时，首先把非线性项中用谱系数表示每一项，通过反变换把它转换成网格上的量，即由谱空间变换到物理空间，再直接计算各项在物理空间各网格点上的乘积，最后再把在网格点上表示的非线性项的乘积结果通过球谐函数正变换而转成谱系数。这样计算大大减低了计算消耗。

5)谱系数方程

以球坐标中用流函数表示的正压涡度方程为例

$$\frac{\partial\nabla^2\Psi}{\partial t} = \frac{1}{a^2}\left(\frac{\partial\Psi}{\partial\mu}\frac{\partial\nabla^2\Psi}{\partial\lambda} - \frac{\partial\Psi}{\partial\lambda}\frac{\partial\nabla^2\Psi}{\partial\mu}\right) - \frac{2\Omega}{a^2}\frac{\partial\Psi}{\partial\lambda}$$

对流函数作谱展开

$$\Psi(\lambda,\mu,t) = a^2\sum_{m=-M}^{M}\sum_{\substack{n=|m| \\ n\neq 0}}^{N(m)} \Psi_n^m(t)\mathrm{e}^{im\lambda} P_n^m(\mu)$$

将上式代入正压涡度方程，并利用球谐函数的正交性得到

$$\frac{d\Psi_n^m(t)}{dt}=-\frac{1}{n(n+1)}\times\left[\frac{1}{4\pi}\int_{-1}^{1}\int_0^{2\pi}\left(\frac{\partial\Psi}{\partial\mu}\frac{\partial\nabla^2\Psi}{\partial\lambda}-\frac{\partial\Psi}{\partial\lambda}\frac{\partial\nabla^2\Psi}{\partial\mu}\right)\times e^{-im\lambda}P_n^M(\mu)d\lambda d\mu-2i\Omega m\Psi_n^m(t)\right]$$

上式即正压涡度方程关于谱系数 $\Psi_n^m(t)$ 的方程。因此预报问题转换成关于谱系数 $\Psi_n^m(t)$ 常微分方程的计算。其中 $\left(\frac{\partial\Psi}{\partial\mu}\frac{\partial\nabla^2\Psi}{\partial\lambda}-\frac{\partial\Psi}{\partial\lambda}\frac{\partial\nabla^2\Psi}{\partial\mu}\right)$ 是非线性项，要用谱转换的方法直接计算其在格点上的值，然后再把格点空间的值通过付氏变换和勒让德变换到谱空间。

3.1.4　时间积分

(1)欧拉(Euler)法

简单地，我们以一维线性平流方程为例，来讨论以下几种差分格式的设计及计算稳定性条件。一维线性平流方程：

$$\frac{\partial f}{\partial t}+c\frac{\partial f}{\partial x}=0 \tag{3.46}$$

1)迎风格式

$$f_i^{n+1}=f_i^n-\mu(f_i^n-f_{i-1}^n),\mu=\frac{c\Delta t}{\Delta x},c>0,O(\Delta x,\Delta t)$$

迎风格式表示，函数 f_i 的值是受上游影响，这与式(3.46)准确解所代表性质是一致的。它的解的稳定性条件是，$\mu\leqslant1$。

2)蛙跃格式

$$f_i^{n+1}=f_i^{n-1}-\mu(f_{i+1}^n-f_{i-1}^n),\mu=\frac{c\Delta t}{\Delta x},O(\Delta x^2,\Delta t^2)$$

稳定性条件为，$|\mu|\leqslant1$。这也称为 CFL 条件，或 Courant 数。蛙跃格式是二阶精度的，它虽然比迎风格式精度高，但有计算解存在，又称为寄生波。

3)向前向后格式

$$f_i^*=f_i^n-\mu/2(f_{i+1}^n-f_{i-1}^n)$$
$$f_i^{n+1}=f_i^n-\mu/2(f_{i+1}^*-f_{i-1}^*)$$

这种格式又称为欧拉—后差格式。带 * 的量，表示 $n+1$ 时刻的一个估计量。计算精度是 $O(\Delta x^2,\Delta t)$。计算稳定性要求 $\mu\leqslant1$。迎风格式和欧拉—后差格式对波动的振幅都有衰减作用，因此可以用来阻尼高频振荡。

4)半隐式格式

显式格式由于受计算稳定性的限制需要考虑重力惯性波的计算，Δt 取得很小。而隐式格式时间步长虽然不受限制，但隐式格式会使解的波速减慢，并且计算量大，因此隐式格式适合于计算波速快的波动。考虑数值模式中的预报对象既包含快波又有慢波，如能把快慢过程分开考虑，即对慢过程用显式格式，而对快过程用隐式格式，这样能发挥两种格式的优点。首先提出此种格式的是曾庆存等(1980)，后来经许多人的发展现已在模式中被广泛采用。

$$\frac{\partial u}{\partial t}+u\frac{\partial u}{\partial x}+v\frac{\partial u}{\partial y}=-\frac{\partial\phi}{\partial x}+fv$$

$$\frac{\partial v}{\partial t}+u\frac{\partial v}{\partial x}+v\frac{\partial v}{\partial y}=-\frac{\partial\phi}{\partial y}-fu$$

$$\frac{\partial\phi}{\partial t}+u\frac{\partial\phi}{\partial x}+v\frac{\partial\phi}{\partial y}=-\Phi\left(\frac{\partial u}{\partial x}+\frac{\partial v}{\partial y}\right)-(\phi-\Phi)\left(\frac{\partial u}{\partial x}+\frac{\partial v}{\partial y}\right)$$

Φ 是大气平均厚度，为一常数。定义符号：

$$\delta_{2x}f=\frac{f_{i+1}-f_{i-1}}{2\Delta x}$$

$$\overline{f}^{2x}=\frac{f_{i+1}+f_{i-1}}{2}$$

浅水波方程离散形式

$$\frac{u^{n+1}-u^{n-1}}{2\Delta t}=-\delta_{2x}(\phi^{n+1}+\phi^{n-1})/2+R_u$$

$$\frac{v^{n+1}-v^{n-1}}{2\Delta t}=-\delta_{2y}(\phi^{n+1}+\phi^{n-1})/2+R_v$$

$$\frac{\phi^{n+1}-\phi^{n-1}}{2\Delta t}=-\Phi[\delta_{2x}(u^{n+1}+u^{n-1})/2+\delta_{2y}(v^{n+1}+v^{n-1})/2]+R_\phi$$

式中 $R_u=fv-u\delta_{2x}u-v\delta_{2y}u$，$R_v=-fu-u\delta_{2x}v-v\delta_{2y}v$，$R_\phi=-u\delta_{2x}\phi-v\delta_{2y}\phi-(\phi-\Phi)(\delta_{2x}U+\delta_{2y}V)$ 是 n 时刻计算的慢波项。上述方程消去 $n+1$ 时刻 u 和 v 项得到：

$$(\delta_{2x}^2+\delta_{2y}^2-\frac{1}{\Phi\Delta t^2})\phi^{n+1}=F_{i,j}^n$$

$$F_{i,j}^n=-\left(\delta_{2x}^2+\delta_{2y}^2+\frac{1}{\Phi\Delta t^2}\right)\phi^{n-1}+2(\delta_{2x}R_u+\delta_{2y}R_v)+\frac{2}{\Delta t}(\delta_{2x}u^{n-1}+\delta_{2y}v^{n-1})-\frac{2}{\Phi\Delta t}R_\phi$$

式中 $F_{i,j}^n$ 可以通过 n 和 $n-1$ 时刻的值计算，是已知的，如此可通过解椭圆方程可以得到 ϕ^{n+1}，再代入 u，v 方程得到 u^{n+1}，v^{n+1}。

(2)半拉格朗日法

半拉格朗日法也是目前一种流行的数值计算方法。所谓“半拉格朗日法”是指在整个积分过程中不对同一气块沿其路径跟踪，而是在同一时间步长内追踪终点总是在网格点上的气块。在每个时间步长内，都要求出到达点总在网格点上，而离开点在其质点路径上游某点的变量值，这需进行插值并沿路径对方程离散，还要解一个三维 Helmholtz 方程。用半拉格朗日方法时大气运动方程可以写成

$$\frac{\mathrm{d}u}{\mathrm{d}t}=S(u)$$

式中左边是全导数，也表示为跟随一个气块的个别导数，右边是引起气块变化的源或汇。因此半拉格朗日方法物理意义明确，由于不用计算平流项，避免了非线性计算不稳定，因此时间步长可以是欧拉方法的 10 倍。半拉格朗日方法可以用三层或两层时间方案(图 3.4)。

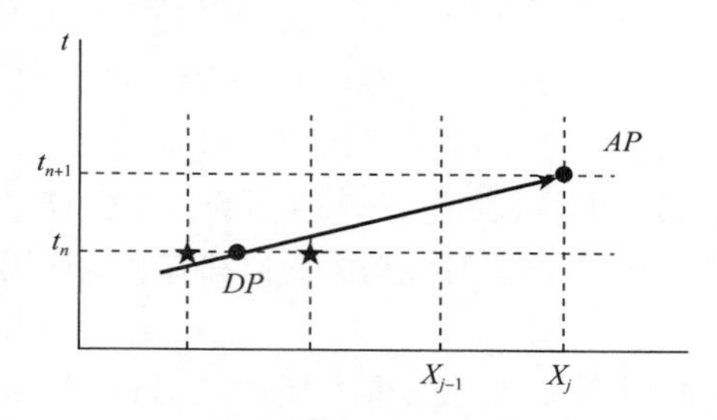

图 3.4 半拉格朗日方案图示(AP 是到达点，DP 是离开点)

三个时间层方案： $(U_j^{n+1})_{AP}=(U^{n-1})_{DP}+2\Delta tS(U^n)_{MP}$

二个时间层方案： $(U_j^{n+1})_{AP}=(U^n)_{DP}+\frac{\Delta t}{2}[S(U^n)_{DP}+S(U_j^{n+1})_{AP}]$

MP 是 DP 和 AP 之间的中点。DP 点要根据 DP 和 AP 间对 $\mathrm{d}x/\mathrm{d}t=u$ 的积分所得到的轨迹来决定

三个时间层方案： $x_{DP}=x_{AP}-2\Delta tU_{MP}$

二个时间层方案： $x_{DP}=x_{AP}-\frac{\Delta t}{2}[U_{DP}+U_{AP}]$

半拉格朗日方法的精度依赖于 DP 的精度，还依赖于 U_{DP} 值。

3.1.5 模式的守恒性

增加网格、采用更高精度的差分格式、减小时间和空间步长等方法都可以使差分计算更精确，但并不能保证模式计算稳定，不产生计算溢出，特别是对于非线性计算不稳定，以上方法并不一定能起到效果。通过设计具有守恒的差分格式能起到稳定计算的效果。

(1)连续状态下模式的守恒性

由于各类模式所采用的近似方法不同，模式方程组的形式也有所不同，从而导致模式的能量守恒性及其各种能量间转换形式也各有不同。廖洞贤等(2008)讨论了 7 种静力和非静力模式所包含的各种能量关系及其相互间的转换关系。图 3.5 给出了 6 个模式具有的动能(K_*)、内能(I_*)和位能(Φ_*)，及其转换关系。首先，6 个模式都是总能量守恒的，即

$$\frac{\partial}{\partial t}(K_*+I_*+\Phi_*)=0$$

这是设计模式的基本要求。也是采用各种近似处理后所应满足的条件。近一步分析各种能量的形式及其转换方式会发现，对于静力模式，由于模式不含垂直加速度方程，K_{H1}，K_{H2} 只包含水平动能。而非静力模式的动能 K_{N*} 既包含水平动能也包含垂直运动动能，称为全动能。各种能量之间的相互转换用带箭头的线表示，连线上的数字代表了两种能量间转换的具体形式。在实际大气中，各种能量之间总能通过这样或那样的方式实现相互转换，但从图上可以看出，某些情况下，两种能量间缺少连线，即没有能量转换，如图 3.5，表示模式中没有水平动能与位能的转换，或者说，水平动能与位能之间必须借助内能才能进行转换。另外，同样是在两种能量之间，不同的模式转换的方式也是有差异的。如，不论哪个模式，动能和内能之间的转换都是通过气压梯度力作功实现的，但静力模式是通过水平气压梯度力作功(图 3.5 中的①)，在水平动能和内能之间产生转换，而非静力模式是通过三维气压梯度力(或三维扰动气压梯度力)作功(图 3.5 中的④，⑥，⑦，⑩)在全动能和内能之间产生转换。不考虑地形的静力模式($H1$)没有水平动能与位能的转换，而考虑了地形($H2$)作用后水平动能与位能是通过地形做功(图 3.5 中的③)实现转换的。这一结果与不考虑地形的非静力模式($N1$)和考虑地形的非静力模式($N2$)对比，无论是否考虑地形作用，非静力模式都能通过垂直运动实现动能与位能的转换，因此静力模式中，图 3.5 中的③的转换只是全部转换的一部分，其他部分只能通过(图 3.5 中的②，⑨)内能转换成动能。究其原因是因为在静力近似下垂直静力气压梯度力反抗重力所作的功，总是等于因垂直运动引起的位能的变化，从而，在变量分离情况下，通过一定的方式使 $p\,\partial w/\partial z$ 转化为带有 $w\,\partial\hat{p}/\partial z$ 的项，并化为$-\hat{\rho}gw$ 或$-\hat{\rho}gw_1$，从而把位能转换成内能(图 3.5 中的②，⑨)，而对于变量不分离的非静力模式($N1$，$N2$)就缺乏此类转换。同样，在变量分离的非静力模式($N3$，不考虑地形作用；$N4$，考虑地形作用)中，由于浮力作用产生垂直运动也会导致 K 和 Φ 之间的转换，如(K_{N3}，Φ_{N3})和(K_{N4}，Φ_{N4})；同时通过基本态变量实现位能与内能的转换，总的来说，变量分离和带有地形的非静力模式是 6 个模式中比较精细、考虑能量转换因子比较多的模式。

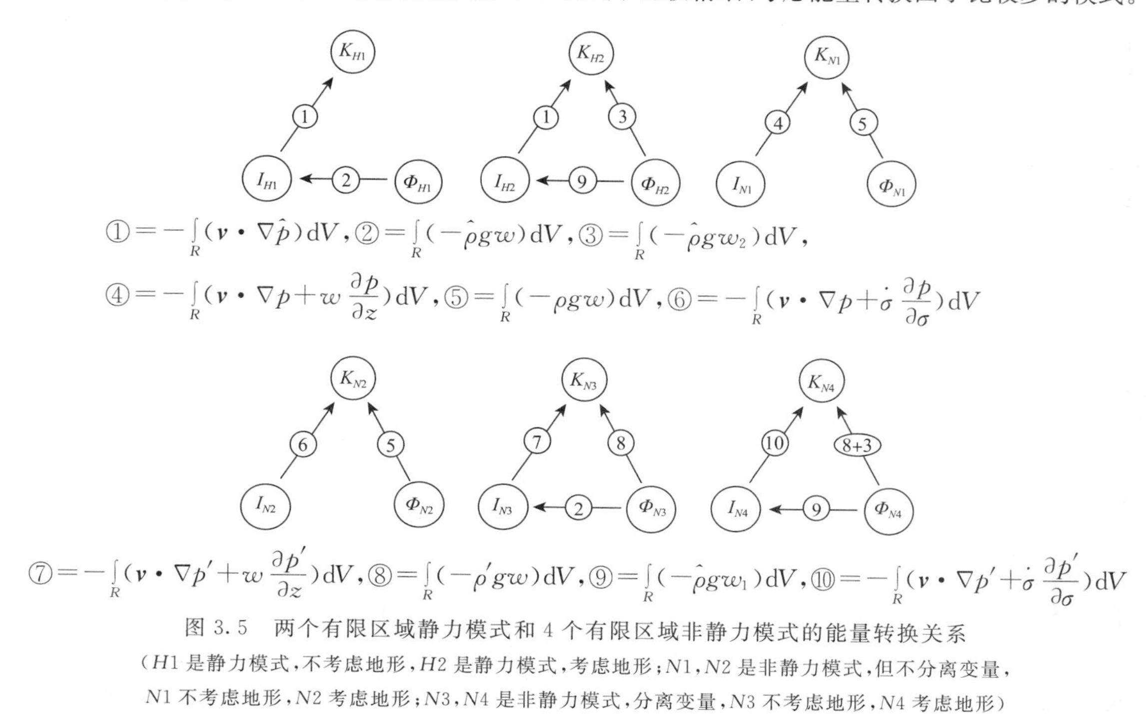

图 3.5　两个有限区域静力模式和 4 个有限区域非静力模式的能量转换关系

($H1$ 是静力模式，不考虑地形，$H2$ 是静力模式，考虑地形；$N1$，$N2$ 是非静力模式，但不分离变量，$N1$ 不考虑地形，$N2$ 考虑地形；$N3$，$N4$ 是非静力模式，分离变量，$N3$ 不考虑地形，$N4$ 考虑地形)

(2)离散状态下模式的守恒性

方程在离散情况下,也应尽可能保持其在微分连续情况下的积分特性。具有这样性质的差分格式称为守恒的差分格式。所谓守恒差分格式就是能保持连续大气某些微分、积分特征的差分格式。

一次守恒格式

气象上的方程经常采用以下两种形式:

通量方程:
$$\frac{\partial \alpha}{\partial t}+\nabla\cdot\alpha\boldsymbol{v}=0 \tag{3.47}$$

平流方程:
$$\frac{\partial \alpha}{\partial t}+\boldsymbol{v}\cdot\nabla\cdot\alpha=0 \tag{3.48}$$

对式(3.47)和式(3.48)作全球或一封闭区域 A 作积分,得到

$$\frac{\partial}{\partial t}\int_A \alpha\,\mathrm{d}A=-\int_A \nabla\cdot\alpha\boldsymbol{v}\,\mathrm{d}A=0 \tag{3.49}$$

$$\frac{\partial}{\partial t}\int_A \alpha\,\mathrm{d}A=\int_A \alpha\ \nabla\cdot\boldsymbol{v}\,\mathrm{d}A \tag{3.50}$$

式(3.49)即通量方程在连续介质中所具有的一次守恒性质,即 α 在 A 内平均值守恒。式(3.50)是平流方程一次守恒特性,它表明 α 在 A 内平均值守恒与否,其变化由散度决定。可以证明,在一个离散的封闭区域内,以下格式是一种满足通量方程的一次守恒的差分格式:

$$\frac{\partial \alpha_{i,j}}{\partial t}+(\bar{\alpha}^x\bar{u}^x)_x+(\bar{\alpha}^y\bar{v}^y)_y=0 \tag{3.51}$$

对封闭区域内所有格点求和

$$\sum_{i,j}\frac{\partial\,\alpha_{i,j}}{\partial\,t}+\sum_{i,j}[(\bar{\alpha}^x\bar{u}^x)_x+(\bar{\alpha}^y\bar{v}^y)_y]=0$$

若离散区域边界法向速度为零,则以上求和过程得到:

$$\sum_{i,j}\frac{\partial\,\alpha_{i,j}}{\partial\,t}=0$$

即差分方程也满足 α 在 A 内平均值守恒的特性。同样对于平流方程式(3.48),采用以下差分格式

$$\frac{\partial \alpha_{i,j}}{\partial t}+\overline{(\bar{u}^x\alpha_x)}^x+\overline{(\bar{v}^y\alpha_y)}^y=0$$

也同样满足式(3.50)所表示的平流方程一次守恒特征。即:

$$\sum_{i,j}\frac{\partial\,\alpha_{i,j}}{\partial\,t}+\sum_{i,j}\alpha_{i,j}(\bar{u}^x_x+\bar{v}^y_y)=0 \tag{3.52}$$

二次守恒格式

对应于式(3.47),式(3.48)的二次守恒格式分别是

$$\frac{\partial}{\partial t}\int_A \frac{\alpha^2}{2}\mathrm{d}A=-\int_A \frac{\alpha^2}{2}\ \nabla\cdot\boldsymbol{v}\mathrm{d}A$$

$$\frac{\partial}{\partial t}\int_A \frac{\alpha^2}{2}\mathrm{d}A=\int_A \frac{\alpha^2}{2}\ \nabla\cdot\boldsymbol{v}\mathrm{d}A$$

同样可以证明式(3.51)和式(3.52)也是满足二次守恒格式。

$$\sum_{i,j}\frac{\partial}{\partial\,t}\frac{\alpha^2_{i,j}}{2}=-\sum_{i,j}\frac{\alpha^2_{i,j}}{2}(\bar{u}^x_x+\bar{v}^y_y)$$

$$\sum_{i,j}\frac{\partial}{\partial\,t}\frac{\alpha^2_{i,j}}{2}=\sum_{i,j}\frac{\alpha^2_{i,j}}{2}(\bar{u}^x_x+\bar{v}^y_y)$$

上式是完全能量守恒格式。

上述讨论一次、二次守恒时,时间微分并没有用差分表示,因此这样设计出来的差分格式只能具有瞬时守恒特性,它并不能保证模式在一段积分时间内也具有守恒性。因此这类格式也称为瞬时守恒差分格式。曾庆存等(1980)提出了一种"完全能量守恒差分格式",克服了瞬时守恒的弱点,保证模式在积分时间内也能守恒。此后季仲贞、王斌等进一步发展这一理论,使格式在隐式和显式都能达到完全能量

守恒的目的。

3.2　数值模式的物理过程

3.2.1　辐射过程

(1)辐射传输计算中的基本概念介绍

◆ 短波辐射与长波辐射：太阳辐射波长（通常小于4 μm）较地面和大气辐射波长（通常大于4 μm）短得多，所以通常又称太阳辐射为短波辐射，称地面和大气辐射为长波辐射。

◆ 辐射能量：以电磁波的形式发射、传输、接受能量，它的单位为焦耳(J)。

◆ 辐射通量：表示单位时间内通过的辐射能量，单位为瓦(W)。

◆ 辐射通量密度：指通过单位面积的辐射通量，其单位为瓦/平方米(W/m^2)。

◆ 辐射强度：指在某一方向上单位立体角内的辐射通量，它的单位是瓦/球面度(W/Sr)。

◆ 消光截面：它与粒子的几何界面类似，用来表示粒子从初始光束中所移出的能量大小，它的单位用面积(cm^2)表示。

◆ 消光系数：消光截面与粒子数密度的乘积，它具有长度倒数的单位。

◆ 光学厚度：沿辐射传输路径，单位截面上吸收和散射物质所产生的总削弱，是无量纲量。

◆ 大气透过率：通过一段大气路径的前后辐射通量密度之比，是无量纲量。

◆ 大气冷却率：大气因为向太空发射红外辐射而损失了辐射能，所以通常由这种过程而冷却，因此，我们定义冷却率为 $-\frac{1}{\rho c_p}\frac{d[F^{\uparrow}(z)-F^{\downarrow}(z)]}{dz}$，它的单位为度/天(K/d)，其中 ρ 为大气的密度，c_p 为空气比定压热容，$F^{\uparrow}(z)$ 和 $F^{\downarrow}(z)$ 分别表示向上和向下的长波辐射通量。

◆ K-分布方法和相关K-分布方法：为了得到谱积分的太阳和红外辐射通量，可以将波数区间 $\Delta\nu$ 的平均透过率 $\overline{T}(\mu)$（其中 μ 是吸收物质量）用指数函数的和来近似，过去称之为透过率函数的指数和拟合(ESFT)；现在对于均匀路径，称之为K-分布方法；对于非均匀路径，称之为相关K-分布方法。相关K-分布方法可以使在太阳和红外辐射传输过程中，同时考虑气体的吸收与云和气溶胶粒子的多次散射过程，使得辐射传输的计算大大简化，提高了大尺度模式中辐射过程的计算效率。20世纪90年代以后，由于在数值上解决了K-分布函数的获取方法，使得相关K-分布方法在气候和气象领域获得了广泛的应用。

(2)辐射方案发展简述和发展方向

几十年来，各国科学家一直都在致力于天气气候模式中辐射方案的研制与开发工作，到目前为止，绝大多数方案都是在相关K-分布方法的基础上进行改进和发展的。

美国大气环境研究中心(AER)研制并发展了以相关K-分布方法为基础的RRTM大气辐射模式，并不断地改进和更新他们的辐射计算模块，开发了更加适合天气气候模式应用的RRTMG方案。Chou等(1990，1992，1996，1999)多年来发展了长波辐射计算和短波辐射计算模式（即Goddard辐射方案）。Freidenreich和Ramaswamy(1999)近年来也先后发展了用于气候模式的辐射方案（即GFDL辐射方案）。Lacis和Oinas(1991)以及Fu和Liou(1992)的K-分布方法被广泛应用在很多气候模式中（如CAM3/NCAR等）。日本以东京大学气候系统研究中心(CCSR)为主要研究机构的辐射传输模式近年来一直在发展RSTAR模式系列(http://www.ccsr.u-tokyo.ac.jp/～clastr/dl/dlrstar6b.html)，用于不同的实际应用，代表工作有Nakajima等(1986)。另外，在早期的天气气候模式中，英国Morcrette(1991)的带模式曾应用于ECMWF早期的天气气候模式中，现在已经逐渐被K-分布方法所取代。中国该方面的研究工作主要以石广玉(1981，1998)的K-分布方法为基础，王标(1996)以此为基础发展了五种主要气溶胶的辐射模式并耦合到中国科学院大气物理研究所开发的全球海洋—大气—陆地气候系统模式(GOALS/LASG)中。Zhang等(2003)发展了优化的K-分布方法，研制了太阳短波大气吸收辐射传输模式和高精度、高速度的辐射计算模块(Zhang 等 2006a,2006b),并初步引入国家气候中心的气候系统模式和 GRAPES 全球天气模式中(卢鹏 2009)。

总的说来,在用于天气气候模式的辐射方案中,关于气体吸收的 K-分布方法已经得到广泛应用,尽管由于 K-分布本身的前提假定带来一定的误差,但是在目前的计算机资源下,在所有的辐射计算方案中,K-分布方法是用于天气气候大尺度模式中的最佳计算方法。

目前影响大尺度天气气候模式模拟精度的最大障碍是次网格云的模拟以及云的辐射传输的处理方法。在传统的天气气候模式中(如 CAM3/NCAR 等模式),云的垂直重叠处理方法都是采用最大/随机重叠假定(Collins 等 2001),在实际的程序设计中,云辐射过程与短波辐射过程相互缠绕,无法剥离,几乎不可能在这种方法的基础上自由替换新的辐射方案,这也是 CAM3 辐射过程的研制者们一直对短波辐射计算没有使用 K-分布方法的原因。

作为云垂直重叠处理的一个更加合理的替代方法,Barker 等(2002)提出了蒙特卡罗独立气柱近似(McICA),用来估计网格平均的辐射通量和加热率。为了使 McICA 方法能在传统的天气气候模式中得到应用,Raisanen 等(2004)以云的垂直相关性为基础,提出了随机云产生算法,与观测相比,得到了较为合理的云的结构,较目前在天气气候模式中流行使用的最大/随机重叠假定而言,将 Raisanen 等(2004)的云产生器与 McICA 方法联合求取大尺度网格上平均的辐射通量和加热率的优点在于:①可以在辐射传输过程之外精确描述天气气候模式网格不能分辨的云的细微结构,不仅考虑了云的垂直相关性,也考虑了云的水平变化,并使天气气候模式中的辐射模块变得简单而易于修改。除了云量和凝结量外,也可以加入粒子尺度和相态的变化;②此产生器也可以表示吸收气体、气溶胶和地面性质等在天气气候模式网格上不能分辨的变化。所以,利用上述云产生器和 McICA 方法是今后在天气气候模式中处理云—辐射计算的最有前途的方法。目前该方法已经被应用于美国 GFDL 的大气模式(AM2)(Pincus 等 2006),欧洲中心的天气模式中(Morcrette 和 Barker 2008),ECHAM5 模式(Räisänen 等 2007)以及 NCAR CAM1.8(Räisänen 等 2005),均取得了良好的模拟效果。

(3)业务中常用辐射方案介绍

1)Goddard 长、短波辐射方案

Goddard 辐射方案经过 Ming-Dah Chou 和 Max J Suarez 20 年的发展,已经被用于大气环流模式(GEOS GCM),区域模式(MM5)和云分辨模式(GCE),同时也被多尺度模式 WRF 和 GRAPES 所采用。

Goddard 长波辐射方法由 Chou 和 Suare(2001)完成。辐射通量计算基于 Schwarzchild 公式,分为 10 个谱带。单层的散射计算基于 Henyen-Greenstein 方程,吸收计算采用 K 分布。主要考虑了水汽、臭氧、二氧化碳、氧化亚氮、甲烷和 3 种主要的卤碳化合物(CFC11,CFC12,CFC22),同时也考虑了水云、冰云、雨、雪和气溶胶粒子,其冷却率的误差与逐线积分的误差小于 0.4 K/d。

Goddard 短波辐射方案是 Chou 和 Suarez(1994),Chou 等(1998),Chou 和 Suarez(1999)在 NASA/GSFC 研制的谱带辐射方案。它计算了由于水汽、臭氧、二氧化碳、氧气、云和气溶胶的吸收以及由于云、气溶胶和各种气体散射产生的太阳辐射通量。太阳光谱从 0.175 μm 到 10 μm。该方案在紫外和可见光区域分为 8 个谱带,主要考虑臭氧吸收和瑞利散射。在红外区域分为 3 个谱带,主要考虑水汽的吸收,利用 K-分布方法,将每个谱带分为 10 个子间隔。而氧气和二氧化碳对通量的消减分别通过简单的函数表达式和查表法得到。云的反射和透射采用 Delta-Eddington 近似。对不同高度的云重叠采用最大/随机近似。气溶胶的光学性质作为高度和谱带的函数输入。其加热率的误差与逐线积分模式相比小于 5%。

2)GFDL 长、短波辐射方案

GFDL 长波方案的谱带区间为 0～2220 cm^{-1},采用宽带通量发射率方法,分为 7 个谱带,在每个谱带中首先计算吸收占优势气体的吸收率,然后通过一系列高度参数化技术计算其他成分的吸收率。

GFDL 短波辐射方案基于 Lacis 和 Hansen(1974)提出的方案,主要考虑了水汽、臭氧、二氧化碳的作用,对不同高度的云重叠采用最大/随机近似。

3)ECMWF 长、短波辐射方案

ECMWF 长波方案的谱带区间为 0～2820 cm^{-1}，采用宽带通量发射率方法，分为 6 个谱带，分别对应水汽的旋转和振动旋转谱带的中心、二氧化碳的 15 μm 带、大气窗区、臭氧的 9.6 μm 带、25 μm 的窗区和水汽振动旋转带的翼部。对于这些谱带，借助 Morcrette 和 Fouquart(1985)的窄带模式预先算好的谱带透过率计算谱带通量。

ECMWF 短波方案分为 0.25～0.68 μm 和 0.68～4.0 μm 两个谱带。考虑了瑞利散射、气溶胶的散射和吸收、气体吸收以及云的散射和吸收。其中气体吸收根据 AFGL(1982)线参数汇集，云的散射和吸收采用 Delta-Eddington 方法。辐射传输算法采用二流公式和光学路径分布方法(Fouquart 和 Bonnet 1980)。

4)RRTM 长、短波辐射方案

RRTM 辐射方案采用相关 K-分布方法，相关-K 分布所需要的吸收系数由逐线积分模式 LBLRTM 计算得到。水云参数化方案采用 Hu 和 Stamnes(1993)的方案，冰云参数化方案采用 Fu 等(1998)的方案。

RRTM 长波方案的谱带区间为 10～3250 cm^{-1}，分为 16 个谱带。气体吸收主要考虑水汽、二氧化碳、臭氧、氧化亚氮、甲烷、氧气、氮气和卤烃。RRTM 与 LBLRTM 的通量误差小于 1 W/m^2，冷却率误差在对流层小于 0.1 K/d，在平流层小于 0.3 K/d。RRTM 的长波方案已经被 MM5、WRF、ARCSyM 等模式采用。

AER 的研究者们为了进一步适应气候模式的需要又发展了 RRTMG。最显著的改进是增加了 McICA 方案，也就是随机独立柱近似方法，用来处理次网格云的结构。云重叠方案可以选用随机重叠、最大随机重叠、最大重叠这三种云重叠方案。

RRTMG 的长波方案将总的 K-分布子间隔从 256 个削减到了 140 个。同时增加了处理气溶胶吸收的能力。RRTMG 的长波方案已经被用于 ECMWF、NCEP 的全球预报系统。同时正在 NCAR 的 CAM3 气候模式中进行更新和检验。

RRTMG 短波方案的谱带区间为 820～50000 cm^{-1}，分为 14 个谱带。考虑了水汽、二氧化碳、臭氧、甲烷、氧气、氮气、气溶胶的消光和瑞利散射。辐射传输算法采用二流近似方法。K-分布间隔由 RRTM 短波方案的 224 个削减为 112 个。与采用 DISORT 辐射传输算法的 RRTM 短波方案相比，通量的差别小于 3.0 W/m^2，加热率误差在对流层小于 0.1 K/d，在平流层小于 0.3 K/d。目前被 NCAR 的 CAM3 和 ECMWF 的天气模式采用。

5)Fu-Liou 辐射方案

短波可以选择采用二流近似或者四流近似，长波采用二流、四流混合算法。在处理散射大气的非灰体吸收时采用相关 K-分布方法。先用逐线积分方法计算了 3 个温度、19 个压力(对长波辐射)或 11 个压力(对太阳辐射)下的吸收系数，然后用简单的“装箱”计数法求得累加概率密度函数 g。在假定相关 K-分布成立的数学和物理条件下，采用压力线性内插和温度二次多项式内插的方法进行大气非均匀路径的处理。该模式短波和长波分别分为 6 个和 12 个带。采用 145 个 K-分布函数进行数值积分的结果作为参照，在四种模式大气下(MSL，SAW，TRO，USS)，对大气主要吸收气体的相关-K 分布冷却率结果进行了比较，发现在 30 km 以下，二者符合情况较好。Fu-Liou 模式被用于 UCLA 的全球气候模式，同时也被 NASA 的天气和气候模式采用。

6)RAD_BCC 辐射方案

该方案的程序模块是张华等(2004)在 RSTAR5C/CCSR 和 MSTRNX(参见网页：http://www.ccsr.u-tokyo.ac.jp/～clastr/dl/mstrnx.html)的基础上，在国家气候中心发展的不同种类精度和速度组合的辐射方案，在充分考虑天气气候模式对计算速度要求的同时，让用户了解不同方案之间的差别和精度。RAD_BCC 辐射方案可以提供在精度和速度之间求得某些折中的辐射计算方案，并给出未来可应用于天气气候模式中辐射方案的多种选择。其中，最高速度的方案分为 17 个谱带，其中长波 8 个带，短波 9 个带，包括了水汽、二氧化碳、臭氧、氧化亚氮、甲烷 5 种主要温室气体和 3 种主要的卤碳化合物

(CFCs);短波方案中还考虑了氧气的吸收作用。水汽、二氧化碳、臭氧和氧气的连续吸收采用 Clough (2000)的计算公式。总共使用了 66 个 K-分布间隔。目前正初步用于国家气候中心的气候模式和 GRAPES 天气模式中进行替换和检验工作(张华等 2004,卢鹏 2009)。

在该辐射方案中,大气主要温室气体和卤碳化合物(CFCs)的吸收系数由 LBLRTM 计算得到,使用了气体吸收重叠带优化方法(Zhang 等 2003),以及 Zhang 等(2006a)提出的 K-分布间隔的选取方法;多种可以选择的气体吸收方案由 Zhang 等(2006b)给出。气溶胶和云的散射辐射计算采用Nakajima等(2000)的算法。

该方案与逐线积分模式相比,长波方案的冷却率在对流层的差异小于 0.07 K/d,在平流层的差异小于 0.35 K/d;辐射通量的差异小于 0.76 W/m^2。短波方案的加热率在对流层的误差小于0.05 K/d,在平流层的误差小于 0.25 K/d;辐射通量的误差小于 0.9 W/m^2。

表 3.2 RAD_BCC 辐射方案的谱带划分(以 17-带为例)

谱带	谱带区域(cm^{-1})	气体
1	10～250	水汽
2	250～550	水汽
3	550～780	水汽,二氧化碳
4	780～990	水汽
5	990～1200	水汽,臭氧
6	1200～1430	水汽,氧化亚氮,甲烷
7	1430～2110	水汽
8	2110～2680	水汽,二氧化碳,氧化亚氮
9	2680～5200	水汽
10	5200～12000	水汽
11	12000～22000	水汽,臭氧
12	22000～31000	无
13	31000～33000	臭氧
14	33000～35000	臭氧
15	35000～37000	臭氧
16	37000～43000	臭氧,氧气
17	43000～49000	臭氧,氧气

7)CAM3/NCAR 长、短波辐射方案

CAM3 长波方案采用 Ramanathan 和 Downey(1986)的吸收率和比辐射率公式,同时采用 Kiehl 和 Briegleb(1991)与 Kiehl 和 Ramanathan(1983)的宽带谱模式方法求解。考虑了二氧化碳、甲烷、氧化亚氮、臭氧、卤代烃和平流层气溶胶。将云看成灰体采用 Liou(1992)的比辐射率方法。云重叠采用 Collins 等(2001)的方法。

CAM3 短波方案的入射太阳辐射采用 Berger(1978)的计算方法。考虑了水汽、臭氧、二氧化碳、氧气和气溶胶的吸收,气体与气溶胶的散射。水云参数化方案采用 Slingo(1989)的方案。冰云参数化方案采用 Ebert 和 Curry(1992)的方案。云重叠方案采用 Collins 等(2001)的方案。

3.2.2 云和降水过程

(1)基本概念

云降水物理过程对大气运动有着很重要的影响。云降水过程不仅是数值模式的直接预报对象,而且通过相变潜热、水凝物转化和负荷等对大气热力、动力、辐射和水物质循环过程有重要的直接反馈和

影响。在数值预报模式中必须正确地描述能够产生非绝热作用的成云降雨过程。数值预报模式中云降水物理过程是当前研究和业务发展的重点之一。

通常云系的降水过程可分为稳定层结下的层云降水和不稳定层结下的对流性降水。中尺度区域和全球中期数值预报模式由于水平格距一般大于 5～10 km 以上，同时考虑两种不同性质的降水是一个困难问题。因此目前阶段业务数值预报模式还不能完全做到对层状云和对流云的全显式云分辨描述，而是对格点尺度层云和次网格积云分别采取不同的参数化方式。对格点尺度降水过程，一般全球预报模式采用大尺度凝结方案并考虑简单的云物理过程，而中尺度模式通常采用较为复杂的云物理方案。对对流性降水过程，则通过不同的闭合假设实现次网格尺度对流云对大尺度场的反馈，并产生降水。以下就两种过程的基本概念做简要描述。

(2)云微物理过程

数值预报模式中云物理方案根据复杂程度和考虑的相态，一般分为暖雨、简化冰相和复杂冰相方案。下面将选择暖雨方案和已耦合到 GRAPES 模式中的简单和复杂冰相方案予以介绍。

1)暖雨云降水方案

暖雨云降水方案是显式云降水方案中最简单的形式，它假定冰相过程在云的热力学和生成降水的过程中作用不明显，不考虑冰相云微物理过程。暖雨云降水方案并不局限于温度完全高于 0℃ 的云。通常在中尺度模式中将暖雨云降水方案的凝结液态水区分为云水和雨水两种，云水通过水汽达到饱和后的凝结过程产生，雨水通过云水的酝酿，当云水比含水量达到一定阈值，或云滴谱拓宽到一定尺度时，将发生云水向雨水的转化过程，当雨滴出现之后，由于雨滴与云滴有不同的下落速度，雨滴将在下落过程中碰并云滴，使自己长大降落至地面。云滴向雨滴的转化过程使用最多的是 Kessler(1969) 和 Berry(1968) 的方案。暖雨方案最基本的微物理过程是云水和雨水的凝结蒸发、云水—雨水的自动转化、雨水碰并云水过程。复杂一些的暖雨过程还包括有雨滴间的自碰并和雨滴的破碎过程。雨滴的谱分布函数多使用 Marshall-Palmer 分布函数或对数正态分布函数，复杂些的方案中雨滴谱分布函数则利用一系列对数正态分布函数的组合分布函数方法。

暖雨云降水显式方案考虑的云微物理过程除包括有云滴的凝结和蒸发 S_{vc}，雨滴的凝结和蒸发 S_{vr}，雨滴对云滴的碰并 C_{cr}，云滴向雨滴的自动转化 A_{cr}，还包括有雨滴的自碰并过程。水凝物微物理量预报方程一般有云水含水量(Q_c)和雨水含水量(Q_r)、雨滴浓度 N_r 和云滴—雨滴自动转化谱拓宽函数 F_c。

云微物理源汇项方程为：

$$
\begin{aligned}
\frac{\delta Q_v}{\delta t} &= -S_{vc} - S_{vr} \\
\frac{\delta Q_c}{\delta t} &= S_{vc} - C_{cr} - A_{cr} \\
\frac{\delta Q_r}{\delta t} &= S_{vr} + C_{cr} + A_{cr} \\
\frac{\delta N_r}{\delta t} &= NS_{vr} + NA_{cr} + NC_{rr} \\
\frac{\delta F_c}{\delta t} &= \frac{\rho^2 Q_c{}^2}{120\rho Q_c + 1.6 N_c / D_c}
\end{aligned}
\tag{3.53}
$$

云和降水过程对温度的反馈

$$
\left.\frac{\mathrm{d}T}{\mathrm{d}t}\right|_c = \frac{L_v}{C_p}(S_{vc} - S_{vr}) \tag{3.54}
$$

由于暖雨方案体现了最主要和最基本的云微物理过程，因此暖雨方案是数值预报模式中使用最多的格点尺度云降水方案。但近年来随着计算机条件的改善，人们对数值模式中云降水方案重要性的认识的提高，数值预报模式中的云降水方案有越来越复杂的趋势，而不仅仅局限于暖雨云降水方案，特别是在中尺度数值预报模式中。

2)简化冰相云降水方案

简化冰相云降水显式方案考虑了冰相过程，方案中水凝物的预报量为 Q_v，Q_c 和 Q_p。Q_v 仍为水汽含量，Q_c 在暖区（$T>0$℃）为云水含量，在冷区（$T<0$℃）为过冷水含量，Q_p 在暖区为雨滴，在冷区为冰雪晶或霰。考虑的微物理过程有：云滴的凝结蒸发 S_{vc}，雨滴或冰晶的凝结（华）蒸发（升华）S_{vp}，冰晶核化 P_{vp}，冰晶繁生 P_{cp}，云滴冻结 F_{cp}，降水碰并云水 C_{cp}，云水向降水的自动转化 A_{cp}。

云微物理变量的源汇项方程为：

$$\frac{\delta Q_v}{\delta t}=-S_{vc}-S_{vp}-P_{vp}$$

$$\frac{\delta Q_c}{\delta t}=S_{vc}-A_{cp}-P_{cp}-C_{cp}-F_{cp}$$

$$\frac{\delta Q_p}{\delta t}=S_{vp}+P_{vp}+P_{cp}+C_{cp}+A_{cp}+F_{cp} \tag{3.55}$$

云降水过程对温度的反馈。

暖区：
$$\left.\frac{\mathrm{d}T}{\mathrm{d}t}\right|_C=\frac{L_v}{C_p}(S_{vp}+S_{vc})-\frac{L_f}{C_p}M_{pr} \tag{3.56}$$

冷区：
$$\left.\frac{\mathrm{d}T}{\mathrm{d}t}\right|_C=\frac{L_f}{C_p}S_{vp}+\frac{L_v}{C_P}S_{vc}+\frac{L_f}{C_p}C_{cp}+\frac{L_f}{C_p}F_{cp}+\frac{L_f}{C_p}F_p$$

云降水方案中复杂、精细的微物理过程，对提高云和降水预报无疑有重要作用。过于复杂的显式方案，由于水凝物和降水粒子谱特征分类过于细致，增加的预报量较多，将增加大量的计算机机时，但简单的饱和凝结方案或暖雨方案，有时又不能客观地反映中尺度过程中基本的微物理过程。因此发展一种既能考虑云中最主要的微物理过程，且对业务模式增加的预报量又不多，只增加少量的计算量的混合相云降水方案是必要的，这种云降水显式方案在全球业务数值预报模式中有较好的应用前景。

3)复杂冰相云降水方案

通常较为复杂的云降水显式方案多用于云物理和人工影响天气的研究，也可用于特殊降水类型天气的预报，所采用的模式也多属于云尺度模式。近年来，随着计算机资源的改善，一方面包括有详细微物理过程的中小尺度模式或云尺度模式正向更大尺度范围发展，另一方面中尺度数值预报模式也在逐渐增加更详细的云微物理过程。这表明，中小尺度对流云模式在临近和局地短时天气预报，云降水方案在中尺度数值预报中均发挥出越来越重要的作用。从模式类型和所研究内容来看，非静力平衡三维对流云模式主要用于模拟积云发生、发展，尤其是 γ 中尺度或 β 中尺度的强风暴过程。静力平衡中尺度模式，主要用于研究大尺度和 α 中尺度天气过程，但随着模式分辨率的提高和云降水显式方案的引入，有时也可模拟出层状云系中的对流云特征。

根据云中水的相态、形状、比重等将水分成 6 种，即水汽 Q_v、云水 Q_c、雨水 Q_r、冰晶 Q_i、雪晶 Q_s 和霰 Q_g。该方案与简化暖雨方案和简化混合相方案相比，除模式中的微物理特征参数为比水量外，还增加了雨滴、冰晶、雪晶、霰的比浓度 N_r，N_i，N_s，N_g，其中云滴的比浓度作为定值处理。

复杂混合相云降水显式方案增加的预报量为水汽、云水、雨水、冰晶、雪晶和霰的比含水量 Q_v，Q_c，Q_r，Q_i，Q_s，Q_g 以及雨水、冰晶、雪晶和霰的比浓度 N_r，N_i，N_s，N_g。

云微物理过程有云滴凝结和蒸发 S_{vc}、雨滴凝结和蒸发 S_{vr}、冰晶、雪花和霰的凝华蒸发 S_{vi}，S_{vs}，S_{vg}；云滴向雨滴、冰晶向雪花、冰晶向霰、雪花向霰的自动转化 A_{cr}，A_{is}，A_{ig}，A_{sg}；云滴和雨滴、云滴和冰晶、云滴和雪花、云滴和霰、冰晶和冰晶、雨滴和冰晶、雨滴和雪花、雨滴和霰、雨滴和雨滴、冰晶和霰、冰晶和雪花、雪花和雪花的碰并 C_{cr}，C_{ci}，C_{cs}，C_{cg}，C_{ii}，C_{ri}，C_{ir}，C_{rs}，C_{sr}，C_{rg}，NC_{rr}，C_{ig}，C_{sg}，NC_{ss}；冰晶的核化 P_{vp}；冰晶的繁生 P_{cp}；冰晶、雪花和霰的融化 M_{ic}，M_{sr}，M_{gr}；云滴、雨滴的冻结 F_{ci}，F_{rg}；某些微物理过程不但有含水量间的相互转化，同时还有比浓度间的相互转化 NS_{vr}，NS_{vi}，NS_{vs}，NS_{vg}，NP_{vp}，NP_{cp}，NA_{is}，NA_{sg}，NA_{ig}，NM_{ic}，NM_{sr}，NM_{gr}，NF_{ci}，NF_{rg}。

云微物理源汇项方程为：

$$
\begin{aligned}
&\frac{\delta Q_v}{\delta t}=-S_{vc}-S_{vi}-S_{vs}-S_{vg}-S_{vr}-P_{vi}\\
&\frac{\delta Q_c}{\delta t}=S_{vc}-C_{ci}-C_{cs}-C_{cg}-C_{cr}-P_{ci}-A_{cr}+M_{ic}-F_{ci}\\
&\frac{\delta Q_r}{\delta t}=S_{vr}+C_{cr}+A_{cr}-C_{ri}-C_{rg}-C_{rs}+M_{gr}+M_{sr}-F_{rg}\\
&\frac{\delta Q_i}{\delta t}=S_{vi}+C_{ci}-C_{ii}-C_{is}-A_{ig}-A_{is}+P_{vi}+P_{ci}-C_{ir}-C_{ig}-M_{ic}+F_{ci}\\
&\frac{\delta Q_s}{\delta t}=S_{vs}+C_{cs}+C_{ii}+C_{is}-A_{sg}+A_{is}-C_{sg}-C_{sr}+C_{rs}\cdot\delta_2+(C_{ri}+C_{ir})\cdot(1-\delta_1)-M_{sr}\\
&\frac{\delta Q_g}{\delta t}=S_{vg}+C_{cg}+A_{ig}+A_{sg}+(C_{ir}+C_{ri})\cdot\delta_1+C_{rg}+C_{sr}+C_{rs}\cdot(1-\delta_2)+C_{sg}+C_{ig}-M_{gr}+F_{rg}\\
&\frac{\delta N_r}{\delta t}=NS_{vr}+NA_{cr}+NC_{rr}-NC_{ri}-NC_{rg}-NC_{rs}+NM_{gr}+NM_{sr}-NF_{rg}\\
&\frac{\delta N_i}{\delta t}=NS_{vi}-NC_{is}-NC_{ii}-NA_{ig}-NA_{is}+NP_{vi}+NP_{ci}-NC_{ir}-NC_{ig}-NM_{ic}\\
&\frac{\delta N_s}{\delta t}=NS_{vs}+\frac{1}{2}NC_{ii}-NA_{sg}-NC_{ss}+NA_{is}-NC_{sg}-NC_{sr}+NC_{rs}\cdot\delta_2+(NC_{ri}+NC_{ir})\cdot(1-\delta_1)-NM_{sr}\\
&\frac{\delta N_g}{\delta t}=NS_{vg}+NA_{ig}+NA_{sg}+(NC_{ri}+NC_{ir})\cdot\delta_1+NC_{rs}\cdot(1-\delta_2)+NC_{sr}-NM_{gr}+NF_{rg}\\
&\frac{\delta F_i}{\delta t}=\left(\frac{F_iQ_i+C_{ci}\cdot\delta t}{Q_i+(C_{ci}+S_{vi})\delta t}-F_i\right)/\delta t
\end{aligned}
\tag{3.57}
$$

其中

$$
\delta_1=\begin{cases}0\\1\end{cases}
$$

$$
\delta_2=\begin{cases}0 & Q_r>10^{-4}\text{ 且 }Q_s>10^{-4}\ \mathrm{kg/kg}\\1 & Q_r<10^{-4}\text{ 或 }Q_s<10^{-4}\ \mathrm{kg/kg}\end{cases}
$$

$$
Q_r<10^{-4}\ \mathrm{kg/kg}
$$

$$
Q_r\geqslant10^{-4}\ \mathrm{kg/kg}
$$

云和降水过程对温度的反馈

$$
\begin{aligned}
\left.\frac{\mathrm{d}T}{\mathrm{d}t}\right|_c=&\frac{L_v}{C_p}(S_{vr}+S_{vc})+\frac{L_f}{C_p}(P_{ci}+C_{ci}+C_{cs}+C_{cg}+C_{rg}+C_{rs}-C_{sr}+C_{ri}-C_{ir}-\\
&M_{ic}-M_{sr}-M_{gr}+F_{ci}+F_{rg})+\frac{L_s}{C_p}(P_{vi}+S_{vi}+S_{vs}+S_{vg})
\end{aligned}
\tag{3.58}
$$

MM5,WRF,RAMS和ARPS等国际上主要的一些中尺度数值预报模式的云降水微物理方案主要包括暖云、简化冰相和复杂冰相方案,这些云微物理方案多数采用了只用水凝物含水量描述云微物理过程的单参数方案。近年来,利用含水量和数浓度描述云微物理过程的双参数方案,逐渐成为中尺度模式云微物理方案的发展趋势。这些中尺度模式中采用较多的方案包括Kesserler(1969)、Lin(1969)、Mc Cumber(1991)、Ferrier(1995)和Reisner等(1998),方案中根据考虑的微物理过程的复杂程度,包括了"水汽—云—雨"、"水汽—云—雨—冰"、"水汽—云—雨—冰—雪"和"水汽—云—雨—冰—雪—霰"间水凝物的形成、增长和相互作用等微物理过程。

全球模式由于模式水平分辨率较粗,采用的云微物理方案比中尺度模式要简单得多,考虑的云微物理过程也相对较少,一般多考虑"水汽—云—雨"或"水汽—云—雨—冰"间的微物理过程,增加的水凝物模式预报量也较少。ECMWF全球模式的云微物理方案采用了Sundqvist(1978)的"水汽—云—冰"简单冰相方案,NCEP的全球模式则采用了Zhao(1997)的"水汽—云—雨—冰"和简单冰相和适度复杂的"水汽—云—雨—冰—雪"冰相方案。当全球模式水平分辨率逐渐减小到20~30 km以下时,模式中考虑的水凝物预报量和云微物理过程也将相应增加。

国际上主要的一些数值预报模式，为评估和改进云降水参数化方案，均开展了大量的检验和评估研究。由于云物理量不是常规观测项目，检验有相当难度。目前利用包括有加密雨量、雷达、飞机和卫星等云降水宏微观量的综合资料是评估云降水方案的重要手段。

与积云参数化相比，云降水显式方案有明确的物理基础，其优点表现为：①显式云方案可直接模拟在可分辨范围内的对流过程；②显式方案计算出的相变加热垂直分布优于对流参数化方案；③由于不存在隐式云，所以不需要尺度分离和积云—环境面积分割的假设，也不需要闭合假设；④显式云方案可直接模拟水汽、动量和热量通量，并能细致地考虑包括冰相的云微物理过程的潜热对中尺度过程的反馈，而对这些过程由于了解不够，使用积云参数化有极大的盲目性；⑤显式方案还可以根据方案的复杂程度，进行特殊类型的天气预报，如降雨、降雪、冻雨和降雹等；⑥如果不考虑计算机限制因素，显式方案将是合理的选择，1～2 km 的水平格距将能够直接模拟单个积云，并将参数化问题在尺度上降至湍流和云微物理学。

(3)积云对流参数化方案

积云对流参数化方案用于处理次网格尺度云降水过程。对流可分为非降水对流和降水对流两类。非降水对流比较浅薄，一般在它的生命期内没有净潜热释放，其作用可通过湍流涡旋来考虑。降水对流发生在条件不稳定的大气中，同时存在比单个积雨云尺度要大的低层辐合，在它的生命期内，不仅产生净凝结潜热释放，而且还在垂直方向输送热量、水汽和动量。

积云参数化就是根据云的效应与大尺度天气现象已知参数之间的定量关系，估计积云对流对可分辨尺度运动的物理效应。联结“次网格尺度”积云的效应与模式可分辨运动尺度之间的关系称之为参数化方法。积云参数化可将大尺度模式不能显式分辨的对流凝结和积云引起的热量、水分和动量的输送与模式的预报变量联系起来。它通过对大气层结的调整，对动量、热量和水汽进行再分配，从而影响中尺度和大尺度的动力、热力结构，并通过水分的输送间接地影响辐射过程。

一般而言，数值预报模式中对于稳定条件下的降水采用格点可分辨尺度的降水预报方案进行模拟，而对于不稳定条件下的降水则采用次网格尺度积云对流参数化方法处理。随着计算机条件的改善、模式分辨率的不断增加，对模式物理过程的描写也在不断的精细化，目前，区域业务数值预报模式的水平分辨率已经达到了 10 km 左右，有些采用套网格技术的中尺度预报模式甚至达到了 5 km 以内，模式的格点可分辨尺度的降水预报方案也多采用了显式降水方案，微物理过程的描述也更为复杂，模式中次网格尺度的含义也在逐渐产生变化。但科研业务预报的实践表明，即使模式的水平分辨率到了 10 km 以内，积云对流参数化仍然是不可缺少的物理过程。

随着数值预报模式分辨率的提高和物理过程的精细化，积云对流参数化方案对于次网格尺度积云对流过程的物理描述也有了较大的改善，由最初只考虑简单的模式大气的温湿结构调整、对流凝结过程等到考虑模式垂直守恒性能、不同类型对流云单体的相互影响以及积云对流过程对云中微物理过程的影响等。根据其发展过程积云对流大致可分为以下几类方案。

对流调整方案，其中包括干对流调整和湿对流调整。这类方案出现在较早的积云对流方案中，较有代表性的方案有 Manabe 等的方案。这类方案的特点就是当气柱中出现不稳定层结而且有对流启动机制存在时，通过对流调整把不稳定层结调整为中性层结，调整过程中发生凝结，产生对流降水，而凝结潜热增温环境大气。Betts 和 Miller(1986)的调整方案则是 20 世纪 80 年代根据热带加密观测事实发展的较为完善的对流调整方案。该类方案在保持湿静力能量守恒的前提下通过温湿场的调整使大气恢复到与观测事实相一致的参考廓线的状态，同时约束加热、增湿和对流降水的耦合关系，方案中也考虑了浅对流的参数化。

Kuo 对流参数化方案，这是一种应用较为广泛的积云对流参数化方案。该方案在模式大气出现条件性不稳定层结时，主要通过低层大尺度水汽辐合触发积云对流，水汽辐合的$(1-b)$部分产生了凝结形成对流降水；而 b 部分则用来直接增湿环境大气，对流凝结产生的潜热增加环境空气的温度。这类方案的典型代表是 Kuo 方案。

Arakawa-Schubert 方案(Arakawa 和 Schubert 1974)，该方案通过约束云中质量通量和云底大气垂直质量通量的耦合，直接约束云的总体强度。方案采用准平衡闭合假定，即由大尺度动力强迫产生的环境场的不稳定在一定的时段内与由积云对流过程产生的稳定度保持准平衡，对流过程中考虑了云中空气的卷出与环境空气的卷入，积云对流对大尺度环境场的调整主要由Updraft、Downdraft和下沉补偿气流决定。Grell(1993,1994)的积云对流方案是这一方案的简化方案。

中尺度模式中的积云对流参数化方案在中尺度模拟中有重要应用，其中应用较为广泛的方案是Fritsch和Chappell(1980)方案。该方案中，积云对流发生的条件与浮力能有关，当气块受外力作用向上抬升时，从抬升凝结高度到自由对流高度需要外界供给动能克服负浮力，一旦到达自由对流高度，便在正浮力的作用下加速上升，并且假定：积云对流活动在一定的时间τ内足以使其产生对流活动的有效浮力能耗尽。积云对流对大尺度环境场的调整主要由Updraft、Downdraft和下沉补偿气流决定。模式中也包括了卷入、卷出的影响等。

以下主要介绍几种目前在预报模式中应用较为广泛的几个积云对流参数化方案，其中选择了BM方案(Betts-Miller方案)、KF方案(Fritsch和Chappell的改进方案)和GD(Grell-Davenyi集合对流方案)方案。

1)Betts-Miller方案

该方案是以Betts(1986)为基础的对流调整方案，方案是依据GATE(Global Atmospheric Research Program Atlantic Tropical Experiment)观测资料的基本事实而设计的。

在热带洋面上的观测事实表明：在深对流发生的区域，温度的垂直廓线在低层(大约在600 hPa以下)近似地平行于等θ_{esv}面(假相当位温)，在600 hPa(冻结点附近)附近达到最小值，在此高度以上有所增加。该参数化方案以上述观测事实为基础，构建与实际观测相近的对流调整参考廓线，使得由大尺度强迫产生的条件性不稳定层结最终调整到参考廓线状态。

由大尺度强迫产生的不稳定层结通过对流调整使得不稳定状态下的温度和湿度结构向准平衡参考廓线调整，使之最终处于准平衡状态。对于深对流和浅对流，使用两种不同的垂直参考廓线。对流调整方案的本质是如何确定云的温、湿参考廓线。方案中根据云顶的高度区分浅对流和深对流。对于浅对流，参考廓线满足于云中显热的总变化与潜热的总变化量分别守恒的约束条件，即，云中显热和潜热的变化总量都等于零。因此，当从云底到云顶积分时，凝结和降水为0。这就意味着浅对流方案不产生降水，仅对热量和水汽在垂直方向进行再分配。对于深对流，参考廓线的构建满足于总的焓守恒约束条件。方案中没有液体水储存在模式大气中。深、浅对流调整的方法如下。

云顶由湿绝热方法确定，浅对流和深对流通过云顶的高度确定，浅对流和深对流分别满足不同的能量守恒约束条件。由对流调整产生的温度和水汽的反馈则由下式表示：

$$\left(\frac{\partial \overline{T}}{\partial t}\right)_c=(T_R-\overline{T})/\tau$$

$$\left(\frac{\partial \overline{q}}{\partial t}\right)_c=(q_R-\overline{q})/\tau$$

下标c表示积云对流。在真实的大气强迫的情况下，τ的值一般在1～2 h之间能够给出较好的结果。

2)Kain-Fritsch方案

当模式的分辨率逼近单个对流云尺度时，某些中尺度过程已经变成了模式可分辨的分量，可分辨尺度凝结过程和对流参数化过程间的关系与较粗分辨率时有相当的不同。观测事实表明：对于水平尺度小于50 km的对流系统的加热和湿度场的干化(drying)影响的强弱与对流有效位能(CAPE)的关系更为密切。较粗分辨率时使用的参数化方案中关于积云对流对大尺度环境的反馈影响的假定也不再适用。大量的数值模拟和诊断研究表明，环境对对流加热的响应对它的垂直分布极为敏感。因此，对于参数化方案而言，强调对流云与它们的环境的作用更为重要。

当数值预报模式的分辨率接近γ中尺度时，每个格点元的对流可以用单个云型表示(Fritsch和Chappell 1980)，因此，次网格尺度对流过程由一维云模式和与它有关的下沉补偿作用描述。一个简单的云模式对由指定的常数卷入率或质量通量随高度的增加率表示的质量通量廓线进行约束。多数研究已在云模式中引入侧向卷出，但假定卷出率为卷入率的固定比例，同样地也约束了上升质量通量垂直分布廓线。Kain 和 Fritsch(1990)在此基础上引入了一个更为通用的一维云模式。在这个云模式中，允许卷入、卷出以物理上更为真实的形式演变。用这种方法，上升气流中的质量通量和对流加热、增湿的垂直分布可作为大尺度环境变量的函数产生变化，从而，强化了一维云模式的作用。下面重点介绍 Kain 和 Fritsch 的一维云模式方案。

观测表明，大多数的云和环境之间的混合以非常不均匀的方式出现在云的周围区域。这些观测表明云体边缘的扰动涡流连续不断地产生各种云气与环境空气不同比例的混合，这就意味着个别对流云(subparcels)的浮力与云的整体的平均浮力完全不同。

新的云模式称为一维卷入/卷出云模式比较贴切。方案假定，对于任何产生负浮力的混合有云气从云体中卷出；反之，对于任何产生正浮力的混合有环境空气卷入云中。在这种混合过程和云的平均热力特征的不断改变中，方案允许通过上升运动用混合过程的热力学特征调整对流云和环境间质量的双向交换。

该方案的主要计算环节如下。

(a)环境流入率

方案的第一步是估算环境空气和云气的混合率，这个混合率描述了卷入率的上限。然而，最初混合进入云中的环境空气质量与上升气流合并建立了负浮力的混合空气，但假定这些混合空气将不足以改变原有上升气流的平均性质(或垂直质量通量)。对于气压 δp(单位:Pa)中由混合过程进入上升气流的环境空气的卷入率表示为：

$$\delta M_e = M_{u0}(-0.03\delta p/R) \tag{3.59}$$

式中 R 和 M_{u0} 是上升气流的半径(单位:m)和云底质量通量(单位:kg/s)。0.03 是比例常数(单位:Pa^{-1})。由式(3.59)可知，如果上升气流的半径是 1500 m，不考虑卷出作用的情况下，上升 500 hPa 后卷入率将增加 1 倍。

(b)净卷入和卷出率

方程(3.59)给出了进入上升气流周围区域的环境空气的质量通量的变化率，产生这种侧向混合的上升气流的质量通量的变化率为 δM_u，那么，进入晴空和云之间区域的总的质量通量的变化率为 $\delta M_t = \delta M_e + \delta M_u$。

下一步就是要定量地把云和晴空之间的过渡区的质量划分为卷入和卷出分量。要完成这项任务，必须估算产生正、负浮力的云块的变化率。用功能概率分布函数来描述由扰动产生的混合云的特性。建立这样的分布函数目前尚缺乏观测事实依据，因此，卷入/卷出方案对许多假定的敏感性将在量化了分布函数后加以讨论。

假定湍流混合过程具有等量混合上升气流和环境空气的特性且云块混合的相对频率分布由高斯分布(Gaussian-type distribution)计算得到。具体地，定义功能分布函数为

$$f(x) = A\left[e^{-(x-m)^2/2\sigma^2} - k\right] \tag{3.60}$$

式中 x 是混合云块中环境空气所占的部分，m 是这一分布的平均值(为 0.5)，σ 是分布的标准差。我们令 $\sigma=1/6$，相当于在断点 $x=0$ 和 $x=1$ 之间包含 ±3 的标准差。选择 k 为常数($k=e^{-4.5}$)修改的函数趋于 0。常数 A 的定义满足

$$\int_0^1 f(x)\mathrm{d}x = 1 \tag{3.61}$$

为使高斯分布闭合，取 $A=(0.97\sigma\sqrt{2\pi})^{-1}$。

方程(3.60)为各种混合指定了相对变化率，但这要求用质量而不是用数量表示。这个变换要求个别混合云块的总质量与它们的混合比率相关。为了简化问题，假定云块的大小与混合比率无关。根据这个假定，总质量分布可以由频率分布函数乘以 δM_t 得到，即

$$\delta M_e + \delta M_u = \delta M_t \int_0^1 f(x)\mathrm{d}x \tag{3.62}$$

在环境和云中，上升气流的质量通量变化分量的计算遵循下列关系

$$\delta M_e = \delta M_t \int_0^1 x f(x) \mathrm{d}x \tag{3.63}$$

$$\delta M_u = \delta M_t \int_0^1 (1-x) f(x) \mathrm{d}x \tag{3.64}$$

式中 $1-x$ 是混合云块中上升气流的部分。对方程(3.63)进行积分描述了混合云块中环境空气质量的分布，同样地对方程(3.64)进行积分表示了云块中上升气流的质量分布。因为总质量分布是关于 $x=0.5$ 对称的，所以，两者的积分区域是相等的，即 $\delta M_e = \delta M_u$。

给定了这些关于混合的子云块的质量分布假定，混合进入子云块的上升空气和环境空气的总变化率就确定了。

(c)卷入云模式的扩展

在一维卷入卷出云模式中，卷入/卷出由计算气压规则空间上的净的质量交换来完成，而且假定了卷入的环境空气与垂直层次间的总的上升气流质量产生均匀的混合。在上升气流、环境空气和混合区的热力学特征的计算中假定了相当位温(θ_e)守恒和总水分(即水汽 r、液体水 r_l 和冰 r_i 的混合比)守恒。方案中考虑了在积云对流过程中，凝结的云水连续不断地被降水过程从上升气流中移出和液体水与冰的相变过程。

3)G-D 集合对流参数化方案

Grell 和 Devenyi(2002)集合对流参数化方案(简称 GD 方案)是在 Grell(1993，1994)基本框架的基础上发展的一种集合对流参数化方案。该方案以 Grell 积云参数化方案为基本框架，引入了另外几种积云对流参数化方案中的基本闭合假定以及有关的可调参数作为集合成员，对降水和温、湿场反馈等进行集合，以消除各参数化方案中的不确定因素。该方案通过选择上升气流的卷入、卷出率，下沉气流的卷出率，对这些参数取不同的值，得到不同的结果，形成了积云对流参数化的不同集合。

试验结果证明，下沉气流的质量通量对于上升气流质量通量是敏感的，根据 Grell(1993)方案，假定总凝结的一部分在下沉中被蒸发，由 Grell(1993)方案可知，其依赖关系对降水率(β)的计算比较敏感，这一因素形成了另一个集合因子。

在不同的积云对流参数化方案中，对于大尺度过程和次网格尺度积云对流参数化过程之间设定了不同的闭合假定，这些假定将对积云对流过程产生不同的结果。由于积云对流参数化过程中存在着较多的不确定性，也许每一个闭合假定代表了积云对流过程的不同的侧面。在积云对流方案中引入不同的闭合假定，并对这些不同假定产生的结果进行集合从而得到比单一闭合假定更为合理的结果正是 Grell 和 Devenyi 集合方案的设计的目的。

该方案中对于闭合假定的集合主要包括 Grell 方案、Arakawa-Schubert 方案、Kain-Fritsch 方案、Kuo 方案和 Brown(1979)方案。

在 Grell 方案、Arakawa-Schubert 方案和 Kain-Fritsch 方案中，动力控制的闭合条件采用了准平衡假定。在此假定中，影响大气稳定度的有效浮力能的变化是一定的，它主要是大尺度强迫和积云对流共同作用的结果。

$$\left(\frac{\mathrm{d}A}{\mathrm{d}t}\right)_{tot} = \left(\frac{\mathrm{d}A}{\mathrm{d}t}\right)_{LS} + \left(\frac{\mathrm{d}A}{\mathrm{d}t}\right)_{CU} \tag{3.65}$$

在准平衡假定下，方程左边的项近似为 0，则

$$\left(\frac{\mathrm{d}A}{\mathrm{d}t}\right)_{LS} \approx -\left(\frac{\mathrm{d}A}{\mathrm{d}t}\right)_{CU} \tag{3.66}$$

上面的方程中，A 是由 Arakawa-Schubert 定义的云功函数，它表示了与对流有关的浮力能；下标 tot 表示总的浮力能变化，LS 表示由大尺度强迫产生的浮力能变化，CU 表示由积云对流产生的浮力能变化。云功函数 A 分为上升气流和下沉气流两部分，分别定义为：

$$A_u(\lambda) = \int_{ZB}^{ZT} \frac{g}{C_p T(z)} \frac{\eta_u(\lambda, z)}{1+\gamma} [h_u(\lambda, z) - h^*(z)] \mathrm{d}z$$

$$A_{d}(\lambda)=\int_{Z_{0}}^{Z_{sur}}\frac{g}{C_{p}T(z)}\frac{\eta_{d}(\lambda,z)}{1+\gamma}[h^{*}(z)-h_{d}(\lambda,z)]\mathrm{d}z$$

式中 ZT 和 ZB 表示云顶和云底的高度，Z_{sur} 和 Z_0 表示地面和下沉气流起始层高度，h_u、h_d 和 h^* 分别表示上升气流、下沉气流和环境场的湿静力能量，$\gamma=\frac{L}{c_p}\left(\frac{\partial q^*}{\partial r}\right)_p$，$\eta_u(\lambda,z)$ 和 $\eta_d(\lambda,z)$ 是上升质量通量和下沉质量通量的正交化因子。

在 Grell 方案中，准平衡假定表示为

$$-\frac{A'(\lambda)-A(\lambda)}{\mathrm{d}t}=\frac{A''(\lambda)-A(\lambda)}{m_b'(\lambda)\mathrm{d}t}m_b(\lambda) \tag{3.67}$$

式中方程左边是由大尺度强迫产生的不稳定率，方程右边是由积云对流过程产生的稳定率，两边反号。A 为云功函数，是与云型有关的描述浮力大小的参数。其中，$A'(\lambda)$ 是由大尺度强迫改变的热力场计算出的云功函数，$A''(\lambda)$ 是由积云对流改变了的热力场计算出的云功函数，$A(\lambda)$ 是由大尺度强迫前的局地热力场计算的云功函数。

对于 Arakawa-Schubert 方案，闭合假定与 Grell 方案基本相同，但方程左边的由大尺度强迫产生的不稳定率由气候值计算，这种计算结果更接近 Arakawa-Schubert 的原方案。

在 Kain-Fritsch 方案，准平衡假定表示为

$$-\frac{A(\lambda)}{(\mathrm{d}t)_c}=\frac{A''(\lambda)-A(\lambda)}{m_b'(\lambda)\mathrm{d}t}m_b(\lambda) \tag{3.68}$$

该方案假定了在指定的时间 $(\mathrm{d}t)_c$ 内由积云对流产生的稳定率能够消除由大尺度强迫产生的不稳定率。在该方案中对参数 $(\mathrm{d}t)_c$ 的选取较为敏感。

在 Kuo 方案中，假定由大尺度辐合产生的不稳定，由积云对流过程在时间 τ 内消除。大尺度辐合中的 b 部分增湿了积云的环境大气，而 $1-b$ 部分的辐合水汽产生了降水，凝结过程中产生的凝结潜热加热了环境空气，从而改变了环境大气的温度场和湿度场的垂直分布。在这一类方案中，选了 Krishnamurti 等(1983)方案中的条件

$$R=M_{tv}(1+f_{emp})(1-b) \tag{3.69}$$

式中 R 为总降水，M_{tv} 为由积分垂直水汽平流得到的水汽辐合，f_{emp} 是经验常数，代表中尺度过程对降水的影响，$1-b$ 为降水效率。

$$R(\lambda)\equiv I_1(\lambda)(1-\beta)m_b(\lambda) \tag{3.70}$$

上两式联立可以求解云底质量通量 $m_b(\lambda)$。

在 Brown(1979)方案中，假定云的质量通量正比于对流层低层某层 l_t 层的环境质量通量 $\overline{M}$。l_t 可以定义为 PBL(行星边界层)顶层或对流上升起始层。Brown 方案的闭合假定被 Frank 和 Cohen(1987)修改为

$$m_b(\lambda)=m_u(l_t,\lambda)=\overline{M}(l_t)-m_d(l_t,t-\Delta t) \tag{3.71}$$

式中 $m_d(l_t,t-\Delta t)$ 为前一时间步的下沉质量通量。

表 3.3 中给出了 GD 方案的可能的集合成员，其中 EF1 到 EF4 是不同的静态参数的集合成员。在前五种集合中，主要对上面介绍的参数化方案动力闭合条件进行集合，每一种类可以有几个集合成员，不同成员间可相互组合。从表中可知，理论上可进行 1 万多个成员的集合，而且可以根据预报效果的不同赋予每个成员不同的权重。目前，在 WRF 模式中该方案可进行 144 个成员的集合，每个成员取相同的权重系数。

表3.3 方案中使用的集合成员表

名称	参数化的集合部分	参与集合的参数	集合成员数
Grell	闭合条件	大尺度强迫倾向	3
AS	闭合条件	A	4
KF	闭合条件	dtc	3
Kuo	闭合条件	b	3
Brown	闭合条件	l_t	3
EF1	静力控制/反馈	β	6
EF2	静力控制/反馈	$\mu_{ud}(\lambda,z)$	4
EF3	静力控制/反馈	$\mu_{ue}(\lambda,z)$	6
EF4	静力控制/反馈	$\mu_{dd}(\lambda,z)$	4

3.2.3 边界层、陆面过程

边界层过程在天气系统的演变中扮演着非常重要的角色。边界层是产生强降水系统的一个关键因子，在这一薄层大气中，存在来自下垫面的大的热量、水汽、动量通量，通过湍流、对流输送、凝结蒸发和辐射等物理过程，成为下垫面与自由大气之间相互联系的主要通道。

数值模式中的边界层，通常最终被归纳为如何参数化边界层内的湍流过程。对湍流的数值模拟由来已久。按照定义，湍流是叠加在平均运动上的阵性运动，即 $A=\bar{A}+A'$。在对边界层的数值模拟中，对湍流的预报是不可缺少的。但是由于湍流本身所具有的物理特性无法用经典物理理论来精确的描述，因此导致对湍流的预报又是最困难的。

对边界层内的平均风速的预报方程为：

$$\frac{\partial \bar{U}_i}{\partial t}+\bar{U}_j\frac{\partial \bar{U}_i}{\partial x_j}=-\delta_{i3}g+f_c\varepsilon_{ij3}\bar{U}_j-\frac{1}{\rho}\frac{\partial \bar{P}}{\partial x_i}+\nu\frac{\partial^2 \bar{U}_i}{\partial x_j^2}-\frac{\partial(\overline{u_i'u_j'})}{\partial x_j}$$

因此我们可以看到，即使是对平均量的预报，湍流的贡献也不能忽略。

为了闭合该方程同时预报湍流的变化，引入对湍流通量的预报方程：

$$\frac{\partial(\overline{u_i'u_j'})}{\partial t}+\frac{\bar{U}_j\,\partial(\overline{u_i'u_k'})}{\partial x_j}=-(\overline{u_i'u_j'})\frac{\partial \bar{U}_k}{\partial x_j}-(\overline{u_k'u_j'})\frac{\partial \bar{U}_i}{\partial x_j}-\frac{\partial(\overline{u_i'u_j'u_k'})}{\partial x_j}+\left(\frac{g}{\bar{\theta}_v}\right)[\delta_{k3}\overline{u_i'\theta_v'}+\delta_{i3}\overline{u_k'\theta_v'}]+$$
$$f_c[\varepsilon_{kj3}\overline{u_i'u_j'}+\varepsilon_{ij3}\overline{u_k'u_j'}]-\frac{1}{\rho}\begin{bmatrix}\dfrac{\partial(\overline{p'u_k'})}{\partial x_i}+\dfrac{\partial(\overline{p'u_i'})}{\partial x_k}\\ \overline{-p'\left(\dfrac{\partial u_i'}{\partial x_k}+\dfrac{\partial u_k'}{\partial x_i}\right)}\end{bmatrix}+\nu\frac{\partial^2(\overline{u_i'u_k'})}{\partial x_j^2}-2\nu\frac{\overline{\partial u_i'\partial u_k'}}{\partial x_j^2}$$

可以看到，在求解湍流二阶通量的同时又引入了更高阶的未知量，这在湍流的研究中称为闭合问题。迄今为止，还没有一种方法能够真正精确的闭合湍流方程。为了使湍流的数学或统计描述易于处理，一个方法是只使用有限的方程数，而用已知量来近似地表示未知量。这样的闭合方法用留下的方程的最高的阶数来命名。

对边界层内湍流方程的闭合方法的研究由来已久，但大体上可以分为局地和非局地闭合方法。对局地闭合来说，空间任一点的未知量是用同一点的已知量的值或梯度来参数化，对非局地闭合来说，空间任一点的未知量是用许多点的已知量的值来参数化，这种闭合假设湍流是由多个湍涡叠加而成的，其中每个湍流输送气流如同平流过程一样。局地闭合方法中最早提出的也是最简单的是一阶闭合方法，即用平均量的梯度来近似表示二阶量，以 Z 方向输送的通量为例，为：

$$\begin{cases}\overline{u'w'}=-K_M\dfrac{\partial\bar{u}}{\partial Z}\\[2ex] \overline{v'w'}=-K_M\dfrac{\partial\bar{v}}{\partial Z}\\[2ex] \overline{\theta'w'}=-K_H\dfrac{\partial\bar{\theta}}{\partial Z}\\[2ex] \overline{q'w'}=-K_q\dfrac{\partial\bar{q}}{\partial Z}\end{cases}$$

式中 K_M,K_H,K_q 分别被称为湍流动量、热量和水汽交换系数。

这种半经验方法被称为 K 理论方法,也是一种典型的一阶闭合方法。K 理论在实际应用中的难点在于对 K 的确定上,最早时一般将 K 设定为常数,得到著名的 Ekman 方程。Prandtl 又将湍流交换系数与混合长 l 和平均场梯度相联系,对风而言,有 $K_M=l^2\left|\frac{\partial \bar{u}}{\partial z}\right|$。因此,如果根据不同情况对 l 作出适当的假设,就能产生相应的 K 和相应的运动方程解。

在以后的发展中,K 被设定为湍流动能 e 的函数,并增加了湍流动能 e 的预报方程,即 K-e 方法,随后又增加了对湍流耗散项 ε 的预报方程,即 K-e-ε 方法,Detering 和 Etling(1985)应用 K-e 方法对边界层进行了模拟研究,Kolomogorov 假定它们之间的关系为$\begin{cases}K=C_0 l \bar{e}^{\frac{1}{2}} \\ \varepsilon=C_1 \bar{e}^{\frac{3}{2}}/l\end{cases}$,其中 C_0,C_1 为常数,常取为 $C_1=C_0{}^3$。Therry 和 Lacarrere(1983)对 K-e-ε 方法进行了改进。采用 K 理论闭合方案的数值模拟相对比较简单,但它本身所具有的局限性也给模拟结果带来一定的不精确性,其作为半经验理论基础的通量和梯度关系有时并不能很好地成立。混合长理论和 K 理论只是小涡理论,一般不适宜于大涡占主导地位的对流混合层问题,另外,从定量意义上讲,K 的确定还存在许多不确切的因素。

在计算能力和观测水平提高的情况下,对方程闭合的研究已经不能满足于比较简单的 K 理论方法。于是产生了高阶湍流闭合方法,其基本思路是对方程中的湍流应力和湍流通量,根据湍流力学,直接写出它们所遵守的方程,最后,对一些湍流量根据理论及试验而作出一定的假设,即指出某些湍流量之间的相互关系,从而达到闭合方程的目的。

Mellor 和 Yamada(1974)做了大量的工作。他们共同提出了 Level 2—Level 4 的不同的闭合方法,其中 Level 4 是完整的二阶闭合,而 Level 3 即为 1.5 阶闭合方法,Mellor 和 Yamada 比较了这几种方法的精确性,最后在精确性、复杂性和计算能力的综合考虑之下,认为 Level 3 模型是一个合适的选择。Yamada 和 Mellor(1975)将他们的闭合方法(Level 3)用于对 Wangara 试验实况资料的模拟,对闭合的参数化进行了检验,模式模拟结果与观测资料很好地吻合。

这之后,许多边界层模式在 Mellor 和 Yamada 的工作基础上建立起来。如 Janjic(1994)使用 Mellor 和 Yamada 的 Level 2.5 闭合方法对 ETA 模式中的边界层方案作了修改,并模拟了 1989 年在美国发生的一次强降雨过程,表明 ETA 模式对灾害性天气具有极强的预报能力。Burk 和 Thompson(1989)也使用了 Mellor 和 Yamada 的 Level 2.5 闭合方法对边界层模式进行了改进。

更高阶的闭合方法也被提出,如 Andre 等(1978)使用三阶闭合方法对 Wangara 试验的资料进行了数值模拟,Moeng 和 Randall(1984)也提出了三阶闭合方案,然而分析表明三阶矩的测量中噪声比信号还高,同时四阶矩的测量几乎是不可能的,因此,寻求好的三阶以上的闭合方法在目前来说还只是处于探索阶段。

当然,在为边界层湍流方程的闭合技术上,还有其他的方法,即所谓的非局地理论。Stull 等(1987)具体提出了湍流穿越理论,认为对湍流的贡献不能仅局限于局地。Deardoff(1966)提出了所谓的反梯度(counter-gradient)项,Troen 和 Mart(1986)提出了对湍流通量的非局地闭合方法,对水汽即 $\overline{w'q'}=K\left(\frac{\partial \bar{q}}{\partial z}-\gamma\right)$,其中 γ 为反梯度(counter-gradient)项,并用这种方法对实况资料进行了模拟研究。Hong 和 Pan(1996)将非局地闭合方法应用到 NCEP 中期预报模式(MRF 模式)中的边界层模块。另外如果假定 K 不是 z 的函数,而是随湍涡大小改变,就得到所谓的谱扩散理论。

陆地表面是一个非常复杂的系统,除地形起伏外,上面还有诸如森林、草地、耕地、积雪和冰川等多种覆盖物,因而是气候系统的一个重要下边界。陆面与大气发生复杂的相互作用,交换水分和能量从而对气候产生重大影响,例如陆面雪盖,其独特的性质(如高反照率、低热传导率及水文特点)可以影响陆面的水分收支和陆气能量收支;另外,模式的敏感性研究发现陆面特征(如反照率、粗糙度、土壤水分等)的变化对气候会产生强烈的影响(Charney 等 1977,Shukla 和 Mintz 1982,Sud 等 1985)。

随着人们对陆面过程及其对天气和气候重要作用认识的逐步深入,在短短的几十年里,陆面模式从简单、缺乏真实性的参数化方案逐步发展为真实程度很高的陆气交换模式。

最早的陆面过程研究出现在 20 世纪 50 年代，Budyko(1956)提出简单的陆面方案来参数化大气和陆面相互作用。60 年代末 GCM 出现以后，陆面过程作为模式中的一个分量来表达，以保证系统的能量和水分守恒。80 年代以来，随着观测手段的不断改进和资料的不断丰富，以及对陆面过程重要性认识的逐步深入，复杂的陆面模式飞速发展起来，如 BATS，SiB 和 LSM 等。

陆面过程模式的发展大体经历了三个阶段：最初是 Manabe 等(1969)的简单“吊桶(Bucket)”模式，在整个陆面上将地面参数(地面反照率、空气动力学粗糙度、土壤湿度)取为均值，将土壤看作“吊桶”，假设地面的蒸发与桶里的水量成正比，这显然存在很多缺陷。20 世纪 80 年代以来发展的较为复杂的陆面方案，采用不均匀的地面参数，将地表覆盖物分成不同类型，每一种类型都对应一套参数，模式还较为真实地考虑植被的作用(尤其是植被生理过程)，这类模式在本质上都属于计算土壤—植被—大气间辐射、水汽和热量等交换的方案，但是它们的不足之处在于对植被的生化过程缺乏动态的详细描述。

20 世纪 90 年代以后，新一代陆面模式中考虑了植物的水汽吸收和碳交换，广泛吸收了其他学科的内容，尤其是植物的生物化学过程，如 SiB2，CoLM 等。

以常用的 NOAH 陆面模式(Chen 和 Dudhia 2001，图 3.6)为例，它包括了一个四层土壤的模块和一层植被冠层的植被模块，考虑植被冠层对地面特征、地面径流的影响，同时在土壤中考虑植被根系的影响，不仅能够提供土壤温度的预报，还可以预报土壤湿度、地表径流等。

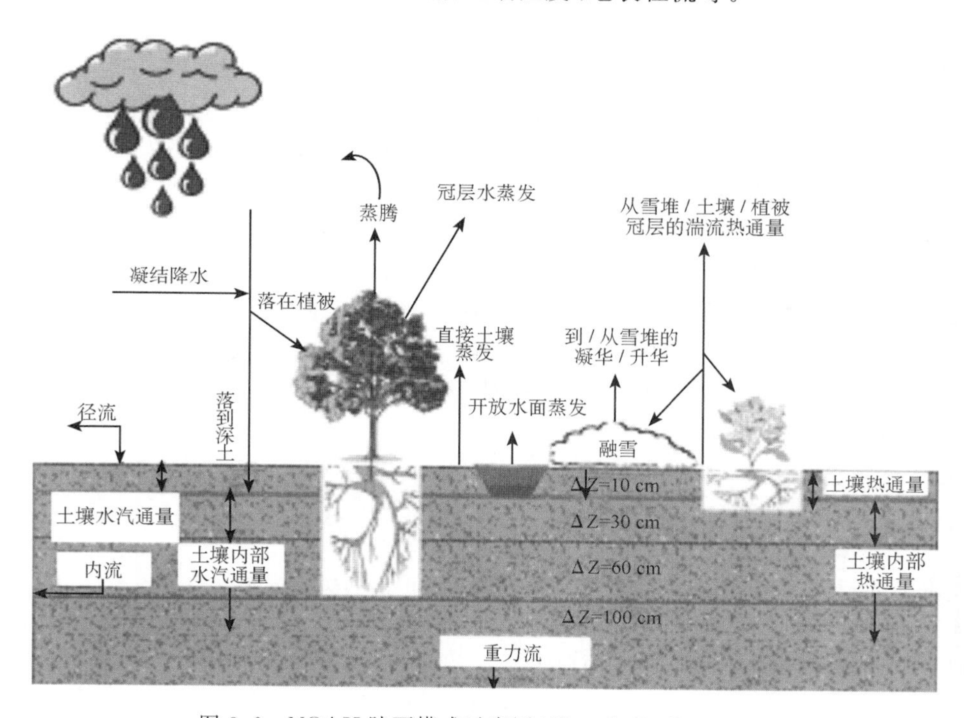

图 3.6　NOAH 陆面模式示意图(Chen 和 Dudhia 2001)

该陆面模式将植被类型分为 16 种，土壤类型也分为 16 种。用到的诊断量有土壤层中的土壤湿度和温度、冠层中储存的水、地上的积雪。该模式包括一个冠层模式，四层土壤模式，厚度分别为 0.1 m，0.3 m，0.6 m 和 1 m，总共土壤层的厚度为 2 m，上面 1 m 为根区，因此，下面 1 m 就像底层的有重力排水系统的水库。根区的深度可看作植被类型的函数。

另外还有一个简单的积雪和海冰模式。该雪模式只有一层雪，用来模拟雪量、升华、融化和雪—大气、雪—土壤之间的热交换，当模式最低层的温度低于 0℃时，降水被认为形成积雪。该雪模式目前还有几个缺点：1)在一个给定的网格点上，积雪覆盖是统一的；2)只有一层积雪；3)积雪的热扩散系数是一个常数，取为 0.35 W/(m・K)，没有考虑积雪的时效性和多孔性。海冰模式比较简单，它均匀的分为四层，每层的厚度为 0.75 m，海冰层的上面覆盖着 0.1 m 的积雪层。

3.2.4 次网格地形拖曳

20世纪70年代和80年代对中期数值天气预报的分析发现，在北半球冷季中纬度对流层上层的风速在几天的预报后变得很强，这种系统性预报误差对数值模式预报海平面气压、低层风场、位势高度和热带外气旋的演变等都造成了影响(Lilly 1972，Palmer等1986)；由于模式在其他区域预报的纬向平均风速与观测是一致的，因此，这种对中纬度西风急流的过强预报提示我们，某种重要的物理过程没有包含在数值模式中。进一步的研究发现，这种冷季风速误差是由于气流在粗糙和高大的山地区域缺乏足够的拖曳造成的，在低层，山地能对稳定的大气层流产生阻挡，改变山地高度的效应和影响大气中的准静止波(Wallace等1983)。因此，对地形影响的研究是数值预报中非常重要的内容。

目前，次网格地形的参数化过程是描述地形作用的主要手段和方法。主要有两种地形参数化方案。第一种是Wallace等(1983)和Tibaldi(1986)提出的"包络地形"方案，来改善模式的地形结构。第二种是地形重力波拖曳方案，许多人对此进行了研究和数值试验(Phillips 1984，Palmer等1986，McFarlane 1987，Baines等1989，Miller等1989)，此类方案的理论基础是当稳定的气流越过不规则的下垫面时，起伏不平的地形可能激发出向上传播的重力波，这些波动能把相当大的水平动量传输到波动被吸收或耗散的区域。在全球数值预报系统模式中，需要很好地描述这种由地形造成的动量传输过程，否则将使风场的模拟出现误差。现代数值预报技术的发展，使模式的分辨率不断提高，地形重力波拖曳方案越来越广泛地应用在数值预报模式中，次网格地形重力波拖曳参数化已经是现代全球数值预报系统中必不可少的过程之一。

以ECMWF全球中期模式的地形重力波拖曳方案为例，对地形重力波拖曳方案原理进行介绍。ECMWF全球中期模式的重力波拖曳方案表示由于稳定层结气流过山地时激发的次网格尺度重力波引起的动量输送。该方案最早提出的是Palmer等(1986)；后来Baines等(1990)又对方案进行了修改，引进了非流线形体动力学的原理，该方案对山脉峰值高度以下的模式层的地形重力波拖曳进行了补充和完善；Lott等(1995)在此基础上，进行了一系列检验和数值试验，认为改进的方案更加符合观测的结果，给出了更加真实的动量通量垂直廓线，预报试验表明，预报技巧评分、降水量大小和分布等均优于原来使用的方案；其主要内容是当次网格地形的有效高度比较小的时，气流越山，重力波被气流的垂直运动所强迫，产生重力波拖曳；而当次网格地形的有效高度足够高时，气流的垂直运动受限，部分低层气流绕过山脉，产生了阻塞流拖曳。其具体公式如下。

在地形重力波拖曳方案中，山地的无量纲高度可以表示为：

$$H_n=\frac{NH}{|U|} \tag{3.72}$$

式中H是障碍物的最大高度，U是风速，N是气流的Brunt-Vaisala频率。

当H_n较小时，所有的气流都能爬过山脉，并被气流的垂直运动激发出重力波。假定山具有椭圆的形状，则可以计算出由于重力波产生的表面应力：

$$\tau_{wave}=\rho_0 bGB(r)NUH^2 \tag{3.73}$$

式中G是山的形状的函数，$B(r)$是山脉各向异性的函数，b为参数，ρ_0为低层空气密度。

当H_n较大时，则垂直运动被限制，一部分山地低层的气流将绕过山脉，形成绕流，则有

$$Z_b=H\frac{(Hn-H_{nc})}{H_n} \tag{3.74}$$

式中H_{nc}是临界无量纲高度，Z_b可以认为是模式层被抬升越过山顶的高度，即模式层气流爬过山脉的高度；在迎风面等熵面高度被阻塞抬升，在背风面等熵面高度下降产生焚风效应，当模式层高度低于这个高度时，模式层气流绕过这个山脉。全部应力可写为：

$$\tau\approx\tau_{wave}\left(1+\frac{\pi C_d}{2GB(r)}\frac{H_n-H_{nc}}{H_n^2}\right) \tag{3.75}$$

式中π和C_d分别为圆周率和经验常数。

则由地形重力波拖曳产生的风速变化为：

$$\left(\frac{\partial u}{\partial t}\right)_{wave}=-g\frac{(\tau_{k+1}-\tau_k)}{(p_{k+1}-p_k)}f(\Psi_u) \tag{3.76}$$

$$\left(\frac{\partial v}{\partial t}\right)_{wave}=-g\frac{(\tau_{k+1}-\tau_k)}{(p_{k+1}-p_k)}f(\Psi_v) \tag{3.77}$$

式中 $f(\Psi_u)=\frac{u}{U}$，$f(\Psi_v)=\frac{v}{U}$，u、v 分别为纬向风和经向风速度，p 为气压，下标 k 为大气的层数。

由地形重力波引起的温度变化为：

$$\left(\frac{\partial T}{\partial t}\right)_{wave}=\frac{1}{4C_d\Delta t}\left[u^2+v^2-\left(u+2\Delta t\left(\frac{\partial u}{\partial t}\right)_{wave}\right)^2-\left(v+2\Delta t\left(\frac{\partial v}{\partial t}\right)_{wave}\right)^2\right] \tag{3.78}$$

ECMWF 重力波拖曳物理过程的计算需要四种地形静态资料的数据，即地形高度的标准差、地形各向异性、地形的走向和地形的坡度。计算公式详见文献(Lott 等 1995)。

参考文献

Akira Kasahara. 1976. Normal modes of ultralong waves in the atmosphere. *Monthly Weather Review*, **104**(6), 669-690.

André J C, De Moor G, Lacarrere P, *et al*. 1978. Modeling the 24 hour evolution of the mean and turbulent structures of the planetary boundary layer. *J. Atmos. Sci.* **35**, 1861-1883.

Arakawa ,Schubert. 1974. Interaction of a Cumulus Cloud Ensemble with the Large-Scale Environment, Part I. *Journal of the Atmospheric Sciences*, **31**, 674-701.

Arakawa A, Lamb V R. 1977. Computational design of the basic dynamical processes of the UCLA general circulation model. *Methods in Computational Physics*, **17**, 173-265.

Baines P G, Palmer T N. 1990. Rationale for a new physically based parametrization of subgrid-scale orographic effects. Tech. Memo. 169, European Centre for Medium-Range Weather Forecasts.

Baines Peter G,Manins Peter C. 1989. The principles of laboratory modeling of stratified atmospheric flows over complex terrain. *Journal of Applied Meteorology*, **28**, 1213-1225.

Barker H W, Pincus R, Morcrette J J. 2002. The Monte Carlo Independent Column Approximation: Application within Large-Scale Models. In Proceedings of the *GCSS-ARM Workshop on the Representation of Cloud Systems in Large-Scale Models*, May 2002, Kananaskis, AB, Canada.

Berger. 1978. Long term variations of daily insolation and quaternary climatic changes. *Journal of the Atmospheric sciences*, **35**(12), 2362-2367.

Berry E X. 1968. Modification of the warm rain process, *Proc. First. Natl. Conf. Weather modification*, Ed. American Meteorological. Society. , State University of New York, Albany, P 81-88.

Betts A K, Miller M J. 1986. A new convective adjustment scheme. Part II: Single column tests using GATE wave, BOMEX, ATEX and Arctic air-mass data sets. *Quart. J. Roy. Meteor. Soc.* , **112**, 693-709.

Betts A K. 1986. A new convective adjustment scheme. Part I: Observational and theoretical basis. *Quart. J. Roy. Meteor. Soc.* , **112**, 677-691.

Brown J M. 1979. Mesoscale unsaturated downdrafts driven by rainfall evaporation: A numerical study. *J. Atmos. Sci.* , **36**, 313-338.

Budyko M I. 1956. *Teplovl Balans Zemnol Poverkhnosti* (Heat Balance of the Earth's Surface), Gidrometeoizdat, Leningrad, 255 pp.

Burk S D, Thompson W T. 1989. A vertically nested regional numerical weather prediction model with second-order closure physics. *Mon. Wea. Rev.* , **117**, 2305-2324.

Charney J G, Phillips N A. 1953. Numerical integration of the quasi-geostrophic equations for barotropic and simple baroclinic flows. *J. Meteor.* , **10**, 71-99.

Charney J,Quirk W J,Chow S,Kornfield J. 1977. A comparative study of the effects of albedo change on drought in semi-arid regions. *J. Atmos. Sci.* , **34**, 1366-1385.

Chen F,Dudhia J. 2001. Coupling an advanced land surface-hydrology model with the Penn State-NCAR MM5 modeling system. Part I: Model implementation and sensitivity. *Mon. Wea. Rev.*, **129**, 569-585.

Chou M D. 1990. Parameterization for the absorption of solar radiation by O_2 and CO_2 with application to climate studies. *J. Climate*, **3**, 209-217.

Chou M D. 1992 . A solar radiation model for use in climate studies. *J. Atmos. Sci.*, **49**,762-772.

Chou M D, Chang M J H H, Michael M H Yan, Suarez , Lee K T. 1999. Parameterizations for Cloud Overlapping and Shortwave Single-Scattering. *Journal of Climate*, **11**, 202-214.

Chou M D, Lee K T. 1996. Parameterizations for the absorption of solar radiation by water vapor and ozone. *J. Atmos. Sci.*, **53**, 1203-1208.

Chou M D,Suarez M J. 1994. *An efficient thermal infrared radiation parameterization for use in general circulation models.* NASA Tech. Memo. 104606, 3, 85 pp [Available from NASA Goddard Space Flight Center, Greenbelt, MD 20771].

Chou M D, Suarez M J. 1999. A shortwave radiation parameterization for atmospheric studies, NASA Tech. Memo. 15 (104606), 40 pp.

Chou M D,Suarez M J, Ho C H, *et al*. 1998. Parameterizations for cloud overlapping and shortwave single-scattering properties for use in general circulation and cloud ensemble models. *J. Clim.*, **11**, 202-214.

Clough S A, Kneizys F X, Anderson G P, *et al*. 2000. The updated LBLRTM_ver5. 21. http://www. rtweb. aer. com/.

Collins W D, Rasch P J, Eaton B E, *et al*. 2001. Simulating aerosols using a chemical transport model with assimilation of satellite aerosol retrievals: Methodology for INDOEX. *J. Geophys. Res.*, **106**, 7313-7336.

Deardorff J W. 1966. The countergradient heat flux in the lower atmosphere and in the laboratory. *J. Atmos. Sci.*, **23**, 503-506.

Detering H W, Etling D. 1985. Application of the e-turbulence model to the atmospheric boundary layer. *Boundary-Layer Meteorol.*, **33**, 113-133.

Ebert , Curry. 1992. A parameterization of cirrus cloud optical properties for climate models. *J. Geophys. Res.*, **97**, 3831-3836.

Ferrier B S, Tao W. 1995. A double-moment multiple-phase four-class bulk ice scheme. Part II: Simulations of convective storms in different large-scale environments and comparisons with other bulk parameterizations. *J. Atmos. Sci.*, **52** (8),1001-1024.

Fouquart Y, Bonnel B. 1980. Computation of solar heating of the Earth's atmosphere: A new parameterization contributions to atmospheric physics. *Beitr. Phys. Atmos.*, **53**, 35-62.

Frank W M,Cohen C. 1987. Simulation of tropical Convective systems, Part I: A cumulus parameterization. *J. Atmos. Sci.*, **44**, 3787-3799.

Freidenreich S M, Ramaswamy V. 1999. A new multiple-band solar radiative parameterization for general circulation models. *Journal of Geophysical Research*, **104**, 31389-31410.

Fritsch J M,Chappell C F. 1980. Numerical prediction of convectively driven mesoscale pressure systems Part I: Convective parameterization. *J. Atmos. Sci.*, **44**, 3787-3799.

Fu Q, Yang P, Sun W B. 1998. An accurate parameterization of the infrared radiative properties of cirrus clouds for climate models. *J. Climate*, **11**, 2223-2237.

Fu Qiang, Liou K N. 1992. On the correlated k-distribution method for radiative transfer in nonhomogenecous atmospheres. *Journal of the Atmospheric Sciences*, **49**, 2139-2156.

Grell G A. 1993. Prognostic evaluation of assumptions used by cumulus parameterizations. *Mon. Wea. Rev.*, **121**, 764-787.

Grell G A, Dudhia J, Stauffer D R. 1994. A description of the fifth-generation Penn State/NCAR Mesoscale Model (MM5). NCAR Technical Note, NCAR/TN-398 + STR, 138 pp.

Grell G A,Devenyi D. 2002. A generalized approach to parameterizing convection combing ensemble and data assimilation techniques. *Geophysical Research Letters*, **29**(14), 381-384.

Hong S Y,Pan H L. 1996. Nonlocal boundary layer vertical diffusion in a medium-range forecast model. *Mon. Wea. Rev.*, **124**, 2322-2339.

Hu Y, Stamnes K. 1993. An accurate parameterization of the radiative properties of water clouds suitable for use in climate models. *J. Climate*, **6**, 728-742.

Janjic Z I. 1994. The step-mountain eta coordinate model: Further development of the convection, viscous sublayer, and turbulence closure schemes. *Mon. Wea. Rev.*, **122**, 927-945.

Jean Côté, Andrew Staniforth. 1988. A two-time-level semi-lagrangian semi-implicit scheme for spectral models. *Monthly Weather Review*, **116**(10), 2003-2012.

Kain J S, Fritsch J M. 1990. A one-dimensional entraining/detraining plume model and its application in convective parameterization. *J. Atm. Sci.*, **47**, 2784-2802.

Kessler E. 1969. On the distribution and continuity of water substance on atmospheric circulation. *Meteorol. Monogr.*, **10**(32), 1-84.

Kiehl J T, Briegleb B P. 1991. A new parameterization of the absorptance due to the 15-mu m band system of carbon dioxide. *J. Geophys. Res.*, **96**, 9013-9019.

Kiehl J T, Ramanathan V. 1983. CO_2 radiative parameterization used in climate models comparison with narrow band models and with laboratory data. *J. Geophys. Res. Atmospheres*, **88**, 5191-5202.

Krishnamurti T N, Low Nam S, Pasch R. 1983. Cumulus parameterizations and rainfall rates II. *Mon. Wea. Rev.*, **111**, 815-828.

Lacis A A, Oinas. 1991. A description of the correlated k-distribution method for modeling nongray gaseous absorption, thermal emission, and multiple scattering in vertically inhomogeneous atmospheres. *Journal of Geophysical Research*, **96**, 9027-9063.

Lacis A A, Hansen J E. 1974. A parameterization for the absorption of solar radiation in the Earth's atmosphere. *J. Atmos. Sci.*, **31**, 118-133.

Lilly D K. 1972. Wave momentum flux-a GARP problem. *Bull. Am. Meteor. Soc.*, **53**, 17-23.

Lin Y L, Farley R D, Orville H D. 1983. Bulk parameterization of the snow field in a cloud model. *J. Appl. Meteor.*, **22**, 1065-1089.

Liou K N. 1992. *Radiation and Cloud Process in the Atmosphere*. Oxford University Press. 487pp.

Lorenz E N. 1960. Maximum simplification of the dynamic equations. *Tellus*, **12**, 243-254.

Lott F, *et al*. 1995. Comparison between the orographic response of the ECMWF model and the PYREX 1990 data. *Quarterly Journal of the Royal Meteorological Society*, **121(B)**, 1323-1348.

Manabe S. 1969. Climate and the ocean circulation. Part 1: The atmospheric circulation and the hydrology of the earth's surface. *Mon. Wea. Rev.*, **97**, 739-774.

McCumber M, *et al*. 1991. Comparison of ice-phase microphysical parameterization schemes using numerical simulation of convective. *J. Appl. Meteor.*, **30**, 985-1004.

McFarlane N A. 1987. The effect of orographically excited gravity wave drag on the general circulation of the lower stratosphere and troposphere. *J. Atmos. Sci.*, **44**, 1775-1800.

Mellor G L, Yamada T. 1974. A hierarchy of turbulence closure models for planetary boundary layers. *J. Atmos. Sci.*, **31**, 1791-1806.

Miller M J, Palmer T N, Swinbank R. 1989. Parametrization and influence of subgridscale orography in general circulation and numerical weather prediction models. *Meteorology and Atmospheric Physics*, **40**, 84-109.

Moeng C H, Randall D A. 1984. Problems in simulating the stratocumulus-topped boundary layer with a third-order closure model. *J. Atmos. Sci.*, **41**, 1588-1600.

Morcrette J J, Fouquart Y. 1985. On systematic errors in parameterized calculation of longwave radiation transfer. *Quart. J. Rey. Meteor. Soc.*, **111**, 691-708.

Morcrette J J, Barker H W, Cole J N S, *et al*. 2008. Impact of a new radiation package, McRad, in the ECMWF integrated forecasting system. *Monthly Weather Review*, **136**, 4773-4798.

Morcrette J J. 1991. Radiation and cloud radiative properties in the ECMWF operational weather forecast model. *J. Geophys. Res.*, **96D**, 9121-9132.

Nakajima T, Tanaka M. 1986. Matrix formulations for the transfer of solar radiation in a plane-parallel scattering atmosphere. *J. Quant. Spectrosc. Radiat. Transfer*, **35**, 13-21.

Nakajima, Teruyuki, *et al*. 2000. Modeling of the radiative process in an atmospheric general circulation model. *Applied Optics LP*, **39**(27), 4869-4878.

Palmer T N, Shutts G J, Swinbank R. 1986. Alleviation of a systematic westerly bias in general circulation and numerical weather prediction models through an orographic gravity wave drag parametrization. *Quart. J. R. Meteor. Soe.*, **112**, 1001-1039.

Phillips. 1984. Analytical surface pressure and drag for linear hydrostatic flow over three-dimensional elliptical mountains. *Journal of the Atmospheric Sciences*, **41**, 1073-1084.

Pincus R Hemler, Klein S A. 2006. Using stochastically generated subcolumns to represent cloud structure in a large-scale model. *Mon. Wea. Rev.*, **134**, 3644-3656.

Raisanen J, Hansson U, Ullerstig A, *et al*. 2004. European climate in the late twenty-first century: Regional simulations with two driving global models and two forcing scenarios. *Clim. Dyn.*, **22**, 13-31.

Räisänen P, Barker H W, Cole J N S. 2005. The Monte Carlo independent column approximation's conditional random noise: Impact on simulated climate. *J. Climate.*, **18**, 4715-4730.

Räisänen P, Järvenoja S, Järvinen H, *et al*. 2007. Tests of Monte Carlo independent column approximation in the ECHAM5 atmospheric GCM. *J. Climate*, **20**, 4995-5011.

Ramanathan V, Downey P. 1986. A nonisothermal emissivity and absorptivity formulation for water vapor. *J. Geophys. Res. Atmospheres*, **91**, 8649-8666.

Reisner J, Rasmussen R M, Bruintjes R T. 1998. Explicit forecasting of supercooled liquid water in winter storms using the MM5 forecast model. *Quart. J. Roy. Meteor. Soc.*, **124**, 1071-1107.

Shi Guangyu. 1981. An accurate calculation and representation of the infrared transmission. Function of the Atmospheric Constituents, Ph. D. Thesis. Tohoku University of Japan. pp191.

Shukla J, Mintz Y. 1982. Influence of land-surface evapotranspiration on the earth's climate. *Science*, **215**, 1498-1501.

Slingo A S. 1989. A GCM parameterization for the shortwave radiative properties of water clouds. *J. Atmos. Sci.*, **46**, 1419-1427.

Stull R B, Driedonks A G M. 1987. Applications of the transilient turbulence parameterization to atmospheric boundary-layer simulations. *Boundary-Layer Meteorol*, **43**, 209-239.

Sud Y, Smith W. 1985. Influence of local land-surface processes on the Indian Monsoon: A numerical study. *J. Appl. Meteor.*, **24**, 1015-1036.

Sundqvist H. 1978. A parameterization scheme for nonconvective condensation, including prediction of cloud water content. *Quart. J. Roy. Meteor. Soc.*, **84**, 1055-1062.

Therry G, Lacarrère P. 1983. Improving the eddy kinetic energy model for planetary boundary layer description. *Boundary-Layer Meteorol.*, **25**, 63-88.

Tibaldi S. 1986. Envelope orography and maintenance of quasi-stationary waves in the ECMWF model. *Adv. Geophys.*, **29**, 339-374.

Troen I, Mahrt L. 1986. A simple model of the atmospheric boundary layer: Sensitivity to surface evaporation. *Bound.-Layer Meteor.*, **37**, 129-148.

Wallace J M, Tibaldi S, Simmons A J. 1983. Reduction of systematic errors in the ECMWF model through the introduction of an envelope orography. *Quart. J. Roy Meteor. Soc.*, **109**, 683-717.

Winninghoff, Francis Joseph. 1968. On the Adjustment Toward a Geostrophic Balance in a Simple Primitive Equation Model with Application. Ph. D. Thesis University of California, Los Angeles, Source: Dissertation Abstracts International, **30-02**, Section: B, page. 0786.

Yamada T, Mellor G. 1975. A simulation of the wangara atmospheric boundary layer data. *J. Atmos. Sci.*, **32**, 2309-2329.

Zhang H, *et al*. 2003. An optimal approach to overlapping bands with correlated k distribution method and its application to radiative calculations. *Journal of Geophysical Research*, **108**, ACL10. 1-ACL10. 13.

Zhang H, Shi G Y, Nakajima T, *et al*. 2006a. The effects of the choice of k-interval number on radiative calculations. *J. Quantitative Spectroscopy & Radiative Transfer*, **98**, 31-43.

Zhang H, Suzuki T, Nakajima T, *et al*. 2006b. The effects of band division on radiative calculations. *Optical Engineer-*

ing, **45**(1):016002, doi: 10.1117/1.2160521.

Zhao Qingyun, Carr F H. 1997. A prognostic cloud scheme for operational NWP model. *Mon. Wea. Rev.*, **125**, 1931-1953.

廖洞贤等. 2008. 模式设计、数值试验、数值模拟和有关研究. 北京:气象出版社. 71-81.

卢鹏. 2009. 大气辐射传输模式的比较及其应用. 中国优秀硕士学位论文全文数据库,(09).

石广玉. 1998. 大气辐射计算的吸收系数分布模式. 大气科学,**22**(4),659-673.

王标. 1996. 气候模拟中的辐射传输模式. 中科院大气物理所博士学位论文. pp 92.

曾庆存,季仲贞,袁重光. 1980. 原始方程差分格式的设计. 第二次全国数值预报会议论文集. 北京:科学出版社. p300-313.

张华,吴统文等. 2004. 气候模式中不同辐射方案对云和降水的影响. 中国气象学会2004年年会.

张华,薛纪善,庄世宇,朱国富,朱宗申. 2004. GRAPeS三维变分同化系统的理想试验. 气象学报,(1).

第 4 章 可预报性理论基础与数值预报的不确定性

Lorentz(1963 a,1963 b)提出的大气运动可预报性理论认为,大气的可预报性是有限的,即使在模式非常完美、初值几乎不存在任何误差的情况下也是如此,而且认为大气可预报性的极限约为两周左右(Kalnay 2005)。这就意味着单个数值预报本质上是存在着不确定性的,需要采用集合数值预报来真实反映大气预报的不确定性,从而提高数值预报的可用性。在传统单一的确定性数值预报基础上,考虑了大气不确定性的数值预报新方法,最早是由 Epstein(1969)和 Leith(1974)较早提出来的,它代表着数值预报未来的重要发展方向之一。

20 世纪 90 年代初,集合数值预报先后在欧洲中期天气预报中心 ECMWF(European Center for Mediumrange Weather Forecasts)和美国国家环境预报中心 NCEP(National Center for Environmental Prediction)实现业务化应用。随后,迅速扩展到短期天气预报、短期气候预测以及中尺度预报的应用。近年来,更向洪水预报、沙尘暴预报、强天气预报等领域拓展。集合数值预报在现代业务数值预报体系当中已经占据了非常重要的位置,以 ECMWF 为例,其每天的集合数值预报产品量已占据其全部业务数值预报产品量的 80%以上。因此,在展开介绍我国现代化数值预报中的集合数值预报业务系统之前,有必要简要介绍集合数值预报的基本理论和技术方法。

4.1 大气混沌本质与预报不确定性

麻省理工大学教授洛伦兹(Lorenz 1963 a,1963 b)在美国气象学会杂志《大气科学学报》发表的文章“Deterministic Non-periodic Flow”是当代混沌理论的开创性工作。“混沌”(英文为“Chao”)一词作为一个标准的科学术语在 20 世纪 70 年代中后期,逐渐得到了最终确认。从字义上来说,“混沌”指的是不规则性的、杂乱的。从科学意义上来说,混沌指的是一种确定性系统中出现的不规则的运动。混沌系统是指敏感地依赖于初始条件的内在变化的系统,大气动力系统就是一个混沌动力学系统,全球天气就是一个复杂的混沌个例。“混沌”这种现象表面上看是随机的,不可预报的,而事实上却是按照严格的、且经常是易于表述的规则运动着(摘自《混沌的本质》,Lorenz 1997)。过去我们只是隐约意识到有某种东西妨碍我们求解大气运动方程组或者求解不准确,但是不知道是为什么。Lorenz 的混沌理论使我们认识到妨碍我们求解大气运动方程组或者求解不准确的“某种东西”,就是大气动力系统的混沌属性,这就需要建立一个其解表现为混沌的方程组,换句话说,一组考虑了“混沌”性质的解——集合预报。

混沌理论中的一个著名的可预报性问题的提问:一个蝴蝶在南半球的巴西拍打翅膀能在北半

球的美国纽约引起龙卷风的生成吗？回答显然是否定的，因为理论上如一个蝴蝶拍打一次可以引起一次龙卷风，那么，无数个蝴蝶、过去和现在拍打了无数次，也应该可以引起无数次龙卷风，这是不可能的，事实上也从来没有出现过。另一方面，如果蝴蝶拍打翅膀有助于龙卷风生成，那么，蝴蝶拍打翅膀也同样有利于抑制龙卷风的产生，结果是没有产生。其实提出这一问题的真正意义在于：像蝴蝶拍打翅膀一样的微小扰动能否改变事件的进程，或者说初始差别仅相当于蝴蝶拍打翅膀一样的小扰动直接影响到两组天气形势的演变过程，经过足够长的时间后两者的差别可以达到龙卷风那么大？这"足够长的时间"就可以理解为相对于这一误差（"龙卷风"一样的差别）的可预报长度。这是可预报性问题的一个特例。

Lorenz(1963 a,1963 b)通过一对只是初始条件差异很小的数值模式积分试验发现，随着积分时间的增加，两组试验的结果差别会越来越大，以至于到了两个星期以后，两个预报结果的差异就像是两个随意选取的完全不同的模式状态一样。模式大气中的初始微小扰动随着模式积分时间的增长，给模式大气带来很大的改变，也即大气失去了可预报性。透过这一发现，Lorenz(1963 a,1963 b)告诉我们，大气系统和其他不稳定动力系统一样，其预报性是有限的。即使我们使用最完美的模式和最完善的观测资料，大气的混沌本质也会使大气的可预报性限制在两周左右。这一发现也导致了后来的一门新的学科——混沌理论的创立。

正如前面所谈到的一样，Lorenz 对大气混沌本质的发现，并不是给我们数值预报带来消极的影响，而是使我们认识到要推进数值预报的发展，需要考虑大气混沌的行为，要真实反映模式大气的不确定性，换句话来说，需要建立一组不同初始条件的、不同模式构成的预报——集合预报，以取代单一的"确定性"预报。越来越多的实际应用结果证明，集合预报为解决单一的确定性预报存在不确定性的问题提供了一条可靠的科学途径。

4.2　数值预报的不确定性及误差的来源

4.2.1　数值预报存在不确定性

4.1 节已经阐述了大气是一个混沌系统（Lorenz 1965），初始条件或模式方程中的任何误差都会导致模式在积分一定的时间后可预报性的丢失。这一发现在数值天气预报上的应用就是集合预报（ensemble prediction）。由于观测的不准确（包括气象仪器误差，观测站点在时空上的不够密集性和不连续性引起的误差）和资料分析、同化处理中导入的误差，我们得到的作为数值模式的初始场总是含有不确定性。换言之，气象分析资料永远只是实际大气的一个可能的近似值而已，而实际大气的真正状态永远也不可能被完全精确地描述出来。所以，以此作为初值输入的数值模式解也仅仅是实际大气可能出现的一个可能的解。因此，这一决定论的唯一解很有可能离真值很远、是错的。另外，数值预报中的大气模式是一个离散化的数值模型，它存在物理意义和数学意义上的近似。数值预报模式所描述的大气过程并非"真实"的大气过程，"模式大气"与真实大气存在"误差"，而这种数值模式的预报误差随着模式积分时间的延长而增加。因此资料误差、模式误差以及大气系统本身的混沌特性（高度非线性）使得数值预报存在不确定性。

据国外对观测资料相对密集的北美地区的估计表明：500 hPa 高度场的误差一般有 10 m 左右，海平面气压场上误差一般有 1.2 hPa 左右。在目前的数值预报模式中，模式的物理表达已相当不错，以致于一般要素预报的误差中有相当大部分是源自于初值的误差而不是模式本身的误差。图 4.1 给出了 ECMWF 在近 20 年来其中期预报模式 500 hPa 高度场 24 h 预报均方根误差的演变情况，其中虚线为南半球，实线为北半球。可以看出从 2000 年下半年起北半球预报的均方根误差已小于 10 m，模式预报的主要误差是来自初值误差。

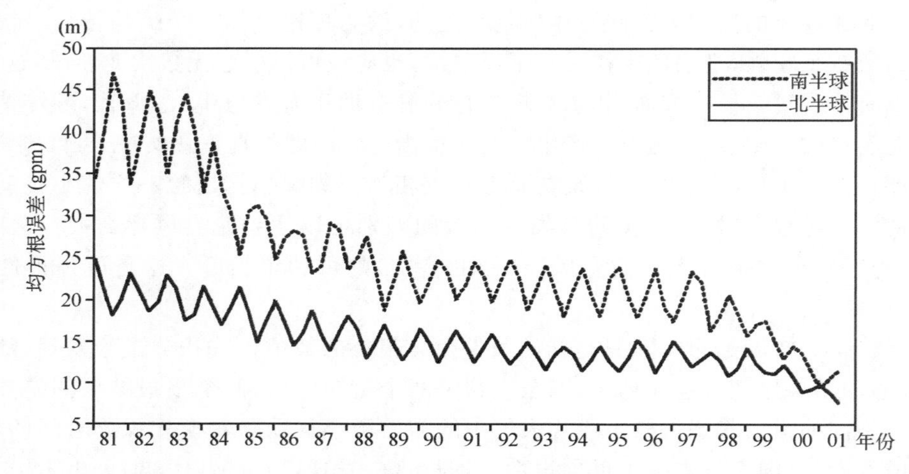

图 4.1　ECMWF 近 20 年来中期预报模式 500 hPa 高度场 24 h 预报均方根误差的演变情况

4.2.2　解决"单一"数值预报不确定性问题的途径——集合预报

在日常的数值天气预报中我们常看见以下这样不太合常理的现象:如一个 48 h 的数值预报有时比一个 24 h 的预报更准确。在集合预报中也常看到对于同一个天气事件有些成员报得很准确,但另一些成员却报得很差。这些都是初值在起主导作用的明证。也就是说初值的不确定因素在数值预报系统中已不能再忽视了,而单一的预报值已不能再满足飞速发展的社会服务需要。要找出数值预报模式所有可能的解,首先要估算出初值中误差分布的范围,或者误差的概率分布。根据这一范围,就可给出一个初值的集合,在此集合中的每一个初始场都有同样的可能性代表实际大气的真实状态。从这一初值的集合出发,我们就可相应得到一个预报值的集合。这一方法,就是所谓的"集合预报"。同传统的"单一"的决定论的数值预报不同,集合预报是从"一群"相关不多的初值出发而得到的"一群"预报值的方法。这就是经典的集合预报的概念。显然,经典的集合预报仅仅是一个"初值问题"。但一个数值模式中有许多物理过程,像参数化方案等同样也有不确定性和随机性。所以,近几年集合预报技术已从以前仅考虑初值的不确定性发展为也考虑模式的不确定性,由此也可以得到"一组"预报值以构成另一类具有全新意义的预报集合(Mullen 和 Du 1994,Stensrud 等 2000,Mylne 等 2000),使集合预报的内容得到了大大的拓展和完善。

一个集合预报系统不是随便地把许多预报放在一起就成了。在一个集合预报系统建立后,必须要检验它是否合理。一般来说,首先在模式没有太大的系统性误差的前提下,一个理想的集合预报系统应该具备以下三个条件。

(1)从平均统计意义上看,集合预报中的每个成员的准确率应大致相同。也就是说,某个或某些预报成员不应该总是比其他一些成员准确。否则,集合预报方法就失去意义了。这可称为"成员等同性"(equal-likelihood)。成员等同性可用所谓的 Talagrand 分布(Talagrand 等 1997,Hamil 和 Colucci 1997)来度量。

(2)从平均统计的意义上看,一个具有 N 个成员的预报集合应该有$\frac{N-1}{N+1}\times 100\%$的可能性包含大气的实际情况。因此,当成员足够多时,大气的真实状态在大多数情况下应该被包含在预报的集合中了。要做到这一点,预报集合中成员间的"离散度"(可定义为预报成员对集合平均值的标准差)必须合宜:它既要有正确的方向(模式没有系统性的误差)也不能太大(否则就可能是虚假的)或太小(导致漏报太多),这可称为"离散度合宜性",它也可用 Talagrand 分布来度量。另一个度量离散度是否合宜的方法是比较离散度和集合平均预报的预报误差大小。一个好的集合预报系统,其成员间的离散度同均值预报误差大小大体上相当。但现有的绝大多数集合预报系统的离散度均偏小。

(3)预报集合中成员间的离散度应该反映真实大气的可预报性或预报的可信度。也就是说,离散度愈小，可预报性愈高、预报可信度愈大；反之，可预报性愈低、预报可信度愈小。这可称为“离散度—准确率之关系”，可用相关系数来度量。这一关系不太容易实现。在现有的集合预报系统中有些好些、有些差些、甚至有些系统中关系不明显(Whitaker 和 Loughe 1998，Stensrud 等 1999)。

4.3　集合预报初值扰动方法

从上面的讨论已经知道，真实大气系统的本质是“混沌”的，而用于获取大气状态信息的观测系统是存在误差的，那么构造的数值预报模式初值也必然存在不确定性。可以通过初值扰动的办法，生成一组不同初值的样本，制作集合预报。初值扰动一般假设数值模式是“完美的”，集合预报成员由不同的模式初值积分得到。初始扰动是集合预报中一个非常关键的基础技术。很多研究表明，初始扰动生成方案的选择对集合预报有很大影响。初始扰动设计的基本原则是：(1)扰动场的特征大致上与实际分析场中不确定性的分布相一致，以保证所叠加后的每一个初始场都有同样的可能性代表大气的实际状态；(2)扰动场之间在模式中的演变方向尽可能大地发散，以保证集合预报最大可能地包含了实际大气有可能出现的状态。

初值扰动方法可划分为两类：第一类是估计分析误差的概率分布，如 Monte Carlo 随机扰动法、时间滞后平均法和观测扰动技术；第二类是通过分析数值预报误差在相空间中的增长方向和速度，沿着预报相空间中最不稳定的方向来扰动初始条件。第二类扰动方法的原理建立在对大气的可预报性研究成果的基础上。对数值预报误差演变的研究发现，在 6 h 同化分析周期内就可分析出现两类数值预报误差，一类是增长速度较快的高能误差，一类是增长速度较慢的低能误差。通常增长较快的高能误差与斜压不稳定区有联系，且对确定性预报技巧的影响远较不增长的低能误差大。因此，从理论上说，沿着预报相空间中最不稳定的方向扰动初始场应该可以描述模式初值不确定性的统计特征，第二类扰动方法成为国际上的主流扰动方法。NCEP 和 ECMWF 分别在全球模式中应用增长模繁殖法(BGM)和奇异向量法(SVs)获得了扰动初值，有效地反映了中高纬度斜压不稳定的预报不确定性。下面详述目前常用的初值扰动方法的扰动原理及优缺点。

4.3.1　蒙特卡罗随机扰动法(MCF)

Monte Carlo 随机扰动法(MCF：Monte Carlo Forecasting)是一个纯统计的初值扰动方法(Leith 1974，Palmer 等 1990)，基本原理是将随机噪声作为扰动值加入模式初始场中。Leith 首先利用 Monte Carlo 扰动方法研究了随机动力概率预报，他认为预报技巧可作为随机动力预报的一个近似，为了同时考虑内部和外部的误差源，用回归方程对真实大气状态作无偏估计。他的结果表明，由两个以上独立成员组成的集合预报系统的均方根误差比任何单一成员的预报均方根误差小。

MCF 的优点是能产生大量的集合成员，缺点是不能反映模式分析误差的空间分布。Palmer 等(1990)指出，不具有空间分布特征的扰动场在动力模式中产生了非气象模态，能量很快就会被频散掉。在中高纬度斜压不稳定地区，随机扰动难以组织发展成斜压不稳定结构(Toth 和 Kalnay 1993)，这是 ECMWF和 NCEP 全球模式集合预报中不采用 MCF 方法的原因。

4.3.2　时间滞后平均法(LAF)

Hoffman 等(1983)提出了时间滞后平均法(LAF：Lagged Average Forecasting)，以替代 MCF 的集合预报方法。具体做法是：把过去相隔一定时间的一系列模式分析场作为集合预报的扰动初始场，由于扰动场是由动力模式积分得到的短期预报误差场，因而可以反映模式初始场中误差增长的部分。Dalcher 等(1988)将这一技术应用到 ECMWF 的集合预报中，改善了 5 天后的预报技巧评分。Murphy (1990)将这一方法应用到英国气象局的全球模式中，制作有 7 个成员的延伸期(至 1 个月)集合预报，5～16 天的预报技巧评分都具有正距平相关系数，16 天以后的集合平均也较单一预报略有改善。但是，用 LAF 方法产生的延伸期集合预报成员，哪怕其中少数成员也不能捕捉到中高纬度的一些典型天气特征的演变，如阻塞形势的变化。这一方面说明模式内部的系统误差对集合预报影响很大，另一方面也说明 LAF 方法不能产生一些很有预报技巧的集合成员。

LAF 方法的优点是扰动初值与动力模式协调性较好，但缺点也显而易见，由于集合成员的扰动初值来自于不同分析和预报时间，那些距预报积分开始时间更近的分析场误差较小，距积分开始时间更远的分析场误差较大，因而集合预报不能非常成功地抓住分析场中快速增长的误差，且由不同时间分析场得到的集合成员也应有不同的权重；另外，受同化分析次数和时间限制，集合成员数不可能太多。

4.3.3 奇异向量法(SVs)

用奇异向量法(SVs：Singular Vectors)获得模式最优初值扰动场的思想源自 Lorenz(1965)早期关于可预报性的研究工作。奇异向量法的基本原理是利用非线性动力学理论中的有限时间不稳定理论，结合数值天气预报中同化技术中的切线性和伴随模式，通过计算线性切模式的奇异值和奇异向量，利用最大奇异值对应的奇异向量就是增长最快的扰动原理，获得一系列的扰动初值。在具体的数学处理中，可认为求取线性切模式的奇异值和奇异向量就是求线性和伴随模式乘积的特征值和特征向量。我们知道，一般求矩阵特征值和特征向量的方法只适用低阶的方阵，我们是把线性切模式及其伴随模式当作矩阵，求它们的特征值和特征向量。Lorenz 从数学上描述了这一问题的求解过程：在给定一个较短的积分时段内，假设快速增长的扰动是线性的，$A(t_0, t_1)$是 t_0 到 t_1 时刻扰动的线性传播子。$A*$ 是它的伴随算子，$A*A$ 的积是 A 在 t_0 到 t_1 的最优奇异模态。最大的扰动就是 $A*A$ 的最大特征向量。在动力系统中，最大特征向量的增长较其他模态快得多。他借助上述数学处理方法，获得了 28 个扰动初值，通过分析 28 个成员的误差增长情况，研究了模式可预报性。

ECMWF(Molteni 和 Palmer 1996，Mureau 等 1993)用奇异向量法获取集合预报的扰动初值。具体过程是：利用 T42L19 版本的全球模式，基于初始和最终积分时间的能量模来构造奇异向量(其中最优时间间隔取为 36 h 预报)，然后选取增长最快的奇异向量构造成模式的初始扰动场，最后利用高分辨率的模式(T255L40)作为预报积分模式，获得集合预报。在计算过程中，考虑到计算量，ECMWF 的业务集合预报没有计算 30°S～30°N 之间的奇异向量，也没有考虑模式湿物理过程，同时还根据分析误差方差矩阵分布特征，重新调整了中高纬度局部地区的扰动振幅。

在计算奇异向量时已将非线性问题简化为线性问题，我国科学家 Mu Mu 等(2001)提出了非线性奇异向量的概念，并从理论方法和数值实验上研究了奇异值与基流的非线性稳定性和不稳定性的关系，将奇异向量法的理论研究提高到了一个新的水平。

奇异向量法的优点是理论和原理清楚，缺点是计算量很大，一般都用低阶模式计算奇异向量。ECMWF 2002—2005 年在以下方面深入研究奇异向量扰动法：1)进一步研究初始矩阵的影响；2)提高计算奇异向量的模式分辨率(从 T42 到 T95)，用半拉格朗日切线性模式代替现在的版本，研究分辨率提高对奇异向量的影响；3)研究加入湿物理过程的奇异向量并业务化，包括在切模式中加入湿物理过程，在初始场中增加湿度的初始扰动；4)深入研究热带地区的集合预报方法，重点是季风区奇异向量和热带气旋集合预报；5)研究多高斯概率密度分布(Mult-Gaussian PDF)的集合样本，而不是像中纬度那样简单的加或减去奇异向量扰动值，在多高斯概率密度分布法的基础上，构造热带地区奇异向量；6)研究用于季节预报的海气耦合模式奇异向量；7)研究强迫奇异向量，左奇异向量采用预报时间的最优扰动能量，右奇异向量则用固定时间的强迫能量，这种基于奇异向量法的简化方法可以代表不稳定慢变波误差。

4.3.4 增长模繁殖法(BGM)

为了消除线性相似，改善 SVs 方法未能加入模式物理过程的缺点，NCEP 提出了增长模繁殖法(BGM：Breeding of the Growing Mode，Toth 和 Kalnay 1993))。基本思路是选择模式 6 h 预报场与同一时刻分析场的离差作为初始扰动场。实现过程包括以下主要步骤：1)将一个随机扰动加到数值模式的初始分析场上；2)对扰动初始场和未扰动初始场(控制预报)作 6 h 积分；3)用控制预报减去扰动预报；4)将差值按比例缩小到与初始扰动具有相同的量级(在均方根误差意义上)；5)将该扰动加到如 1)所述的下一个 6 h 同化分析中，重复上述步骤。平均积分 36 h 后，扰动增长率达到最大。同化周期计算的预报场与分析场的误差主要来自于大气不稳定环流型，这些不稳定环流型的发展超过以前的一系列同化周期。此方法模拟了气象资料分析处理的过程，既考虑了实际资料中可能出现的误差，同时又考虑了误差快速增长的动力学结构。如考虑到计算机资源，扰动场可定义为积分集合成员与控制预报积分1天后的差值。

BGM方法的优点是可以很方便地使用非线性高分辨率全物理过程的模式，且快速增长的扰动也可在增长模培育周期内表示出来。该方法的难点是如何确定扰动振幅和如何增加扰动数，因为不是每个繁殖周期都可获得理想的扰动场，也许需要几次繁殖才能产生一个较好的扰动，且每个初始扰动场的误差增长率不同，因而难以保证各时刻误差概率密度函数的一致性。

图4.2给出了资料同化循环和业务集合预报系统中增长模繁殖循环的过程。在资料同化过程中，首先由初始时刻 t_1 分析场开始积分非线性模式，直到下一个分析时刻 t_2(例如每6 h或24 h)，得到一个预报值，这个短期预报值用来当作 t_2 时刻的第一猜测场。第二步，观测资料被同化到模式中，根据一些制约条件修正第一猜测场中的误差，从而得到 t_2 时刻的分析场；这个过程也被看成误差的"再尺度化"(rescaling)过程。如此循环下去(Toth和Kalnay 1993，Toth和Kalnay 1997)。

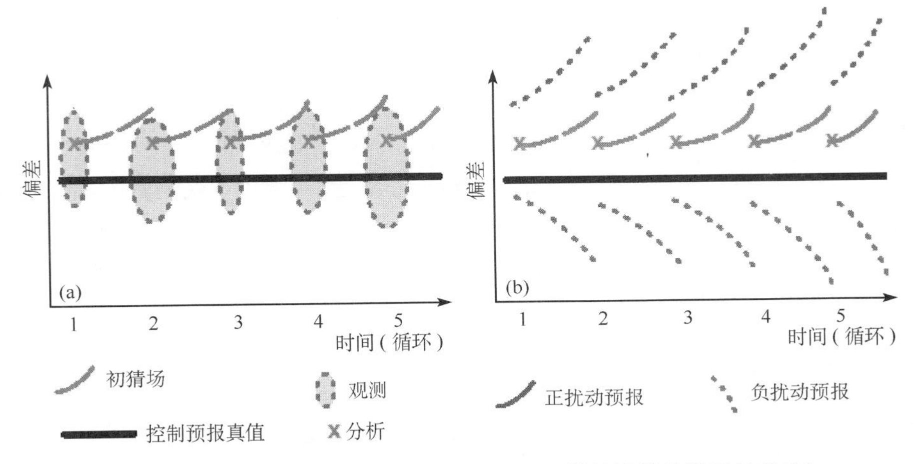

图4.2 资料同化循环过程(a)和美国BGM增长模繁殖循环过程(b)

"增长模繁殖法"模拟了上述分析场处理过程，图4.3是繁殖循环过程的示意图。1)在初始时刻 t_0 分析场 A_0 上加上一个随机扰动 P_0(称为"随机种子"，random seed)(该扰动的大小可以用不同的范数norm来定义，其大小是事先给定的)。2)分别从分析场 A_0 和扰动场(A_0+P_0)开始积分(t_1-t_0)同一个非线性模式，分别得到控制预报 FC 值和扰动预报值 FP。3)到下一个分析时刻 t_1，计算扰动预报值与控制预报值之间的差异 $D_1=FP_1-FC_1$。4)用再尺度化因子 r(rescaling factor)乘 D_1，使新扰动 $P_1=D_1\times r$ 大小与随机种子大小保持一致(该过程称为"再尺度化"，rescaling)。5)把该新扰动 P_1 加到相应的新分析场 A_1 上，重复过程2)～5)。

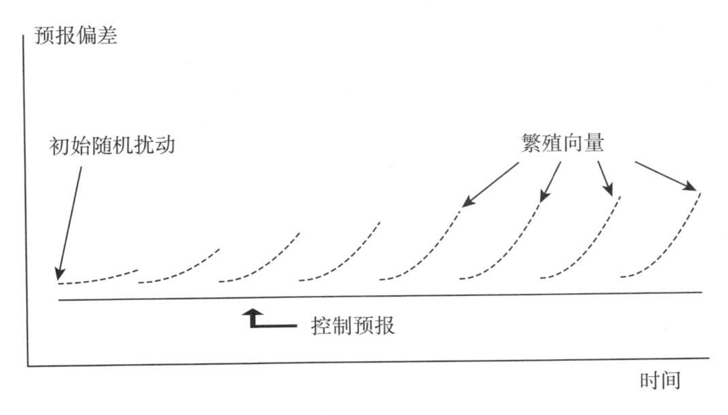

图4.3 繁殖循环过程的示意图

增长模繁殖法能够生成与数值天气模式的最大 Lyapunov 指数(误差增长速率)相关联的矢量。它模拟目前气象分析场处理的过程,既考虑了实际资料中可能的误差,同时又保留了快速增长的动力学结构。BGM 法的优点是利用完整的大气数值预报模式,且符合上述生成初始扰动的两个设计原则。其次,只需要增加较少的计算时间就可产生初始扰动。当前 BGM 产生分析扰动的不足:分析扰动方差由气候意义上的分析误差 MASK 来控制,因此不随当前流场形势变化。分析扰动场相互之间是不正交的,从而限制了集合扰动成员的有效自由度。

增长模繁殖法为基础的集合预报系统的局限性是采用比较固定的气候场资料估计分析误差协方差,集合成员之间是非正交的,因此在扩展集合成员数量时难以获得理想的效果。而国际上集合预报技术发展非常迅速,已经进入了以综合考虑集合预报系统和资料同化系统的一致性为特征的第二代集合预报系统,包括 ENKF(Ensemble Kalman Filter)、ETKF(Ensemble Transform Kalman Filter)、ET、ETR(ET with breeding)技术等,这些技术方法强调同化技术和集合预报技术的一体化和一致性,代表了未来集合预报技术的一个发展方向。

4.3.5 卡尔曼滤波法(ETKF)

卡尔曼滤波法(ETKF:Ensemble Transform Kalman Filter)是通过对基于观测、初估场和特定的误差方差的分析,估计出大气的最佳状态。误差方差是观测、初估场和预报模式的共同产物。换句话说,卡尔曼滤波代表了一种资料同化方法。加拿大(Houtekamer 等 1996)的集合预报扰动方法建立在卡尔曼滤波同化系统上,用类似于 Monte Carlo 的随机噪声代表观测误差,对观测资料加以扰动后进行同化分析,每个扰动的同化分析周期都是独立的,由此产生独立初始分析场,通过模式积分得到预报结果。该方法的优点是动力因子、物理意义清楚,缺点是观测扰动误差与动力模式不相协调,难于确定最优扰动增长方向和最优的物理方案组合。

4.3.6 集合转置法(ET)

ET(Ensemble Transform)方法最显著的特点在于,充分考虑了集合预报系统与资料同化系统的一致性(consistent),即为集合预报系统提供了最佳的初始场的不确定性分析(分析误差均方差),提供了准确的流依赖(flow dependent)预报误差协方差。在不明显增加计算资源的基础上实现集合预报系统的更好的离散特征、延长可预报时效、增加集合成员样本容量。ET 方法参照 Bishop 和 Toth(1999),Wei 等(2006),令:

$$\boldsymbol{Z}^f=\frac{1}{\sqrt{k-1}}[z_1^f,z_2^f,\cdots\cdots,z_k^f]$$

$$\boldsymbol{Z}^a=\frac{1}{\sqrt{k-1}}[z_1^a,z_2^a,\cdots\cdots,z_k^a] \tag{4.1}$$

式中 $z_i^f=x_i^f-x^f$ 和 $z_i^a=x_i^a-x^a(i=1,2,\cdots,k)$ 分别代表集合预报扰动量和分析扰动量。其中,集合预报分析误差协方差扰动量和分析误差协方差分别表示为:

$$\boldsymbol{P}^f=\boldsymbol{Z}^f\boldsymbol{Z}^{f\mathrm{T}} \quad 和 \quad \boldsymbol{P}^a=\boldsymbol{Z}^a\boldsymbol{Z}^{a\mathrm{T}} \tag{4.2}$$

两者有如下关系:

$$\boldsymbol{Z}^a=\boldsymbol{Z}^f\boldsymbol{T} \tag{4.3}$$

其中转换矩阵可如下获得:

$$\boldsymbol{T}=\boldsymbol{C}\cdot\boldsymbol{\Gamma}^{-1/2} \tag{4.4}$$

$\boldsymbol{C}$ 为 $\boldsymbol{Z}^{f\mathrm{T}}\boldsymbol{P}^{a-1}\boldsymbol{Z}^f$ 的奇异值,而 $\boldsymbol{\Gamma}$ 为包含特征向量(λ_i)的对角矩阵。为了将分析扰动中心化,进行如下转换:

$$\boldsymbol{Z}^a=\boldsymbol{Z}^f\boldsymbol{T}\boldsymbol{C}^{\mathrm{T}} \tag{4.5}$$

$\boldsymbol{C}^{\mathrm{T}}$ 为这种转换的一个解。式(4.5)将用于集合预报初值扰动。

4.4 集合预报模式不确定性表述

集合预报的初衷是解决模式初始条件的不确定性对预报的影响。但事实上，除了模式初值的不确定性之外，对于大气模式本身，由于差分方法及对大气演变过程认知上的局限性，也存在着不可避免的误差和不确定性。这些不确定性会造成模式自身的误差。模式误差又可细分为系统误差和随机误差两部分。系统误差是由模式方程不能准确描述大气运动而产生的（如对一些次网格过程引入不合适的参数），当系统运行较长时间后，可以估计出系统误差。随机误差是由数值计算不准确、差分截断等一些随机因素产生的。对于集合预报系统的发展，描述模式不完善所造成的预报不确定性在某种程度上是比描述由初值所引发误差的难度更大。

对于目前集合预报系统中所使用的模式扰动方法而言，有以下几种主要方法：多物理过程组合法、多模式组合法、多集合预报系统组合法和随机物理过程等方法。

4.4.1 多物理过程组合法

多物理过程组合法是针对一个模式，通过对不同的集合成员使用不同的模式物理参数化方案来实现模式扰动的。Houtekamer等（1996）首先在加拿大环境局的全球集合预报系统中考虑了模式的不确定性，这种不确定性是利用不同物理参数化组合的方法来体现的，具体就是针对不同的集合成员使用不同的水平扩散、对流、辐射、重力波拖曳和地形处理方案，这种技术也就是多物理过程扰动方法（谭燕2006，王太微2008）。研究发现多物理过程方法在预报弱天气强迫条件下的对流系统是有效的（Stensrud等2000，Jankov等2005）。另外，一些分析多物理过程模式扰动和初值扰动在集合预报系统中的相对作用的研究发现，对于大尺度的基本变量如风场、温度、气压和位势高度场等的离散度，初值扰动在短期（1～3天）起主导作用，而多物理参数化模式扰动方法对于较小尺度的对流系统能额外提高预报的集合离散度。然而，对于降水和对流性不稳定性如CAPE的预报，初值扰动和多物理过程扰动的作用是相当的。因此，对于针对对流性天气的集合预报系统的建立而言，多物理过程模式扰动方法被认为是有效的方法。然而通过简单改变不同的物理参数化方案的这种模式扰动方法有一定的不足之处，即在积分的初始阶段由改变物理参数化方案所产生的集合离散度随着积分时间会很快消失，不能持续到整个预报时段。

4.4.2 多模式扰动方法

多模式扰动方法也被提出并应用于集合预报系统，这种技术特点是通过不同的模式来体现模式过程及动力过程的不确定性。Harrison（1999）指出模式的不确定性对预报的影响不能忽略，两个模式构造的集合预报在某些方面优于单一模式集合预报。1999年加拿大环境局的全球集合预报系统除了原有的多物理过程方法之外，还采用了多模式的扰动方法。早期的多模式扰动方法是将多个模式的单个预报结果进行简单的集合，来构成集合预报系统。随着集合预报系统的不断发展，这种方法与称之为多集合预报系统的扰动方法紧密联系在一起。

4.4.3 随机物理过程方法

另一种从理论上更为合理并且更为复杂的模式扰动方法是随机物理过程方法。由于模式的不确定性是来源于次网格尺度上物理过程的参数化过程和数值模式的截断误差，而这些误差和不确定性从本质上可能是随机的。随机扰动技术的理论基础是在模式的某些参数值或相关项如倾向项、扩散项上引入一个随机过程或因子对其进行改变，以体现上述随机不确定性的作用。一般来说，有两种方式来实现模式物理过程的随机扰动，一种是在每个集合成员上分别引入独立的随机过程，在整个积分过程中成员之间没有相互作用，另一种是在不同的成员中引入能相互交流信息的随机过程。随机物理过程方法从理论和实际应用是个非常有潜力的方法，是近来国际上集合预报系统扰动技术研究的重要方向。

1998 年 ECMWF 首先在集合预报系统中的模式倾向项中引入了随机物理过程(Buizza 等 1999)，其依据是由于物理参数化过程所造成的随机误差在不同参数化方案之间是相关的，并且在模式的空间和时间尺度上也存在着一定的相关。同时，这种方法假设物理参数化倾向项的作用越大，随机误差的值就越大。ECMWF 在 2004 年又引入了一种称之为随机动能方向散射方案(stochastic backscatter scheme，Shutts 等 2004)来体现模式水平扩散计算中的误差。近期，在加拿大气象局发展的区域集合预报系统中发展了一随机扰动方案(Li 等 2008)，并应用于模式的物理过程中，此外该随机方案也应用于最近升级的全球集合预报系统中(Houtekamer 等 2007,2008)，对模式物理过程倾向项进行随机过程扰动，及应用于借鉴 ECMWF 的随机动能方向散射方案。NCEP 最近在其全球和区域集合预报系统中也开展了模式随机扰动方法的开发和应用工作。

4.5 集合预报偏差订正与集成技术

4.5.1 集合预报偏差订正

(1)集合预报偏差订正概念及国内国际研究现状

模式误差是预报偏差的主要来源之一。经过长期积分模式误差会趋向于模式内在的统计平衡状态，出现系统偏差。虽然正面改进模式各个环节来发展模式非常重要，但模式终究不能达到完美，总存在一些我们未知的不足，甚至即使能够意识到不足之处，现阶段也未必有办法解决。因此，集合预报偏差订正即是发展经验和统计方法以减小模式误差的影响。

另外，进行多模式集合研究存在一个主要的问题就是，因为所选取的模式、物理过程参数化方案的不同，使得每个集合成员的系统性偏差的差别很大，有悖于“成员等同性”的原则。这就要求我们先对多模式，多初值，多物理过程参数化方案的超级集合预报结果采用系统性偏差订正的方法扣除自身的系统性偏差，然后才能构造合理有效的多模式超级集合预报。

目前的模式误差偏差订正方法大体可分成两类：一是后验(或事后)订正；二是过程订正。后验订正是只在整个积分完成后对预报结果进行订正处理，Miyakoda 等(1986)的工作具有代表性，MOS 技术也属此类。过程订正是在积分过程中固定间隔反复订正，Bennett 等(1981)首次提出此种订正方式并应用于大气业务模式，正压模式试验表明，与事后订正相比，过程订正对小尺度的改善好于大尺度，即主要体现在瞬变能量的模拟上，虽然这样效果较好，但瞬变能量增加可能破坏模式的能量守恒。Saha(1992)同时引入了两种订正，均使用距初值最近 3 天来计算订正量，试验证明两种订正效果都不错，但过程订正对 10 天后预报更有前景，这是随流型而变的误差订正方法，并且连同 Boer(1993)的工作证实了系统性偏差与随机误差并不存在强相互作用。收支方程的系统性倾向误差具有与其支配项同样的量级，使得计算的收支不满足守恒率，而且自由大气中中间尺度的旋转动能损耗支出很严重，可能与有效位能的制造不足有关。我国学者对偏差订正研究也做了不少工作。贺皓(1995)曾对 T42 数值预报产品进行订正，其中高度场和温度场采用不同时间权重和空间平滑的订正方案，风场采用动力订正方案，湿度场采用平流(风场)订正方案，取得了较好的效果；魏文秀等(1998)用 Kalman 滤波技术对 500 hPa 高度场进行了多种订正试验，证明 Kalman 滤波双因子订正对于提高暴雨中期预报能力是有效的；任宏利等(2005)利用历史资料的相似信息直接估计当前模式误差的反问题，发展出一种将统计和动力两种方法有机结合的相似误差订正。王辉赞等(2006)利用 Kalman 滤波方法，对 T106 数值预报产品进行了偏差修正和预报优化，预报效果的对比分析表明，Kalman 滤波方法较其他统计预报方法的自适应能力更强，能够对预报对象提供更为准确、有效的跟踪和描述，对数值预报产品的副高预报偏差修正效果良好。

对于一阶矩系统误差的订正，Cui Bo 和 Zoltan Toth 等针对全球中期集合预报提出了两种通过 Decaying Average 减小偏差尺度的订正方法：1）自适应（Kalman 滤波类型）偏差订正法，该方法已用于 NCEP 业务集合预报系统，结果表明对开始几天的集合预报订正效果较好；2）气候平均偏差订正法，该方法用于 CDC GFS 再预报资料，结果表明对两周左右的概率预报效果较好，订正后的预报较原始预报有较大程度的改善；李莉等（2006）用自适应（Kalman 滤波类型）偏差订正法对中国气象局 T213 降水预报进行订正，订正后预报偏差有明显改善，雨带的位置和轮廓更加接近降水实况。另外，Stensrud 等（2000）用 Running Average 方法进行偏差订正研究，用过去 12 天的预报来估计当日的预报偏差，并且认为这 12 天的历史资料对当日偏差估计的贡献是相等的，结果表明这种偏差订正法对减小系统偏差效果显著。Jun Du 等（2007）则用 Regime-weighted Averge 方法较好的估计了偏差结构（与随机误差成分有关）。

对二阶矩离散度的订正，Adrian E Raftery（2005）用 Bayesian Model Averaging（BMA）方法对集合预报进行订正也取得了较好的效果；Gneiting 等（2005）用集合模式输出统计（EMOS）和最小 CRPS 估计的方法尝试了二阶矩离散订正；另外，Hagedom 等（2008）采用非齐次高斯回归（NGR）方法对 ECMWF 和 GFS 集合预报在北美地区的 2 m 温度概率预报进行了订正研究；Jun Du 等（2007）用自适应 Kalman 滤波方法通过 Decaying Average 也能够合理地调整集合离散度的大小，明显提高了概率预报的预报能力。

（2）自适应（卡尔曼滤波类型）偏差订正方法

自适应 Kalman 滤波是一种统计估算方法，通过处理一系列带有误差的实际测量数据而得到所需要物理参数的最佳估算值。自适应算法的目的是根据滤波自身产生的预报残差、滤波残差等信息对模型进行修正，降低滤波产生的误差，以达到最佳的滤波效果。利用观测数据进行递推滤波的同时，不断地由滤波本身来判断动态系统是否有变化。如果判断发生变化并决定把这种变化作为随机干扰，则由滤波本身去估计由它产生的模型噪声方差阵。或者当模型噪声方差未知或不确切时，由滤波本身不断地去估计和修正。

目前国家气象中心做了两部分的偏差订正研究，分别是一阶矩的系统偏差订正和二阶矩的离散度订正（图 4.4）。

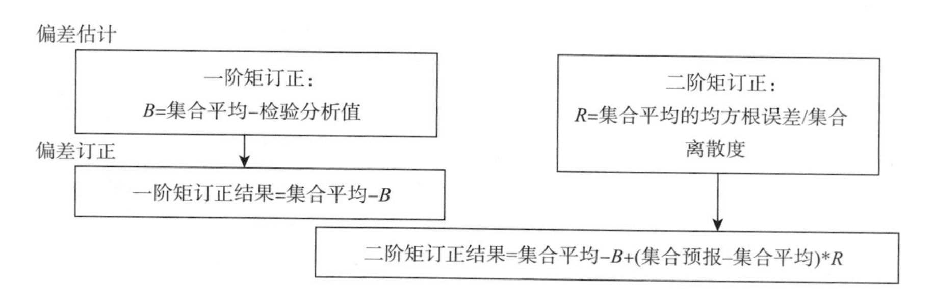

图 4.4　偏差订正流程图

对于一阶矩系统偏差订正，使用过去 45 天的历史资料来计算当前时刻 T0 的系统偏差（图 4.5）。首先，以 T0—46 到 T0—16 共 30 天集合平均与观测实况的差值平均来初始化偏差，这就是所谓的偏差“热启动”。出于资料不足或计算方便等原因，也可直接设初始偏差为零，即“冷启动”；然后，从 T0—16 开始，给定适当的权重，对前一天的偏差和当天预报与观测的差值做加权求和，作为当天的预报偏差。经过 T0—16 到 T0 这段时间的迭代累加之后，我们得到的偏差已经趋于稳定并能在一定程度上表征系统偏差的情况；最后在每个集合成员预报上扣除当下时次的偏差，得到订正后的预报结果。

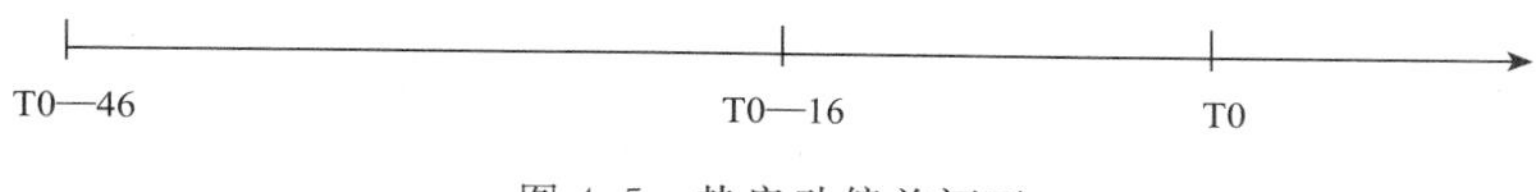

图 4.5　热启动偏差订正

二阶矩集合预报离散度调整的方法与一阶矩系统偏差订正类似。区别在于一阶矩订正是在预报中扣除通过统计集合平均和观测实况得到的偏差，二阶矩离散度订正则是根据集合离散度偏小（偏大）的情况对其进行适当的放大（收缩）。众所周知，一个好的集合预报系统，其离散度与均方根误差应该是相当的。因此我们以均方根误差与离散度的比值(r)为放缩系数，对集合预报离散度进行订正，理论上可行。假设同样使用过去45天的历史资料进行二阶矩离散度订正。首先，以T0—46到T0—16共30天"集合平均的均方根误差/集合离散度"的平均值来初始化放缩系数，实行"热启动"，或直接"冷启动"；然后，从T0—16开始，给定适当的权重，对前一天的放缩系数和当天的"集合平均的均方根误差/集合离散度"值加权求和，作为当天的离散度放缩系数。经过T0—16到T0这段时间的迭代累加之后，得到的放缩系数已经趋于稳定并能在一定程度上表征系统均方根误差与离散度的比值情况；最后在每个集合成员预报上进行修正，得到调整离散度之后的预报结果。

(3)全球集合预报产品偏差订正效果

图4.6是2006年8月T213集合预报500 hPa高度场赤道以北地区第5天预报订正前后的Talagrand分布情况，从图中可以看出，订正前"真值"落在最大预报值外的概率明显大于理想概率，说明系统存在一定的冷偏差；对照订正后的Talagrand分布可以看到，订正后的冷偏差明显减小，"真值"落在最大预报值外的概率由20.1%减小到13%，其他区间的预报概率均比订正前更加接近理想概率，这说明各个集合成员的预报等同性和"冷偏差"现象得到了改善。

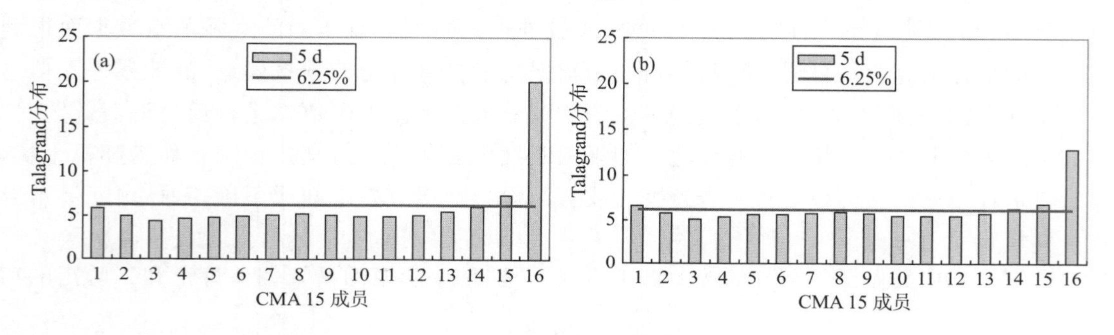

图4.6 2006年8月T213集合预报500 hPa高度场第5天预报订正前后的Talagrand分布

((a)订正前；(b)订正后)

图4.7是2006年8月T213集合预报赤道以北地区850 hPa温度场第5天预报订正前后的Talagrand分布情况，从图中可以看出，850 hPa温度场的集合预报同样存在冷偏差，即温度预报偏低；对照订正后的Talagrand分布可以看到，订正后的冷偏差明显减小，"真值"落在最大预报值外的概率由26%减小到14%，除了第一区间的预报概率订正后有所增大，其他区间的预报概率比订正前更加接近理想概率，这说明各个集合成员预报等同性和"冷偏差"现象都得到了改善。

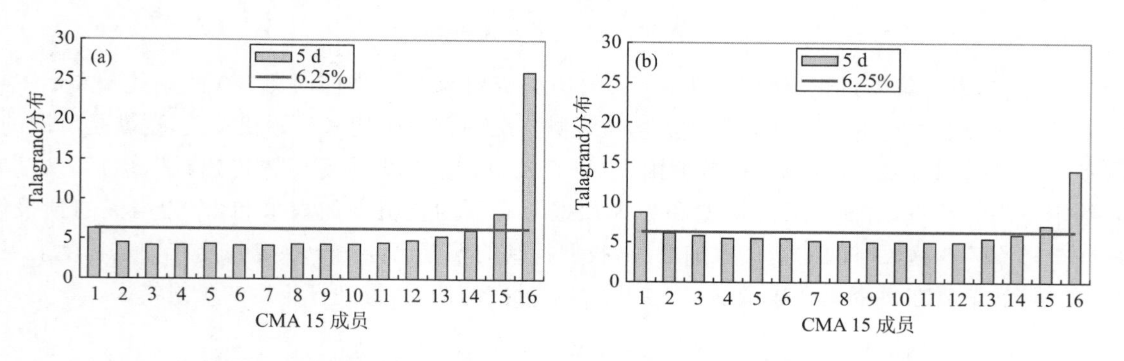

图4.7 2006年8月T213集合预报850 hPa温度场第5天预报订正前后的Talagrand分布

((a)订正前；(b)订正后)

对 2008 年 2 月 T213 集合预报系统的 2 m 温度预报订正前后不同的温度阈值进行 BS 评分统计(图 4.8)。从图中可以看到，对于所有的温度阈值，订正后的 BS 评分都低于订正前，这表明订正后的 2 m温度集合预报的可靠性和分辨能力都较订正前有了不同程度的改善。

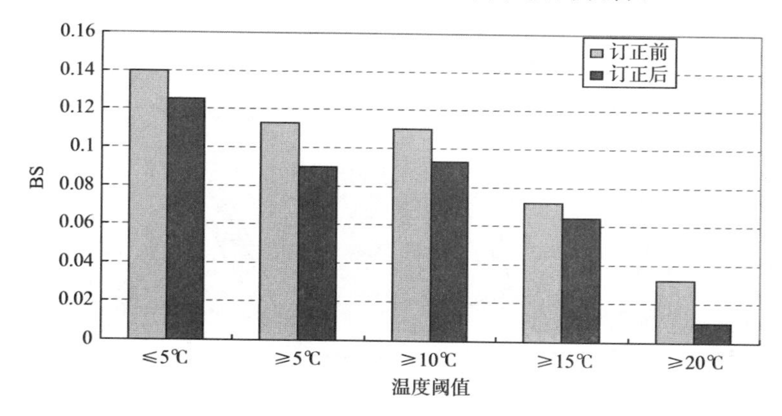

图 4.8　2008 年 2 月 T213 集合预报 2 m 温度 120 h 预报不同温度阈值 BS 评分

从图 4.9 可以看到，1～10 天预报订正后的均方根误差都较订正前减小，订正前各个预报时效的均方根误差变化不大，订正后随着预报时效的延长，均方根误差逐渐增大，这说明，订正后的 T213 集合预报2 m温度预报的误差比订正前减小，其对短期时效预报的改善效果相对优于对中期时效预报的改善效果。

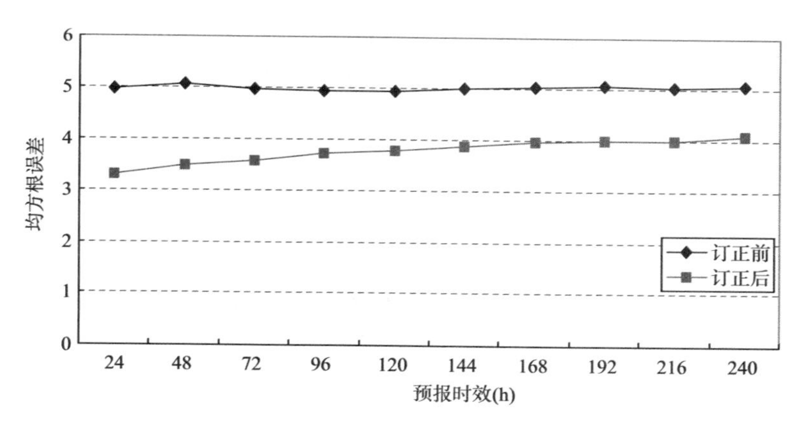

图 4.9　2008 年 2 月 T213 集合预报 2 m 温度预报均方根误差(单位:℃)

(4)区域集合预报产品偏差订正结果

图 4.10(彩)给出了区域模式各集合成员 2 m 温度 6 h、18 h 和 36 h 预报的 PDF 分布图。图中可清晰的看到，订正前的集合成员呈现出两种形态的 PDF 分布形式，15 个成员大致分成了两类。这应该是物理过程配置不同引起的。然而，我们知道集合预报的目的之一是提供预报的可靠性。如果集合预报成员间差别很大，那么很明显至少其中有些预报是错误的，反之，则有更多的理由相信所做的预报。而订正后集合成员预报的 PDF 分布比较一致，集合成员 PDF 分簇的情况基本得到改善，且对大部分成员预报来说分布的偏度和峰度都有所减小，预报更接近观测的期望值。

从图 4.11 可以看出，订正前三个时效预报的 Talagrand 分布均为明显的两端高，中间低的“U”型分布，说明预报的离散度不足。随着预报时效的延长，实况分析值落在集合成员包络之外的概率逐渐减小，说明集合成员发散程度有所增长，但仍然是不足的。一阶矩订正后 Talagrand 分布略有平缓，落在某个区间的频率突出的异常也得到改善，但总体来说离散度过小的情况在一阶矩订正中无法得到改善。完成二阶矩离散度订正后，Talagrand 分布较为均匀，与理想状态非常接近，说明此时的预报可靠性有较大提高。

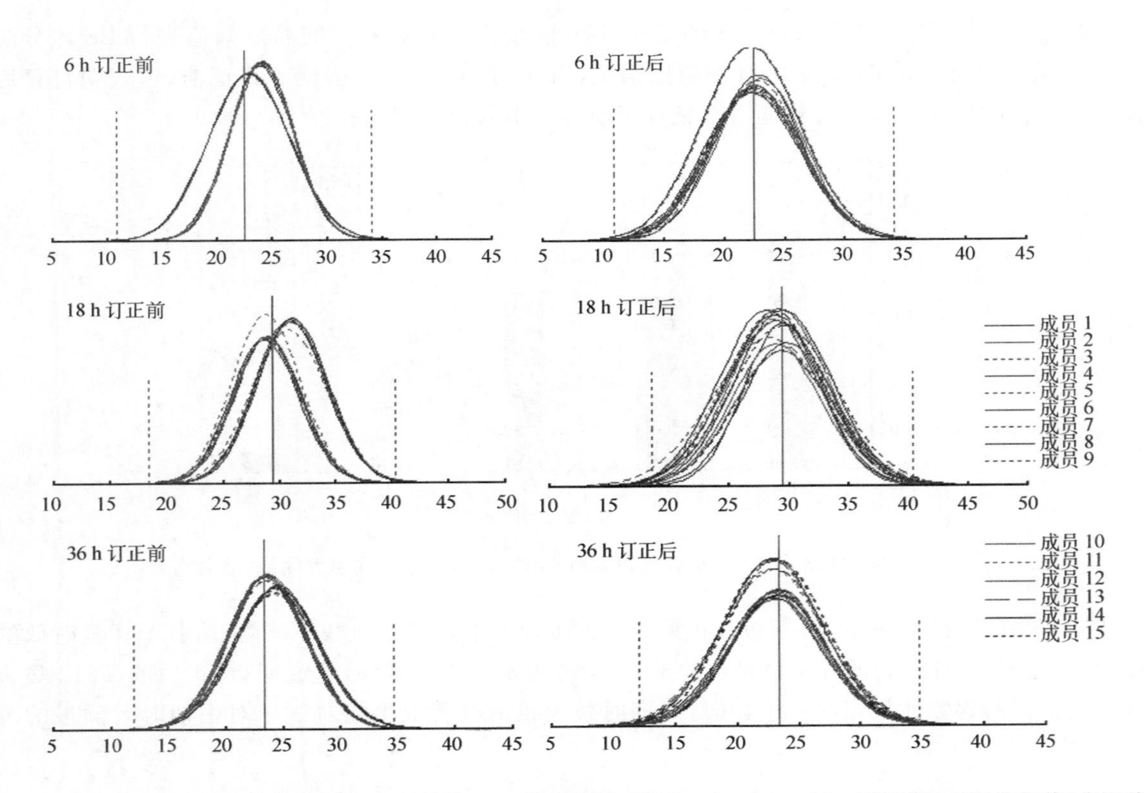

图 4.10 2 m 温度订正前后集合成员的 PDF 分布预报时效为 6 h,18 h,36 h;实竖线为观测期望值,虚竖线为±3σ,模坐标为 2 m 温度(℃)

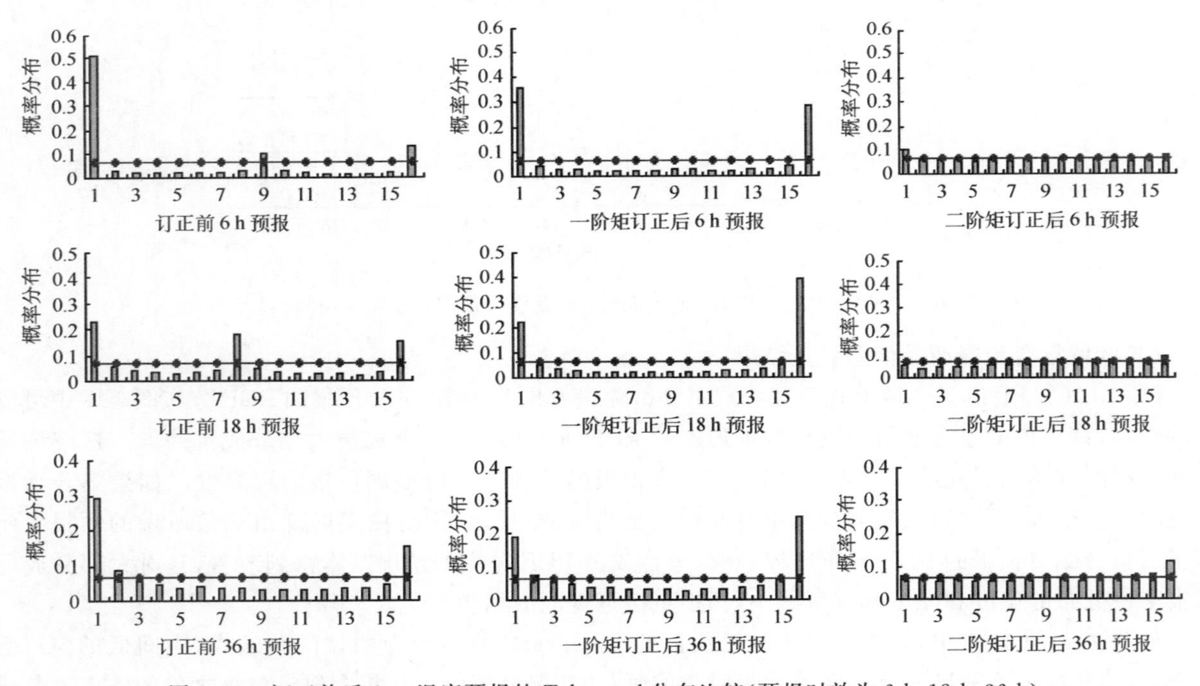

图 4.11 订正前后 2 m 温度预报的 Talagrand 分布比较(预报时效为 6 h,18 h,36 h)

4.5.2　集合预报集成技术

集合预报是一组预报结果的集合，包括了多种大气运动较可能的状态，虽然说概率预报代表了未来天气预报的方向，但就目前而言，对绝大多数的预报服务对象来说并不期望得到一个似是而非的预报结论，这就要求我们能够从近似海量的预报集合中提取出最可靠的预报信息，即预报集成。集成预报主要强调两个方面的内容，其一是每个集合成员中所包含的可用信息都要得到最大限度的提取和利用；其二是必须实现综合集成预报效果总体上是最好的，其预报产品的性能稳定。集合预报产品中，集合平均预报只是对各成员进行简单的算术平均，给出集合预报的总体趋势，滤去不可预报信息，一般情况下，比单个集合预报成员的技巧高。虽然集合平均预报是比较初级的产品，但它也是预报员和用户最容易接受的，最直观的产品。在计算多模式集合预报的集合平均时，根据各子模式以往的表现对其赋以合适的权重系数，即进行加权集合平均，在理论上是可行的，有望提高集合平均预报能力。迄今为止国内外尚没有一种成熟而有效的集成技术，但围绕集成的基本原理、思路和目的，一些既有一定理论基础，同时又有较好预报效果的集成预报方法逐渐形成。如算术平均法、加权平均法、回归集成预报法、人工智能神经网络集成法等，这些方法在天气预报中得到了广泛的应用。

Krishnamurti 等(1999,2000)提出了多模式超级集合预报思想，在天气和季节尺度预报上取得了改进，并已拓展到飓风预报等领域。多模式集合预报及其多元回归分析的均方根误差与典型的模式分析误差具有可比性，且预报时段的效果显现出优越性。实践中具有多年丰富经验的预报员能够从全球数值天气预报中心而不仅仅是本部门获取预报产品，通过比较决定选择和决策的方法，一般称为多模式穷人集合(Poor-man)法。从本质上看，它也属于多模式—多分析集合预报系统，将来自几个业务中心的决定性预报作为集合预报的成员。相对于开发并运行一个复杂而又庞大的集合预报系统而言，这是比较经济和实用的。Evans 等(2000)把 ECMWF 和英国气象局的集合预报成员组合在一起，构造“Poor-man”超级集合预报，其预报能力也大于任一单一集合预报系统。随后的试验中把一个由四个模式结果构成的小集合预报系统与 ECMWF 的集合预报系统作比较，结果也同样验证了“Poor-man”方法构造集合预报存在的优势。Mylne 等(2000)的分析表明穷人集合法在灾害性天气事件预测上取得成功，预报效果较好。Arribas 等(2005)用 9 个中心共 14 个模式的预报资料构造几个“Poor-man”集合预报试验，并将结果与 ECMWF 集合预报对比，结果表明“Poor-man”集合预报在短期预报上具有一定优势。

参考文献

Adrian E Raftery, Tilmann Gneiting. 2005. Using Bayesian modeling averaging to calibrate forecast ensembles. *Monthly Weather Review*, **133**, 1155-1174.

Arribas A, Robertson K B, Myline K R. 2005. Test of a poor man's ensemble prediction system for short-range probility forecasting. *Monthly Weather Review*, **133**, 1825-1839.

Bennett A F, Leslie L M. 1981. Statistical corrections of the Australian region primitive equation model. *Monthly Weather Review*, **109**, 453-462.

Bishop C H, Toth Z. 1999. Ensemble transformation and adaptive observations. *J. Atmos. Sci.*, **56**, 1748-1765.

Boer G J. 1993. Systematic and random error in an extended-range forecasting experiment. *Monthly Weather Review*, **121**, 173-188.

Buizza R, *et al*. 1999. Stochastic representation of model uncertainties in the ECMWF ensemble prediction system. *Q. J. R. Meteorol. Soc.*, **125**, 2887-29.

Cui Bo, Zoltan Toth, *et al*. The Trade-off in Bias Correction between Using the Latest Analysis/Modeling System with a Short, vs. an Older System with a Long Archive. Proc First THORPEX Int. Science Symp. Montréal, Qc, Canada, WMO. 281-284.

Dalcher A, Kalnay E, Hoffman R N. 1988. Medium-range lagged average forecasts. *Mon. Wea. Rev.*, **116**, 402-416.

Epstein E S. 1969. Stochastic dynamic prediction. *Tellus*, **21**, 739-759.

Evans R E ,Harrison M S J. 2000. Joint medium range ensembles from the UKMO and ECMWF systems. *Mon. Wea. Rev.*, **128**,3104-3127.

Gneiting, *et al*. 2005. Calibrated probabilistic forecasting using ensemble model output statistics and minimum CRPS estimation. *Mon. Wea. Rev.*, **133**,1098-1118.

Hagedorn R, Hamill T, Whitaker J. 2008. Probabilistic Forecast Calibration Using ECMWF and GFS Ensemble Reforecasts. Part 1: 2-meter Temperatures. *Mon. Wea. Rev.* ,**136**(7),2608-2619.

Hamill T M, Colucci S J. 1997. Verification of Eta-RSM short-range ensemble forecasts. *Mon. Wea Rev.*, **125**, 1312-1327.

Harrison M S. 1999. Analysis and model dependencies in medium-range forecast: Two transplant case studies. *Q. J. R. Meteorol. Soc.*, **125**,2487-2515.

Hoffman R N, Kalnay E. 1983. Lagged average forecasting, an alternative to Monte Carlo forecasting. *Tellus*, **35A**,100-118.

Houtekamer P L, Lefaivre L, Derome J, *et al*. 1996. A system simulation approach to ensemble prediction. *Mon. Wea Rev.*, **124**, 1225-1242.

Houtekamer P L,Charron M, Mitchell H, Pellerin G. 2007. Status of the global EPS at Environment Canada. *Proc. ECMWF Workshop on Ensemble Prediction*, Reading, United Kingdom,ECMWF, 57-68.

Jankov I, Gallus Jr W A, Segal M, *et al*. 2005. The impact of different WRF model physical parameterizations and their interactions on warm season MCS rainfall. *Wea. Forecasting*, **20**, 1048-1060.

Jun Du, Geoff DiMego, Zoltan Toth. 2007. Bias correction for the SREF at NCEP and beyond. *A discussion at the EMC Predictability Meeting*.

Krishnamurti T N,Kishtawal C M,LaRow T, *et al*. 1999. Improved skills for weather and seasonal clomate forecasts from multimodel superensemble. *Science*, **285**(5433),1548-1550.

Krishnamurti T N,Kishtawal C M, LaRow T, *et al*. 2000. Multi-model superensemble forecasts for weather and seasonal climate. *J. Climate*, **13**,4196-4216.

Leith C S. 1974. Theoretical skill of Monte Carlo forecast. *Mon. Wea. Rev.* ,**102**,409-418.

Li X, Charron M, Spacek L, Candille G. 2008. A regional ensemble prediction system based on moist targeted singular vectors and stochastic parameter perturbation. *Mon. Wea. Rev.*, **136**,443-462.

Lorenz E N. 1963a. Deterministic non-periodic flow. *J. Atmos Sci.* ,**20**, 130-141.

Lorenz E N. 1963b. The predictability of hydrodynamic flow. *Trans. NY Acad. Sci. Series II* ,**25**, 409-403.

Lorenz E N. 1965:A study of the predictability of a 28-variable atmospheric model. *Tellus*, **17**, 321-333.

Miyakoda K,Sirutis I,Ploshay J. 1986. One month forecast experiment without anomaly boundary foreings. *Monthly Weather Review*, **114**,2363-2401.

Molteni F, *et al*. 1996. The ECMWF ensemble prediction system: Methodology and validation. *Q. J. R. Meteorol. Soc.*, **122**, 73-119.

Mu Mu,Wang Jiacheng. 2001. Nonlinear fastest growing perturbation and the first kind of predictability. *Science in China (Series D)*, **44**(12),1128-1139.

Mullen S L, Baurahefner D P. 1994. Monte Carlo simulations of explosive cyclogenesis. *Mon. Wea Rev.*, **122**, 1548-1567.

Mureau F, Molteni F. 1993. Ensemble prediction using dynamically conditioned perturbations. *Q. J. R. Meteorol. Soc.* , **119**,269-323.

Murphy J M. 1990. Assessment of the practical ability of extended-range ensemble forecasts. *Q. J. R. Meteor. Soc.* , **116**,89-125.

Mylne K R, Evans R E, Clark R T. 2000. Multi-model multi-analysis ensemble forecasting in quasi-operational medium range forecasting, submitted to Quart. *J. Roy. Meteor. Soc.* ,**126**(579),361-384.

Palmer T N , Mureau R , Buizza Molten F . 1990. The Monte Carlo forecast. *Weather*, **45**,19-207.

Saha S. 1992. Response of the NMC model to systematic error correction within integration. *Monthly Weather Review*, **120**,345-360.

Shutts G, Palmer T N. 2004. The use of high-resolution numerical simulations of tropical circulation to calibrate stochastic physics schemes. *Proc. ECMWF/CLIVAR Simulationnd Prediction of Intra-seasonal Variability with Emphasis on the MJO*, Reading, United Kingdom, European Centre for Medium-Range Weather Forecasts, **83**, 102.

Stensrud D J, Bao J W, Warner T T. 2000. Using initial condition and model physics perturbation in short-range ensemble simulations of mesoscale convective systems. *Mon. Wea. Rev.*, **128**, 2017-2107.

Stensrud D J, Brooks H E, Du J, Tracton M S, Rogers E. 1999. Using ensembles for short-range forecasting. *Mon. Wea. Rev*, **127**, 433-446.

Talagrand O, Vautard R. 1997. Evaluation of probabilistic prediction systems. *Workshop on predictability ECMWF* 20-22, 10.

Toth Z, Kalnay E. 1993. Ensemble forecasting at NMC: The generation of perturbations. *Bul. Amer. Meteor. Soc.*, **74**, 2317-2330.

Toth Z, Kalnay E. 1997. Ensemble forecasting at NCEP and the breeding method. *Mon. Wea Rev.*, **125**, 3297-3319.

Wei M, Toth Z, Wobus R, *et al*. 2006. Ensemble transform Kalman filter-based ensemble perturbations in an operational global prediction system at NCEP. *Tellus*, **58A**, 28-44.

Whitaker J S, Loughe A F. 1998. The relationship between ensemble spread and ensemble mean skill. *Mon. Wea Rev.*, **126**, 3292-3302.

Kanay E. 2005. 大气模式、资料同化和可预报性. 薄朝霞等译. 北京:气象出版社.

Lorenz E N. 1997. 混沌的本质. 刘式达,刘式适,严中伟译. 北京:气象出版社.

贺皓. 1995. 数值预报产品系统性误差的客观订正. 高原气象, **14**(2), 198-206.

李莉,朱跃健. 2006. T213 降水预报订正系统的建立与研究. 应用气象学报, **17**(Suppl), 130-133.

任宏利,丑纪范. 2005. 统计—动力相结合的相似误差订正法. 气象学报, **63**(6), 988-993.

谭燕. 2006. 中尺度强降水天气集合预报技术的研究. 中国气象科学研究院硕士论文.

王辉赞,张韧,王彦磊,刘科峰. 2006. 基于 Kalman 滤波的副热带高压数值预报误差修正. 热带气象学报, **22**(6), 661-666.

王太微. 2008. 中尺度模式不确定性与初值扰动试验研究. 中国气象科学研究院硕士论文.

魏文秀,任彪,杨海龙等. 1998. 卡尔曼滤波技术在暴雨中期预报中的应用. 气象, **24**(3), 46-49.

第 5 章 现代数值预报业务

数值预报业务是指利用当前及历史的综合观测资料信息，通过数值预报系统对未来大气海洋状态进行预报预测并提供产品的过程。数值预报系统由一系列功能相互补充的子系统有机构成，数值预报业务系统包括观测资料获取、资料质量控制、客观分析、预报模式、后处理、解释应用等六大部分组成，从而形成了从观测到产品加工这一个完整的业务流程。国际业务数值预报发展的经验表明，四维变分同化与卫星资料的大量使用，数值模式朝高分辨率及精细化物理过程参数化的发展有效地改善了业务数值预报的水平。以全球中期数值预报为代表的我国数值预报业务系统的发展，经历了从引进、消化、吸收、再创新，到完全自主创新的发展历程，业务数值预报系统逐步完善。目前由 T639 谱模式、我国新一代全球中期格点模式 GRAPES_GFS、GRAPES_MESO 中尺度模式、GRAPES_RUC 快速同化循环系统组成了业务数值天气预报的核心系统。GRAPES 数值预报模式具有先进的动力框架、较为完善的物理过程参数化方案。业务数值预报中三维变分同化技术与卫星资料同化应用获得了普遍的应用，GRAPES 区域四维变分同化系统已经进入批量试验测试阶段，全球四维变分同化系统已经进入测试阶段。

在 21 世纪初，气候模式在短期气候预测业务中开始得到了应用。目前的短期气候预测动力模式可进行月、季、年际变化三种时间尺度的气候预测。中国气象局第二代大气—陆面—海洋—海冰多圈层耦合的气候系统模式 BCC_CSM，实现了全球大气环流模式 BCC_AGCM、陆面过程植被碳循环模式 BCC_AVIM、全球海洋环流模式 MOM4、全球海冰动力热力学模式 SIS 的动态耦合，并包含了陆面碳循环和动态植被、海洋生物地球化学和碳循环过程。BCC_CSM 具有较好的模拟能力。

5.1 数值预报业务系统概述

5.1.1 数值预报业务系统的组成

作为一个完整的预报系统，数值预报业务系统应包括观测资料的获取和预处理、资料质量控制与客观分析（数据资料同化）、预报模式、预报产品的后处理及检验评价、产品的输出、图形和归档，以及预报产品的解释应用等六大部分，另外还需要高性能计算机、数据库、图形等数值预报支撑软件的支撑。从第 5 章至第 10 章，将系统性的介绍数值预报业务系统的各个部分。

（1）观测资料的获取和预处理子系统

用于数值预报的观测资料，通过全球电信系统（GTS）、国内通信网和英特网等多种通信途径获得。这些资料通过数据解码、格式转换、数据整理、初步质量控制等过程后，存入观测资料检索数据库，以便检索使用。

(2)资料质量控制与客观分析子系统

首先进行各类观测资料的质量控制,主要依据资料的统计特征和气象要素之间的内在关系来实现,这样将有效地控制因错误资料破坏资料同化的效果。随后进行资料客观分析,将全球分布极不均匀、不完整的站点观测资料及非大气要素的遥感观测资料,转变为规则分布格点上的完整的模式初值(或气象要素场)。客观分析方法包括逐步订正法、最优统计订正法、三/四维变分同化法、集合卡尔曼滤波法等。客观分析有别于单纯的空间插值,它要实现背景场资料与观测资料的有机融合,实现多变量之间的相互影响和相互协调,并尽可能维持分析结果在动力学上的平衡。一般每天进行4次客观分析循环。

(3)预报模式子系统

预报模式是整个数值预报系统的核心部分。预报模式是将描述大气演变的动力、热力学方程组,加上适当的初始条件和边界条件,通过离散化数值方法来求近似解,并编制成计算机上可以进行计算的程序,统称为数值预报模式,对数值模式进行时间积分可得到未来时间的大气状态。根据数值预报方程组在空间上的离散化方法分为格点模式和谱模式。预报模式通常包含模式初始化过程,主要用于抑制由客观分析得到的初值场中气压场和风场之间存在的不平衡,避免虚假的高频重力波振荡对预报的损害。

数值模式还包括物理过程参数化。影响天气变化的主要物理过程是:辐射及其传输、水的相变——云与降水、边界层内的动量、热量、水汽输送、大气与下垫面间的物质及能量交换(陆面、海面、冰面,……)以及大气中的湍流与扩散。这些物理过程比模式变量的尺度小,故称为次网格过程,这些次网格过程与模式网格能够分辨的动力过程有能量或物质交换。例如大气辐射,大气湍流对动量、能量和水汽的输送,水汽的凝结降水等都属于次网格物理过程。这些次网格物理过程通过运动方程中的摩擦项、能量方程中的非绝热加热项以及水汽方程中的源汇项等,对网格可分辨的动力过程产生影响。为了使预报方程组闭合,必须用模式的预报变量来表示这些次网格过程,即所谓的参数化。参数化方案中人为和任意的成分较多。对物理部分的处理之所以有缺陷主要原因是:

◆ 次网格物理过程的格点效应往往不能由预报变量的格点值唯一确定,但为了使方程闭合不得不为之;

◆ 对次网格过程以及次网格过程与网格可分辨过程间的相互作用的机理还认识不够;

◆ 计算机的能力和资源有限,不允许对次网格物理过程做较详细的描述。

(4)预报产品后处理子系统

将预报模式时间积分后的结果,由各模式层数据内插到标准的等压面上,并计算一些常用的诊断量,如垂直速度ω、涡度、散度、涡度平流、位温θ、假相当位温θ_{se}、水汽通量散度、温度露点差、位涡度、锋生函数、$\boldsymbol{Q}$矢量等。对模式自身输出的累积量如降水进行截断处理得到相应时段产品。

(5)数值预报产品的检验评价、图形生成和归档子系统

对模式输出及后处理生成的各类数据,检验评价产品的质量,按要求生成各种数据与图形产品,满足用户需求,并将这些后处理的产品建成数据库,便于用户检索。同时为加快传输速度,把它们编制成国际上通用的GREB码的形式,向外发送。

(6)预报产品的解释应用子系统

利用统计、动力、人工智能等方法,并综合预报经验,对数值预报的结果进行分析、订正,从而获得比数值预报产品更为精细的客观要素预报结果或者特殊服务需求的预报产品。

以上六个子系统,主要针对单一确定性数值预报系统的预报。由于大气混沌特性,以及在资料预处理、资料质量控制、客观分析方法、数值模式物理过程参数化与侧边界条件等都存在一定的缺陷,数值预报结果具有较大的不确定性,因此业务中还普遍采用了集合预报技术,利用多个单一模式进行预报。与此同时随着预报服务的需求,基于确定性数值预报的专业(专项)数值预报系统逐步完善,包括台风、风暴潮、海浪、海雾、沙尘浓度、环境污染物扩散、紫外线、人工影响天气气象条件、森林火险气象条件等级等。专业(专项)数值预报系统是现代数值预报业务的重要补充。图5.1给出当前业务数值预报系统的整体组成。

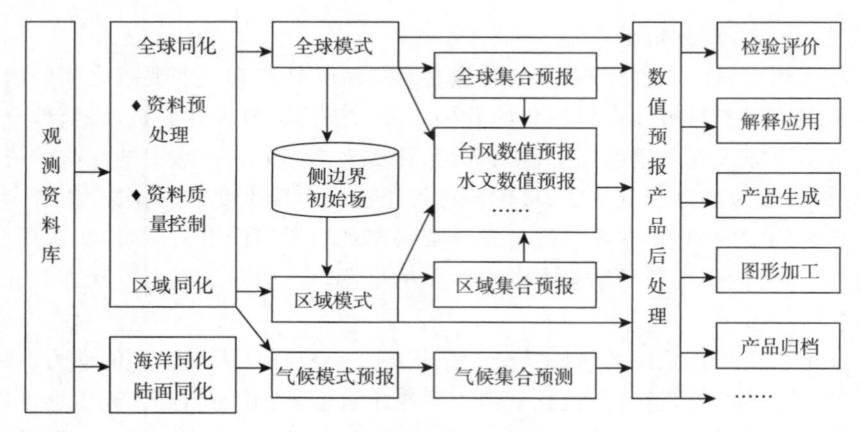

图 5.1 数值预报系统结构示意图

5.1.2 数值预报循环滚动预报过程

数值预报的客观分析需要短时预报的初猜场信息(背景场),对全球大气模式一般使用 6 h 的预报场作为初猜场,观测资料选取 00,06,12,18UTC 整点前后 3 h 的观测资料。客观分析结合所能获得的各类观测资料和初猜场,分析形成数值模式积分的初值。利用该初值进行短时预报,可以获得下一个时

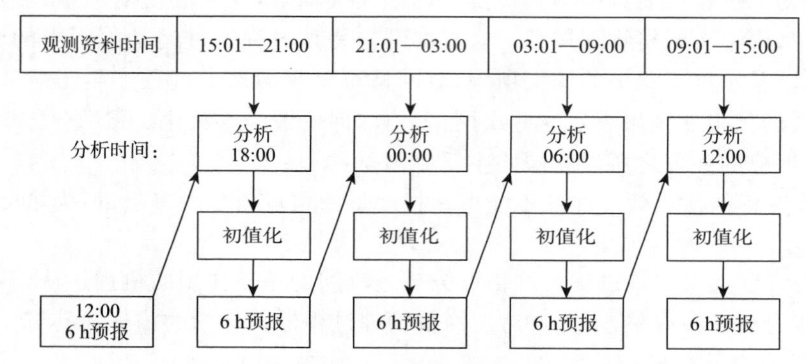

图 5.2 数值预报 6 h 时间窗的资料同化示意图

(用指定分析时间前后 3 h 内的观测资料对用前一次分析所做的 6 h 预报进行订正)

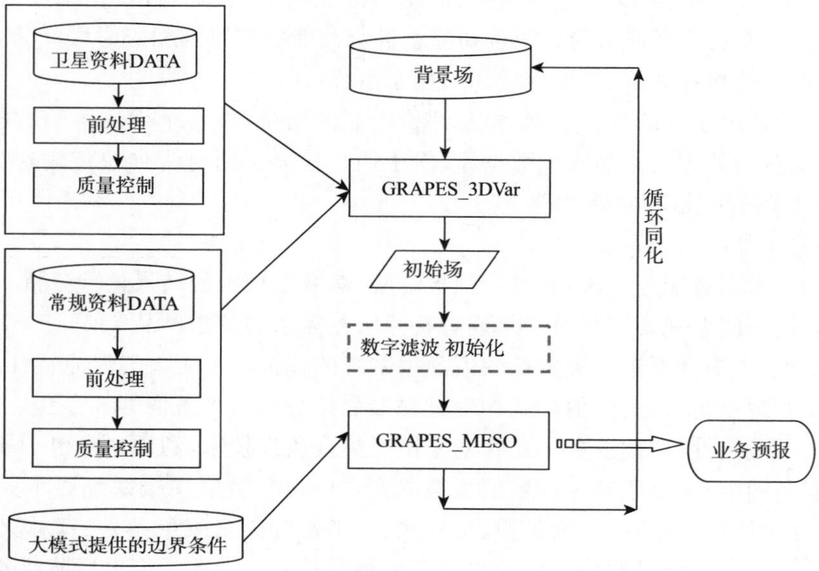

图 5.3 GRAPES_MESO 资料同化流程

(薛纪善等 2008)

刻的初猜场，并进行下一次客观分析过程(图5.2)。客观分析产生的初值往往存在动力上的不平衡，造成初猜场的不平衡、噪声大，需要利用初始化技术抑制虚假的高频重力波振荡，使得初猜场尽量“光滑”。对全球大气模式，这种6 h循环每天要进行4次。对区域模式，还需要其他大模式提供边界条件。此外区域模式的分析预报循环滚动的频次根据需要还可以更高，达到每小时进行一次客观分析，如GRAPES_RUC快速同化分析循环。对客观分析滚动循环的限制主要来自于观测资料的到达与截断时间，以及初始化过程中模式正反向积分需要的时间。对任意时刻的初值，都可以进行更长时间的预报。图5.3给出了GRAPES_MESO区域模式循环滚动的分析与预报的具体过程。

5.2 国外数值预报业务发展概述

早在1904年V. Bjerknes首次提出数值天气预报的理论思想：将预测大气未来时刻的状态(即天气预报)问题提为一组数学物理方程的初值问题。之后1922年Richardson首次尝试实践V. Bjerknes的数值天气预报的理论思想，从一组不经过任何处理的大气原始方程组出发，利用数值计算的方法，试图计算出未来天气的变化，虽然是以失败告终。直至1954年数值天气预报的实际业务应用才首先在瑞典得以实现。自此，随着超级计算机、大规模并行处理技术和互联网的问世和发展，以及探测技术、新计算方法和地球科学本身的进步，业务数值天气预报就走上了一条不断发展的轨道。特别是近十几年来，变分资料同化技术的应用和卫星遥感资料的使用，数值天气预报的水平又上了一个新台阶。

西方发达国家如欧州中期天气预报中心、美国、英国、法国、加拿大、日本等从20世纪90年代开始投入了比以往更多的人力、财力、物力致力于加速发展数值天气预报业务体系，并取得了显著的成效。各国的业务模式分辨率在不断提高，全球模式水平分辨率由60 km提高到25 km，ECMWF的T_L799L91投入业务运行，T1279将在近几年投入业务运行，日本的T_L959L60将紧随其后；区域中尺度模式的分辨率也发展到了2～5 km；在同化理论和技术方面，大部分业务中心的资料同化系统已完成了更新换代，无论是区域或者全球都实现了四维变分同化的业务化。ECMWF最近进行的三维变分和四维变分同化方案的比较试验结果表明，采用四维变分同化的预报结果均大大优于三维变分的结果。同时，背景误差流型依赖性(flow-dependency)问题也是当前资料同化理论研究前沿问题。在物理过程参数化方面，由于模式分辨率越来越高，天气模式或气候模式物理过程的处理变得越来越精细，越来越完善。

在精细化数值预报方面，各国都在积极推进高分辨率数值预报模式的发展，并启动实施了一系列研究与发展计划。如美国正在发展的天气研究与预报模式(WRF)，将目标锁定在1～10 km的分辨率；英国、法国等正在开展解决街区尺度数值预报的计划。

利用气候数值模式开展月、季尺度短期气候预测，是当前发达国家气候预测的主流和国际发展方向。国际气候变率和可预报性研究计划(CLIVAR)的一个重要目标是发展热带外地区短期气候(季节—年际)预测。一些国际组织建立专门的国际研究计划和相应的气候研究机构发展气候数值模式，制作短期气候预测。美国、日本、加拿大、澳大利亚、英国、韩国等都成功地建立了季节—年际预测系统并应用在业务或试验业务中。

5.3 全球中期数值预报业务

5.3.1 业务概述

与先进国家相比，我国的业务数值预报起步较晚，1956年我国中央气象局中央气象科学研究所成立数值预报研制小组，并于1959年将研制的第一张正压模式的欧亚形势预报图向国庆十周年献礼。此后，1961年提高为北半球模式，1969—1978年运用DJS-6平均运算速度为6万次/s的计算机，制作三层原始方程模式(A模式)72 h短期业务预报。

通过国家气象中心、中国科学院大气物理研究所、北京大学地球物理系联合攻关，1982年2月，我国第一个数值预报业务系统——短期数值天气预报业务系统(简称 B 模式),在中型计算机上正式投入业务应用,结束了我国只收用国外数值预报产品的历史。该模式在业务中运行了 9 年时间。

20 世纪 80 年代中期开始,国外全球中期数值预报已进入实际业务应用。中国气象局根据当时的国际数值天气预报发展新动向,及时地确定以建立中期数值预报业务为主要发展方向,并列入国家“七五”科技攻关项目,采取“引进为主”的技术路线,在 90 年代初建立起我国全球中期天气数值预报业务系统和有限区短期数值预报业务系统,使我国跻身于国际上少数能发布中期数值预报的国家行列。从此,中国气象局的全球中期数值预报进入了持续发展的阶段,先后建立了 T42L9、T63L16(T106L19)、T213L31、T_L639L60 等业务系统(陈德辉 2000,李泽椿等 2001,2004)

(1)T42L9 中期预报系统

国家“七五”科技攻关期间,在国家科技部“中期数值天气预报研究”重点科技攻关项目支持下,开展了我国第一代全球中期数值预报业务系统(简称 T42L9 谱模式)的研究开发,包括资料预处理、分析、预报模式、后处理、场库、预报产品的制作与分发、预报结果检验、图形图像、业务监控等子系统。1991 年 6 月 15 日 T42L9 在 M-360 机上正式投入业务运行,正式提供北半球中期数值预报产品。

T42L9 预报模式为半球谱模式,模式采用水平三角形谱截断,取 42 个波(约 $\Delta x=320$ km),垂直分辨为 9 层,σ 坐标,时间步长 30 min,预报变量包括地面气压、温度、散度、涡度、比湿。次网格物理过程参数化包括干绝热调整、湿对流调整、热量、动量和湿度的垂直扩散,辐射过程和简单的地面过程。客观分析采用多变量(高度和风的水平分量)和单变量(相对湿度)最优插值法。

(2)T63L16 中期预报系统

国家“八五”科技攻关期间,通过直接引进国外先进技术的方式,直接从欧洲中期天气预报中心 ECMWF移植引进先进的全球中期数值预报模式,并于 1993 年 10 月,将所引进的 T63L16 模式成功地移植到我国自行研制的巨型计算机银河-Ⅱ上运行,实现了依靠中国人的计算机技术制作全球中期数值预报的梦想。1995 年 6 月又将 T63L16 全球中期数值预报业务系统移植在 CRAY C92 机上运行,加快业务运行的速度,提供 7 天以上时效的预报,成为当时全世界为数几个能制作全球中期数值预报的国家之一。

T63L16 为全球谱模式,模式采用水平三角形谱截断,取 63 个波(约 $\Delta x=200$ km),垂直分辨为 16 层,为 η-混合坐标和非均匀分层,在行星边界层的模式层次最密;在平流层,模式层面与等压面重合,模式层次最疏;在模式中间层则采用平滑的过渡层。以谱函数表示高层大气流场及其梯度计算;用格点形式计算绝热项和非绝热物理参数化。模式格点是高斯(Gauss)格点,它几乎与规则的经纬格点相同,模式采用包络地形,时间步长 22.5 min,预报变量包括地面气压、温度、散度、涡度、比湿。

在 T63L16 模式中,次网格物理过程参数化部分包括深积云对流参数化方案、浅积云对流参数化方案、垂直湍流扩散参数化方案、地表物理过程参数化方案、土壤传导过程参数化方案、辐射过程参数化方案、大尺度水汽凝结参数化方案,以及地形重力波拖曳效应参数化方案等。

四维资料同化系统包括观测资料的预处理、客观分析、初值化和模式的 6 h 预报等部分。T63L16 采用 OI(Optimal Interpolation)最优插值分析方案,每 6 h 间隔同化一次,即每次 6 h 的模式预报结果作为初估场供下次分析使用,而分析又为模式提供初值,这样每天 4 次不断运行,形成资料同化系统。从每天 12 时(世界时,下同)的初值出发,模式制作 7 天的中期数值天气预报。

1997 年 6 月,在 T63L16 模式的基础上升级为 T106L19 模式,并在 CRAY C92 上实现业务运行,使预报时效延长至 10 天。

T106L19 全球谱模式垂直分辨为 19 层,模式采用水平谱截断,取 106 个波,分辨率约为 120 km,垂直分辨率约为 1 km。模式采用平均地形,时间步长 15 min。其余同 T63L16 模式。T106L19 每天制作 1 次 10 天的中期天气预报为中央气象台、省市气象局提供预报服务参考,为国家气象中心和全国各地方的有限区数值预报模式提供侧边界和初估场。

(3)T213L31 中期数值预报系统

“九五”期间,国家气象中心组织开展新一代业务数值预报系统的开发。从欧洲中心移植 T213L31

全球模式，而四维资料同化沿用T106L19模式的OI最优插值方案并进行了升级。2000年9月通过研究开发项目验收，之后经过两年左右的业务化试验检验工作，于2002年9月在新的高性能计算环境平台上正式业务运行，取代原有的T106L19全球业务模式。

T213L31全球谱模式为ECMWF欧洲中心1997年的业务运行版本，垂直分辨为31层，模式采用水平谱截断，取213个波，分辨率约为60 km。模式采用的时间步长约10 min左右。模式物理过程参数化方案完全不同于T106L19模式的，是和T213L31模式动力框架一起从欧洲中心移植来的。T213L31每天进行4次循环同化，于00UTC和12UTC运行两次中期预报，预报时效为10天，北半球500 hPa高度场形势预报，其可用预报天数达到了6天以上，大大提高了国家级中期数值预报的能力。

T213L31的业务应用，也标志着以T213L31为核心的初步完整业务数值预报体系的建立，它包括全球中期预报、全国区域降雨预报、中尺度预报、台风路径预报，以及业务系统的监控、检验和数值预报产品解释应用等，使国家气象中心业务数值预报系统上了一个新台阶。

(4)T_L639L60中期数值预报系统

国家气象中心从T213L31系统业务后，就着手开展全球中期数值预报系统的更新升级研究开发工作。首先，从美国NCEP引进新的SSI变分资料同化系统，之后又更新为GSI；全球模式则以T213L31为基础，首先升级为T_L319L31，然后再升级为T_L639L60。以T_L639L60和GSI为核心技术的新全球中期数值预报系统于2007年12月通过准业务运行的验收，2009年汛期前在国家气象中心正式业务运行(管成功等2008)。

T_L639L60系统的主要技术进步包括：水平谱截断波数取639个波，但水平格点空间定义由二次高斯格点改为线性高斯格点，在极区进行格点精简，水平分辨率约为30 km；垂直方向取60层，模式层顶由10 hPa向上延伸至0.1 hPa；采用改进的稳定外插两个时间层的半拉格朗日积分方案，时间步长为600 s；对原整套物理过程方案中的云与对流参数化进行改进优化，以及下垫面资料的更新和合理初始化。资料同化系统则实现了原来的最优插值方案向三维变分同化方案的升级，可以大量使用ATOVS等卫星观测资料，目前所使用到的ATOVS资料约占到全球资料同化中的30%以上。

(5)GRAPES_GFS全球数值预报系统

GRAPES-GFS全球中期数值预报系统由GRAPES全球数值预报模式和全球三维变分同化系统构成。GRAPES全球模式动力框架采用半隐式半拉格朗日时间积分方案，并采用极点置为风速V的跳点网格，考虑了模式大气全球质量的守恒性，具有完整的物理过程，预报变量为风场(U、V、W)、位温、比湿、云水、雨水、云冰和无量纲气压，模式输出可以根据研究和数值预报业务的需要输出包括各种物理过程倾向的多种变量。全球三维变分同化采用谱滤波逼近背景误差水平相关模型，分析在普通经纬度网格和等压面上进行(薛纪善等2008)。

目前，GRAPES_GFS模式水平分辨率为0.5°×0.5°，垂直方向取36层，模式层顶为10 hPa。GRAPES-GFS同化分析系统分辨率为1.125°×1.125°，垂直方向为17层标准等压面。谱变换采用三角截断，截断波数为T_L159。GRAPES-GFS每日进行四次资料同化，12UTC作10天预报。

中国气象局全球数值天气预报业务系统发展的历程及模式的特点见表5.1。

表5.1 全球数值天气预报业务系统发展历程

投入业务时间	模式系统	水平分辨率	垂直分辨率	预报时效 可用时效	分析方案	资料使用	物理过程	计算机
1982年2月	B模式北半球	381 km	5-σ层	3天 无检验数据	逐步订正	常规	简单物理过程	M-170
1991年6月	T42L9 全球范围	320 km	9-σ层	5天 NH:夏3冬4	逐步订正	常规	物理过程 较完善	CYBER
1995年6月	T63L16	200 km	16-η层	7天 NH:夏4冬5	最优插值	常规	物理过程 较完善	CRAY-C92

续表

投入业务时间	模式系统	水平分辨率	垂直分辨率	预报时效可用时效	分析方案	资料使用	物理过程	计算机
1997年6月	T106L19	120 km	19-η层	10天 NH:夏4冬5	最优插值	常规	物理过程较完善	CRAY-C92
2002年9月	T213L31	60 km	31-η层	10天 NH:夏5冬6	最优插值	常规	复杂物理过程	IBM-SP
2008年6月	TL639L60	30 km	60-η层	10天 NH:夏6冬7	三维变分	常规+卫星	复杂物理过程	IBM-SP CLUSTER
2009年3月	GRAPES_GFS 1.0	50 km	36-η层	10天 NH:夏5冬6	三维变分	常规+卫星	复杂物理过程	IBM-SP CLUSTER

5.3.2 T_L639L60 全球中期数值预报模式

T_L639L60 全球模式简称 T639，是通过对 T213L31 模式进行性能升级发展而来。T639 是全球谱模式，T 代表模式可分辨的最大水平波数，波数越高对应的模式水平分辨率越高，T639 可分辨率 639 个波。L 代表模式垂直层次，T639 采用地形追随—等压面混合坐标，垂直方向有 60 层，模式顶到达 0.1 hPa。T639 南北方向采用了线性高斯格点，相当于用两个格点分辨一个波，在字符 T 的下标 L 表示线性的意思(Linear)。T639 模式有 1280×640 个格点，相当于水平 30 km 分辨率。

(1)模式基本方程组

T639 坐标系采用三维球坐标(λ,φ,η)，其中 λ 是经度，φ 是纬度，$\eta(p,p_{surf})$(Simmons 和 Burridge 1981)中，η 是气压 p 的单调函数，并与地面气压 p_{surf} 有关：

$$\eta(0,p_{surf})=0,\eta(p_{surf},p_{surf})=1 \tag{5.1}$$

动量方程是：

$$\frac{\partial U}{\partial t}+\frac{1}{a\cos^2\varphi}\left\{U\frac{\partial U}{\partial\lambda}+V\cos\varphi\frac{\partial U}{\partial\varphi}\right\}+\dot{\eta}\frac{\partial U}{\partial\eta}-fV+\frac{1}{a}\left\{\frac{\partial\phi}{\partial\lambda}+R_{\text{dry}}T_v\frac{\partial}{\partial\lambda}(\ln p)\right\}=P_U+K_U \tag{5.2}$$

$$\frac{\partial V}{\partial t}+\frac{1}{a\cos^2\varphi}\left\{U\frac{\partial V}{\partial\lambda}+V\cos\varphi\frac{\partial V}{\partial\varphi}+\sin\varphi(U^2+V^2)\right\}+\dot{\eta}\frac{\partial V}{\partial\eta}-fU+\frac{\cos\varphi}{a}\left\{\frac{\partial\phi}{\partial\varphi}+R_{\text{dry}}T_v\frac{\partial}{\partial\varphi}(\ln p)\right\}=P_V+K_V \tag{5.3}$$

式中 a 是地球半径，$\dot{\eta}$ 是 η 坐标的垂直速度，$\dot{\eta}=\mathrm{d}\eta/\mathrm{d}t$，$\phi$ 是位势高度，R_{dry} 是干空气的比气体常数，T_v 是虚温，定义是：

$$T_v=T[1+\{R_{\text{vap}}/(R_{\text{dry}}-1)\}q] \tag{5.4}$$

式中 T 是温度，q 是湿度，R_{vap} 是水汽的比气体常数，P_U 和 P_V 是物理过程参数化的贡献，K_U 和 K_V 是水平扩散项。

热力学方程是：

$$\frac{\partial T}{\partial t}+\frac{1}{a\cos^2\varphi}\left\{U\frac{\partial T}{\partial\varphi}+V\cos\varphi\frac{\partial T}{\partial\varphi}\right\}+\dot{\eta}\frac{\partial T}{\partial\eta}-\frac{\kappa T_v\omega}{(1+(\delta-1)q)p}=P_T+K_T \tag{5.5}$$

式中 $\kappa=R_{\text{dry}}/c_{p_{\text{dry}}}$，$c_{p_{\text{dry}}}$ 是干空气的定压比热容，ω 是 p 坐标的垂直速度$(\omega=\mathrm{d}p/\mathrm{d}t)$，$\delta=c_{p_{\text{vap}}}/c_{p_{\text{dry}}}$，$c_{p_{\text{vap}}}$ 是水汽的定压比热容。

水汽方程是

$$\frac{\partial q}{\partial t}+\frac{1}{a\cos^2\varphi}\left\{U\frac{\partial q}{\partial\lambda}+V\cos\varphi\frac{\partial q}{\partial\varphi}\right\}+\eta\frac{\partial q}{\partial\eta}=P_q+K_q \tag{5.6}$$

式中 P_TK_T，P_q 是物理过程的贡献；P_T，K_TK_q 是水平扩散项。

连续性方程是

$$\frac{\partial}{\partial t}\left(\frac{\partial p}{\partial\eta}\right)+\nabla\cdot\left(v_H\frac{\partial p}{\partial\eta}\right)+\frac{\partial}{\partial\eta}\left(\dot{\eta}\frac{\partial p}{\partial\eta}\right)=0 \tag{5.7}$$

式中 $v_H=(u,v)$，是水平风矢量，位势高度由静力方程定义：

$$\frac{\partial\phi}{\partial\eta}=\frac{R_{\mathrm{dry}}T_v}{p}\frac{\partial p}{\partial\eta} \tag{5.8}$$

垂直速度 ω 定义为：

$$\omega=\int_0^\eta\nabla\cdot\left(v_H\frac{\partial p}{\partial\eta}\right)\mathrm{d}\eta+v_H\cdot\nabla p \tag{5.9}$$

将式(5.7)积分，利用边值条件 $\dot{\eta}=0$，当 $\eta=0$ 和 $\eta=1$ 时，可以得到地面气压倾向、垂直速度 $\dot{\eta}$ 的表达式

$$\frac{\partial p_{\mathrm{surf}}}{\partial t}=-\int_0^1\nabla\cdot\left(v_H\frac{\partial p}{\partial\eta}\right)\mathrm{d}\eta \tag{5.10}$$

$$\dot{\eta}\frac{\partial p}{\partial\eta}=-\frac{\partial p}{\partial\eta}-\int_0^\eta\nabla\cdot\left(v_H\frac{\partial p}{\partial\eta}\right)\mathrm{d}\eta \tag{5.11}$$

因为我们要使用 $\ln(p_{\mathrm{surf}})$，式(5.10)可以重写为：

$$\frac{\partial}{\partial t}(\ln p_{\mathrm{surf}})=-\frac{1}{p}\int_0^1\nabla\cdot\left(v_H\frac{\partial p}{\partial\eta}\right)\mathrm{d}\eta \tag{5.12}$$

(2)数值预报模式的改进

1)模式动力框架改进

T213 模式和 T639 模式都采用三角形波数截断，从 T213 模式升级到 T639 模式，模式可分辨的最大波数增加了 3 倍，采用二次高斯格点，格点空间的计算量增加了约 9 倍，如果考虑到垂直方向从 31 层增加到 60 层，时间步长因分辨率增加等效的缩短 3 倍，则 10 天预报的计算时间将会增加 9×2×3=54 倍。在现有高性能计算机上，采用 10 个节点 80 个 CPU，可在 18 min 内完成 10 天预报，如果采用同样的计算资源，需要 16.2 h 才能完成预报，而业务中可承受的时间是 2 h 以内，因此必须对 T639 模式的动力框架进行改进。

T639 模式动力框架的改进主要有三个方面，一个是采用线性高斯格点，同时改进 T639 模式的半拉格朗日时间积分方案，使之在线性高斯格点下计算噪音问题得到有效克服，并延长积分时间的步长。这样从 T213 模式升级到 T639 模式，格点空间的计算量仅增加了 4 倍，而时间步长可以不缩短，为保险起见业务模式中的时间步长缩短了 1.5 倍，因此计算量的增加是 4×2×1.5=12 倍。这样计算量减少 4.5 倍，存储量减少 2.25 倍。通过增加并行计算的规模，就可以保证在 2 h 内完成并行计算。

T639 模式顶提高到 0.1 hPa，包含平流层，温度有明显的跳跃，幅度可达到 40℃。模式顶提高对卫星 ATOVS 资料同化非常有用，但在 1～5 hPa 附近的平流层极夜急流附近风速很强，为避免模式在这些区域出现问题，在 9 hPa 以上引入了 Rayleigh 摩擦，以增加平流层的稳定性。

在 T639 中，改善了模式的基本结构，把欧拉型的 ξ-D(涡度—散度)模式转换为 U-V 型的动量方程型式，减少了花费机时很多的勒让德变换数。在 U-V 型的模式中，位势在格点空间中由谱计算的 T，q，$\ln p_s$ 来计算，而在 ξ-D 模式中位势场被计算并单独转换到谱空间。因此在 U-V 型模式中勒让德变换数减少了一个。与 ξ-D 模式对风场的处理不同，使其勒让德变换数又减少了 4 个。另外，模式采用虚温作为谱变量，当采用半拉格朗日方案时进一步减少所需的勒让德变换数。因为 $\partial q/\partial\varphi$ 或 $\partial q/\partial\lambda$ 没必要转换到格点空间，勒让德变换数减少到 10；湿度场不需要转换到谱空间，最终每时步的勒让德变换数由 17 个减少到 8 个，因此大大减少了模式每步的积分时间。

2)模式物理过程改进

T639 模式物理过程包括：对流参数化方案采用的是 Tiedtke(1989)的质量通量方案。云方案采用的是 Tiedtke(1993)的预报云方案。边界层湍流扩散方案采用的是 Louis(1979)的方案，表面通量采用 Monin-Obukhov 相似理论，陆面参数化方案是 Viterbo 和 Beljaar(1995)的方案。辐射方案的长波辐射是 Morcrette(1990)的方案，短波辐射是 Fouquart 和 Bonnel(1980)的方案；次网格地形参数化方案采用 Lott 和 Miller(1996)的方案。T639 模式物理过程主要是针对 T213 模式使用过程中发现的问题进行改进得来。T213 模式降水预报偏差偏大，空报多，主要原因是小于模式分辨率的次网格对流参数化过程不够活跃，对大气中不稳定的消除不够有效，有太多格点尺度对流发生。另外，随着模式分辨率提高，

需要保持模式可分辨对流和次网格参数化对流之间的合理平衡。改进方案主要增加了次网格的对流活动,对流强度增加了,因此对流降水占总降水的比例也增加了,从而格点尺度降水占总降水的比例减少了,从而使得降水预报偏差偏大空报多的问题有所克服。T639 模式物理过程的改进还包括云方案改进,与 T639 模式匹配的下垫面资料处理系统和合理的初始化方案等方面。

3)台风预报能力改进

此外由于洋面上缺少大量有效的观测资料,试验表明模式仅对 60%的成熟台风有反映,模式需要针对台风进行专门的台风涡旋初始化算法,修正初始时刻台风的位置与强度。T639 模式采用了一套完整的台风初始化方案,包含初始涡旋形成、涡旋重定位和涡旋调整三部分技术组成。该方案仅在台风形成的第一次编报且涡旋环流过弱时采用人造台风涡旋方案(BOGUS),一般情况下应用重定位技术将背景场中的涡旋环流平移到实际观测位置,并利用当前观测的台风特征数据(预报员实时分析的台风中心海平面气压、最大风速和大风半径等)对背景场中的涡旋环流进行部分调整,使之强度和结构与实际观测分析数据接近。这样产生的涡旋结构不但与周围环流形势比较协调,而且涡旋自身的各种物理量在动力属性上也比较平衡,在很大程度上降低了 T639 模式积分过程中与模式的协调过程以及对周围形势场的负面影响,从而明显提高 T639 模式对台风的反应和预报能力,并改善了全球中期的预报能力。

(3)三维变分同化系统

1)变分同化框架特点

T639 客观分析采用了美国国家环境预报中心 NCEP 研发的 GSI(grid-point statistical interpolation)三维变分同化分析系统,并根据 T639 模式特点,进行了升级改进和优化调整。GSI 是美国 NCEP 新一代全球/区域三维变分同化分析系统的简称,与上一代三维变分同化系统 SSI 的主要区别是在格点空间上进行分析,对背景误差协方差的处理基于递归滤波而不是球谐函数,并且加入了更多的非常规资料同化平台。

在与 T639 匹配的 GSI 模式中,设定谱分辨率为 639,垂直离散是 60 层的混合坐标,与模式一致。所用的分析变量是流函数,速度势的非平衡部分,虚温的非平衡部分,地面气压的非平衡部分及相对湿度、臭氧混合比,云水混合比。由于变分同化系统采用了较高的分辨率,计算量较大,对计算效率进行了优化,使得计算时间从 2 h 压缩到 40 min 以内。优化了资料的质量控制。对背景误差协方差根据 T639 模式的特点进行了重新估计,并优化了背景误差协方差结构。对观测误差按照分辨率变化调整了代表性误差。实现了各种资料的接入。

2)全球卫星资料的获取、预处理/预质量控制

全球模式通过多条渠道来实时获得全球卫星资料,包括通过 GTS 电路获得的全球卫星垂直探测仪 ATOVS 资料、本地接收的 ATOVS 资料、通过 GTS 电路收集到亚太区域 HRPT 站点接收的局地 ATOVS 资料(也称为 RARS 资料)、以及通过喀什地面站接收到欧空局广播的 ATOVS 资料。此外还可以收到全部的全球静止卫星云导风资料和部分极轨卫星导风资料,以及我国的 FY-3 VASS 资料和 FY-2 云导风资料。以上获取的全球卫星 ATOVS 资料,经过 ATOVS 资料预处理/预质量控制,避免不合理数据的影响,并进行数据的拼接,避免轨道的重复,最后形成 6 h 同化窗内的数据。由于卫星资料的获取与常规资料相比有较大的延迟,为了能够应用更多的卫星观测资料,T639 模式首次在业务上采用了一个循环同化系统和一个预报系统,循环同化系统能够同化延迟 10 h 以上的卫星资料,为预报系统提供背景场,预报系统采用 5 h 截报同化分析,以满足业务实效性的要求。

3)卫星 ATOVS 资料的特点与同化应用

现在业务运行的 NOAA 和 METOP2 上搭载的 ATOVS 是典型的、有代表性的卫星大气垂直探测系统。ATOVS 由 3 个相互独立的仪器组成:高分辨率红外探测器 3 型(HIRS/3/4)、先进的微波探测器 A 型(AMSU-A)和先进的微波探测器 B 型(AMSU-B/MHS)。HIRS/3 由 20 个通道组成,其中 19 个红外通道,1 个可见光通道。AMSU-A 是一个横跨轨迹扫描辐射仪,由 15 个通道组成,其星下点分辨率为 45 km,用于改进温度廓线产品,尤其是云区。AMSU-A 由一个 13 通道的 AMSU-A1(温度探

测)和 2 通道 AMSU-A2(窗区/表面)组成。如图 5.4(b)所示,窗区通道 1～3 和 15 的峰值能量贡献层来自地面,通道 4～14 的峰值能量贡献层分别来自近地面至 60 km 的不同高度。这些曲线是利用美国标准大气廓线计算出来的。AMSU-B/MHS 是一个 5 通道扫描探测仪,其星下点分辨率为 15 km,主要用于改进大气湿度探测水平,在 NOAA18 和 METOP2 以后由 MHS 替代。AMSU-B/MHS 除提供高分辨率大气湿度廓线外,两个窗区通道可用于反演可降水量和表面产品。

因为红外资料易于受到云的污染,云检测与质量控制算法较复杂,目前 HIRS 资料没有在业务中同化应用,业务中主要应用的是 AMSU-A1 和 AMSU-B 微波探测器。对 AMSU-A1 的 5～14 通道,峰值能量贡献对应的高度分别在 700 hPa、400 hPa、270 hPa、180 hPa、90 hPa、50 hPa、25 hPa、12 hPa、5 hPa、2 hPa(图 5.4b)。对于模式层顶高度在 10 hPa 左右的资料同化系统,峰值能量贡献接近模式层顶或在模式层顶以上的资料是不好应用的。由于模式顶较低,不能考虑 10 hPa 以上大气对辐射传输计算的影响,这会对所有通道的计算产生误差。因此抬高模式层次是减少误差的主要环节。

T639 模式是中国气象局第一次采用全球三维变分同化分析,并能有效同化极轨卫星微波垂直探测仪资料的实时业务全球模式系统,系统使用的辐射传输模式是 CRTM。相对于 T213L31 模式顶层到 10 hPa,T639 模式顶层提高到 0.1 hPa 后,能同化应用 ATOVS 资料的高层通道(11～14)。

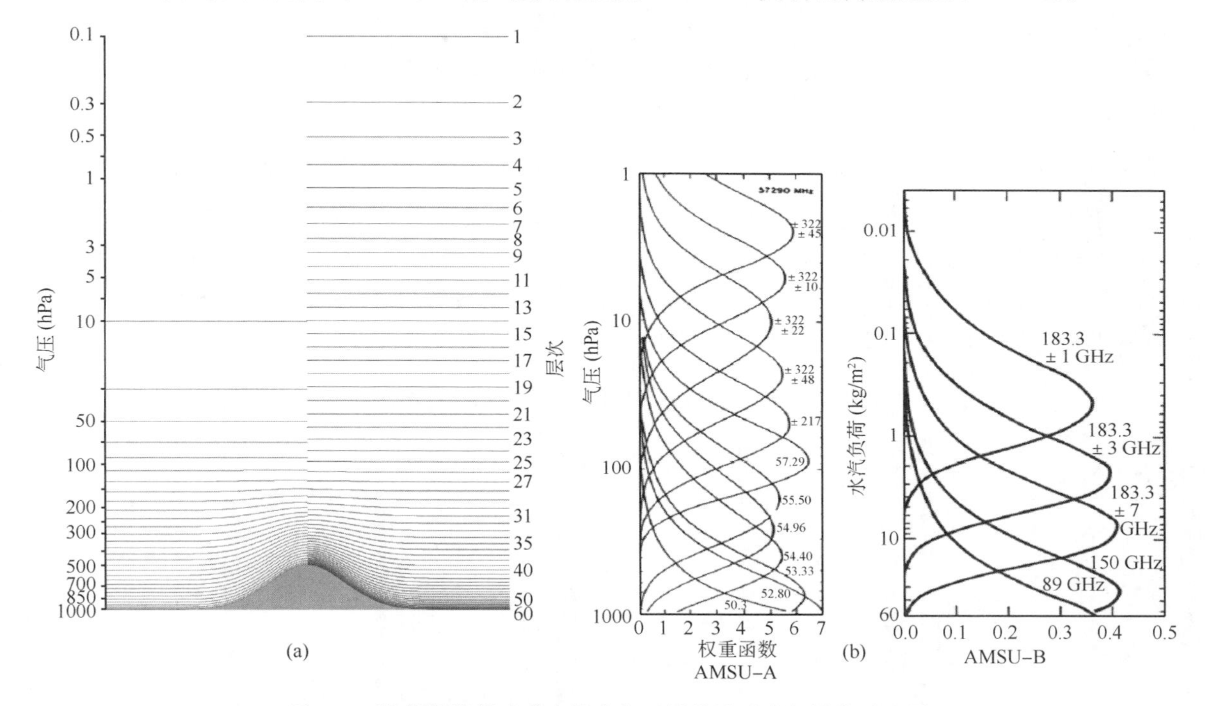

图 5.4　数值预报模式垂直层次与卫星微波垂直探测仪对比图

(a)T213 和 T639 模式垂直层次;(b)NOAA 卫星的微波温度与湿度探测器的权重函数

目前,T639 业务系统中同化的常规观测资料主要包括无线电探空,飞机报,小球测风,船舶、浮标站,地面站,高低层卫星测风等资料;非常规资料包括 NOAA-15/16/17 系列卫星的 AMSUA 和 AMSUB 微波遥感资料。由于 GSI 具备了同化卫星资料的能力,在模式中加入 ATOVS 资料后预报性能有了明显的改善,北半球的预报时效可延长近 1 天。

(4)模式主要预报性能

预报结果统计检验表明,T639 模式的预报效果较同期业务运行的 T213 模式对北半球(南半球)500 hPa 高度的预报改进明显,可用预报时效提高 1 天(2 天),东亚也有改善,只是改进的幅度不及南北半球的大。温度场和风场预报也有不同程度的改进。

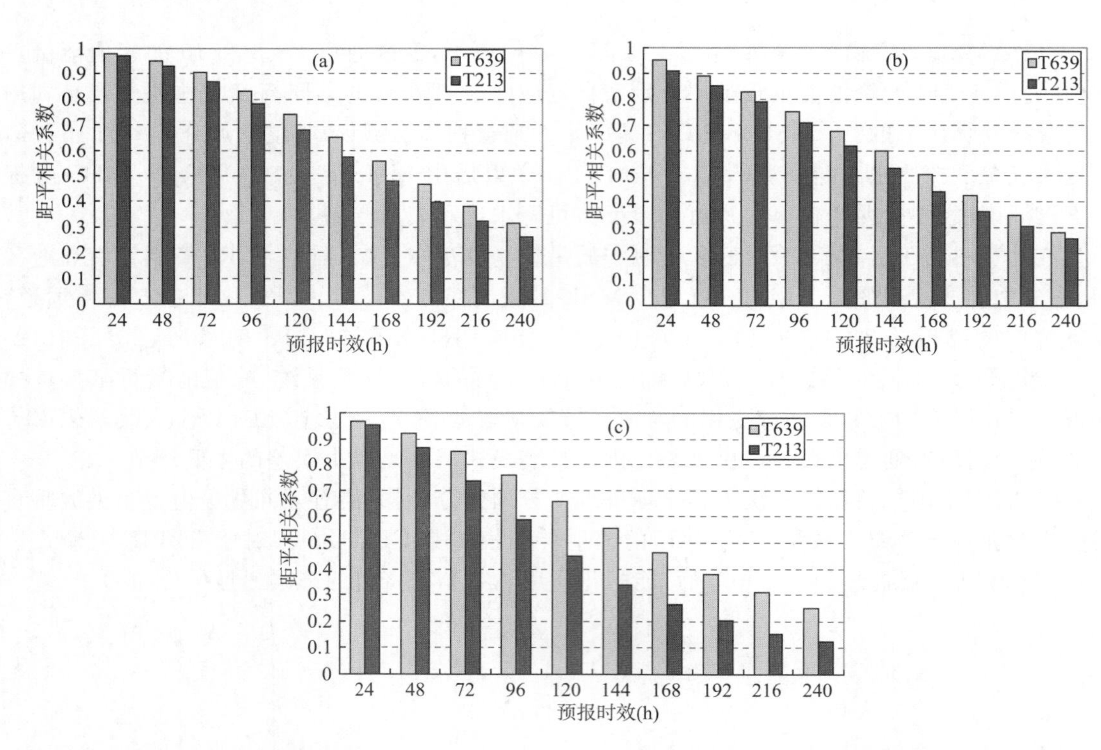

图 5.5 T639 与 T213 模式 2006 年 7 月至 2008 年 5 月 500 hPa 高度预报统计检验((a)北半球;(b)东亚地区;(c)南半球)

降水预报在短期时效的改进很明显,对于长期时效,有个别月份的个别级别的 TS 评分较 T213 略有不及,但一年的平均结果表明改进还是比较明显的,无论哪一级的降水 TS 评分均高于 T213,除中雨外,与日本的其他各级降水预报水平相当。降水分布与实况更接近,且降水变化趋势及强度预报也好于 T213,但也存在冬季降水带位置与实况有较大偏差的情况,落区预报仍有待完善。

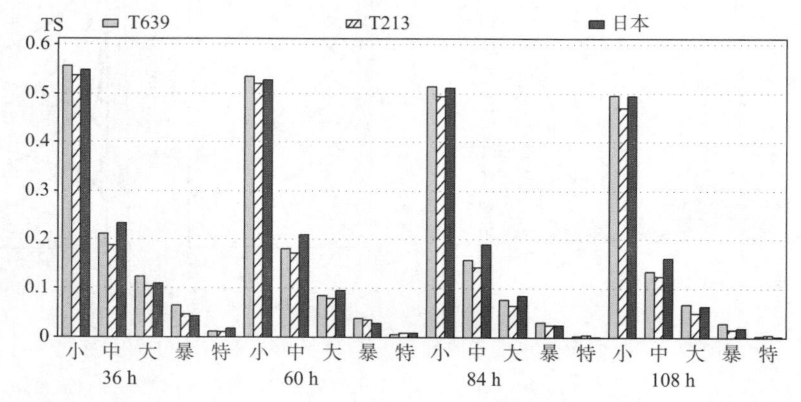

图 5.6 2007 年 6 月 1 日—2008 年 5 月 31 日 T213 与 T639 全球模式全国区域降水预报累加检验评分

从 2008 年 6 月实时准业务运行以来,对 T639 模式的天气系统预报性能和特点进行评估和总结,得到如下初步结论。

◆ T639 模式的时间和空间分辨率要高于目前业务用的 ECMWF 和日本模式。在时间分辨率方面,T639 模式 48 h 时效内达到 3 h 的输出间隔,有利于预报员做更精细化的预报服务。在空间分辨率方面,现有下发的 MICAPS 格式数据的分辨率是 1°×1°,在下发条件许可的情况下,可以提供原始分辨率 0.28125°×0.28125°产品,对于天气系统的结构以及降水的分布有更好的表现。

◆ T639 模式对中国大陆区域的观测资料使用较好,对于某些天气系统的表现更接近实况。如对于西伸到大陆上空的副高 588 线,T639 模式的零场分析和 24 h 预报比 ECMWF 模式更接近预报员实况分析,EC 模式对副高分析和预报往往偏弱。此外 T639 还会表现出一些 EC 模式没有分析出来的低涡或切变系统。

◆ T639 模式对一些典型天气过程的预报能力较 T213 模式有较大幅度的提高。总体来说，T639 模式 48 h 时效以内的预报产品可用性较高，预报能力与 ECMWF 模式相当；而至 72 h 时效以后预报质量有所下降，不如 EC 模式预报稳定。

◆ 通常情况下，天气系统越强盛，T639 模式的预报效果越好。对于一些次天气或中尺度系统的位置及强度，T639 模式预报效果衰减较快，稳定性较 ECMWF 模式稍差。在预报中需注意实时订正。

◆ 尽管 T639 模式对副热带高压的零场分析较其余模式更接近实况分析，但其预报不够稳定。通常随预报时效的延长而副高西脊点逐渐偏东，范围偏小，尤其是 72 h 时效预报偏差明显。但当副高强盛时 T639 模式也表现出较好的稳定性和一致性，如 2008 年 10 月 26—28 日西藏强降雪期间的西太平洋副高预报。

◆ 对于台风或热带气旋，由于 T639 模式采用一套完整的台风初始化方案，因此预报能力较 T213 模式有大幅度的提高。对 2008 年夏季 4 次登陆台风的预报效果检验显示，T639 模式对台风登陆地点的预报性能较好。但同时，T639 模式对洋面上或登陆后的强度较弱的热带低压系统预报偏差较大，不如 ECMWF 模式稳定。

◆ 在降水量级的预报上，T639 模式在很多情况下优于日本模式。通常日本模式预报降水量级偏少，而 T639 模式更接近于实况。在实际业务中，T639 模式降水预报的最主要偏差来自于天气系统的偏差，因此经过降水区(带)位置订正后的 T639 模式降水预报有较高的应用价值。另外值得注意的是 T639 模式空报强降水中心的现象较日本模式偏多。

◆ T639 模式的 850 hPa 温度预报效果较好，特别是单点的时间序列对比检验显示，模式对温度的变化特征预报稳定且与零场分析一致。

5.3.3 GRAPES_GFS 全球数值预报业务系统

(1)GRAPES 模式的设计和动力框架的主要特征

数值预报模式的动力框架是模式的核心之一。GRAPES 模式的动力学框架设计基于多尺度通用系统的先进理念。所谓“多尺度通用”模式系统是针对模式的绝热动力过程部分，也即模式的动力框架而言的。对于物理过程则是提供多种选择，比如针对全球范围的中期天气预报与针对中尺度天气预报以及针对月季尺度的预报可以选用不同的物理过程。即使绝热动力过程部分也不是简单地对任何情况都作同样处理，而是在统一的框架内提供多种选择，例如设置某些“开关”，从而允许模式运行时可以作是否采用静力平衡假定，预报区域是全球还是有限区域等选择。在计算程序编制中实现标准化与模块化，使模式中的每一个计算单元尽可能采取“相对独立”的编程方式，因而很容易“插拔”式地被相似功能的其他模块替换。这样的多尺度通用模式可以使原来业务气象中心同时维护几套模式程序转为只维护一套模式程序，把业务运行成本大大降低；并使数值模式与资料同化、物理过程参数化等方面的研究开发同步开展；由于软件编程标准与国际标准接轨，也有利于国外研究成果的引进、吸收。

多尺度通用动力框架设计的最基本性能目标是能够同时适应模式在不同分辨率下运行的需要与运行不同物理过程的需要。由于模式的发展一般沿着由低分辨向高分辨率，由简单的动力学过程向包含更多动力过程方向前进，在保持原有模式性能的前提下，使模式能在更高分辨率条件下准确表达原来不能表达的动力过程及其与其他过程的相互作用成为多尺度通用动力框架设计的重点科学问题。在传统的原始方程动力模式框架设计中，为了避免声波对模式预报的干扰，都采用静力平衡假设将声波滤去。在模式分辨率不太高的条件下(如模式水平格距大于 20 km)，静力平衡假设不失为对大气运动的高阶精度近似，因而静力平衡原始方程动力模式已在研究和业务中得到了广泛应用。然而，在模式分辨率较高的条件下(如模式水平格距小于 10 km)，静力平衡假设已不再适用，动力模式框架的设计需要选用非静力平衡方程组。GRAPES 多尺度通用模式动力框架的基本定位是非静力平衡的，同时要保证在所选用的网格较粗时这样的大气动力模式能简化为静力平衡模式运行。

多尺度通用模式设计的另一个重要目标是区域的可选择性，即必须兼顾全球与有限区两种性质不同的预报区域。与此相关的是对预报方程空间离散化的基本方法选择，如采用有限差分还是谱方法或者有限元方法等。单纯从全球考虑，谱模式的使用在较长时间内是最为广泛的。但随着分辨率的提高，它以同样计算消耗可以获得比格点模式更高计算精度的优势不复存在，而另一些不足凸显出来，因此格点模式重新开始受到普遍关注。从实施有限区与全球的嵌套、减少物理过程计算的环节、与海洋模式的耦合、模式发展与程序并行化的难度等角度考虑，采用有限差分的格点模式方案是较好选择。对我们来说，推进模式向高分辨率方向发展是动力框架设计的基本目标，因此确定采用有限差分的格点模式，并采用经纬度坐标。

模式垂直坐标的选择，也是多尺度通用模式设计中需要认真考虑的问题。对于非静力模式，比较自然的选择是采用高度坐标，为了便于处理地形问题，我们借鉴静力模式中采用“归一化”的气压地形追随 σ-坐标的做法，采用了 Chen 和 Somerville(1975)提出的一种高度地形追随坐标(Height-based terrain following coordinate)。需要指出的是，不同于通常的基于地面气压的地形追随坐标，高度地形追随坐标下计算水平导数的地形修正项是常定的，这使不少计算得到简化。与目前通行的多数预报模式相似，GRAPES 模式上采用非均匀分层。经过数值试验和考虑物理过程参数化方案的需要，模式预报变量的设置采用 Charney-Philips 跳层，而非传统意义上的 Lorenz 跳层。Cullen 等(1997)和 Cullen(2000)研究指出，对于强涡流与强层流系统、地转适应过程等问题的处理，Charney-Philips 跳层设置优于 Lorenz 跳层设置，但是，由于前者的温度和水平风是跳层分布，这就使得湍流通量和地表通量物理过程与动力模式之间的耦合复杂化。

由于模式大气中声波和重力波等快过程的存在，对于一个全球经—纬度格点差分模式来说，由于经线在极地汇合格距急剧变小，显式欧拉差分方案的时间步长受制于此。对那些包含有快波的项采用隐式(或半隐式)处理，可以取较长的时间步长而不会降低计算稳定度和精度(Skamarock 等 1997)。Staniforth(1991)指出隐式(或半隐式)时间差分方案还可“推迟”有限区域模式的侧边界误差(或变网格模式的外区域误差)向内的传播。在全球经—纬度格点差分模式中，除极地区域外，其他区域的空间离散差分截断误差要比时间的离散差分截断误差大得多，采用半拉格朗日空气质点平流法不仅有助于空间离散差分计算精度的提高，同时也使得模式时间步长的选取只依据差分方案的计算精度，而不再是依据差分方案的计算稳定度，而且拉格朗日气团平流，意味着“位涡平流”(Cullen 2000)，也即天气向下游平流(Weather is advected downstream)。半隐式—半拉格朗日方法已在 ECMWF、UKMO、CMC 等静力/非静力模式中得到了广泛应用。GRAPES 模式采用半隐式—半拉格朗日时间差分方案。

因此，GRAPES 全球模式采用完全可压缩的非静力学方程组，同时为兼顾较粗分辨率和高分辨率的不同应用，模式中设置了静力和非静力的开关系数。垂直方向采用地形追随高度坐标，水平方向为球面坐标。预报变量包括水平和垂直风速、位温、无量纲气压以及水物质的混合比。时间积分使用两个时间层的半隐式半拉格朗日方案(SISL)使得模式可同时兼顾计算精度、计算稳定性和计算效率，标量平流则采用准单调正定的半拉格朗日方案。模式应用三维矢量离散化求解三维动量方程组以避免模式中曲率项的显式计算。同时，考虑到全球模式极区处理的特殊性，模式中考虑了高纬和极区半拉格朗日算法中的球面曲率效应、极区滤波、极区 Arakawa-C 网格的重新设计等。为保持长期积分中模式大气质量的守恒，引入了质量订正。

(2)模式基本方程组

GRAPES 模式采用球坐标系下的完全可压缩方程组，考虑浅层大气近似。具体模式方程组的推导可参考薛纪善等(2008)编著的《数值预报系统 GRAPES 的科学设计与应用》。方程组如下：

$$\frac{\mathrm{d}u}{\mathrm{d}t}=-C_p\theta\cdot\left[\frac{1}{a\cos\varphi}\frac{\partial\Pi}{\partial\lambda}-\frac{\Delta Z_{\hat{z}}\cdot\phi_{sx}}{\Delta Z_s}\cdot\frac{\partial\Pi}{\partial\hat{z}}\right]+f_v+F_u+\delta_M\left\{\frac{u\cdot v\cdot\tan\varphi}{a}-\frac{u\cdot w}{a}\right\}-\delta_\varphi\{f_\varphi w\} \tag{5.13}$$

$$\frac{\mathrm{d}v}{\mathrm{d}t}=-C_p\theta\cdot\left[\frac{1}{a}\frac{\partial\Pi}{\partial\varphi}-\frac{\Delta Z_{\hat{z}}\cdot\phi_{sy}}{\Delta Z_s}\cdot\frac{\partial\Pi}{\partial\hat{z}}\right]+fu+F_v-\delta_M\left\{\frac{u^2\cdot\tan\varphi}{a}+\frac{v\cdot w}{a}\right\} \tag{5.14}$$

$$\delta_{NH}\frac{\mathrm{d}w}{\mathrm{d}t}=-\frac{Z_T\cdot C_p\theta}{\Delta Z_s}\cdot\frac{\partial\Pi}{\partial\hat{z}}-g+F_w+\delta_M\left\{\frac{u^2+v^2}{a}\right\}+\delta_\varphi\{f_\varphi u\} \tag{5.15}$$

连续方程：

$$(\gamma-1)\frac{\mathrm{d}\Pi}{\mathrm{d}t}=-\Pi\cdot D_3+\frac{F\overset{*}{\theta}}{\theta} \tag{5.16}$$

$$r=\frac{C_P}{R}$$

热力学方程：

$$\frac{\mathrm{d}\theta}{\mathrm{d}t}=\frac{F\overset{*}{\theta}}{\Pi}$$

$$F\overset{*}{\theta}=\frac{Q_T+F_T}{C_P} \tag{5.17}$$

水物质守恒方程：

$$\frac{\mathrm{d}q}{\mathrm{d}t}=Q_q+F_q \tag{5.18}$$

式中 $\hat{z}=Z_T\ \dfrac{z-Z_s(x,y)}{Z_T-Z_s(x,y)}$为垂直坐标。这里 Z_s 和 Z_T 分别为地形高度和模式层顶高度。这里的 ϕ_{sx} 和 ϕ_{sy} 是地形坡度，分别为：$\phi_{sx}=\dfrac{\mu_\varphi}{a\cos\varphi}\dfrac{\partial Z_s}{\partial\lambda}$，$\phi_{sy}=\dfrac{\mu_\varphi}{a}\dfrac{\partial Z_s}{\partial\varphi}$；$\Delta Z_s=,Z_T-Z_s(x,y)$，$\Delta Z_z=Z_T-z$，$\Delta Z_{\hat{z}}=Z_T-\hat{z}$。$\Pi$ 为Exner 气压变量：$\Pi=\left(\dfrac{P}{P_0}\right)^{\frac{R}{C_P}}$。$\delta_M$，$\delta_\varphi$，$\delta_{NH}$ 可取 0 或 1，分别为曲率修正项开关、地球偏向力修正项开关、垂直加速度开关（静力/非静力开关）。Q_T 是非绝热加热项，Q_q 是水汽源汇项，$F_x(x=\mathbf{V},T,q)$是湍流扩散。三维散度 D_3 可表示为：

$D_3=D_3|_{\hat{z}}-\dfrac{1}{\Delta Z_s}(u\cdot\phi_{sx}+v\cdot\phi_{sy})$，其中

$D_3|_{\hat{z}}=\left(\dfrac{\mu_\varphi}{a\cos\varphi}\dfrac{\partial u}{\partial\lambda}+\dfrac{\mu_\varphi}{a\cos\varphi}\dfrac{\partial(\cos\varphi v)}{\partial\varphi}+\dfrac{\partial\hat{w}}{\partial\hat{z}}\right)_z$，$\mu_\varphi$ 为水平变网格系数

其余符号同通常意义。

（3）方程组的离散化和数值计算

上述方程组通过引入满足静力平衡关系的参考廓线进行离散化，参考大气可选择温度是高度的函数或等温大气或国际标准大气分布。引入“参考大气”的重要目的是消除垂直运动方程中满足静力平衡的分量，使垂直运动方程中重力与气压梯度力之间由“大项平衡”变为“扰动小项平衡”，使之降低与方程中其他项的“量级差”，从而有效地提高垂直运动方程的计算精度。离散化后的方程组为：

运动方程

$$\frac{\mathrm{d}u}{\mathrm{d}t}=L_u+N_u \tag{5.19}$$

$$\frac{\mathrm{d}v}{\mathrm{d}t}=L_v+N_v \tag{5.20}$$

$$\delta_{NH}=\frac{\mathrm{d}w}{\mathrm{d}t}=L_w+N_w \tag{5.21}$$

连续方程

$$\frac{\mathrm{d}\Pi'}{\mathrm{d}t}=L_\Pi+N_\Pi \tag{5.22}$$

热力学方程

$$\frac{\mathrm{d}\theta'}{\mathrm{d}t}=L_\theta+N_\theta \tag{5.23}$$

水物质守恒方程

$$\frac{\mathrm{d}\chi}{\mathrm{d}t}=L_\chi+N_\chi \tag{5.24}$$

式中 χ 代表模式大气中的各种水物质量。其中的线性项 $L_x(x=u,v,w,\Pi,\theta)$ 与非线性项 $N_x(x=u,v,w,\Pi,\theta)$ 分别表示为：

$$L_u=-C_P\tilde{\theta}\cdot\left[\frac{\mu\varphi}{a\cos\varphi}\frac{\partial\Pi'}{\partial\lambda}+Z_{sx}\cdot\frac{\partial\Pi'}{\partial\hat{z}}\right]-C_PZ_{sx}\frac{\partial\tilde{\Pi}}{\partial\hat{z}}\cdot(\tilde{\theta}+\theta')+f_v-\delta_\varphi\{f_\varphi w\} \tag{5.25}$$

$$N_u=-C_P\theta'\cdot\left[\frac{\mu\varphi}{a\cos\varphi}\frac{\partial\Pi'}{\partial\lambda}+Z_{sx}\cdot\frac{\partial\Pi'}{\partial\hat{z}}\right]+F_u+\delta_M\left\{\frac{u\cdot v\cdot\tan\varphi}{a}-\frac{u\cdot w}{a}\right\} \tag{5.26}$$

$$L_v=-C_P\tilde{\theta}\cdot\left[\frac{\mu\varphi}{a}\frac{\partial\Pi'}{\partial\varphi}+Z_{sy}\cdot\frac{\partial\Pi'}{\partial\hat{z}}\right]-C_PZ_{sy}\frac{\partial\tilde{\Pi}}{\partial\hat{z}}\cdot(\tilde{\theta}+\theta')-f_u \tag{5.27}$$

$$N_v=-C_P\theta'\cdot\left[\frac{\mu\varphi}{a}\frac{\partial\Pi'}{\partial\varphi}+Z_{sy}\cdot\frac{\partial\Pi'}{\partial\hat{z}}\right]+F_v-\delta_M\left\{\frac{u^2\cdot\tan\varphi}{a}+\frac{v\cdot w}{a}\right\} \tag{5.28}$$

$$L_w=-Z_{st}C_P\tilde{\theta}\cdot\frac{\partial\Pi'}{\partial\hat{z}}+\frac{\theta'}{\tilde{\theta}}g+\delta_\varphi\{f_\varphi u\} \tag{5.29}$$

$$N_w=-Z_{st}C_P\theta'\cdot\frac{\partial\Pi'}{\partial\hat{z}}+F_w+\delta_M\left\{\frac{u^2+v^2}{r}\right\} \tag{5.30}$$

$$L_\Pi=\frac{\hat{w}\cdot g}{C_P\tilde{\theta}\cdot Z_{st}}-\frac{\tilde{\Pi}\cdot D_3}{(\gamma-1)} \tag{5.31}$$

$$N_\Pi=\frac{\Pi'\cdot D_3}{(\gamma-1)}+\frac{F\overset{*}{\theta}}{(\gamma-1)\cdot\theta} \tag{5.32}$$

$$L_\theta=-\hat{w}\frac{\partial\tilde{\theta}}{\partial\hat{z}} \tag{5.33}$$

$$N_\theta=\frac{F\overset{*}{\theta}}{\Pi} \tag{5.34}$$

$$L_\chi=0 \tag{5.35}$$

$$L_\chi=Q_\chi+F_\chi \tag{5.36}$$

式中 $\Pi(\lambda,\varphi,\hat{z},t)=\tilde{\Pi}(\hat{z})+\Pi'(\lambda,\varphi,\hat{z},t)$；

$\theta(\lambda,\varphi,\hat{z},t)=\tilde{\theta}(\hat{z})+\theta'(\lambda,\varphi,\hat{z},t)$；

$T(\lambda,\varphi,\hat{z},t)=\tilde{T}(\hat{z})+T'(\lambda,\varphi,\hat{z},t)$。

这里，$\tilde{\Pi},\tilde{T},\tilde{\theta}$ 表示参考大气廓线；Π',T',θ' 表示偏离参考大气状态的扰动量，φ 表示纬度，其余符号同通常意义。

上述线性化后的方程组，时间离散采用非中央差分的两个时间层半隐式—半拉格朗日时间差分方案(Semazzi 等 1995)，但对矢量场(**u**,**v** 和 **w**)的离散，采用“矢量离散化”(vector discretization，Bates 等 1990)技术联立得到动量方程组的时间离散形式以避免动量方程组中显式出现曲率项，提高动量方程在高纬和极区的计算精度。

由于半隐式—半拉格朗日框架中非线性平流项的计算已不存在，或者说非线性平流项的计算已转化为拉格朗日轨迹上游点的插值计算。因此，拉格朗日轨迹上游点的精确计算、插值计算的效率和精度是半隐式—半拉格朗日模式中水平方向离散方案要认真考虑的因素。需要指出的是，气压梯度的差分离散计算仍然需要仔细考虑，尤其在陡峭地形处。在垂直方向离散差分计算中采用 Charney-Philips 变量配置。

GRAPES 模式中采用 Ritche 和 Beaudoin(1994)的方法计算拉格朗日轨迹的上游点。半拉格朗日方法中计算轨迹时轨迹近似为直线，在直角坐标系中是精度较高的近似。但在球面坐标系中，由于变成在(λ,φ)空间中将轨迹近似为直线，这种近似精度会很差，尤其是在临近极区球面曲率较大的地方。Ritche(1987)提出了一种在球面上计算上游点的方法，通过引进原点在球心的直角坐标系，将球坐标系中上游点的计算转换成在直角坐标系中的计算以此来保证上游点计算的精度。Ritche 和 Beaudoin(1994)为节省计算时间对 Ritche(1987)的方法作了近似。对于模式格点位于南北纬 80°及位于 80°以南以北的情况，由于 Ritchie 和 Beaudoin 的公式中出现包含 $\tan\varphi_a$ 和 $\sec\varphi_a$ 的项，其公式不再适用。模式采用 McDonald 和 Bates(1989)的旋转格点的办法来求近极区的上游点。方法的思想就是在各到达点上利用局地的正交大圆来定义一个新的局地直角坐标系，在此新的坐标系中计算上游点，然后通过坐标变换来得到近极区的上游点。

拉格朗日时间差分方法的主要优点之一就是可以采用比欧拉方法长得多的时间步长，但是，由于拉格朗日轨迹上游点一般是非模式网格点，因此，这些上游点的变量值是未知的，每一个时间步长都需要“插值”计算出拉格朗日轨迹上游点的变量值。高效且插值精度高的插值方案对于拉格朗日模式的计算速度和精度有着重要的影响。目前，GRAPES_GFS采用准三次插值方案。

特别指出的是，针对标量的半拉格朗日计算，GRAPES模式中采用准单调正定的方案，以保证标量场尤其是水物质场计算的正定性和保持其空间分布特点(Bermejo 和 Staniforth 1992)。目前，也正在发展高精度、守恒的标量半拉格朗日计算方案。

离散化后的方程组，经过归并整理运算，解方程组最后可归结为解扰动气压$(\Pi')^{n+1}$的椭圆方程或亥姆霍兹(Helmholtz)方程，是整个动力框架计算的关键。其他预报变量u^{n+1}，v^{n+1}，$\hat{w}^{n+1}$，$(\theta')^{n+1}$均表示为$(\Pi')^{n+1}$的函数，当$(\Pi')^{n+1}$的方程求解结束后，其他关于u^{n+1}，v^{n+1}，$\hat{w}^{n+1}$，$(\theta')^{n+1}$的方程可以同时并行计算。GRAPES模式中亥姆霍兹方程的求解，采用带有预条件的广义共轭余差法(GCR)，该方法的特点是对系数矩阵对称性的限制弱、收敛速度快且容易实现。

(4)模式的主要物理过程

GRAPES全球模式可提供各种不同的物理过程选项，这里只介绍准业务版本中选择的物理过程。

◆ 格点尺度降水采用WSM-6方案，该方案包含六种水物质，即水汽、云水、云冰、雨水、软雹和雪。

◆ 积云对流参数化方案为简化的Arakawa-Schubert方案(Pan 和 Wu 1995)，在Arakawa 和 Schubert(1974)提出的质量通量方案的基础上，对其闭合方案进行了简化。有关Arakawa-Schubert方案的介绍可参考第2章相关内容。GRAPES_GFS对简化Arakawa-Schubert方案中的夹卷和卷出率进行了改进，明显改善了模式预报的降水。

◆ 辐射过程选用的是RRTM长波和短波方案，分别为RRTMG LW-4.71和SW-3.61版。具体可参考本书第3章的相关内容。

◆ 边界层过程使用的是修正的MRF边界层参数化方案。MRF参数化方案是一个非局地的边界层闭合方案，主要是在不稳定状态下计算反梯度热量通量和水汽通量，在行星边界层中使用增强的垂直通量系数，而行星边界层高度由一个临界理查逊数决定。利用隐式局地方案处理垂直扩散项，并且在自由大气中以局地理查逊数为根据。在MRF方案中非局地扩散仅在计算混合层扩散时采用，而在混合层以上，则采用通常的K扩散。

◆ 次网格地形参数化采用ECMWF方案(Lott 和 Miller 1996)。该方案既考虑了次网格地形激发的重力波拖曳，又考虑了基于非线形体动力学的阻塞流拖曳。

(5)GRAPES_3DVAR

GRAPES_3DVAR是GRAPES全球同化预报系统的重要组成部分。为了系统维护和升级的方便和经济，GRAPES系统采用了统一的框架结构，因此与中尺度同化系统相似，与区域中尺度同化系统不同的是，全球资料同化系统是一个完全的循环同化预报系统，每个同化时间窗的背景场完全由GRAPES全球模式的6 h预报提供。全球版本与区域版本的技术方案在许多方面都是相同的，如分析变量的选择、预调的垂直变换和物理变换、质量场和风场的约束关系、极小化算法以及观测算子设计等。但在预调的水平变换方面，全球版本没有采用区域版本的递归滤波方案，而是采用了球面谐波函数(谱)滤波方案，这主要是因为对于全球分析，递归滤波在极点会出现奇异点，在极区因相关特征尺度远大于格点距离而无法实施。谱滤波本身的特点也适合中短期天气预报误差分布均匀和各向同性的性质。下面对全球资料同化系统的主要技术特点进行描述。GRAPES全球三维变分系统不仅可以同化常规观测资料，而且可以直接同化ATOVS卫星等非常规观测资料。目前所用观测资料来自GTS和ATVOS卫星辐射率资料，包括全球探空，地面，船舶，飞机报，云导风，NOAA 15、16、17卫星垂直探测仪资料。

GRAPES 3DVAR的主要技术特征如下。

1)水平预处理变换

无论是区域还是全球3DVAR，都通过变量预处理来解决背景误差协方差矩阵阶数巨大无法直接求解的问题并使极小化计算得到优化。预处理是通过一系列变量变换来实现：$\delta\boldsymbol{x}=\boldsymbol{U}_p\boldsymbol{U}_v\boldsymbol{U}_h\boldsymbol{w}$，其目的是将最优化的控制变量 $\boldsymbol{w}$ 变换到模式空间的变量 $\delta\boldsymbol{x}$。按照变换的顺序，单个变换算子依次为水平变换 $\boldsymbol{w}_v=\boldsymbol{U}_h\boldsymbol{w}$、垂直变换 $\boldsymbol{w}_p=\boldsymbol{U}_v\boldsymbol{w}_v$ 和物理变换 $\delta\boldsymbol{x}=\boldsymbol{U}_p\boldsymbol{w}_p$。水平变换是利用易实施的数学工具来近似描述背景误差水平相关模型。变分分析中各向同性和均匀的背景误差相关函数不能显式求解，其作用可以用它的卷积算子来表示，这可以通过沿着一行行计算格点进行一系列递归滤波运算来实现。

2)观测算子

除了水平插值方案，全球版本与区域版本观测算子中其他部分的计算是完全相同的。如前一小节所述，全球版本中考虑了观测资料位于极区附近的情况，还考虑了靠近极地时经纬度坐标风向误差的问题。

3)背景误差协方差

在全球 3DVAR 中，假定背景误差协方差是水平和垂直可分离的，水平和垂直可分离意味着每个自协方差和交叉协方差的水平结构与垂直坐标无关。这样，背景误差协方差分解为背景误差方差(或标准差)部分和相关部分，这一部分的技术特征在技术文档中有详细描述。对方差部分采用 NMC 方法统计估计得到，而背景误差相关则是以高斯型或其他模型来描述，并通过近似的数学处理来实现。

(6)模式主要预报性能

GRAPES_GFS 进行了 2006 年 12 月—2007 年 11 月为期一年时间的回算，以 6 h 为循环同化间隔，并在每日的世界时 12 时进行 8 天的预报。分别对 GRAPES_GFS 的同化效果和模式预报效果进行了分析。

从图 5.7(彩)中可以看出在北半球和南半球，GRAPES 位势高度分析和 NCEP 分析的距平相关系数都在 0.95 以上，GRAPES 位势高度分析分布和 NCEP 分析相似。其中位势高度分析的距平相关系数在北半球略高于南半球，说明北半球 GRAPES 分析效果略好于南半球。

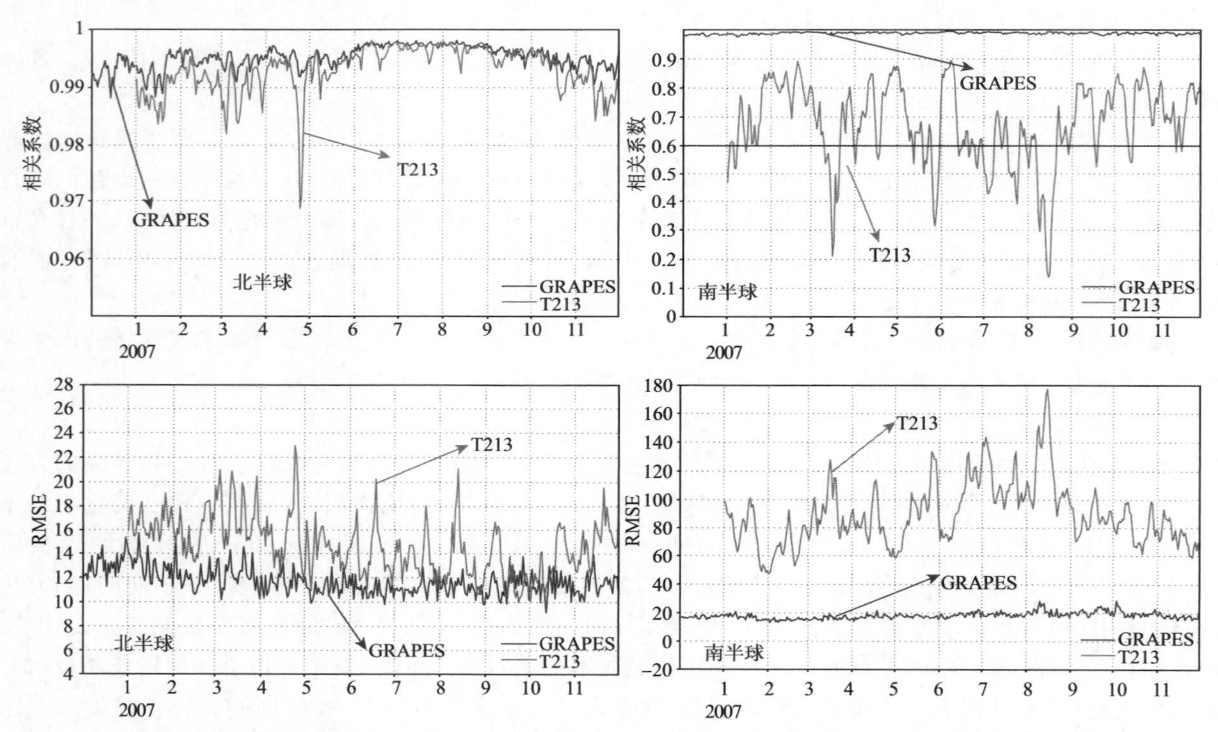

图 5.7　GRAPES_GFS 南北半球 500 hPa 位势高度分析与 NCEP 分析的相关系数及均方根误差(RMSE)随时间的演变

对 GRAPES_GFS 的模式预报效果分析可知，北半球 500 hPa 形势场可用预报时效达到 6 天，南半球 500 hPa 形势场可用预报时效达到 5.7 天(图 5.8)。此外，对主要天气系统、典型形势、降雨预报等方面的检验表明，该系统对雨带预报基本正确，对影响我国的主要天气系统，如入梅环流形势、副高北跳、阻塞高压、寒潮爆发的环流特征等有较好的预报能力。如图 5.9 所示，对 2007 年 3 月 1—6 日全国寒潮过程的预报，GRAPES_GFS 直到 120 h 仍能成功地预报出西风带冷槽和高原槽东移的趋势。

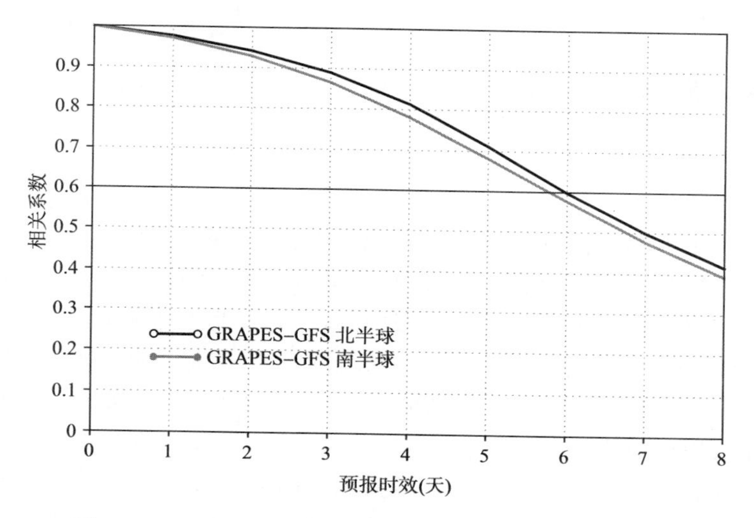

图 5.8　GRAPES_GFS 预报年平均 500 hPa 距平相关系数

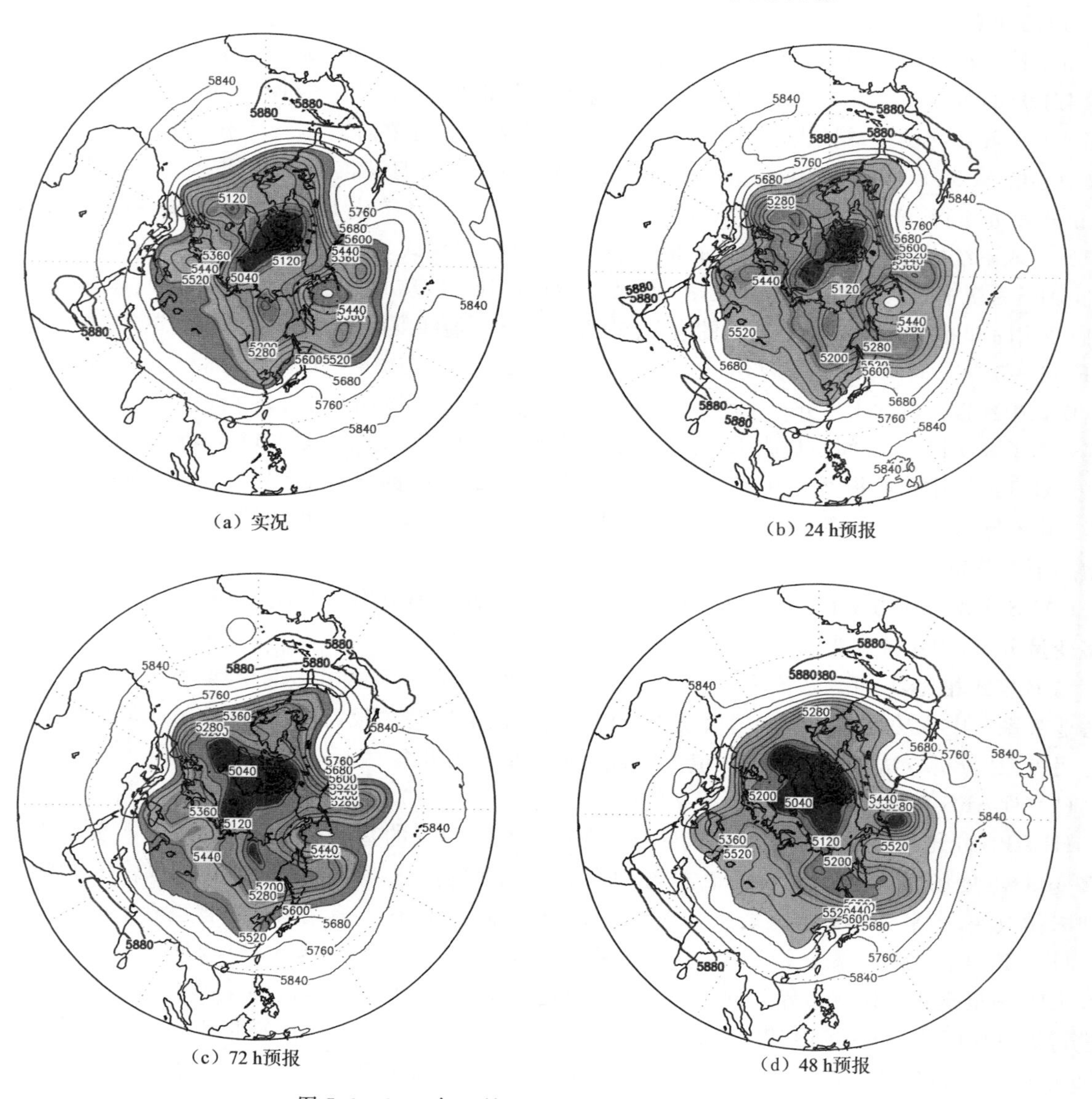

图 5.9　2007 年 3 月 4 日 500 hPa 环流形势预报

5.4 有限区域数值预报业务

5.4.1 业务发展概述

1980 年国家气象中心利用我国自行研制的亚欧区域短期预报模式(以后称为 A 模式),开始发布日常 48 h 形势预报,标志着我国气象数值预报进入业务实用阶段。“六五”期间由国家气象中心、中国科学院大气物理研究所、北京大学组成联合数值预报中心,建立了北半球和亚洲区域模式系统(以后称为 B 模式),将我国数值预报业务向前推进了一步。自 20 世纪 80 年代末期开始,国家气象中心有限区域数值预报业务系统的发展大致可以分成四个阶段:①20 世纪 90 年代初,初步建成了有限区域分析预报系统(LAFS),实现了有限区模式与中期预报模式的嵌套;②90 年代中期,建成了有限区域同化预报系统(HLAFS),实现了有限区的资料同化;③在区域模式中引入显式降水方案(HLAFS05);④建立了较高分辨率的同化预报系统(HLAFS025),并在预报模式中引入了简单混合相云方案(李泽椿等 2004)。

(1)LAFS 有限区分析和预报系统

由于计算机资源的限制,有限区域分析预报系统(简称 LAFS)设计成一个依赖于全球同化预报系统(T42L9)的分支系统。它使用 T42L9 的全球 6 h 预报场作为初估场进行有限区域分析,同时使用 T42L9 每 6 h 一次的全球预报场作为有限区域侧边界条件进行单向嵌套。该系统 1990 年 9 月在国家气象中心的 M-360 计算机上建成并开始准业务运转,1991 年 6 月移植到 CYBER992 计算机上,1992 年 3 月正式业务运行,产品以格点报形式向全国发布,1994 年 6 月替代 B 模式中有限区域预报模式的传真产品。该系统主要包括:有限区域分析、初值化、区域预报模式、降水预报检验及产品制作。

LAFS 系统中的预报模式采用了北京大学张玉玲设计开发的球面坐标原始方程预报模式。模式在垂直方向上采用 σ 坐标,并分为 15 层,模式的水平格距取为 1.875°经纬度网格,预报范围为 41×27 格点,即 69°~144°E,15°~64°N。时间积分方案采用了蛙跃格式。侧边界实现了与中期预报模式 T42L9 的单向嵌套。

模式中预报变量的水平分布采用了 Arakawa 的 C 网格,垂直方向采用了跳点格式。模式的时间积分方案采用了蛙跃格式,时间步长取 150 s。模式的积分区域为 15°~64°N,70°~145°E,预报时效为 48 h。

LAFS 系统中预报模式采用了与中期预报模式 T42L9 间的异模式嵌套。模式中的物理过程与 B 模式中有限区域模式中的物理过程基本相同,只是对大尺度凝结过程稍加修正,积云对流参数化方案中增加了再蒸发过程。

LAFS 客观分析方案使用由初估场归一化偏差的统计插值方案。高度、经向风速和纬向风速为三维多变量分析,相对湿度为三维单变量分析。

与 B 模式相比,LAFS 系统重点解决了在西藏大地形条件下异模式嵌套中遇到的问题,在国家气象中心业务系统中成功地进行了全球谱模式与格点模式间的嵌套预报,有效地延长了区域模式的预报时效。另外,在分析方法上也由最优插值方案替换了逐步订正方案。

(2)HLAFS 系列有限区同化预报系统

HLAFS 同化预报系统是在原有限区分析预报系统 LAFS 的基础上发展的。系统中分析方案仍采用多变量(湿度场为单变量)最优插值方案;初值化采用非绝热非线性正规模初值化方案;预报模式基本框架未做改变,水平分辨率由原来的 1.875°×1.875°提高到 1°×1°,模式物理过程也做了改进。

HLAFS 同化预报系统是一个与中期预报系统 T106L19(早期为 T63)相嵌套的同化系统,由 T106L19 预报模式提供侧边界条件和第一次同化的初估场,每天进行四次同化。系统每天 12 UTC 启动进行第一次同化,初估场由 T106 提供,其他三次同化的初估场由有限区预报模式自身提供。预报模式每天运行两次(00 和 12UTC),时效为 48 h。1996 年 5 月 15 日正式投入业务运行,产品以传真图、格点报和远程网文件三种方式向全国各级气象台站发布。

模式中的物理过程在 LAFS 的基础上进行了改进。其中,积云对流参数化方案采用了质量通量方案,边界层过程采用了垂直湍流扩散方案,陆面过程采用了简单的三层模式,模式中的辐射过程较为简单,仅考虑了简单的地面辐射收支及大气中云和辐射相互作用对地面辐射收支的影响。方案中未考虑大气散射、辐射对大气的影响。模式中格点可分辨尺度降水过程仍采用了原方案中的饱和凝结法。

与 LAFS 系统相比,HLAFS 系统成功地引入了有限区域资料同化系统;初值化方案由绝热非线性正规模初值化变为非绝热非线性正规模初值化;预报模式除提高了分辨率以外,物理过程也有了较大改善。

随后,对 HLAFS 不断升级,首先是升级版本的 HLAFS05_L20 水平分辨率 0.5°×0.5°,垂直分辨率 20 层,于 1998 年 6 月 1 日正式业务运行;再是 HLAFS025_20 水平分辨率为 0.25°×0.25°,垂直分辨率 20 层,于 2003 年 9 月 1 日正式业务运行。

(3)MM5 中尺度预报系统

在"九五"期间,开始移植试验 MM5 中尺度数值预报系统,并于 1996 年夏季北方汛期开展了实时预报试验,以及在 1997 年 6—7 月"庆祝香港回归"期间,进行了实时运行,提供香港地区的中尺度预报服务。后来在 CRAY-C92 巨型计算机上建立 MM5 中尺度数值预报系统。

MM5 模式系统是从美国 NCAR 引进的,动力框架为滞弹性非静力平衡假设,规则水平网格,分辨率从 30 km 逐渐提高到目前的 12 km,垂直分层一直为 23 层,采用气压—地形追随坐标;模式物理过程参数化方案包括显式水汽(简单冰相)方案、Grell 积云对流方案、Blackadar 边界层方案、Dudhia 辐射方案;分析同化开始为 Cressman 逐步订正方案,后来更新为动力张弛方案,主要同化应用常规资料。

(4)GRAPES_MESO 区域中尺度预报系统

2003 年,区域版本的 GRAPES_MESO 研究模式和 3DVAR 三维变分同化研究系统初步建立。随后 GRAPES_MESO(30 km 版本)中尺度系统已先后在广州热带所、上海台风所正式业务运行。2006 年 7 月 GRAPES_MESO(30 km 版本)正式在国家气象中心业务运行,2007 年 12 月,GRAPES_MESO(15 km 版本)业务运行。目前,GRAPES_MESO 已在全国 50 多个单位得到应用(陈德辉等 2004,薛纪善等 2008,Chen 等 2008,陈德辉等 2008)。

(5)GRAPES_RUC 区域快速同化循环系统

随着对强对流天气等中小尺度天气过程的预报与服务的需求,基于区域中尺度模式的快速同化分析循环系统也在迅速发展中。中国气象局广州热带气象研究所发展了 GRAPES_CHAF 系统、北京城市研究所建立了 WRF_RUC 系统,武汉暴雨所建立了基于 AREM 模式与 LAPS 分析的快速同化循环更新系统。2008 年,国家气象中心联合中国气象局广州热带气象研究所建立了全国/区域两级使用的逐时同化 GRAPES_RUC 系统,该系统基于 GRAPES_MESO 数值模式和三维变分同化系统,以及 GRAPES_CHAF 的主要系统内容,逐时同化分析一次观测资料,每间隔 3 h 做一次预报。2009 年全国 15 km 分辨率的 GRAPES_RUC 系统进行实时运行,该系统同化分析的资料包括:探空、地面、雷达 VAD、飞机报、GPS/PW、云导风以及船舶等资料。每 3 h 提供一次产品,产品种类包括风、温、压、湿等十几类的基本产品、针对短时临近预报的热力因子(如假相当位温垂直变化、0 度层高度等)和动力因子(K 指数、对流有效位能等)等二十多种潜势预报产品、以及单站连续图等图形产品。

5.4.2 GRAPES_MESO 数值预报系统

(1)GRAPES_MESO 业务概述

GRAPES_MESO 是 GRAPES 区域中尺度数值预报系统的英文名缩写,模式核心部分是 GRAPES 预报模式动力框架以及经过优化选取和改进的物理过程参数化方案。由于 GRAPES 模式系统采用全球、区域统一动力框架,在前面的 GRAPES 全球模式系统中已对 GRAPES 的模式动力框架作了详细描述,这里不再介绍区域模式系统的动力框架,重点介绍业务 GRAPES 区域模式的特点、主要物理过程及主要预报性能。

业务 GRAPES_MESO 水平分辨率为 15 km,垂直方向取 31 层,模式层顶高度约为 28.5 km。GRAPES_MESO 采用等压面三维变分分析,简单的背景误差协方差。模式动力学框架的基本特征与全球模式一样，但模式地形采用 Raymond 滤波考虑了有效地形的概念。物理过程分别为 NCEP-3 微物理，RRTM 长波辐射和 ECMWF 短波辐射，Monin-Obukhov 近地面层及 MRF 边界层方案，SLAB 薄层陆面过程和简化 Arakawa-Schubert 积云对流。

(2)GRAPES_MESO 主要预报性能

1)形势场检验结果分析

图 5.10 给出 GRAPES_MESO 3.0 版本(简称 3.0 版本)和 GRAPES_MESO 2.5 版本(简称 2.5 版本)统计结果，对 500 hPa 高度距平相关系数，3.0 版本 24 h 距平相关系数走势平稳，大部分都在 0.9 以上，48 h 大多数高于 0.9。从均方根误差检验结果来看，3.0 版本的 24 h 基本上都在 16～20 gpm 之间变化，平均值低于 18 gpm，48 h 比 24 h 的误差变化略有起伏，其值在 19～26 gpm 之间变化，3.0 版本较 2.5 版本表现出很大的优势。

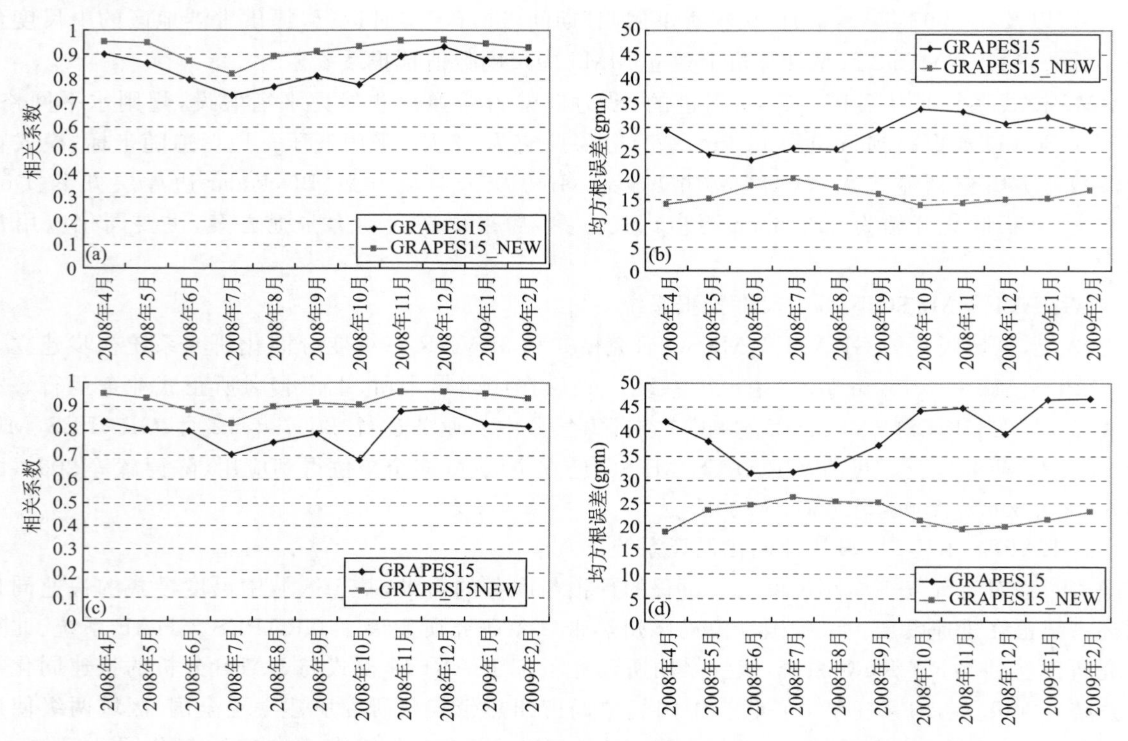

图 5.10 2008 年 4 月至 2009 年 2 月 3.0 版本及 2.5 版本 500 hPa 高度场预报对观测检验

((a)24 h 相关系数;(b)24 h 均方根误差;(c)48 h 相关系数;(d)48 h 均方根误差)

2)风场预报检验结果分析

图 5.11 给出了 3.0 版本和 2.5 版本的 850 hPa 风场预报检验均方根误差统计结果。24 h 预报 3.0

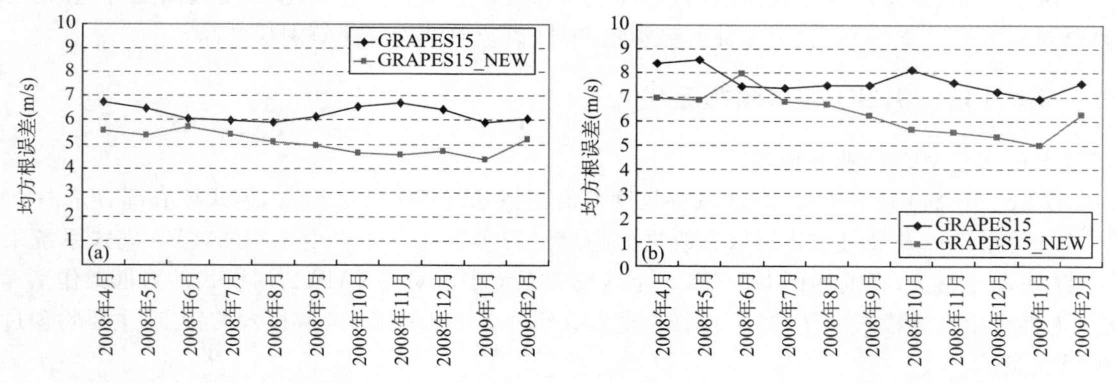

图 5.11 2008 年 4 月至 2009 年 2 月 2.5 版本及 3.0 版本 850 hPa 风场预报对观测检验

((a)24 h 均方根误差;(b)48 h 均方根误差)

版本明显小于2.5版本，对于48 h，除了2008年6月，2.5版本均方格误差小于3.0版本系统以外，在其他月份3.0版本的误差都小于2.5版本，优势显著。

3）降水预报检验结果分析

图5.12给出降水检验结果，3.0版本TS评分全面提高，无论是24 h还是48 h预报，小雨，还是中雨、大雨、暴雨和大暴雨，3.0版本评分均高于2.5版本，其中大雨和暴雨的提高率超过50%，对2.5版本存在的漏报现象有了显著改进。但是，3.0版本的预报面积较以前有所增加，尤其是中雨以上降水的预报偏差大于1，空报率有所增加。对分省的检验表明，3.0对我国中东部各省的改进是比较明显的，表现在TS评分明显增加上，尤其是华中、华东各省。但是东北及西北和青藏高原地区的预报改进不明显。

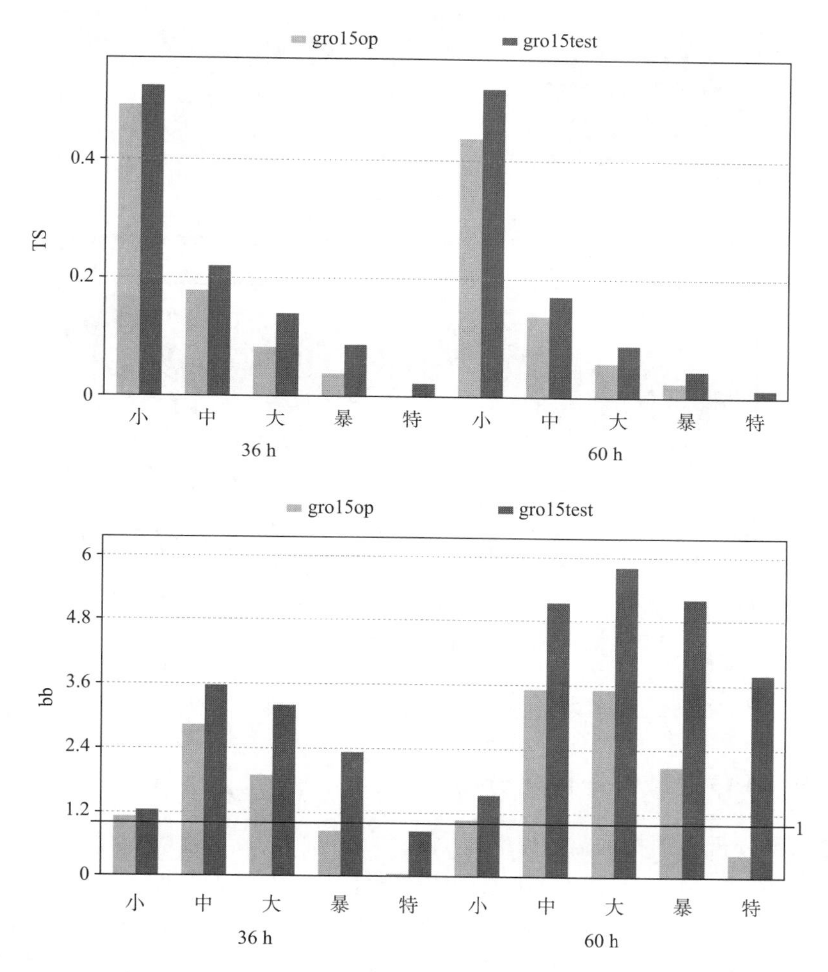

图5.12　2008年3月1日至2009年2月28日2.5版本与3.0版本全国加密累加检验

图5.13（彩）给出了夏季降水率分布图，可以看到，无论是24 h预报还是48 h预报，3.0版本对雨带的分布预报明显好于2.5版本，3.0版本对华南的降水雨带位置及强降水中心位置和强度预报较2.5版本改进较大，只是对西南地区预报仍有一定的偏大。48 h预报对华南的降水预报也有改进，但预报量偏大，此外对华北的降水也偏大。从其他季节降水率分布图看（图略），3.0版本对春季江南东部降水预报、秋季的华北降水雨带以及冬季长江中下游的降水分布预报都明显优于2.5版本结果。整体来看，3.0版本与WRF模式对雨带的形势预报接近。

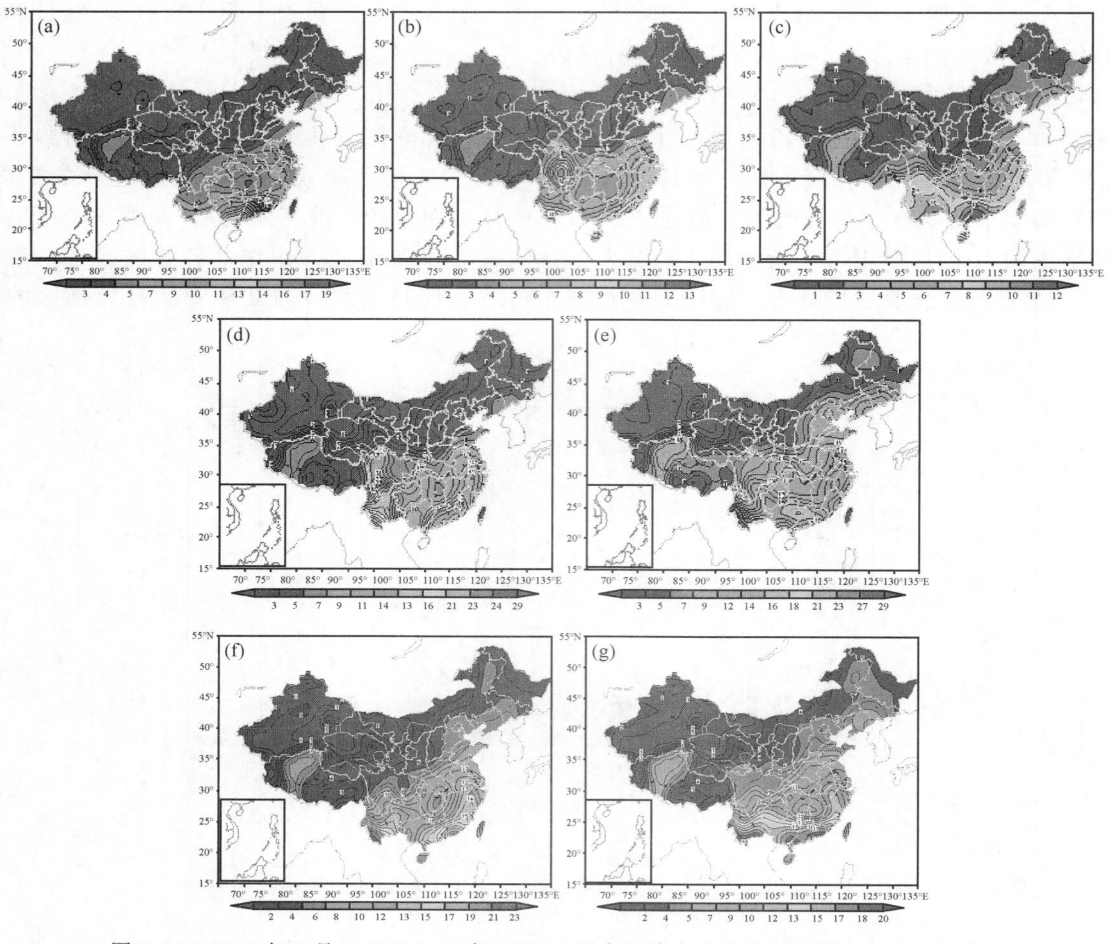

图 5.13　2008 年 6 月 1 日至 2008 年 8 月 31 日实况降水率分布图和版本与 3.0 版本及 WRF 模式预报的季节平均降水率(mm/d)分布图

((a)实况;(b)2.5 版本 24 h 预报;(c)2.5 版本 48 h 预报;(d)3.0 版本 24 h 预报;(e)3.0 版本 48 h 预报;(f)WRF 24 h 预报;(g)WRF 48 h 预报)

5.4.3　GRAPES_RUC 区域快速同化分析

(1)快速同化循环分析与预报的需求

随着预报服务的需求,现代天气预报业务正从传统上大尺度与天气尺度的短期、中期预报向临近短时预报延伸,正在逐步建立临近、短时、短期、中期无缝隙的预报流程。临近与短时预报重点关注强对流等中小尺度天气过程的生成、发展演变和产生的影响,而中小尺度天气过程往往具有发展迅速、生存持续时间短、产生影响较大、监测与预报不易等特点,迫切需要数值模式能够提供对中小尺度天气系统的快速客观分析与发展演变预报信息。传统的全球中期数值预报和区域中尺度数值预报模式,主要使用 6 h 一次的常规天气观测资料,每天 1～2 次提供预报信息,且模式水平分辨率较粗,远不能捕捉并分析中小尺度系统信息,更不能预报中小尺度系统的发展演变,仅能提供中小尺度天气系统发展的大尺度与中尺度环境场。强对流等中小尺度天气系统的预报,需要发展专门的数值预报系统提供预报产品的支持。

随着气象综合观测系统的建设,局地时间、空间稠密观测资料大量涌现。如我国地面自动站观测网在部分地区的布站分辨率已达 10 km 左右,每 5～10 min 提供一次综合或地面降水观测信息;全国多普勒雷达网将达到 158 部,覆盖了我国大部分地区,每 5～6 min 提供一次径向风、回波强度与谱宽信息;闪电定位仪提供我国及周边地区实时闪电的信息;GPS 地基观测系统每 1 h 提供一次大气可降水量观测信息;静止卫星云导风每半小时提供一次遥感及红外、水汽风矢量信息;此外我国飞机报资料、风廓线雷达资料逐步多起来,中尺度外场试验等也提供了大量的信息。按照中国气象局天气轨道业务发展规划，在未来几年内，卫星、雷达、GPS 探空站、风廓线仪等遥感探测资料以及地面加密观测资料无论在数量还是质量上都将有较大的发展。这些高时空频次观测资料的涌现，使得利用数值模式分析并预报中小尺度天气过程成为可能。

在数值预报中实现有效分析并预报中小尺度天气过程，主要有两个方面的挑战。首先是在数值预报初值中要能客观准确地反映出中小尺度天气系统。由于中小尺度天气系统结构非常复杂，要素之间的约束关系描述不易，空间尺度非常小，准确分析其结构存在困难。而现有的观测系统根据观测仪器的特点，仅能提供某一方面信息，不能提供立体的、综合的观测信息，需要利用统计或动力约束关系，从已知观测来反演出未知的信息。与此同时，由于中小尺度系统发展演变较为迅速，需要对其进行快速分析并提高更新的频次，这对观测资料的截断时间、客观分析技术的选择都提出了要求。三维变分同化的优点是完成一次客观分析的时间较短，适合快速分析并进行高频次的分析更新，但是表述要素之间的约束关系不完全适合中小尺度，由已知观测估计未知信息的能力并不好。而四维变分同化的优点是考虑了数值模式的动力学约束，使得分析的变量更加协调，但缺点是计算量过大，很难适应快速分析并更新的需求。此外还有利用集合卡尔曼滤波系统进行快速分析与更新的。一般业务中使用三维变分同化作为分析方案，并适当考虑动力约束关系以增加分析的质量，以综合同化应用各种高时空局地稠密观测资料。

此外是对中小尺度天气过程的预报。强对流等中小尺度天气过程，往往与湿对流能量的释放联系在一起。常规的客观分析主要针对大气的状态变量进行分析，不分析云水等水汽相态量。这些信息一般在模式积分过程中，通过模式自身的调整、发展逐步形成，这一过程需要数小时。对短时预报，需要在模式初值中直接给出这些水汽的相态信息，以改善对中小尺度天气过程的预报，以及降水等预报。另外，由于客观分析的不完善，初值中气压与风场的不平衡尤为严重，模式积分过程中会产生高频次的虚假重力波，损害对中小尺度天气过程的预报。这也对连续快速分析循环造成影响，背景场中的噪声通过分析过程反馈到初值中，对初值的准确性造成损害。因此在中小尺度快速同化分析中，对初值中重力波的抑制显得尤为重要。

(2)国外快速同化循环分析业务发展概况

基于数值模式建立的多设备、多时空观测资料快速同化更新系统建设在国外发展研究多年，并有多个国家在进行业务运行，为短时临近预报提供服务。美国 NCEP 从 1994 年始进行分 60 km 分辨率的 3 h循环的 RUC(Rapid Update Cycle 的简称)(李泽椿等 2000，2001)系统业务运行。2006 年，将 RUC 业务运行的分辨率从 20 km 提高到 13 km，模式垂直层数由最初 25 层提高到 50 层，3 h 同化分析频次提高到逐时同化分析。同化系统采用的是三维变分方法，同化分析的观测资料也根据观测系统的不断完善不断调整增加，目前该业务系统同化分析资料主要包括探空资料、风廓线仪、VAD 风、飞机报、地面资料、船舶浮标、GOES 降水、GOES 云导风、GOES 云顶气压、SSM/I 降水，GPS 降水等观测资料，提供 3 h间隔产品。2008 年，NCEP 将 RUC 系统升级为 RR(Rapid Refresh 的简称)系统，采用 WRF_ARW 模式和 GSI 三维变分同化，并通过云分析工作增加了逐时雷达回波资料的应用，2010 年将取代现有 RUC 业务运行系统(李泽椿等 2001)。RUC 系统运行结果表明，快速循环同化能有效地提高模式初值的质量，且比较适用于短时临近预报。此外类似的系统还有欧洲的 HIRLAM 系统，AWIPS(the Advanced Weather Interactive Processing System)系统中的局地分析和预报系统 LAPS，MAPS(Mesoscale Analysis and Prediction System)系统、ADAS、NORAPS6、以及瑞典气象和水文所业务运行的中尺度分析系统。这些系统在资料的融合同化，短时临近预报中发挥了一定的作用。

(3)GRAPES_RUC 业务系统

1)快速同化循环系统与区域数值预报模式的关系

快速同化循环系统所使用的客观分析系统、预报模式、数字滤波初始化技术等与区域中尺度模式完全一样。主要差别在于增加了云水、雨水等水汽相态量的水物质(云分析)过程以及进入数值模式的同化处理过程。此外同化的时间窗也较短，从 6 h 缩短为 1 h 左右，更多时次的观测资料可被使用。在区域中尺度模式分析中可不采用连续循环分析技术，直接利用大模式的背景场进行客观分析后进行短期预报，而快速同化循环系统必须采用不间断的连续循环分析技术，也即每次分析都要用到上次中尺度短时预报的背景场，以增强中小尺度系统的信息。此外，由于同化时间窗缩短、更新频次的提高，对资料的快速检索、资料获取截断时间缩短造成的预处理提出要求，对资料质量控制的背景场及控制阈值标准、客观分析的观测误差特征、侧边界的调整等也提出相应的要求。对数字滤波初始化的前后向时间积分也较区域中尺度模式短，一般取为 30 min 至 1 h，对预报的频次提高较多，达到每天 8 次或更高，但预报的时效明显缩短，一般为 12～24 h。图 5.14 为 GRAPES_RUC 的分析循环过程。

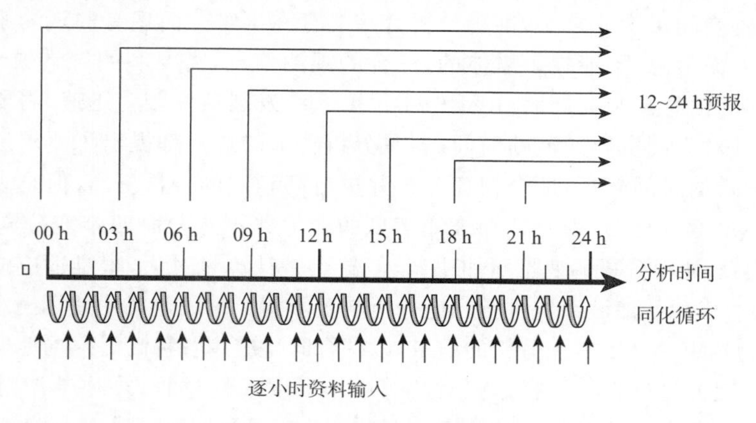

图 5.14　GRAPES_RUC 循环预报示意图

2)水物质分析与信息使用

水物质分析使用的观测信息包括雷达回波强度、卫星观测的云与湿度信息、探空资料、地面云、能见度、天气现象观测及飞机报告等。国外已经实现了综合应用各种信息进行水物质的分析，在我国目前主要实现了利用雷达资料进行水物质分析的业务应用，综合利用各种信息的水物质分析方案正在研发中。雷达资料的水物质分析主要利用实时观测雷达资料反演出的雨水云水信息。由雷达反射率因子反演暖云中雨水的过程是，从模式预报场或探空资料获得气压和温度后，可由状态方程计算空气密度。目前采用的Z-qr关系是：

$$Z=43.1+17.5\log(\rho qr) \tag{5.37}$$

由上式可得到计算雨水的方程：

$$qr=10^{(Z-43.1)/17.5}/\rho \tag{5.38}$$

由于计算得到的雨水、云水等信息不是大气状态变量，现有三维变分同化系统中不能分析，另外，估计出的雨水、云水误差较大，不能直接作为模式初值使用，需要利用动力张弛技术(Nudging)，利用估计出的雨水、云水信息来修正模式初值中的云和雨信息。

动力张弛技术就是模式积分的同化时段 δt 内，在预报方程中增加一个线性强迫项，该项与模式预报值和实况值之差成正比，其作用是使模式预报逐渐向观测逼近。

$$W^t=W^t_m+\alpha\times(W^t_o-W^t_m) \tag{5.39}$$

式中 W^t_m 为模式积分第 t 步的预报值；W^t_o 为同时刻的观测值(或反演值)；$\alpha>0$，为张弛逼近系数，其取值视实际情况而定，W^t 为经 Nudging 调整后的第 t 步预报值。

3)快速同化分析循环使用的资料种类

目前的 GRAPES_RUC 快速资料同化循环业务系统可以同化卫星大气廓线资料(辐射资料、温湿反演)、雷达径向风资料、雷达 VAD 资料、雷达水物质反算资料、飞机探测资料、地面观测资料、TRMM 卫星测雨资料、自动站降水资料、卫星云导风资料、海面风资料、台风 Bogus 资料等。对我国有特色的几类资料进行重点介绍。

◆ 多普勒雷达资料

对多普勒雷达资料重点考虑其在反演水物质中的应用，此外雷达径向风可直接同化应用，利用雷达示踪物的空间变化，可同化视风速的风场信息(万齐林等 2005)。水物质反演资料对临近预报的降水有明显的正效果，雷达径向风信息的同化，对 24 h 的降水预报有着明显的正作用，无论在预报降水量级上或落区上都有明显的提高，但对临近预报的效果不甚明显。

◆ 地面资料

地面资料同化具有特殊性，主要是由于模式的最低层高度与地面站点高度存在一定差异，特别在地形复杂地区，差异超过一千多米，资料处理不好会直接影响初值场的质量。另外地面观测与自由大气变量的相关特征也较为复杂。图5.15(彩)给出地面资料分布特点，呈现出非常的不均匀。另在站点海拔高度与模式面最低层高度差的分布上，差异最大可超过一千多米。对模式面与站点高度的差异，需要发展专门的算法进行扣除，由于地面观测与自由大气变量的相关特征复杂性，地面资料在数值模式中的作用一直没有很好地发挥。

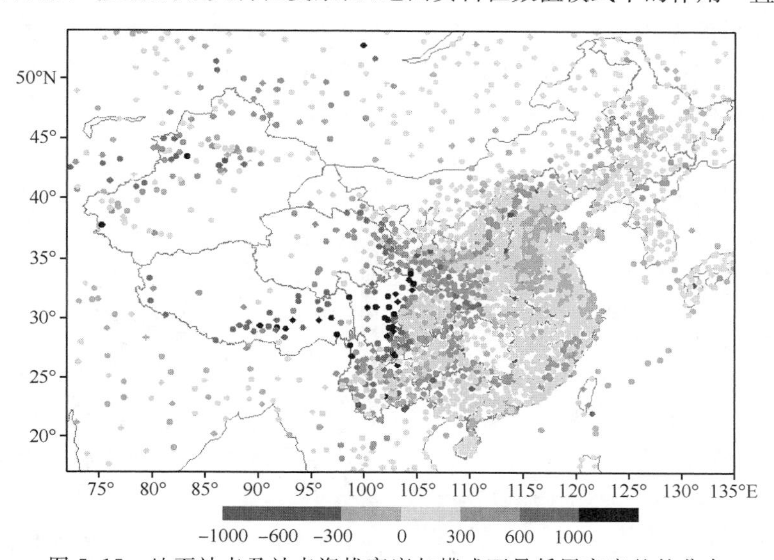

图5.15 地面站点及站点海拔高度与模式面最低层高度差的分布

(所示区域为(70°～136°E，15°～56°N)范围地面观测站点分布，站数约3000个。图中实心圆点代表站址，色标代表站点海拔高度与模式面最低层的高度差(单位：m))

◆ 飞机报资料同化应用

飞机报资料是商用飞机在飞行过程中观测到的气象资料，和已有的气象观测相比，飞机报资料具有明显的特点，可显著增加高空大气探测数量，且时间频次要密集很多。气象要素垂直分辨率高。随着飞机报资料的增多，其作用逐步显示出来。

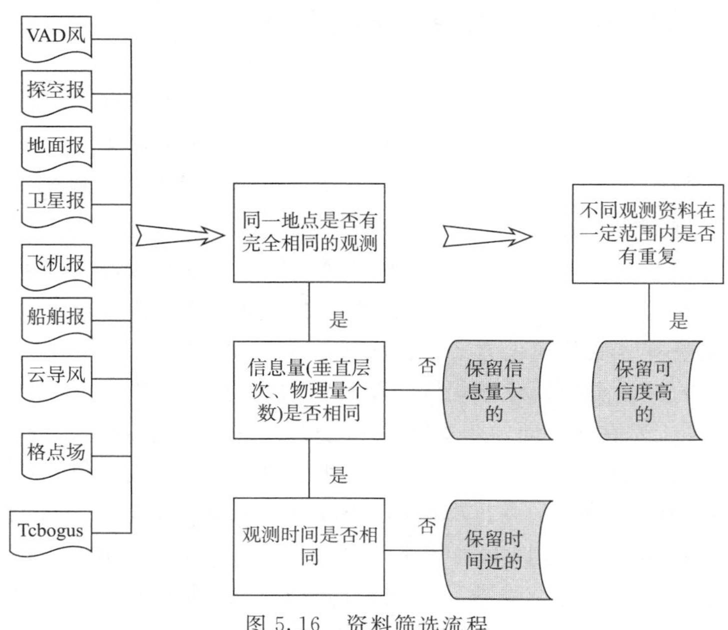

图5.16 资料筛选流程

◆ 多种资料的综合应用系统

各种观测资料在进入同化系统之前，按照各自的观测时间、信息量和可信度，按照图 5.16 的处理流程，进行资料筛选，保留观测时间距离同化时间最近的、信息量最大的和可信度最高的。资料筛选可有效改善客观分析的质量。

(4)GRAPES_RUC 对中尺度预报能力分析

GRAPES_RUC 对 2009 年 6 月 3—4 日河南发生强对流进行模拟，该过程对河南、安徽、江苏造成重大灾害和人员伤亡。同期对比的模式包括全球中期模式、区域中尺度模式。GRAPES_RUC 系统是唯一具有一定捕捉能力的模式系统。从该系统组合反射率产品，发现该系统 03 时(图 5.17(彩))、06 时(图略)起报的组合反射率与雷达观测的位置和移动速度、方向基本一致，仅强度偏弱。由此可见，GRAPES_RUC 系统对中尺度强对流系统具有一定的捕捉能力。

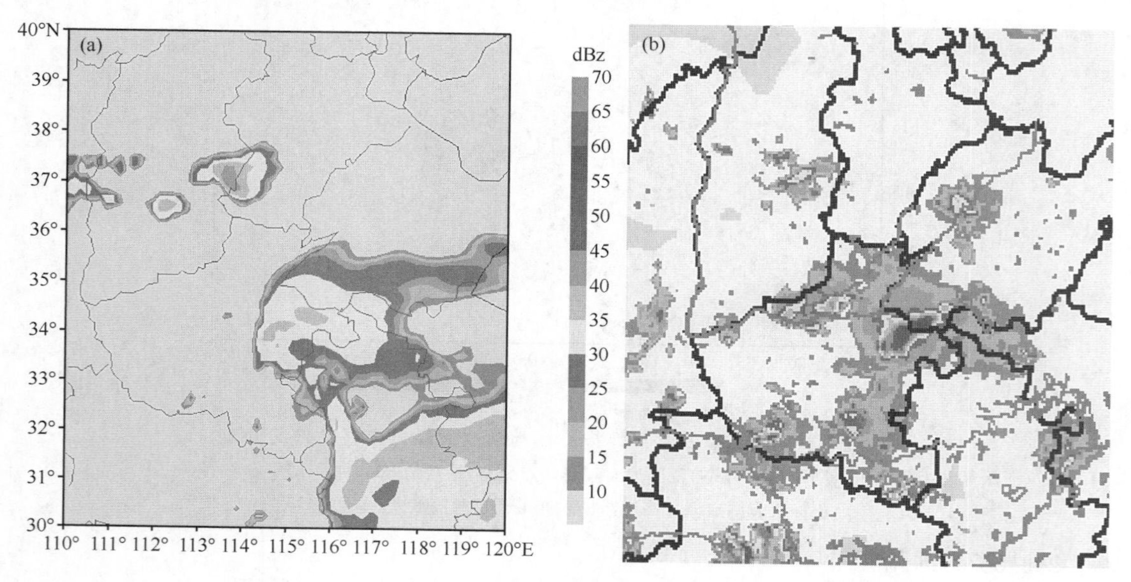

图 5.17 2009 年 6 月 3 日 13 时(世界时)雷达组合反射率图

(a)03 时起报预报时效为 10 h 的结果；(b)雷达观测图

5.5 GRAPES 四维变分同化系统的发展

与传统的分析方案相比，三维变分方案容许引入复杂的非线性观测算子，因而能直接同化卫星的辐射率观测等大气遥感资料，大大增加了所同化的观测资料类型。但三维变分方案本质上只考虑了单个瞬间的观测对模式预报的修正，在连续的同化循环过程中对多个时刻的资料的使用实际上是互相孤立的。因此模式状态与观测资料随时间变化的信息并没有融合在一起。而每次三维变分方案同化的结果很大程度上受到背景场误差的结构的影响，它依赖于预先指定的简单模型。实际的背景场误差的结构当然是随着具体的天气形势而变化的，在资料同化的术语中称之为依赖于流型。用简单的模型替代依赖于流型的背景场误差是三维变分同化方案存在的最严重的问题之一。

三维变分同化方案的自然发展是考虑背景场随时间的变化，这种变化受到预报模式的控制。这时变分同化的优化目标实质上是在相空间中一条与多时刻观测最接近的模式预报的轨迹而不是原来三维变分同化方案所考虑的与瞬间观测最靠近的一个点。这就是四维变分同化(4DVAR)方案。欧洲中期预报中心率先在 20 世纪 90 年代后期实现了 4DVAR 的业务应用(Rabier 等 2000，Mahfouf 等 2000)，近几年英国气象局、法国气象局、日本气象厅、加拿大气象局也都完成了由 3DVAR 向 4DVAR 的升级。他们的实践表明四维变分同化提供了进一步改进数值预报的途径。在研究领域，中尺度模式 MM5/WRF 也都发展了相应的 4DVAR 系统，这些系统在实际预报与研究中同样发挥了重要的作用。可以说，

4DVAR无论对于天气尺度还是中尺度的资料同化与预报都有很大的价值。由于4DVAR的发展是建立在预报模式的切线性以及伴随模式的基础上，而GRAPES的变分同化系统的发展是与GRAPES的预报模式的发展同步开始的，所以当时的发展目标是建立独立于预报模式的GRAPES 3DVAR，它的建立为卫星等遥感资料的同化提供了基本平台，但正如上面所提到的，它的缺陷也是显而易见的，因此在GRAPES预报模式基本定型后，随即开始了GRAPES 4DVAR的研究开发。

对GRAPES 4DVAR系统，由第2章四维变分同化的理论可知，由于四维变分同化的每一步极小化迭代循环都要进行切线性与伴随模式的正反向积分，而完成一次实际的同化计算将需要几十甚至上百次的正向与反向的模式积分，这在目前的计算机能力情况下做实时业务运行是难以实现的。为此，GRAPES_4DVAR采用Courtier等(1994)提出的增量同化的策略。对同一个分析区域定义两套分辨率不同的网格，以上标 h，l 分别表示细网格与粗网格的状态变量，它们间的转换通过两个插值算子来完成：

$$\begin{aligned}\boldsymbol{X}^l &= \boldsymbol{S}\boldsymbol{X}^h \\ \boldsymbol{X}^h &= \boldsymbol{S}^{-1}\boldsymbol{X}^l\end{aligned} \tag{5.40}$$

这里 $\boldsymbol{S}^{-1}$ 并不是数学上严格的 $\boldsymbol{S}$ 的逆，称为实施最优化过程的迭代为内循环，这一循环过程中只调整 $\boldsymbol{X}^l$ 使目标函数达到极小，但 $\boldsymbol{X}^h$ 及其导出量维持不变；内循环完成以后，由公式(5.40)的第二式对 $\boldsymbol{X}^h$ 进行调整，调整完后再重新进行非线性预报模式的积分，并开始新一轮的计算，这一过程称为外循环。一个外循环中包含许多次内循环，后者只涉及线性模式的计算，而前者则包括完整的非线性模式计算。内循环是在外循环基础上进行的。

GRAPES 4DVAR计算量最大的最优化过程是在较低的分辨率上进行的，但非线性预报模式的积分与非线性观测的计算都是在完全分辨率下进行的，既保证了预报轨迹与观测新息向量计算的精度，又节省了计算量。与多数业务中心不同的是直接采用了非静力预报模式，这一点类似于上述中尺度模式，但比它们具有更实际的观测算子。

GRAPES 4DVAR的计算步骤是：

①以高分辨的背景场为初值，正向积分非线性预报模式，并计算各观测时段的观测相当量与新息向量；

②在粗网格上正向积分切线性模式，计算观测时段的观测余差并累加计算目标函数；

③计算观测时段的强迫项，反向积分伴随模式，并计算目标函数梯度；

④重复②～③，直至目标函数达到预定要求；

⑤订正高分辨模式状态变量，返回①，开始下一轮循环，直至达到预定的精度要求。

整个过程如图5.18所示。

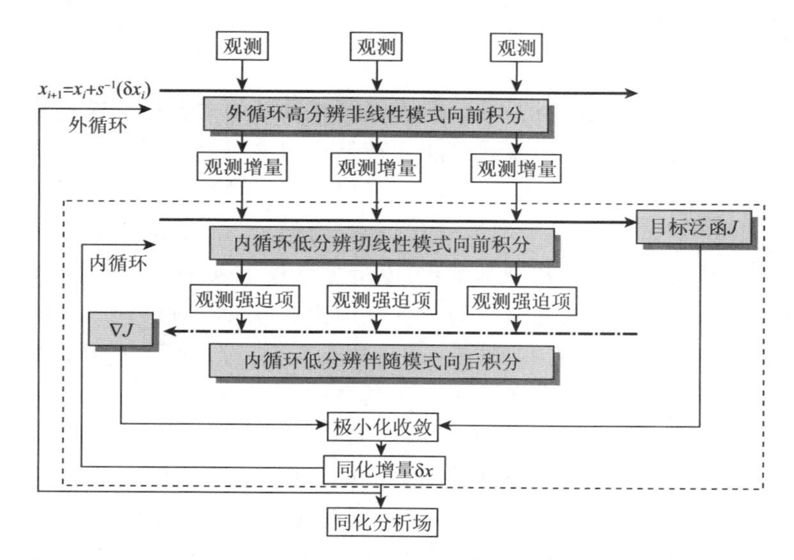

图5.18　GRAPES_4DVAR计算流程图

目前，GRAPES 4DVAR的线性化物理过程包括基于ECMWF的大尺度凝结方案，MRF垂直扩散和边界层方案，对流参数化 CUDU，基本包括了目前流行的 4DVAR 系统的主要物理过程。

GRAPES 4DVAR 能同化的观测资料与三维变分相同，但能利用多时次的资料。设观测是在$[t_0, t_n]$区间内进行的，t_0 是所求的初始场的时刻，t_n 则是同化周期的结束时刻。为了方便起见，又可将这一时间区间划分为 n 个更小的时段，其长度 $\Delta t=(t_0-t_n)/n$，在每一个时段内的所有观测可以认为是在同一时间，例如时段的结尾 $t_i=i\cdot\Delta t$ 进行的。将 $t_i(t_0\leqslant t_i\leqslant t_n, 0\leqslant i\leqslant n)$时刻的观测以向量 $\boldsymbol{y}_i$ 表示，其长度即这一时段的观测数量为 m_i。这样处理并不是必须的，只是为了实际运行时的方便，实际的 4DVAR 资料进入与预报过程如图 5.19 所示。

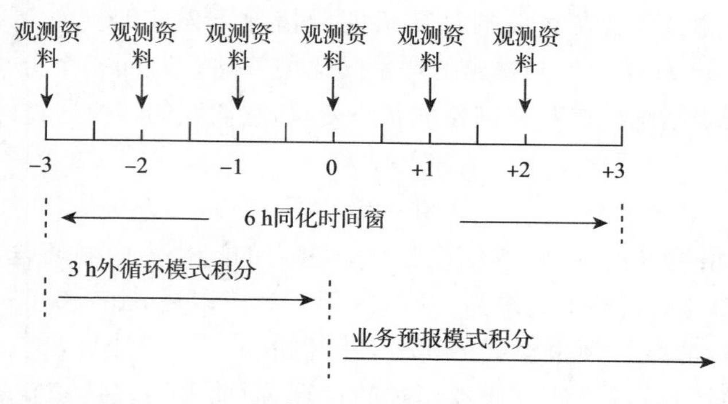

图 5.19　GRAPES 4DVAR 观测资料进入与同化策略

5.6　短期气候模式预测业务

5.6.1　短期气候模式预测业务概述

早期，发展数值模式的初衷是为了天气预报，关注的热点是大气。但随着大气科学的发展和计算机能力的增强，地球系统其他圈层如海洋等对天气、气候和气候变化的作用逐渐被认知，并与大气环流模式相耦合。这些其他圈层模式的引入为大气环流模式在气候研究、气候预测中的应用铺平了道路。

我国是世界上开展短期气候预测(早期称“长期预报”)业务和科研较早的国家之一，20 世纪 70 年代以前短期气候预测技术主要依靠简单的经验统计分析。70 年代到 80 年代，数理统计方法在短期气候预测中得到了应用。80 年代到 90 年中期，在短期气候预测业务中增加了物理统计方法。在 21 世纪初，气候模式在短期气候预测业务中开始得到了应用。且随着时间的推移，气候数值模式的影响与作用将越来越重要。

尽管气候模式与天气模式存在较大的不同，但天气模式发展给大气环流模式从天气模式向气候(系统)模式转变奠定了理论基础。气候数值模式是建立在基于对大气和其他圈层相互作用的有限认识基础上的、能够刻画大气、海洋、陆面、冰冻圈等气候变化过程的数学物理模型。基于气候数值模式的气候预测要求拥有超级计算机和不同圈层的资料同化(目前仅有海洋、陆面资料同化)。与传统的统计气候预测方法相比，气候数值模式有明确的物理基础，可以最大限度地使用不同来源的观测信息，从整体上实现对气候系统的描述；气候数值模式显著提高了气候预测业务的客观性，在一定程度上改进了预测的准确性；气候数值模式能够提供定量的预测结果，产品种类齐全，应用更为广泛。气候数值模式相比统计方法具有明显的优势，成为气候预测业务的主要工具之一。

我国运用气候数值模式进行气候预测试验与国际上其他国家相比并不算晚。20 世纪 70 年代以来先后研究提出了距平滤波模式、考虑历史演变的动力—统计模式、地温热力学模式等，并在业务预报中进行了试用。80 年代，中国科学家开始了全球大气环流模式和海洋环流模式的研究。例如，中国科学院大气物理研究所大气科学和地球流体力学数值模拟国家重点实验室(LASG)的科学家利用大气环流模式(含简单的陆表过程模式)、大洋环流模式及其耦合方法，尝试开展跨季度的气候距平预测，取得了良好的效果。

从20世纪90年代中期至今，中国气象局、中国科学院和有关高校的专家在“九五”国家重中之重科技攻关项目“我国短期气候预测业务系统的研究”支持下，联合攻关，引进、发展了全球海气耦合模式、区域气候模式、海—陆—气—冰耦合模式、模块化耦合气候模式系统等一系列模式系统。其中LASG和国家气候中心联合研制的全球海气耦合模式成为我国第一代短期气候预测动力模式系统的核心，目前已在国家级气候预测业务中使用。该动力模式预测系统从2000年开始投入业务化试验，2005年正式业务运行，可以预测我国月、季、年温度、降水和各种气象要素的变化和异常。通过五六年的实践检验，该模式系统对气候预报，特别是旱涝、沙尘暴、冷暖冬的预报，非常有帮助，基本满足了国民经济发展的需求。此外，这个模式系统还初步具备预测整个亚洲区域季节气候异常的能力。

目前世界上先进的气候模式不仅包含了大气、海洋、海冰、陆面过程等模式，同时还包含气溶胶、大气化学和碳循环过程。由于气候系统的复杂性，仅仅依靠我国第一代短期气候预测全球海气耦合模式是远远不够的。要想做好短期气候预测气象服务和气候变化工作，必须立足于研究大气—海洋—陆地—海冰之间复杂的相互作用。因此，开发多圈层耦合的气候系统模式成为了下一代我国短期气候模式预测和气候变化模式预估的重要目标。

5.6.2 短期气候预测模式业务系统

国家气候中心当前正在运行的短期气候预测动力模式业务系统包括三种时间尺度的气候预测，即单纯用大气模式进行的月尺度动力延伸预测；用中等分辨率海气耦合模式所作的季节预测（它同时嵌套一个高分辨率的东亚区域气候模式）；以及用简单海气耦合模式对ENSO事件年际变化的预测。上述三种模式与前处理资料同化系统和后处理子系统有机地形成我国第一代可供业务应用的动力气候模式预测系统，同时也为气候变化研究提供有力工具。模式业务系统的流程如图5.20所示。

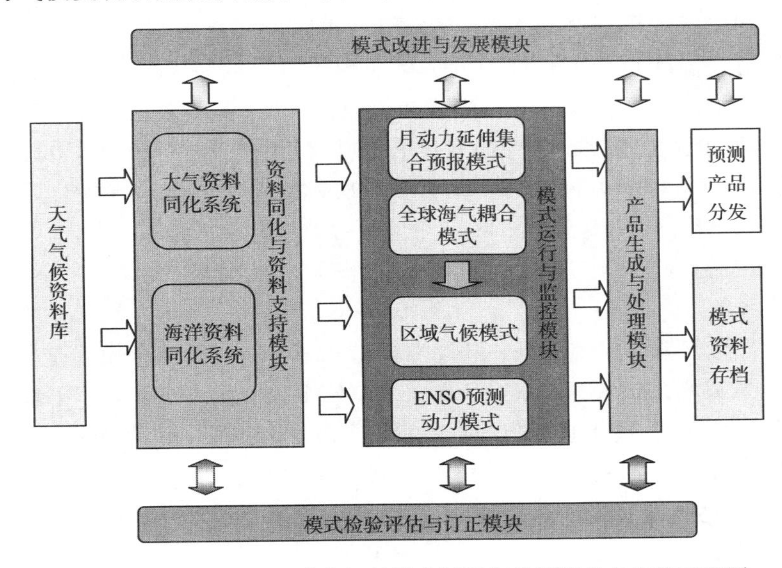

图5.20 国家气候中心动力气候模式短期气候预测业务系统流程图

(1)月动力延伸预报系统

1)模式介绍

目前月动力延伸预报使用的是“九五”期间国家气候中心与中国科学院大气物理研究所等单位合作研制的一个中等分辨率的全球大气环流模式(BCC_AGCM1.0)。该模式包含辐射、大尺度降水、积云对流、蒸发、凝结、边界层、陆面过程等较全面的物理过程，也包括对大地形的处理。在计算上采用半隐式时间积分格式。模式的原始模型为国家气象中心的中期天气预报业务谱模式，其更早的来源可追溯到欧洲中期天气预报中心的1988年Cray机版本的中期预报模式。模式水平方向采用三角形截断，取63波（近似于1.875°×1.875°），垂直方向分成16层（模式顶层约为25 hPa，模式底层约为996 hPa），采用P-σ混合坐标（η坐标），时间步长为22.5 min，其详细介绍参见董敏(2001)。

在发展国家气候中心的短期气候预测模式的过程中，对原中期数值预报模式动力学框架与物理过程参数化方案等进行了以下几个方面的改进：

◆ 加入参考大气方案和质量守恒方案，经过多年积分的比较，证明改进后的模式提高了陡峭地形处气压梯度力的计算精度，改善了数值预报和气候模拟的结果；

◆ 采用逐步循环订正法，消除了原来初始场中负水汽质量的问题；

◆ 改进半拉格朗日方法计算水汽输送，提高了对水汽输送计算的精度；

◆ 引入 Morcrette 和 k-分布辐射方案，经过对比试验，证明新方案提高了辐射分量的计算精度，改进了对环流场和降水场的预报；

◆ 用 Gregory 的质量通量方案代替原来的 Kuo 氏对流参数化方案，改进了模式对我国雨带分布的预报能力；

◆ 对原模式陆面过程的参数化进行了重大改进，加入了 Dickenson 的 BATS 及孙菽芬的三层雪盖模式，这项工作大大提高了该模式气候模拟的潜力；

◆ 对重力波阻和边界层对流扩散进行了改进提高，增加了模式对近地面过程的描述能力；

◆ 把原模式中固定的气候边界条件(海表面温度、土壤深层温度和湿度在模式积分过程中保持月平均值)，改为由月平均场插值到每一天，增加了与气候相关的下边界条件；

◆ 技术方面，完成了模式的并行运算方案。

BCC_AGCM1.0 模式在使用前已经进行了近 20 年的回报试验，同时也在 AMIP-Ⅱ 计划所规定的海温、海冰条件下对模式进行了检验，表明该模式具有较好的模拟和预测能力。

2)具体预报方法

国家气候中心月动力延伸预报系统是利用全球大气环流模式和持续的海温异常，每天运行 8 组 45 天的集合预报。大气初始条件采用全球大气同化资料(由国家气象中心 T213 模式提供)，海洋边界条件采用最近的周平均海表温度距平用外推的方法生成预报时段的海温强迫场。每次预报最多包括 40 个集合成员，其中 20 个由落后平均法(LAF)生成初值，20 个由奇异向量法(SVD)的扰动生成初值。预测产品包括月平均的地面温度、降水、海平面气压、$Z200/Z500/Z700$、$U200/U700$、$V200/V700$、环流特征量及其异常等。预测产品频率为每候第一天更新一次，对 40 组成员进行集合，预测时段为未来 1～10 天、11～20 天、21～30 天、31～40 天、1～30 天和 11～40 天。

(2)季节预测模式系统

1)海气耦合模式系统

季节预测需要运行海气耦合模式 BCC_CM1.0。全球海—陆—气耦合模式是由全球大气环流模式 BCC_AGCM1.0 与全球海洋环流模式(NCC/LASG OGCM1.0)通过日通量距平耦合方案在开洋面上的逐日通量距平耦合来实现的(俞永强，张学洪 1998)。在此全球耦合模式中，大气模式先积分一天，并把表面的日平均热量和动量距平传送到海洋模式；然后海洋模式积分一天，把日平均的海表面温度(SST)距平传送到大气模式，如此循环往复。模式中没有考虑海洋模式和大气模式之间的淡水通量交换。

全球海洋环流模式(NCC/LASG OGCM1.0)是在中国科学院大气物理研究所原有的全球海洋环流模式的基础上发展起来的(Zhang 等 1989，金向泽等 2000)。该全球海洋模式的水平分辨率约为 T63 (1.875°×1.875°)，垂直方向分 30 层，其中 250 m 以上分为 10 层，250～1000 m 分 10 层，再往下至 5600 m 分 10 层，这样使得温跃层内的分辨率大大提高。该模式没有采用“刚盖”近似，因此海表面高度是模式的一个预报量。模式的控制方程是斜压原始方程组，为了方便描述自由面及处理复杂的海底地形，模式垂直坐标采用了 η 坐标系统。自由海面高度的引进，使得海洋模式的原始方程中包括了快速的重力外波。模式的海水状态方程是根据一个三阶多项式拟合的 UNESCO 公式计算的，只计算密度对温度和盐度的扰动量，即扣除了所在深度的参考层结。在模式积分过程中，为节省计算机时，采用了正、斜压分离—耦合算法。在斜压模内部，温盐过程又进一步被从动量过程中分离出来。模式的正压模、斜压模和温盐过程的时间积分均采用蛙跃格式，但时间步长有所不同。正压步、斜压步、温盐步的时间步长分别是 2 min、4 h、8 h。

大洋表面的边界条件是一种牛顿张弛型的边界条件，表面热量通量的计算采用 Haney(1971)型海表热通量公式。当模式预报的 SST 达到冰点时出现海冰。由于考虑了“水道”，有海冰覆盖的网格中的海温主要受海气之间通过水道交换的热量所控制，因此，模式中不仅考虑了海冰厚度的变化，也考虑了海冰面积和水道面积的相互消长。在次网格尺度物理过程参数化方面，为了改进海洋主温跃层的模拟，这个海洋模式还采用了 Gent 和 McWilliams(1990)发展的沿等密度面的混合方案。在 30°N～30°S 的热带海洋上层，为了改善对赤道温跃层的模拟，引进 Pakanowski 和 Philander(1981)的海洋上层垂直混合方案。此外，还采用了 Rosati(1988)太阳短波透射的参数化方案，但根据模式需要，修改了有关参数。海洋环流模式(L30T63)的控制试验已稳定积分了 3000 年以上，并已和多个大气环流模式实现了耦合，进行了一系列模拟试验。基本的评估结果表明，L30T63 的性能至少具有目前国际上全球海洋模式的平均水平。

对此全球海—陆—气耦合模式 BCC_CM1.0 进行的 200 年(1900—2100 年)的控制试验积分表明，此全球耦合模式能较好地反映气候状态。现已用于国家气候中心的短期气候预测业务和长期气候变化模拟研究。

在应用海气耦合模式进行季节预测时需要给定大气和海洋的初值。在 2003 年 9 月以前，大气初值由国家气象中心 T63 大气同化系统提供，在此之后，则转换为由国家气象中心 T213 中期数值预报同化系统为基础进行降阶从而得到 BCC_CM1.0 耦合模式系统的大气初值场；大气初值包括的变量为两类：一类是地形、地面温度、深层温度、地面水汽、深层水汽、雪层厚度、陆/海分布、粗糙度高度、太阳反照率、降雪量、植被比率等一些模式陆面特征参数；另一类是散度、涡度、水汽、温度在模式各垂直坐标面上的谱系数场以及地面气压的谱系数场。海洋初值由国家气候中心海洋资料同化系统(BCC_GODAS1.0)提供，主要包括：海面高度、海洋模式各垂直坐标面上盐度、海温和风应力、海冰厚度、冰场指数、冰面积百分率。海洋同化系统的海洋模式和海气耦合模式的海洋模式是同一个模式，资料模式初始场的各个物理量之间以及初始场和模式之间有很好的协调，可以提高模式的模拟和预测能力。

国家气候中心海气耦合模式集合方案采用的多初值集合法。大气初值采用每个月末最后 8 天的值，海洋初值采用了物理过程扰动法，即采用多种同化资料方案，将海洋资料同化系统中的观测误差协方差矩阵系数和背景场误差协方差矩阵系数考虑了 6 种情况的结果。海洋初值和大气初值两两结合，共有 6×8=48 个初值，将 48 个初值得到的预报结果进行集合，从而得到海气耦合模式的集合预测结果。

2)海洋资料同化系统

海洋资料同化系统是为我国海气耦合模式 BCC_CM1.0 进行季节和跨季度的气候预测业务提供可靠的海洋初始场资料。该系统包含观测资料预处理系统、变分插值分析系统和所应用的海洋动力模式。插值分析系统采用四维同化技术方案，在时间上开一个四周的窗口，将此窗口之内的观测资料以一定的权重插入插值分析系统，在空间上采用三维变分求解泛函 I(cost functional)的极值，海洋动力模式选用 NCC/LASG OGCM(T63L30 分辨率)版本。该系统从 1982 年到 2003 年 3 月在热带太平洋的部分同化分析结果，与 NCEP 的结果进行了对比分析，结果表明，该系统的同化结果(如 SST、SSTA、Nino 指数、次表层海温变化等)与 NCEP 的同期的同化结果非常一致，同时，对模式的气候场有很好的改进。

3)区域气候模式预测系统

季节预测模式系统中使用的区域气候模式(RegCM_NCC)是国家科技部“九五”重中之重项目“我国短期气候预测系统的研究”中“高分辨率区域气候模式的研制”专题的一项研究成果。该模式是在美国国家大气研究中心(NCAR)第二代区域气候模式 RegCM2(1996 年版本)的基础上，通过改进其中的主要物理过程参数化方案，并将模式范围拓展到包含青藏高原在内的东亚区域而形成的(丁一汇等 2000)。在基本保留 RegCM2 物理方案的情况下，RegCM_NCC 改进了陆面过程、积云对流、辐射过程、边界层和地形处理等多方面的物理过程参数化方案，详细的方案对比见表 5.2。主要包括以下四个方面。

◆ 陆面过程方面，改进了陆面特征参数（地表植被、粗糙度长度和地面反照率等）的赋值方法，更新了大气和下垫面的交换系统算法，改进了原来模式中采用的生物圈—大气传输方案（BATS）中的土壤温度和土壤湿度的求解方法以及积雪过程的描述方案。结果表明，改进之后的模式对于不同年份的异常降水过程中的陆面特征量和降水的模拟效果都有了显著的改进。

◆ 积云对流过程方面，在 RegCM2 已有的两个方案选项的基础上，又增加了两个选项，即修正的质量通量积云对流参数化方案（MFS）和 Betts_Miller 对流参数化方案。模式结果表明，1991 年夏季江淮地区的特大降水过程与 1994 年华南特大暴雨过程的模拟效果，都比原模式更为合理。

◆ 模式中利用 CCM3 的辐射方案取代了原来的 CCM2 辐射方案。

◆ 用于边界层过程和地形处理方案，采用了湍流动能（TKE）闭合方法、包络地形和重力波拖曳方法，模式用于 1991 年的个例试验，也能够改善对气候系统和气候要素的模拟效果。此外对于区域气候模式的嵌套方案也做了改进试验，按上述各改进方案予以组装和整体调试，并进行了数值试验的检验。结果表明 RegCM_NCC 不仅可以合理地模拟不同地区的环流特征，而且可以真实再现东亚季风区降水的时空演变特征。该模式已实现与 T63 全球海气耦合模式的单向嵌套，目前已成为模式预测系统中针对东亚区域进行预测的重要工具。

表 5.2　物理过程参数化方案对比

物理过程参数化	NCAR RegCM2	RegCM_NCC
陆面过程	BATS	Modified BATS：LPM-Ⅰ，LPM-Ⅱ
积云对流	Kuo-Anthes Grell	Mass Flux Scheme Betts-Miller
辐射传输	CCM2	CCM3
边界层	Holtslag	TKE
地形处理（青藏高原）	无	包络地形，重力波拖曳
三维嵌套	无	有

利用 RegCM_NCC 利用该模式进行的 10 年（1991—2000 年）模拟试验，结果表明该模式能够较好地模拟东亚季风区的重要气候事件，尤其是东亚季节雨带的时空演变特征，能够较好地模拟出 1991 年夏季长江流域的特大洪涝灾害、1994 年的华南暴雨、1998 年的长江流域特大降水过程等。为了将区域

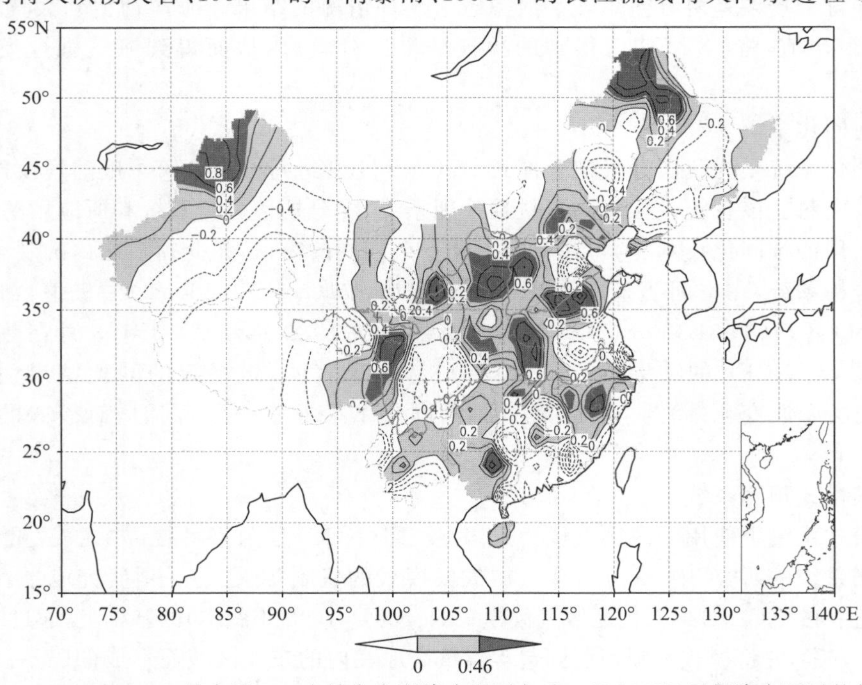

图 5.21　1991—2000 年 6—8 月中国 160 个站点实况降水距平与 RegCM-NCC 回报降水距平的相关系数分布

（浅的阴影区代表正相关系数区域，深的阴影区为相关系数通过 90% 信度检验区）

气候模式应用于短期气候预测的业务中，使用国家气候心中心全球海气耦合模式(BCC_CM1.0)单向嵌套区域气候模式RegCM_NCC对1991—2000年中国夏季降水进行了10年数值回报试验。从模式回报的结果来看，模式基本上能够反映这10年夏季的平均状况。用国家气候中心预报评分、技巧评分、距平相关和异常气候评分四种评估参数对模式的回报试验进行了总体评估分析，表明该模式对我国汛期降水具有一定的跨季度预报能力，对部分地区(西部、东北、长江下游等)有较强的预报能力。从相关系数来看，预报准确率较高的地区是：中国东北地区的北部，内蒙古—河套—长江中游地区，新疆的西北部，西藏的东部和四川的西部，江南部分地区，广西部分地区(图5.21)。

在10年回报试验的基础上，从1998年开始，利用BCC_CM1.0-RegCM_NCC开展了中国地区的实时季节预报，每年的3月和10月发布汛期和冬季的预报结果。预报结果表明，RegCM_NCC对中国地区的气候特征有一定的预测能力，如1998年、2001年、2002年和2003年的汛期预报都比较成功，以2003年为例，模式成功地预报了这一年夏季黄淮流域之间的异常多雨地区，也预报出长江流域地区降水较正常年偏低的趋势(图5.22(彩))。近年来，该区域气候模式已经成为国家气候中心及部分区域气候中心短期气候预测业务的主要工具之一。

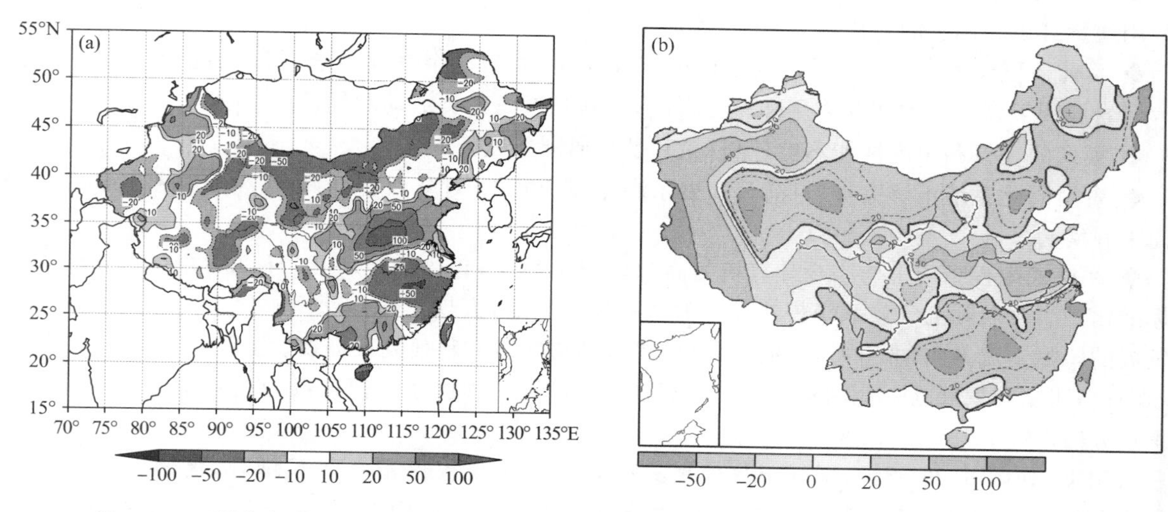

图5.22 区域气候模式(a)预报的2003年汛期(JJA)降水距平百分率(%)和(b)实况(%)的比较

4)ENSO预测系统

ENSO预测模式也是国家科技部"九五"重中之重项目"我国短期气候预测系统的研究"中"ENSO年际变化预测模式的研制"专题的研究成果，它们是由国家气候中心、中国气象科学研究院、上海台风研究所等单位共同完成的。在引入美国哥伦比亚Lamont-Doherty地球观象台模式(Cane-Zebiak模式)和英国牛津大学模式的基础上，通过调整诸如海洋混合层上翻强度等物理参数化过程参数、热通量项、引入资料初始化和计算函数、模式区域扩展到全球热带海洋等，建立了NCCo，NCCn，NCC/STI，NCC/NJU和NCC/NIM五个子模式组成的简化海气耦合模式系统，专门用于ENSO业务预测。它们的预测模拟范围在热带太平洋或热带海洋。目前，NCCo模式、NCCn模式、NCC/NIM模式和CAMS/NJU模式的业务运行模块已经建成，可以进行逐月滚动的ENSO预测，预测产品包括赤道海平面温度距平和Nino区指数等。

5)模式检验评估系统

模式检验评估系统是国家气候中心短期气候预测模式业务系统的重要组成部分。选用了五种指标对预测试验结果进行定量评估，即中国汛期预测业务预报评分(P)、相对于气候预报(距平为零的预报)的技巧评分(SS)、距平(距平百分率)符号一致率(R)、距平相关系数(ACC)以及WMO推荐的RMSSS和ROC评估方法。

业务预报评分和技巧评分方法是国家气候中心气候诊断预测室的两种评分方法(陈桂英 1998)。距平(距平百分率)符号一致率(简称同号率)是过去不少长期天气预报方法用来检验预报效果的一种方法，它是指预测降水距平与实况降水距平百分率符号相同或相差为零的格点数与评价区总格点数的百分比。距平相关系数(ACC)是世界气象组织(WMO)于1996年11月在意大利召开第十一届工作会议上确定并建议使用的指标。"九五"期间，"我国短期气候预测系统的研究"项目评估组确定，把距平相关系数与预报评分和技巧评分一起列为我国短期气候预测水平评估参数。

这五种评分方法从不同角度反映了预报技巧，我们利用它们来综合考察国家气候中心全球大气—海洋耦合模式的预测能力。

5.6.3 新一代短期气候预测模式系统的研发

尽管我们已建立了我国第一代可用于我国短期气候预测业务和气候变化研究的动力模式系统，我们也清楚地认识到，还存在以下一些主要问题和不足。

◆ 大气和海洋模式物理过程参数化不够完善、精细，比如云的准确描述、云—辐射参数化、边界层过程、大气化学过程、生物地球化学过程等都有待完善；模式分辨率也需进一步提高。

◆ 在耦合方法上，目前仍还停留在海—气之间通量距平耦合，离目前世界上模式耦合主流方法(毋需采用通量订正和调整的直接耦合)相差甚远。

◆ 目前还仅仅考虑了海—陆—气之间的相互作用，对于整个气候系统而言，耦合需要包括海、陆、气、冰、岩石圈等多圈层的相互作用和相互影响，尤其是考虑人类活动对气候的影响。

◆ 模式的模拟和预测性能不够理想，尤其是在亚洲季风区。

◆ 资料同化系统不够完善；目前只开展了海洋温盐同化，对陆面资料、非常规资料和卫星资料同化等尚未开展。

◆ 在模式编程结构上与当今计算机的高速发展不协调；程序的模块化、计算的并行化和输入输出的标准化是当今国际上气候系统模式发展的基本技术特点，大规模并行计算机代表着当今高性能计算机发展的国际主流方向，非并行化的模式系统难以适应业务和科研发展需要。

因此，建立和发展新一代的包括海—陆—气—冰耦合的气候系统模式成为近几年来气候模式发展的重点方向。

事实上，如图5.23所示，国际上气候模式的发展已不仅仅停留在海气耦合，更多关注的是气候系统内部圈层之间的相互作用。关键的模式分量有大气、陆面、海洋、海冰、气溶胶、碳循环、植被生态和大气化学等。这些模式分量首先是独立发展和完善，最后耦合到气候系统模式中。模式的发展密切依赖于对控制整个气候系统的物理、化学和生态过程以及它们之间的相互作用的认识和理解程度的不断提高。计算机运算能力的不断提升也为模式发展创造了条件，模式也因此变得越来越庞大

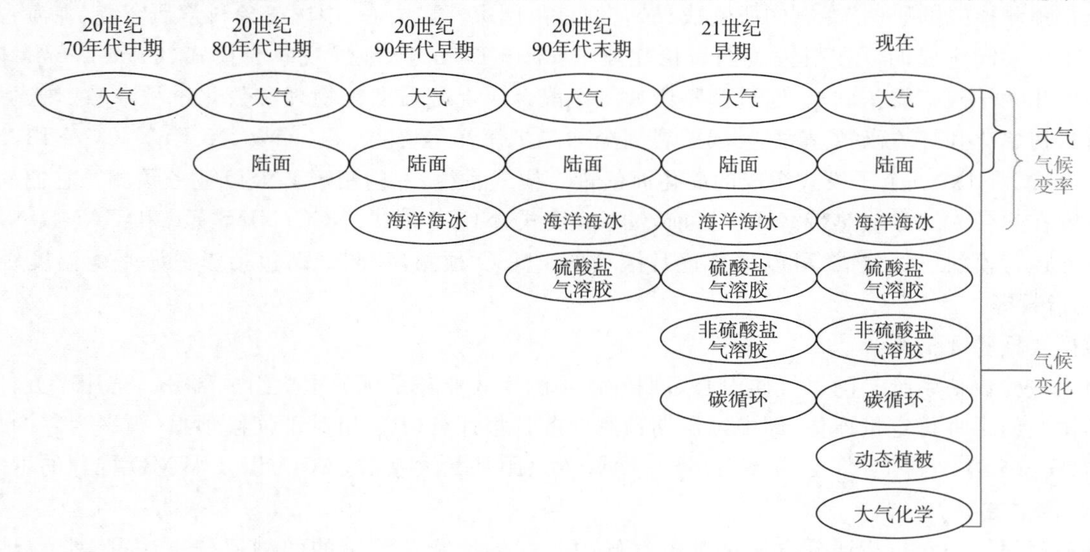

图5.23 气候模式发展简史示意图

和复杂。到现阶段为止,气候系统模式除了大气—陆面—海洋和海冰相互耦合外,还同时耦合了气溶胶和碳循环等过程。在未来的发展中,动态植被和大气化学过程也将陆续耦合到气候系统模式之中。

自2004年,开始组织开发中国气象局大气—陆面—海洋—海冰多圈层耦合的气候系统模式(图5.24),在2008年年底,已建立一个可应用于开展短期气候预测,同时可以开展IPCC第五次评估报告(AR5)所要求的气候变化研究的多圈层气候系统模式版本BCC_CSM1,该BCC_CSM1模式实现了全球大气环流模式BCC_AGCM2.0.1通过耦合器与陆面过程植被碳循环模式BCC_AVIM1.0.1、全球海洋环流模式MOM4-L40、全球海冰动力热力学模式SIS的动态耦合,且已包含了陆面碳循环和动态植被、海洋生物地球化学和碳循环过程,能够基本满足IPCC AR5气候变化预估对气候模式的要求。该模式已积分500年,模式性能稳定,也通过初步的检验,对当今气候也具有一定的模拟能力。

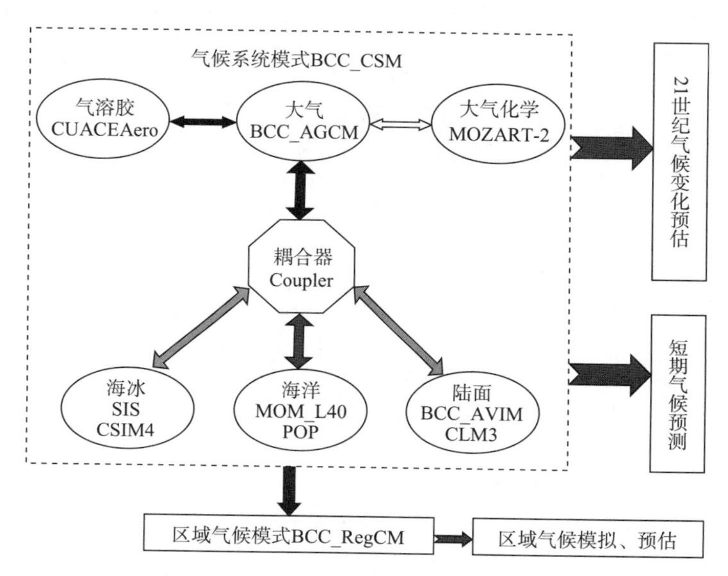

图5.24 新一代气候系统模式示意图

(1)全球大气环流模式

BCC_AGCM2.0.1是全球谱模式,水平分辨率可调(缺省为T42波,相当于2.8125°纬度×2.8125°经度),垂直分为26层。模式中引入了独特的参考大气和参考地面气压,该参考大气更加适合于对流层中上层和平流层的大气热力结构,这样的处理可以减少由于模式垂直分层的不均匀性和地形截断误差等对模式的影响。温度和地面气压本身不再是预报变量,预报对象变为温度与参考大气温度、地面气压与参考地面气压之间的偏差;除水汽预报方程采用半隐式半拉格朗日方法求解外,涡度、散度、温度偏差和地面气压偏差预报方程均采用显式或半隐式欧拉方法求解,有关模式动力框架的详细介绍及其可用性可参考Wu等(2008)。模式物理参数化方案大多以CAM3为基础,但有以下几个方面的改进:引入了Zhang(2005)最新质量通量型积云对流参数化方案,并对其作了进一步调整;引入了颜宏(1987)的整层位温守恒干绝热调整方案;采用Wu和Wu(2004)提出的积雪面积覆盖度参数化方案;考虑到海浪的影响,对洋面感热和潜热通量参数化方案也作了调整;详细的说明及有关该模式的全面介绍可参考Wu等(2010)。通过AMIP试验结果表明,BCC_AGCM2.0.1模式对降水(图5.25,图5.26(彩),图5.27(彩))、气温、大气热力结构和大气环流等气候态和季节变化有较好的模拟能力(Wu等2010)。

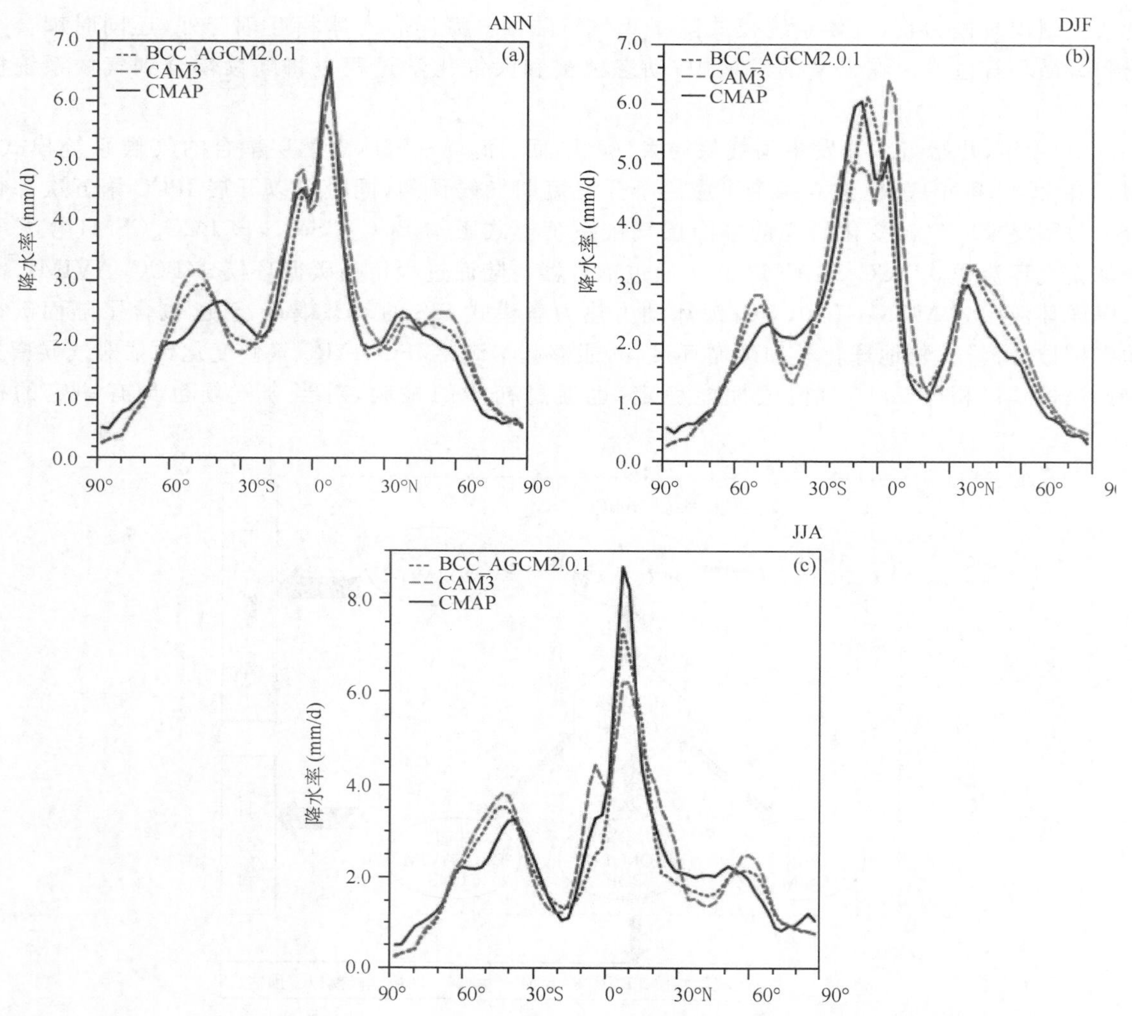

图 5.25 BCC_AGCM2.0.1 所模拟的 30 年(1971—2000 年)全球(a)、冬季(b)、夏季(c)各纬圈平均的降水率(mm/d)和 NCAR CAM3 模式模拟、CMAP 实测气候的比较(Wu 等 2010)

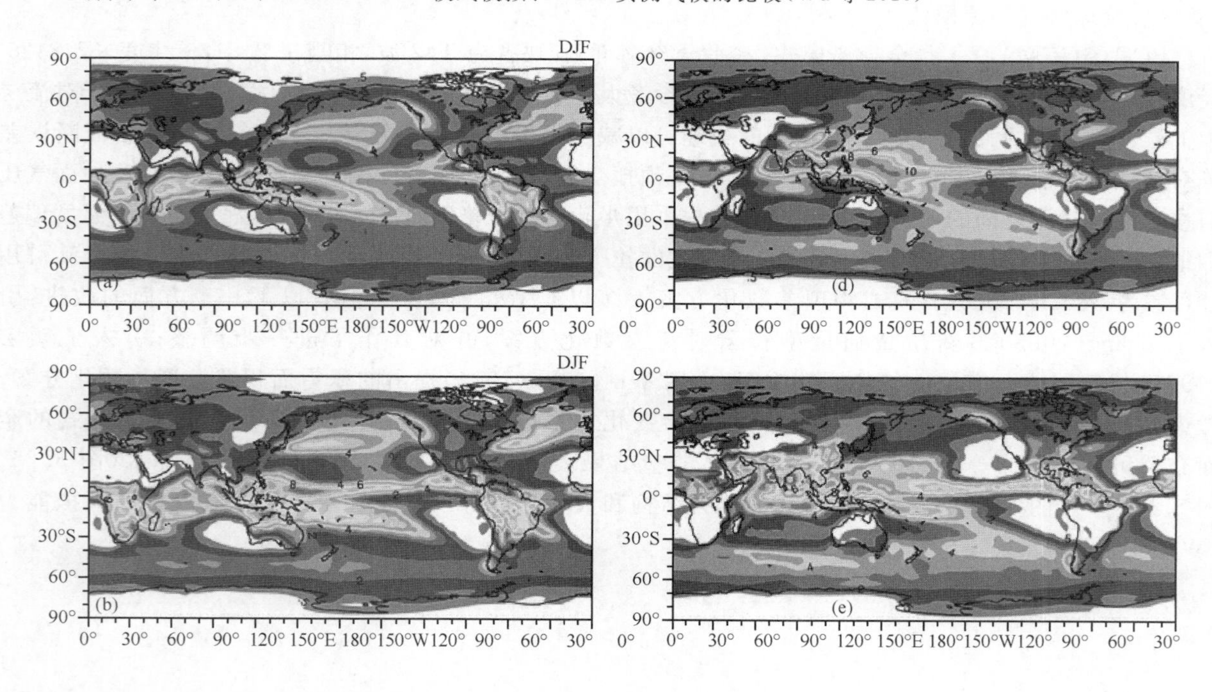

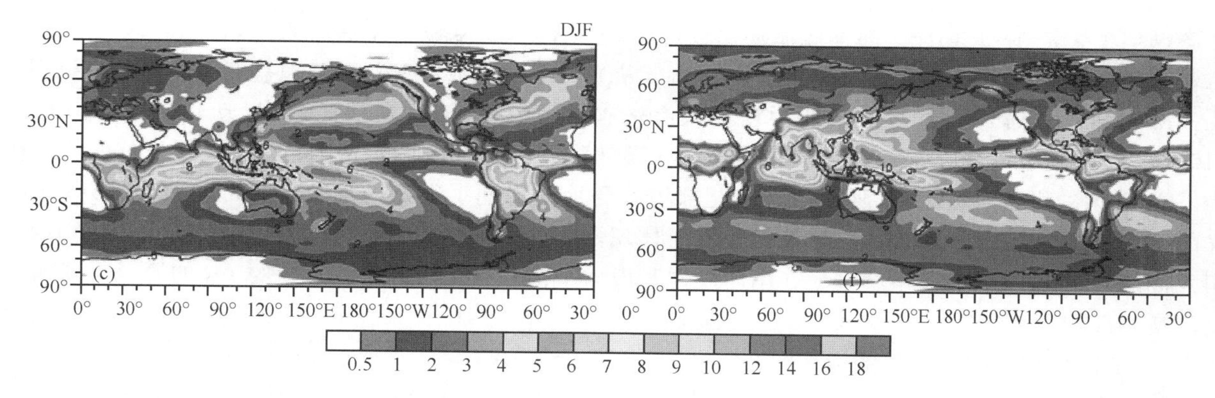

图 5.26 BCC_AGCM2.0.1 所模拟的 30 年平均冬季(DJF,(a))和夏季(JJA,(d))平均降水率(mm/d)气候和 NCAR CAM3 模式模拟((b)、(e))、Xie-Arkin 实测的冬季((c))和夏季((f))降水气候的比较(Wu 等 2010)

(2)陆面过程模式

BCC_AVIM 模式是在 NCAR-CLM3 物理模块基础上,融合了中国学者发展的动态植被模型 AVIM2(季劲钧,余莉 1999,Ji 等 2008),可以描述植被光合作用固定 CO_2、植被生长、植被凋落、土壤呼吸释放 CO_2 返回大气的陆地碳循环过程。用 NCEP 再分析资料驱动 BCC_AVIM 模型进行了 300 年积分实验,结果表明,该模型可以比较合理地描述全球陆地植被的季节变化(叶面积指数 LAI),能够合理模拟植被净初级生产力(NPP)、陆地生态系统净生产力(NEP)。与大气环流模式的长期耦合积分实验以及通过耦合器与其他分量模式的长期积分实验结果表明,BCC_AVIM 性能稳定,与海洋碳循环模型一起可用于 IPCC AR5 要求的模拟碳循环过程的长期积分实验。目前的初级版本命名为 BCC_AVIM1.0.1。

基于 CLM3 的物理框架,BCC_AVIM 模型中的下垫面类型包括土壤、湿地、湖泊、冰川、城市,土壤垂直方向分 10 层,植被 1 层(包括 15 种植被功能型),积雪依据厚度最多分 5 层。每个网格中最多考虑 4 种植被类型,陆地网格向大气的通量按次网格分量的面积加权平均计算。BCC_AVIM1.0.1 采用了不同于 CLM3 的积雪覆盖率计算方案。

植被按功能型分为 15 类(温带常绿针叶林、北方常绿针叶林、北方落叶针叶林、热带常绿阔叶林、温带常绿阔叶林、热带落叶阔叶林、温带落叶阔叶林、北方落叶阔叶林、温带常绿阔叶灌木、温带落叶阔叶灌木、北方落叶阔叶灌木、北极草、庄稼等)。不同植被类型具有不同的冠层辐射参数、根分布参数、光合作用参数。植被叶面气孔阻抗和光合作用率的计算与 CLM3 相同,光合作用产物 GP 用于植被呼吸消耗、生长。

(3)全球海洋和海冰模式

全球海洋环流模式(OGCM)经历了从最初的理想箱模式到二维纬向平均模式再到三维环流模式的发展历程。目前随着计算机技术的发展,高性能计算机允许 OGCM 的水平分辨率从涡相容(eddy-permitting)向涡分辨(eddy-resolving)推进,以分辨中尺度涡旋的要求。针对我国关注重点为热带太平洋,印度洋海域,近年来大量研究工作致力于这一区域的模拟改进,从空间分辨率增加,地形修正,动力框架以及物理参数化方案的改善,以期对影响我国气候的热带海洋热动力结构模拟更接近观测。BCC 引入 GFDL 海洋环流模式 MOM4,并针对研究重点主要放在热带大洋,将水平分辨率调整为南北纬 30°以外 1°,南北纬 30°以内逐渐递减至赤道 0.3°。垂直方向 40 层,其中上层 200 m 每 10 m 一层。

目前已将 OCMIP2 中的碳模块引入 MOM_L40 中。采用 NCEP 再分析资料作为强迫场,海温每 10 天恢复一次,盐度每 30 天恢复一次,从静止开始积分,已积分 110 年,选取最后 10 年进行分析。气候平均态模拟评估表明 MOM_L40 能够再现海洋大尺度热力结构和环流场的基本特征。模拟的上层海温,上层盐度,海表高度场,正压流函数基本合理。赤道太平洋 SST 的季节变化与观测一致。

MOM4_L40 模式中已经加入海洋碳循环模块,形成一个可以模拟海洋碳循环过程的模式。这个海洋碳循环模块是在 OCMIP2(海洋碳循环比较计划)生物碳模式基础上发展起来的,包括了较为完整的海洋碳循环过程。海洋 CO_2 分压从模式的溶解无机碳(DIC)、碱(ALK)、温度和盐度等要素计算得到。

MOM4_L40 全球海洋环流模式中已加入海洋碳循环模块,模式从初始(无运动)状态积分,积分 110 年。虽然积分时间还很短,但单独海洋模式已经模拟出了 CO_2 通量在空间上的主要分布特征。作为 CO_2 源区的赤道东太平洋、阿拉伯海东北部等主要地区得到了很好的反映。热带大西洋、热带印度洋的正值也是合理的。模拟的 CO_2 汇区也有所体现,如北太平洋和北大西洋等地区,不足是强度不够。南大洋的 CO_2 通量的分布不合理。在南印度洋和南太平洋各有一块正值区,这种 CO_2 的源区与观测的汇区是相反的。

(4)多圈层耦合的气候系统模式

2004 年起,中国气象局着手开发新一代气候系统模式,新版的气候系统模式也是基于耦合器结构(以 NCAR Coupler5 为蓝本)的,其中的大气分量模式是正在发展的全球大气环流模式 BCC_AGCM,陆面过程模式为 AVIM 基础上发展的 BCC_AVIM,海洋环流模式和海冰模式分量分别在 GFDL MOM4(Griffies 等 2004)和 SIS(Winton 2000,2001)的基础上改进发展,同时还将考虑大气化学模式和气溶胶模式等,建立多圈层的气候系统耦合平台。

目前,实现了全球大气环流模式 BCC_AGCM2.0.1 与陆面过程模式 CLM3、全球海洋环流模式 POP 和全球海冰动力热力学模式 CISM 的动态耦合,也初步检验评估了该模式性能。BCC_CSM1.0.1 模式是基于美国国家大气研究中心(National Center for Atmospheric Research,NCAR)的气候系统模式 CCSM2.0 发展而来的。同 CCSM2.0 一样,BCC_CSM1.0.1 包括四个分量模式:大气、陆面、海冰和海洋,各分量模式之间由耦合器 CPL5.0 进行耦合。BCC_CSM1.0.1 与 CCSM2 的主要区别在于大气模式和陆面模式,大气模式由 BCC_AGCM2.0.1 替代了 CAM2.0,陆面模式由 CLM3 替代 CLM2。海冰和海洋模式同 CCSM2.0,分别使用的是 CSIM4 和 POP。海洋和海冰模式均采用的是三级网格 gx1v3,水平分辨率约为 1°×1°,海洋模式的垂直分层为 40 层。该气候系统模式 BCC_CSM1.0.1 版本性能稳定,能够稳定积分 500 年以上。

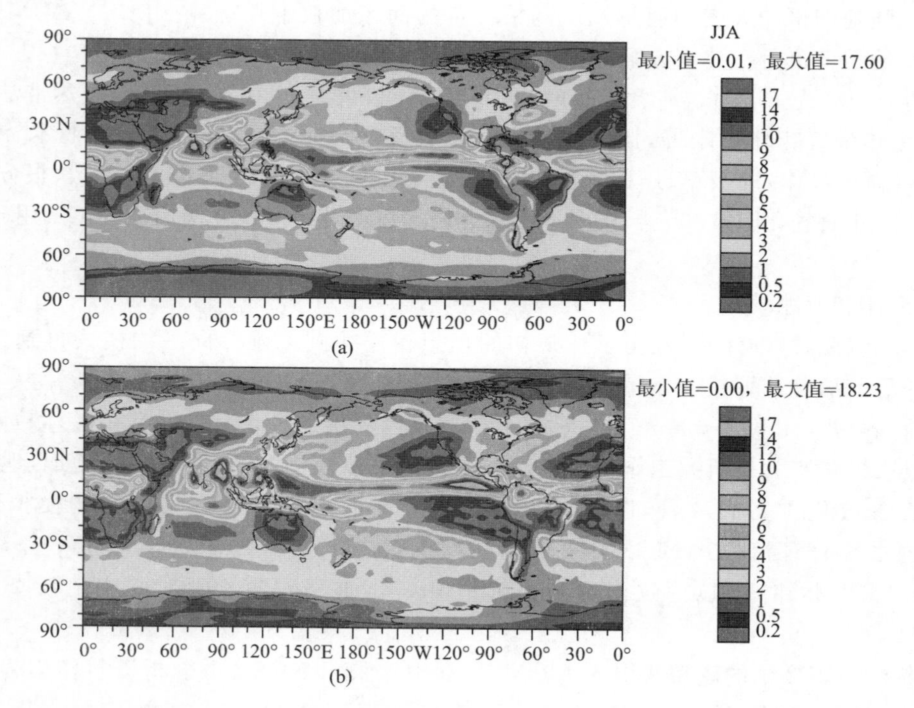

图 5.27 BCC_CSM1.0.1 模式模拟((a))和观测((b))的 1979—1998 年平均夏季降水率(单位:mm/d)

利用耦合模式 BCC_CSM1.0.1 模拟了20世纪气候。所用的外强迫因子主要是温室气体，包括 CO_2、CH_4、N_2O、CFC11 和 CFC12，未考虑硫酸盐气溶胶因子的影响。模式从1870年开始模拟，积分至1999年。模拟结果表明该耦合模式对20世纪气候及其变化特征具有较好的的模拟能力。BCC_CSM1.0.1 所模拟和观测（XIE-ARKIN）的1979—1998年平均夏季降水的分布以及二者之差见图5.27（彩）。可以看出，模式能够较好地再现出全球降水多雨带和少雨带的分布，对一些强降水中心如热带西太平洋、孟加拉湾和印度半岛以西的降水中心具有较好的模拟能力。与观测对比，模式的偏差主要表现为：模拟的副热带太平洋、青藏高原和阿拉伯海等地区的降水偏多；而在孟加拉湾、印度尼西亚地区和热带大西洋等地区降水偏少。

为满足参加 IPCC AR5 对模式的要求，也实现了全球大气环流模式 BCC_AGCM2.0.1 与陆面过程模式 BCC_AVIM、全球海洋环流模式 MOM4-L40 和全球海冰动力热力学模式 SISM 的动态耦合，建立了 BCC_CSM1.1.1 和 BCC_CSM1.1.2 版本，两者的区别在于 BCC_CSM1.1.1 模式未包含碳循环过程，BCC_CSM1.1.2 包含了全球碳循环。

所开发的新一代气候系统模式，将在2011年初投入我国短期气候预测业务应用。

(5)区域气候模式

配合新一代全球气候系统模式的发展，区域气候模式 RegCM_NCC 也在业务运行和科研的基础上不断地改进。国家气候中心引进了 RegCM 的新版本 RegCM3，该版本是意大利国际理论物理中心于近年间研制开发的区域气候模式 RegCM2 的改进版 RegCM3。区域气候模式 RegCM3 采用 MM5 的动力框架，垂直方向为 σ 坐标，水平方向采用“Arakawa B”交错网格。模式的主要物理过程包括辐射方案、陆面过程、行星边界层方案、积云对流降水方案、大尺度降水方案和气压梯度方案。RegCM3 中一共有6种侧边界处理方案可供选择，分别是固定边界、线性松弛边界、时间相关边界、时间变化及流入流出边界、海绵边界和指数松弛边界。气压梯度方案可以选择正常方式或静力平衡扣除方式。模式输出包括大气模式、陆面模式和辐射模式的结果，输出的物理量有40多种。

较之以往版本，RegCM3 在物理过程等多方面有了许多改进，RegCM3 的改进主要有：第一，用 NCAR CCM3 的辐射传输方案代替了原来的 CCM2 方案；第二，改进了云和降水的物理过程，引入次网格显式湿度方案(SUBEX)，以便更好地处理非对流性云和降水过程，减少数值点风暴的产生。积云对流降水方案除原来的 Grell 方案和 Kuo 方案外，新增了 Emanual 方案作为选择。海洋表面通量增加了新的参数化过程选择；第三，用 USGS 的全球陆地覆盖特征和全球30份高度资料创建模式地形，使模式能更精确地表示出下垫面的状况。最后改进了程序的设计，使模式更易于调试和应用。此外，模式的输入和输出等部分也更加简便，易于操作，同时在计算方面采用并行算法，极大地提高了计算效率。

国家气候中心在引进 RegCM3 之后，对该模式在东亚地区的模拟性能进行了一系列的检验，相比于原来的版本，该模式对中国区域降水等方面的模拟误差并未得到彻底的改进，因此目前正在着手对 RegCM3 的参数化方案做一些改进，重点仍然集中在对模式中积云对流参数化方案及地形等方面的改进。

另外，目前在全球模式中广泛应用的集合方法也可以应用在区域气候模式的季节预测及气候研究中，如使用多种边界条件的集合、多个区域模式的集合等。

(6)海洋和陆面资料同化系统

海洋资料同化系统能充分利用观测资料信息优化数值模式结果。作为第一代短期气候预测全球海气耦合模式组成部分的全球海洋资料同化系统，在国家气候中心短期气候预测业务中发挥了重要作用。海洋资料同化系统已经成为短期气候预测中不可或缺的部分。

随着国民经济和社会发展，迫切需要提升气候预测对公共服务的能力，尤其是防灾、减灾的能力，这就需要进一步提高气候预测的准确率。作为气候预测关键部分的气候数值模式及其同化分析系统也面临改革的需要，随着新一代全球气候系统模式的开发工作的全面展开，国家气候中心从2007年9月也开始着手发展新一代海洋资料同化系统(BCC_GODAS2.0)。

新一代海洋资料同化系统 BCC_GODAS2.0 是基于国家气候中心新一代气候系统模式 BCC_

CSM1.1的物理海洋分量模式MOM4_L40。同化方法采用目前各国业务单位普遍采用的成熟技术三维变分(3DVAR),能同化的观测资料包括:中国气象局GTS线路上的XBT、TAO等各种浮标观测资料;国内外多种卫星遥感观测资料包括高度计资料、海表温度资料,ARGO新型浮标观测资料等。

新海洋资料同化系统的发展,紧密围绕业务需求,着力解决目前海洋资料同化最关键的问题,卫星遥感观测资料的同化技术研究。观测资料是资料同化的基础。在能力允许范围内,尽可能多地利用观测资料是资料同化的原则。国家气候中心第一代海洋资料同化系统广泛利用了XBT,TAO等海洋浮标观测资料,进行同化,然而受当时客观条件的限制,卫星遥感观测资料没有引入同化系统。自20世纪90年代以来,由于基于泛函理论的三维/四维变分同化在气象数值预报的应用理论和技术取得突破,使得约占气象观测资料总量80%以上的各种非常规遥感观测资料可以用于提高数值预报的初值质量,从而大大加快了世界数值天气预报业务水平提高的步伐。目前,美国国家气候中心(CPC)、欧洲中心、英国气象局、日本气象厅等各国的气候中心都建立了业务海洋资料同化系统,业务经验表明,卫星遥感资料引入同化系统中,取得了显著的正效果。国家气象局卫星气象中心目前有海量卫星遥感资料亟待应用,我国的卫星遥感资料应用能力大大低于其他国家,卫星遥感资料在国家气候中心海洋资料同化系统中的应用还是空白。BCC_GODAS2.0的开发中重点研究卫星遥感资料的同化和质量控制技术,多种卫星遥感资料正在有计划、有步骤的引入同化系统中。目前,BCC_GODAS2.0能同化的卫星遥感资料包括:国外的卫星高度计资料(T/P,Jason-1)、卫星海表温度资料(AVHRR,TMI,FY-3)。我国的风云系列卫星遥感资料的同化应用是目前的研究重点。BCC_GODAS2.0中卫星遥感观测资料目前已经占了总量的60%。卫星遥感资料的质量控制系统也随着遥感资料的同化应用而初步建立。通过与NOAA同类质量控制系统比较,该系统能达到业务同化的需求。

针对卫星遥感资料特点,BCC_GODAS2.0中引进了垂向投影和动力约束的同化技术,能将表层的遥感信息传递到海洋深层,达到优化整层海洋模式的目的;系统引入了先进的递归滤波技术,解决同化中背景误差协方差矩阵的计算效率问题;为满足业务预测时效需求,提高运行效率,系统采用MPI并行技术。BCC_GODAS2.0目前能在中国气象局IBM大型工作站上稳定运行,初步试验结果表明同化系统能对多种观测资料进行有效同化,改善模拟效果。

随着多圈层的全球气候系统模式的发展,从2008年9月开始,国家气候中心开始发展与陆面模式相匹配的陆面资料同化系统。该系统运用集合Kalman滤波同化方法,以国家气候中心第一代陆面模式BCC_AVIM模式为基础,发展能够同时同化多源卫星遥感数据和同步优化模式参数的方案。该方案在同化过程中引入陆面模式不同土壤层之间的约束关系,使表层的观测信息能有效向模式深层传播,从而提高同化产品在气候预测中的应用水平。该同化系统目前正在开发之中。

参考文献

Albers S C, McGinley J A, Birkenheuer D L, Smart J R. 1996. The local analysis and prediction system (LAPS): Analyses of clouds, precipitation, and temperature. *Wea. Forecasting.*, **11**, 273-287.

Andrew Staniforth and Jean Côté. 1991. Semi-Lagrangian integration schemes for atmospheric models—A review. *Monthly Weather Review*, **119**, 2206-2223.

Arakawa A, Shubert W H. 1974. Interaction of a cumulus cloud ensemble with the large-scale environment. Part I. *J. Atmos. Sci.*, **31**, 671-701.

Bates J R, Semazzi F H M, Higgins R W, Barros S R M. 1990. Integration of the shallow water equations on the sphere using a vector semi-Lagrangian scheme with a multigrid solver. *Mon. Wea. Rev.*, **118**, 1615-1627.

Bermejo R, Staniforth A. 1992. The conversion of semi-Lagrangian advection schemes to quasi-monotone schemes. *Mon. Wea. Rev.*, **120**, 2622-2632.

Chen D H, Xue J S, Yang X S, *et al*. 2008. New Generation of multi-scale NWP system (GRAPES): General scientific design. *Chinese Science Bulletin*, **53**(22), 3433-3445.

Courtier P, Thépaut J N, Hollingsworth A. 1994. A strategy for operational implementation of 4D-VAR, using an incremental approach. *Quart. J. Roy. Meteor. Soc.*, **120**, 1367-1387.

Cullen M J P, Davies T, Mawson M H, *et al*. 1997. An overview of numerical methods for the next generation UK NWP and climate model. in 'Numerical Methods in Atmosphere and Ocean Modelling'. The Andre Robert Memorial Volume. (C. Lin, R. Laprise, H. Ritchie, Eds.), Canadian Meteorological and Oceanographic Society, Ottawa, Canada, pp425-444.

Cullen M J P. 2000. On the accuracy of the semi-geostrophic approximation. *Quart. J. Roy.* Meteor. Soc, **126**, 1099-1115.

Fouquart, Bonnel B. 1980. Computations of solar heating of the Earth's atmosphere: A new parameterization. *Beitr. Phys. Atmosph.*, **53**, 35-62.

Gal-Chen T, Somerville R C J. 1975. On the use of a coordinate transformation for the solution of the Navier-Stokes equations. *J. Comput. Phys.*, **17**, 209-228.

Gent P R, McWilliams J C. 1990. Isopycnal mixing in ocean circulation models. *J. Phys. Oceanogr.*, **20**, 150-155.

Golding B W. 1998. Nimrod: A system for generating automated very short range forecasts. *Meteor. Appl.*, **5**, 1-16.

Griffies, Stephen, Matthew J Harrison, Ronald C Pacanowski, Anthony Rosati. 2004. *A Technical Guide to MOM4*, GFDL Ocean Group Technical Report No. 5, Princeton, NJ: NOAA/Geophysical Fluid Dynamics Laboratory, 342 pp.

Haggmark L, Ivarsson K I, Gollvik S, Olofsson P O. 2000. Mesan, an operational mesoscale analysis system. *Tellus*, **52A**, 2-20.

Haney R I. 1971. Surface thermal boundary condition for ocean circulation models. *J. Phys. Oceanogr.* **1**, 241-248.

Ji jinjun, Huang M, Li K. 2008. Prediction of carbon exchanges between China terrestrial ecosystem and atmosphere in 21st century. *Science in China. Ser. D.*, (6), 885-898.

Lott F, Miller M J. 1996. A new subgrid-scale orographic drag parametrization: Its formulation and testing. *Q. J. R. Meteorol. Soc.*, **123**, 101-127.

Louis Jean-francois. 1979. A parametric model of vertical eddy fluxes in the atmosphere. *Boundary Layer Meteorology*, **17**, 187-202.

Mahfouf J F, Rabier F. 2000. The ECMWF operational implementation of four-dimensional variational assimilation. Part I: Experimental results with improved physics. *Q. J. R. Meteorol. Soc.*, **126**, 1171-1190.

McDonald A, Bates J R. 1989. Semi-Lagrangian integration of a gridpoint shallow water model on the sphere. *Mon. Wea. Rev.*, **117**, 130-137.

Morcrette J J. 1990. Impact of changes to the radiation transfer parameterizations plus cloud optical properties in the EC-MWF model. *Monthly Weather Review*, **118**, 847-873.

Pakanowski R C, Philander G. 1981. Parameterization of vertical mixing in numerical models of the tropical ocean. *J. Phys. Oceanogr.*, **11**, 1442-1451.

Pan H L, Wu W S. 1995. Implementing a Mass Flux Convection Parameterization Package for the NMC Medium-Range Forecast Model. NMC Office Note, No. 409, 40pp.

Rabier F, Järvinen H, Klinker E, *et al*. 2000. The ECMWF operational implementation of four-dimensional variational assimilation. Part I: Experimental results with simplified physics. *Q. J. R. Meteorol. Soc.*, **126**, 1143-1170.

Ritche H. 1987. Semi-Lagrangian advection on a Gaussian grid. *Monthly Weather Review*, **115**, 608-619.

Ritche and Beaudoin C. 1994. Approximations and sensitivity experiments with a baroclinic semi-Lagrangian spectral model. *Mon. Wea. Rev.*, **122**, 2391-2399.

Rosati A, Miyakoda K. 1988. A general circulation model for upper ocean circulation. *J. Phys. Oceanogr.*, **18**, 1601-1626.

Semazzi H F M, Qian J H, Scroggs J. 1995. A global nonhydrostatic Semi-Lagrangian atmospheric model without orography. *Mon. Weather Rev.*, **123**. 2534-2550.

Simmons A J, Burridge D M. 1981. An energy and angular-momentum conserving vertical finite-difference scheme and hybridvertical coordinates. *Mon. Wea. Rev*, **109**(4), 758-766.

Steven M Lazarus, Carol M Ciliberti, John D Horel, Keith A Brewster. 2002. Near-real-time applications of a mesoscale analysis system to complex terrain. *Weather and Forecasting*, **17**(5), 971-1000.

Tiedtke M. 1989. A comprehensive mass flux scheme for cumulus. Parameterization in Large-Scale Models. *American Meteorological Society*, **117**,1779-1800.

Tiedtke M. 1993. Representation of clouds in large-scale models. *Mon. Weather Rev.*, **121**,3040-3061.

Viterbo P, Beljaars A C M. 1995. An Improved Land Surface Parametrization Scheme in the ECMWF Model and its validation. Technical Report 75, Research Department, ECMWF.

William C Skamarock,Piotr K Smolarkiewicz, Joseph B Klemp. 1997. Preconditioned conjugate-residual solvers for Helmholtz Equations in nonhydrostatic models. *Monthly Weather Review*,**125**,587-599.

Winton, Michael. 2000. A reformulated three-layer sea ice model. *Journal of Atmospheric and Oceanic Technology*, **17**(4), 525-531.

Wu Tongwen, Wu Guoxiong. 2004. An empirical formula to compute snow cover fraction in GCMs. *Adv. Atmos. Sci.*, **21**,529-535.

Wu Tongwen, Wu Rucong, Zhang Fang, *et al*. 2010. The Beijing Climate Center Atmospheric General Circulation Model (BCC_AGCM2.0.1): Description and its performance for the present-day climate. *Climate Dynamics*, **34**, 123-147, DOI 10.1007/s00382-008-0487-2.

Wu Tongwen, Yu Rucong, Zhang Fang. 2008. A modified dynamic framework for atmospheric spectral model and its application. *J. Atmos. Sci.*, **65**, 2235-2253.

Zhang Xuehong , Liang X. 1989. A numerical world ocean general circulation model. *Adv. Atmos. Sci.*,**6**(1),43-61.

陈德辉,胡志晋等. 2004. CAMS大气数值预报模式系统研究. 北京:气象出版社.

陈德辉,薛纪善. 2004. 数值天气预报业务模式的发展现状与未来展望. 气象学报,**62**(5),623-633.

陈德辉,薛纪善等. 2008. GRAPES新一代全球/区域多尺度统一数值预报模式总体设计研究. 科学通报,**53**(20),2396-2407.

陈桂英,赵振国. 1998. 短期气候预测评估方法和业务初估. 应用气象学报,**9**(2),178-185.

丁一汇,钱永甫,颜宏等. 2000. 高分辨率区域气候模式的改进及其在东亚持续性暴雨事件模拟试验中的应用. 国家"九五"重中之重科技项目"我国短期气候预测系统的研究"之二——短期气候预测业务动力模式的研制. 北京:气象出版社. 217-231.

董敏. 2001. 国家气候中心大气环流模式——基本原理和使用说明. 北京:气象出版社. 152pp.

管成功,陈起英,佟华,王辉. 2008. T639L60全球中期预报系统预报试验和性能评估. 气象,**34**(6),11-17.

季劲钧,余莉. 1999. 地表面物理过程和生物地球化学过程欧和反馈机理的模拟研究. 大气科学,**23**(4),439-448.

金向泽,俞永强,张学洪等. 2000. L30T63海洋模式模拟的热盐环流和风生洋流. 国家"九五"重中之重科技项目"我国短期气候预测系统的研究"之二——短期气候预测业务动力模式的研制. 北京:气象出版社. 170-182.

李泽椿,陈德辉,王建捷. 2000. 数值天气预报的发展及其应用1999/2000//中国科学技术前沿(中国工程院版). 北京:高等教育出版社. 607-630.

李泽椿,陈德辉. 2001. 国家气象中心集合数值预报业务系统的发展及应用. 应用气象学报,**13**(1),1-15.

李泽椿,陈德辉等. 2004. 中国国家级中短期业务数值预报系统工程。中国工程院·中国工程图书档案·数值预报系统工程篇.

万齐林,薛纪善,庄世宇. 2005. 多普勒雷达风场信息变分同化的试验研究. 气象学报,**63**(2),129-145.

薛纪善,陈德辉等. 2008. 数值预报系统GRAPES的科学设计与应用. 北京:科学出版社.

颜宏. 1987. 复杂地形条件下嵌套细网格模式的设计(二)次网格物理过程的参数化. 高原气象,**6**(1),64-139.

俞永强,张学洪. 1998. 一个修正的海气通量距平耦合方案. 科学通报,**43**(8),866-870.

第6章 数值集合预报(预测)业务

Epstein(1969)和Leith(1974)首先提出了集合预报的思想。由于数值预报所需要的大气初始状态只能近似地确定,因而对天气预报问题的完全描述应该提为在大气运动相空间中大气状态的概率密度函数(PDF)随时间的演变。上述问题在理论上可表述为概率的连续方程,即Liouville方程。但是,即使在只有几个自由度的非线性系统内,要实际求解该方程是非常困难的。于是,人们退而求其次,试图得到上述相空间中大气状态的概率密度函数(PDF)的一阶矩(均值)和二阶矩(方差)随时间的演变。尽管如此,对天气预报问题来说,实际求解一阶矩和二阶矩的时间演变方程也几乎是不可能的。因此,人们寻找了一种可以在实际应用中变通解决这个问题的方法,这就是集合预报。集合预报的具体方法是:通过一定的数学方法,获得在一定初值误差范围内具有某种概率密度函数分布特征的初值集合,其中每个初值都有可能代表大气的真实状况。然后用数值模式对每个初值积分,从而得到一组预报结果的集合,再由这一组预报集合推断大气状态的概率密度函数(PDF)随时间的演变,这种数值预报方法就称为集合数值预报,简称集合预报。如果满足条件:1)初始状态的取样能正确估计分析误差概率分布;2)由数值预报模式计算的由某一初值出发的大气在相空间中的轨迹,是由该初值出发的实际大气在相空间轨迹的良好近似(即要求大气模式是相当精确的),那么,集合预报统计量(一阶矩和二阶矩)就能够大致估计出大气状态概率密度函数PDF(Molteni等1996)。依据这一思想,美国NCEP和欧洲中期天气预报中心(ECMWF)最早开展中期集合预报系统的研究开发,并于1992年12月先后投入业务应用,标志着数值天气预报进入了一个新纪元。其他国家如中国、加拿大、英国、日本、巴西等集合预报系统也相继投入业务,日本、巴西的短期气候集合预报系统也业务化,我国的中短期集合预报系统和短期气候集合预报系统也在准业务运行中。集合预报被WMO列为未来数值预报领域的四个发展战略之一,显示出强大的生命力。集合预报将会在未来的数值天气预报体系中(包括气象观测、资料同化、模式运算以及预报信息的提炼与发布等)占有举足轻重的地位,甚至可能取代目前决定论式的单一预报。集合预报不仅在科学上是一个新的课题,在人的思维方式上也是一个挑战。如何从传统的"决定论"思维模式转变到"随机论"的思想观,是一个很艰巨的、不可忽视的教育问题。这包括对研究人员、预报员以及天气预报的专业用户和公众的教育。本章主要介绍国内外数值集合预报业务概述、国内外全球集合预报与区域集合预报系统以及短期气候预测系统集合预报介绍。

6.1 数值集合预报(预测)业务概述

6.1.1 国际集合预报业务发展历程

集合预报的发展经历了三个阶段,第一阶段是20世纪70—80年代,集合预报的研究主要集中于集合预报的理论研究和数值实验上，Hollingsworth（1980）、Hoffman 等（1983）、Murphy（1988，1990）、Tracton 等（1989）、Brankovic 等（1990）和 Deque 等（1992）做了许多细致的研究工作，由于受当时计算机条件限制，这一创造性的想法并未能在业务数值天气预报中得以实施。第二阶段是 20 世纪 90 年代以后，随着大规模并行计算机的发展以及气象技术的进步，1992 年集合预报系统首先在美国国家环境预报中心和欧洲中期天气预报中心投入业务运行。两个中心的集合预报已成为各自中心数值天气预报中的重要组成部分。第三阶段是 90 年代末以来，研究更加深入，集合预报从解决初值的不确定问题扩展到解决模式的不确定问题，加拿大 CMC（Houtekamer 等 1996，Laurence 2000）和 ECMWF（Buizza 等 1999，2000）集合预报业务模式选取不同的参数化方案及其物理参数组成集合预报系统，美国（Stensrud 等 2000）也用此方法建立短期集合预报系统。多模式、多分析初值集合预报系统引起关注（Richardson 等 1996，Evans 等 2000），集合预报产品解释应用领域愈加广泛，热带地区集合预报技术的研究方兴未艾。目前集合预报理论研究内容主要集中于集合预报扰动技术研究、集合预报产品解释和集合预报应用技术三个方面。

集合预报产品解释的技术研究主要是设法从近似海量的集合预报产品中提取有用的信息，形成直观快捷的图形图像、数据等产品，以便预报员应用。产品形成从集合预报试验期的邮票图、集合平均图发展到面条图、分簇图、概率预报图等，其中分类技术的研究是产品解释理论的一个重要方面。预报时效也从中期预报扩展到短期预报和短期气候预测。集合预报除应用于日常天气预报外，也开始应用到极端天气预报中，还与其他应用模式耦合，制作专业气象服务集合产品，如海浪预报、船舶航线、污染物长距离输送、电力需求等。

表 6.1 主要数值预报中心全球中期集合预报系统

预报中心	成员数	分辨率	预报时效(天)	初值扰动方法	模式扰动方法	预报循环
英国	24	90 km，L38	15	ETKF	物理过程随机扰动	00Z，12Z
日本	51	T319L60	9	SVs	物理过程随机扰动	12Z
欧洲中心	51	T399L62 T255L62	1～10 10～16	SVs	物理过程随机扰动	00，12Z
中国	15	T213L31	10	BGM，ET		00，12Z
韩国	17	T213L40	10	BV		00，12Z
美国	21	T190L28	16	ET	物理过程扰动	00，06，12，18Z
加拿大	21	T190L28	16	ENKF	物理过程扰动	18Z
法国	35	T358L60	5	BV+SV		00，12，18Z
巴西	15	T126L28	15	ETKF		
总结	20～50	50～70 km	10～15	ET+ETKF+SV+BV	物理过程多种扰动方法	

6.1.2 中国集合预报业务系统发展历程

我国数值集合预报业务由全球中期集合预报系统、中尺度区域集合预报系统、台风集合预报系统和气候模式集合预报系统组成。

（1）全球中期集合预报系统

1998 年 6 月国家气象中心在国产神威巨型计算机上建立了 T106L19 全球模式的中期数值天气集合预报系统，2001 年 3 月实现业务运行，该系统包括七个子系统：前处理、资料同化、初始扰动生成、模式预报、后处理、产品生成、可视化运行监控子系统，扰动方法采用奇异向量法产生初始扰动（T21L19），集合预报成员为 32 个。针对该系统存在的系统发散度低、集合平均预报技巧与控制预报相当、集合预报的产品与效果检验产品不足等问题，对 T106L19 集合预报系统进行了升级，2006 年底建成了一套基于 BGM 初值扰动方法的 T213 全球集合预报系统。该系统用较少的计算资源，提高了预报效果，概率预报技巧大幅度改善，给出了分析误差的分布特点，并以此构造了控制误差增长幅度的地理掩模方案，还开展了集合预报产品的偏差订正，以期改善系统偏差，丰富概率预报产品。

在 T213 全球集合预报系统基础上,发展人造台风涡旋技术建立了全球模式台风路径集合预报系统,并于 2007 年 7 月进入实时运行阶段。

(2)区域中尺度集合预报系统

我国区域中尺度集合预报系统的研究开发主要集中于国家气象中心和各区域气象中心。国家级中尺度集合预报系统基于区域 GRAPES 和 WRF 中尺度模式,初始扰动场的构造采用增长模繁殖法,以全球集合预报为扰动侧边界,采用多物理过程交叉组合构成超级集合预报。在成都区域气象中心和上海区域气象中心,分别开展了暴雨集合预报和台风集合预报系统研究开发。成都区域气象中心基于 MM5 模式,采用异物理模态初值扰动方法(陈静等 2005)和多物理组合方法,建立 8 个成员、水平分辨率20 km的西南区域中尺度超级集合预报系统(冯汉中等 2006),预报时效 48 h,2005 年实现实时业务运行,暴雨集合预报产品评分优于 T213 模式。上海区域气象中心基于 GRAPES_TCM 模式构建区域台风集合预报系统,该系统分为三部分:台风的初始场处理、集合扰动处理和集合后处理。2006 GRAPES_TCM 集合预报系统实现业务化,可进行未来 72 h 的预报,提供集合成员路径,集合袭击概率,成员路径散点图以及其他一些集合预报产品。

(3)国家气候中心(NCC)月动力延伸集合预报系统

国家气候中心 NCC 月动力延伸集合预报系统采用 T63L16 业务预报气候模式,是"九五"期间在原国家气象中心中期数值预报模式的基础上,吸收国内外各种气候及数值预报模式的优点发展起来的大气环流模式(国家气象中心 1991,董敏 2001)。T63L16 模式采用全球谱模式形式,水平三角形截断 63 波,经纬向网格数是 192×96,水平网格距约为 1.875°×1.875°;垂直方向是随地形变化的非等距的 16 层 ETA 坐标(李维京等 2005)。NCC 月动力延伸集合预报系统采用 T63L16 模式进行月动力延伸回报和试验。模式初始场选用 NCEP/NCAR 再分析资料(Kalnay 等 1996)。NCC 的月动力延伸集合预报系统对 T63L16 业务预报模式采用初始持续性海温异常(骆美霞等 2002),每天进行未来 45 天的滚动预报。初始场的生成方法有滞后平均方法(LAF)(Hoffman 等 1983)和奇异向量法(Sv)(刘金达 2000)。每次预报包括每日 8 个、连续 5 天共计 40 个集合成员。其中的 4 个成员由滞后平均方法生成的初值(每日 4 个时次 00Z、06Z、12Z 和 18Z 的同化分析场)积分得到,另外 4 个成员则是对每日 12Z 的同化分析场进行奇异向量分解生成的初始扰动成员积分得到。预报范围为全球区域;预报产品包括:地面温度、降水、海平面气压、500 hPa 位势高度场、200/700 hPa 温度场和水平风场、环流特征量及其异常等。该系统已经在业务中应用多年,可以较好地模拟大气环流的气候特征并具有一定的预测技巧(陈丽娟,李维京 1999),其集合预报的准确率明显高于持续性预报和统计气候预报。

以上简述了现阶段我国集合预报系统发展现状。我国下一代集合预报的发展任务是基于 GRAPES 模式,改进完善模式物理与初值扰动算法,提高不确定性描述能力;发展基于四维变分切线性与伴随模式的奇异向量初值扰动方法,提高并行计算效率;开发满足用户需求、支持 THORPEX/TIGGE 资料交换的集合预报产品。

6.1.3　集合预报与 TIGGE

THORPEX 是大家熟知的近年开展的国际大气科学合作计划,交互式全球大集合(TIGGE, THORPEX Interactive Grand Global Ensemble)则是 THORPEX 的核心组成部分。TIGGE 是一个全球各国和地区的业务中心的联合行动,它将各主要业务中心集合预报产品集中到一起,示范并评价多模式、多分析和多国集合预报系统的重大的国际科学计划。TIGGE 将整合用户的各种需求,包括对预报信息、观测系统开发、定标、适应性资料同化、以及将模式改进为多模式/多分析同化预测系统的需求。TIGGE 的核心目标有以下六点:1)加强发展集合预报的合作力度,包括国际上、业务单位之间与大学之间;2)发展新的方法来集成不同来源的集合预报并订正系统性误差(如系统性偏差、发散度高/低估计);3)更加深刻地理解观测误差、初值和模式不确定性对预报误差的贡献;4)更加深刻地理解交互式集合预报的可行性,对变化的不确定性(包括使用移动观测,集合预报样本数改变,按需的区域集合预报)能够动态的响应,发掘新的技术用于格点计算和高速资料传输;5)测试 TIGGE 预报中心概念,对高影响天气进行基于集合的预报，包括不同地点和不同预报时段；6）发展未来的“全球交互式预报系统”的一个原型。

WMO 设立了三个 TIGGE 资料中心，中国气象局（CMA）与欧洲中期天气预报中心（ECMWF）和美国国家大气研究中心（NCAR）一起作为 TIGGE 资料交换的三个全球中心。2007 年中国建立了 TIGGE 资料库，并初步实现了资料的实时接收传送，目前已能接收欧洲中期天气预报中心、美国环境预报中心、加拿大气象中心等国家的集合预报资料，预报时效达到 10～16 天。目前区域集合预报也被纳入 TIGGE 中。TIGGE 的三个资料存档中心已能存档各大中心的集合预报资料，每天达到 300 G。截至 2009 年 10 月，TIGGE 用户量达 223 个，中国有 37 个用户，美国 41 个。多个中心集合预报系统的对比表明，目前 ECMCWF 的集合预报系统仍然领先，多系统集合预报系统，特别是预报技巧比较高的几个系统组合，可以改善地面气象要素预报，如降水和 2 m 温度预报。

6.2 全球集合预报业务系统

6.2.1 扰动方法与系统流程

T213 全球中期集合预报，以 T213 全球数值天气预报模式为基础，采用增长模繁殖法产生初始扰动集合。增长模繁殖过程有两个参数，初始扰动大小和再尺度化因子（rescaling）。在再尺度化过程中，区域再尺度因子将调整繁殖法在不同地理区域的扰动大小，即如果一些区域扰动振幅小于分析误差，则保持原来的大小，如果另一些区域扰动振幅大于分析误差，则扰动振幅取值为分析误差。T213 集合预报系统的再尺度化因子通过 500 hPa 高度场差异的扰动能计算。

目前该系统每天启动 4 次，其中 00/12UTC 做 240 h 预报，06/18UTC 只做同化和扰动循环。每天 12UTC 提供数据、图形和 MICAPS 产品。每次启动先做控制预报，完成后启动集合成员预报，有 7 对扰动产生 14 个扰动预报初始场，然后对集合成员积分，获得 14 个预报，进行后处理，提供集合预报概率，集合平均和离散度的数据、图形、MICAPS 格式的产品。由集合预报流程图 6.1 可见，集合预报系统是在 T213 单一模式的基础上，增加初始场扰动的生成部分，并合理设计和组织了 15 个成员运行流程及后处理过程。T213 全球集合预报系统包括观测资料预处理系统、客观分析系统、多初值产生系统、模式预报系统、模式后处理系统和产品生成系统。

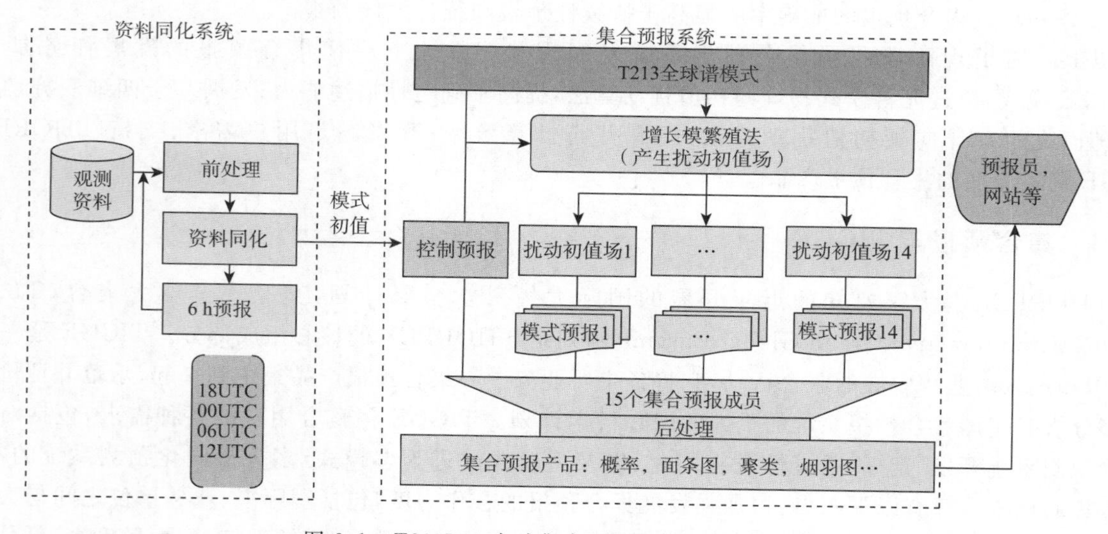

图 6.1　T213L31 全球集合预报系统设计流程图

6.2.2 全球集合预报概率预报性能

集合预报检验能帮助发现集合预报系统的误差及为预报员提供更有价值预报。运用 Talagrand 分布、Outlier、离散度、距平相关系数、均方根误差、BS 评分等集合预报检验指标，对 2008 年 8 月北半球 500 hPa 位势高度场的预报效果进行了初步检验。概率预报检验方法参见第 8 章。

从 T213 集合预报夏季北半球 500 hPa 位势高度场 5 天和 8 天预报 Talagrand 分布及变化来看(图 6.2)，该系统各成员表现出良好的等同性，但“真值”落在最大预报值外的概率大于理想概率，说明系统存在一定的负偏差。

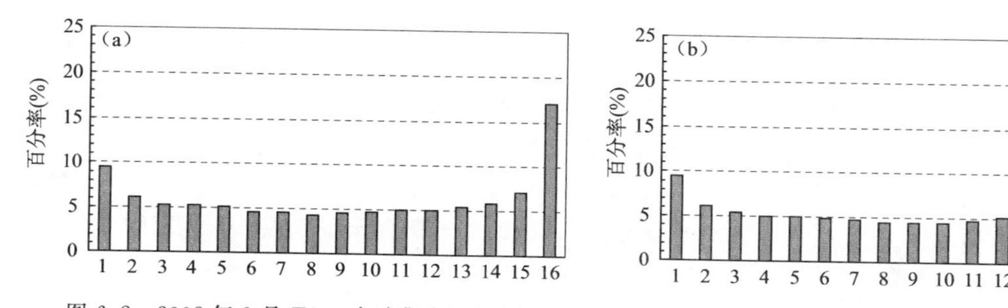

图 6.2　2008 年 8 月 T213 全球集合预报 500 hPa 位势高度场 5 天(a)和 8 天(b)的 Talagrand 分布

从图 6.3 看，随着预报时间延长，均方根误差和离散度不断增大，且单一控制预报比集合平均预报的均方根误差增幅更大；集合平均的均方根误差相对于单一模式的控制预报来说和集合系统的离散度比较接近，但离散度相比还是偏小，到后期的增长程度有所降低。随着预报时效延长，控制预报的距平相关系数比集合平均降低更快。以距平相关系数大于 0.6 为有效预报，控制预报的预报时效达到了 6 天以上，集合平均的预报时效达到了 7 天以上，说明集合预报的预报效果较单一模式有所提高。

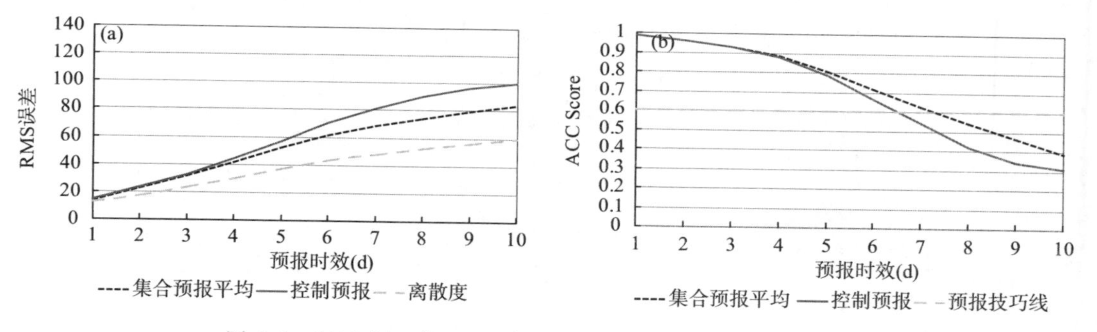

图 6.3　2008 年 8 月 T213 全球集合预报 500 hPa 高度场检验

((a)集合平均和控制预报的均方根误差及离散度；(b)集合平均和控制预报的距平相关系数)

6.3 区域超级集合预报

区域集合预报的研究动机是通过集合预报反映中小尺度运动的不确定性，提供灾害性天气概率预报(Brooks 等 1995)和预报可信度指标。由于可预报性随天气系统尺度下降而下降，区域集合预报技术难度较中期集合预报大，其关键问题是研究适合中尺度运动的初值扰动方法和模式扰动方法，在集合预报成员间产生合理的方差和发散度，反映中小尺度运动的不确定性。除扰动方法外，中尺度短期集合预报还需要解决以下几个问题：1)为了模拟中尺度天气系统的影响，是否需要使用高分辨率模式，高分辨率模式需要消耗大量的计算机资源，有必要探讨短期集合预报的收益/付出比例是否值得；2)初值误差与模式误差在短期数值预报的相对重要性。

6.3.1 扰动方法

目前,国内区域集合预报系统采用扰动方法包括 BGM、ET 初值扰动方法、多物理过程组合方法、多区域中尺度模式组合法。除此以外,还有区域异物理模态初值扰动方法,由成都区域气象中心发展起来的中尺度集合预报初值扰动方法,其主要特色是通过从不同对流参数化方案的物理量预报离差中提取集合预报扰动变量、扰动结构、扰动幅度的暴雨集合预报初值扰动方法,模拟典型暴雨集合预报,主要应用于成都区域气象中心区域集合预报系统中。

6.3.2 区域集合预报系统与预报性能

(1)国家级区域集合预报业务流程

国家气象中心中尺度区域集合预报系统每天运行两次,15 个集合预报样本,模式输出每 3 h 一次。初值场和侧边界从全球中期集合预报中获得,同时匹配相应的区域三维变分资料同化系统产生控制预报样本。每 6 h 完成一次三维变分同化,每 6 h 进行一次集合预报样本再尺度化过程。中尺度集合预报系统结构如图 6.4 所示。从左到右依次为全球中期 T213L31 集合预报系统,基于 WRF 中尺度集合预报系统,集合预报系统采用多初值、多物理过程扰动方案(表 6.2)。

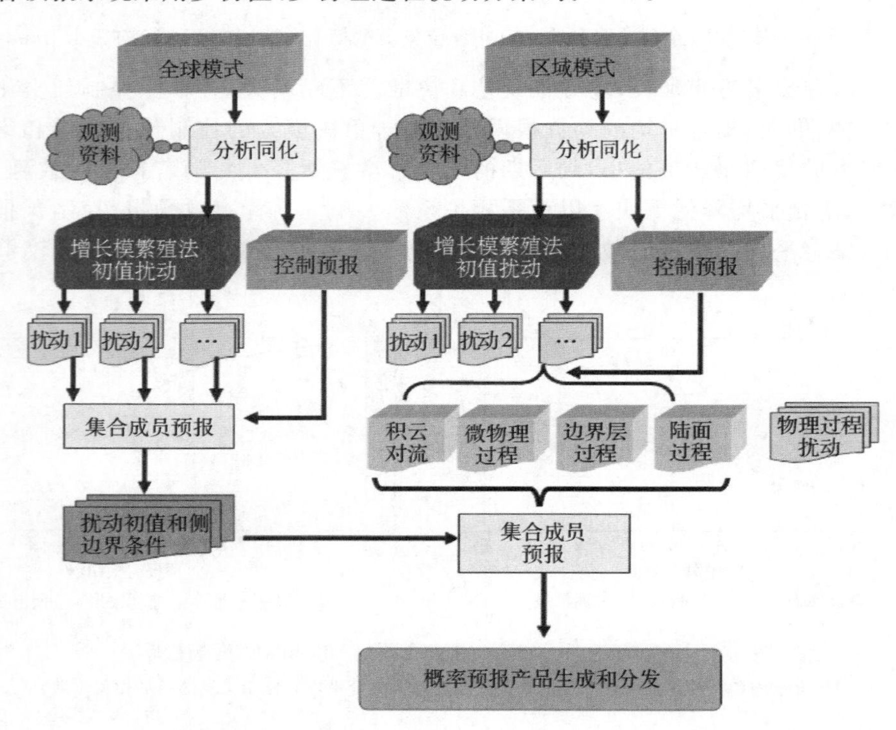

图 6.4 国家气象中心区域中尺度集合预报系统示意图

表 6.2 集合预报系统多初值、多物理过程扰动方案

集合成员	微物理过程	对流参数化	边界层方案
控制预报	Lin scheme	Betts	MYJ
集合成员 1	Lin scheme	KF	YSU
集合成员 2	Lin scheme	Betts-Miller	YSU
集合成员 3	Lin scheme	Betts-Miller-Janjic	YSU
集合成员 4	Lin scheme	KF	MJY

续表

集合成员	微物理过程	对流参数化	边界层方案
集合成员 5	WSM6	Betts-Miller	MJY
集合成员 6	WSM3	Betts	MJY
集合成员 7	WSM3	Betts	YSU

(2)基于 GRAPES 模式的区域集合预报系统业务流程

在区域集合预报系统中增加区域 GRAPES 模式,来描述系统的不确定性。区域 GRAPES 模式采用与 WRF 模式一致的全球初边值条件与循环流程。GRAPES 区域模式集合预报系统一共包括 9 个成员。控制预报每天运行 4 次,其中 00/12UTC 均作 36 h 预报,06/18UTC 只作 6 h 预报。每个时刻的 6 h预报结果被用来当做下一时刻的背景场进行同化分析。其余 8 个成员被分为 4 对,每对采用相同的物理过程,每日 00/12UTC 运行 2 次,并且需要同时刻控制预报的同化分析结果进行扰动幅度的再尺度化控制,经过扰动后的初始场进行 36 h 预报。区域集合预报采用 T213 全球集合预报结果作为边界扰动条件。

(3)全球和区域集合预报效果比较

计算 T213 全球集合预报与 WRF 区域集合预报的 CRPS、RCRV、Brier 评分和相对作用特征曲线下的面积,用于比较全球集合预报和区域集合预报评分差异的显著性。使用的置信度为 90%,置信区间为 5%~95%。检验的变量是 6 h 累积降水,从 0 h 到 36 h,以 6 h 为间隔,检验了 6 个时段。

与全球集合预报相比,区域集合预报 6 h 累积降水表现出更高的预报技巧,在第 2,4,5,6 个时段表现得比较明显(图 6.5)。

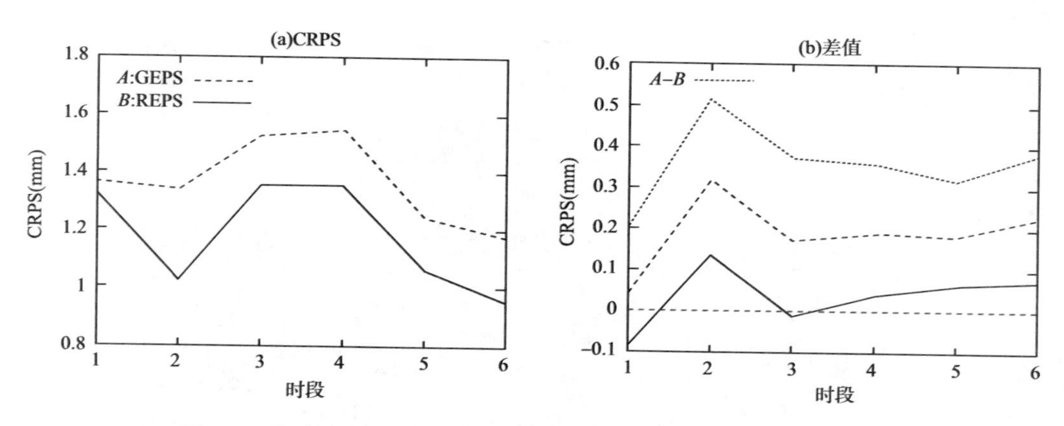

图 6.5　全球集合预报与区域集合预报 6 h 累积降水 CRPS 检验对比
(横轴是 6 h 时段序号,GEPS 为全球集合,REPS 为区域集合)

图 6.6 表明,和全球集合预报相比,区域集合预报对 6 h 累积降水明显地表现出更小的偏差和更好的离散度分布(更小的离差)。

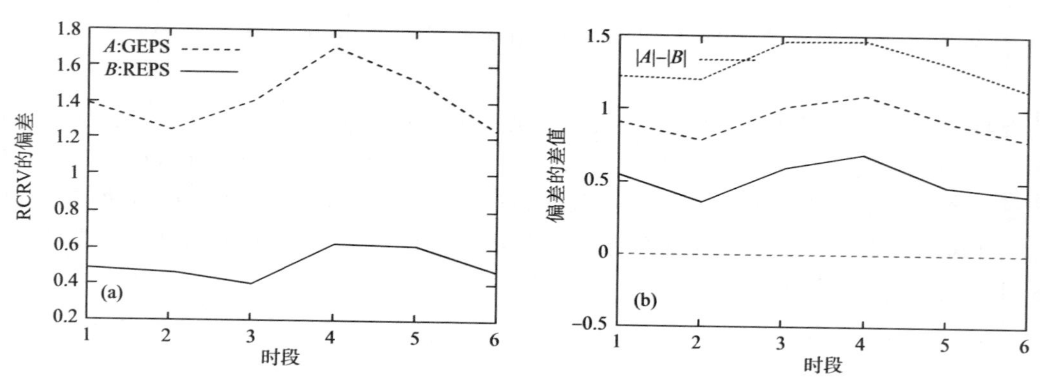

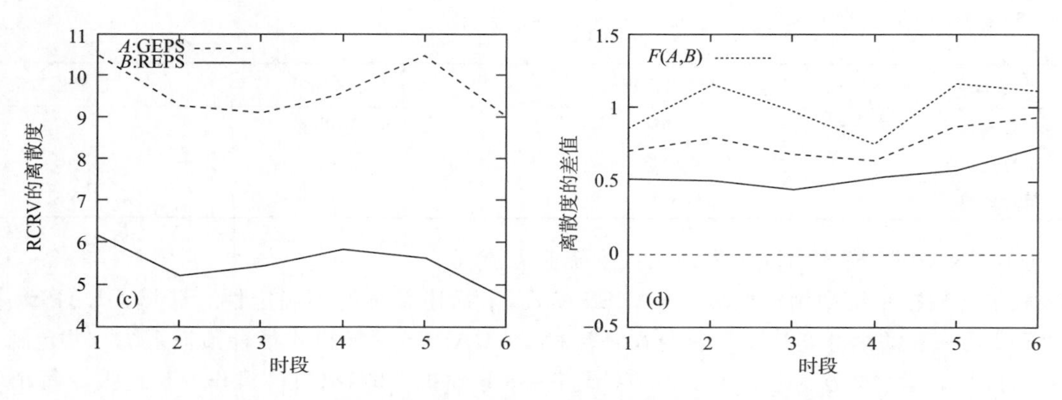

图 6.6 全球集合预报与区域集合预报的 RCRV 的偏差和离散度比较

6.3.3 集合预报应用个例

(1)北京奥运会开幕式集合预报个例

2008 年 8 月 3—5 日，T213 全球集合预报系统连续三天预报 8 月 8 日北京处于一个降水概率大值时段区，1 mm 以上降水概率 90%，10 mm 降水概率 35%～60%(图 6.7(彩))，25 mm 降水概率 10%～25%。随着 8 月 8 日的临近，8 月 6 日，T213 集合预报的结果是 8 月 8 日 1 mm 降水概率 90%，10 mm 降水概率 75%，25 mm 降水概率 10%～25%；8 月 7 日，T213 集合预报的结果是 8 月 8 日 1 mm 降水概率 90%，10 mm 降水概率 75%，25 mm 降水概率 10%～25%。全球集合预报降水概率较好地表现了 8 月 8 日北京复杂天气情况。

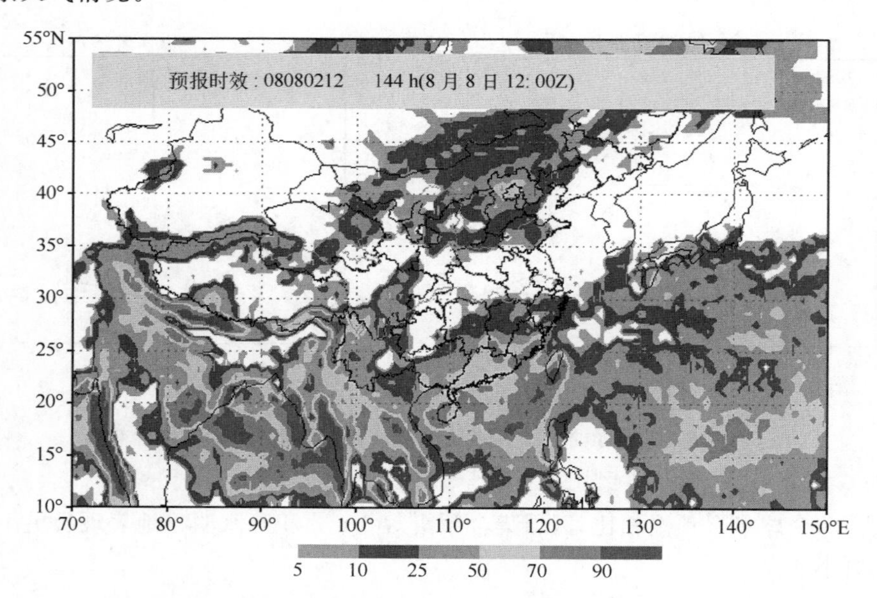

图 6.7 T213 全球集合预报累计降水大于 10 mm 概率预报图
(预报时效 144 h，模式初值：2008 年 8 月 2 日 12UTC)

图 6.8 是 2008 年 8 月 2 日 EMCWF 的北京单点云量、降水、风、温度集合概率预报时间演变的胡须盒子图，从图可见，北京天空总云量(Total Cloud Cover)、总降水(Total Precipitation)自 8 月 6 日开始发生明细的转折，云量概率由少增多，8 月 8 日，70%成员预报的云量是 6 成以上，降水为 0.1～6 mm，温度和风的预报盒子长度明显加长，表明预报的不确定性较 3—5 日显著增加。据此，预报员可以了解 8 月 8 日的北京的预报信息。

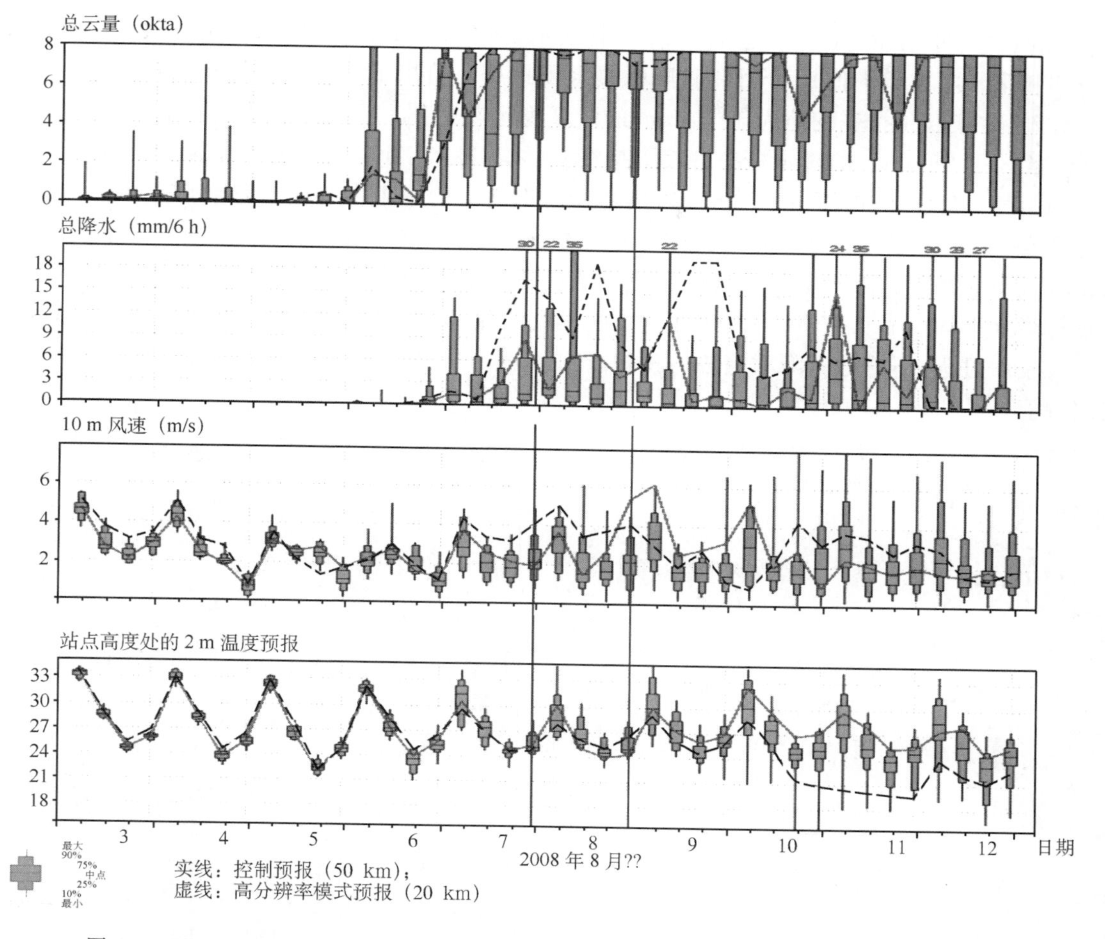

图 6.8　ECMWF 北京单点集合预报时间演变图，模式初值：2008 年 8 月 2 日 12:00UTC

(2)“2004.9.3”四川盆地东北部特大暴雨预报个例

2004 年 9 月 3—5 日，四川盆地东北部发生了百年不遇的大暴雨洪涝天气，图 6.9 是 2004 年 9 月 3—6 日 24 h 实况雨量图。如图 6.9 所示，这次降水过程首先于 2 日晚上发生于绵阳、广元，3 日晚上到 4 日暴雨区移到巴中和达川，5 日暴雨区略有东移，主要出现在达州和万县，6 日四川的降水过程结束，暴雨区向南转移。

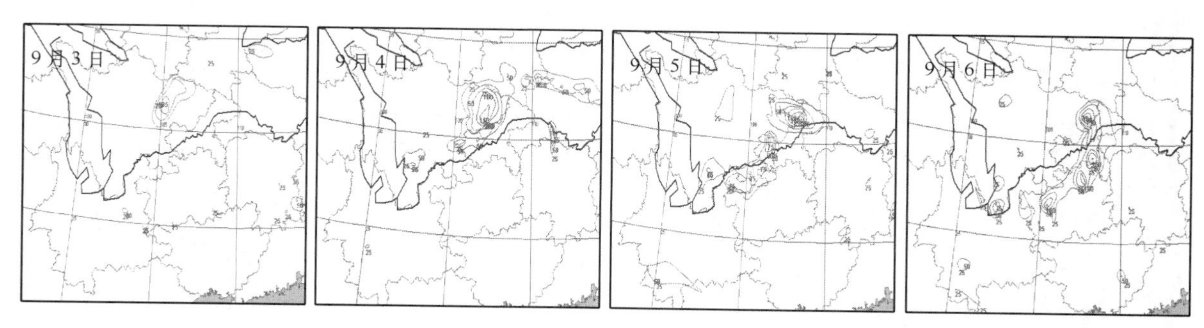

图 6.9　2004 年 9 月 3—6 日 20 时 24 h 实况雨量(单位：mm)

图 6.10(彩)是 9 月 2—5 日集合预报降水平均、大于 50 mm 降水概率和降水离散度。由图可见，9 月 2 日降水集合预报产品给出了川北将发生暴雨的较强信号。2 日 20 时—3 日 20 时的大于 25 mm 以上的集合预报平均值出现在川北的绵阳、广元、巴中区域，强降水中心位于广元和绵阳，超过 60 mm，大于50 mm的降水概率中心值达 80%。9 月 3 日降水集合预报产品中给出了暴雨将东移加强的信号。3 日 20 时—4 日 20 时的集合预报平均值显示出暴雨区将东移，暴雨强度增加，集合平均降水量出现了大于 100 mm 的大暴雨区，位置在巴中与达川相邻的区域，大于 50 mm 出现的降水概率超过 60%，大于

100 mm出现的降水概率达40%，这是2004年首次出现的100 mm以上降水的集合预报信息(包括集合降水平均和集合降水概率值)。9月4日降水集合预报产品给出了暴雨将持续稳定的信号。4日20时至5日20时的集合预报平均值大于50 mm的区域稳定在达川和重庆的万县，集合平均降水量仍大于100 mm，且大于100 mm的降水概率继续维持在40%以上。9月5日降水集合预报产品给出了暴雨区将南移的信号。5日20时至6日20时的集合降水平均值的暴雨中心向南移动至重庆和涪陵一带，最大集合降水平均中心大于120 mm，大于50 mm的降水概率为80%，大于100 mm的降水概率继续维持在40%以上。9月6日降水集合预报产品给出了川渝暴雨减弱结束的信号。6日20时至7日20时的最大集合降水平均中心移至贵州，四川和重庆已没有明显降水了。可见，集合预报产品非常好地预报了这次特大暴雨过程，不论是对降水趋势的预报，还是降水中心的移动，显示出在灾害性天气预报中的极高应用价值。

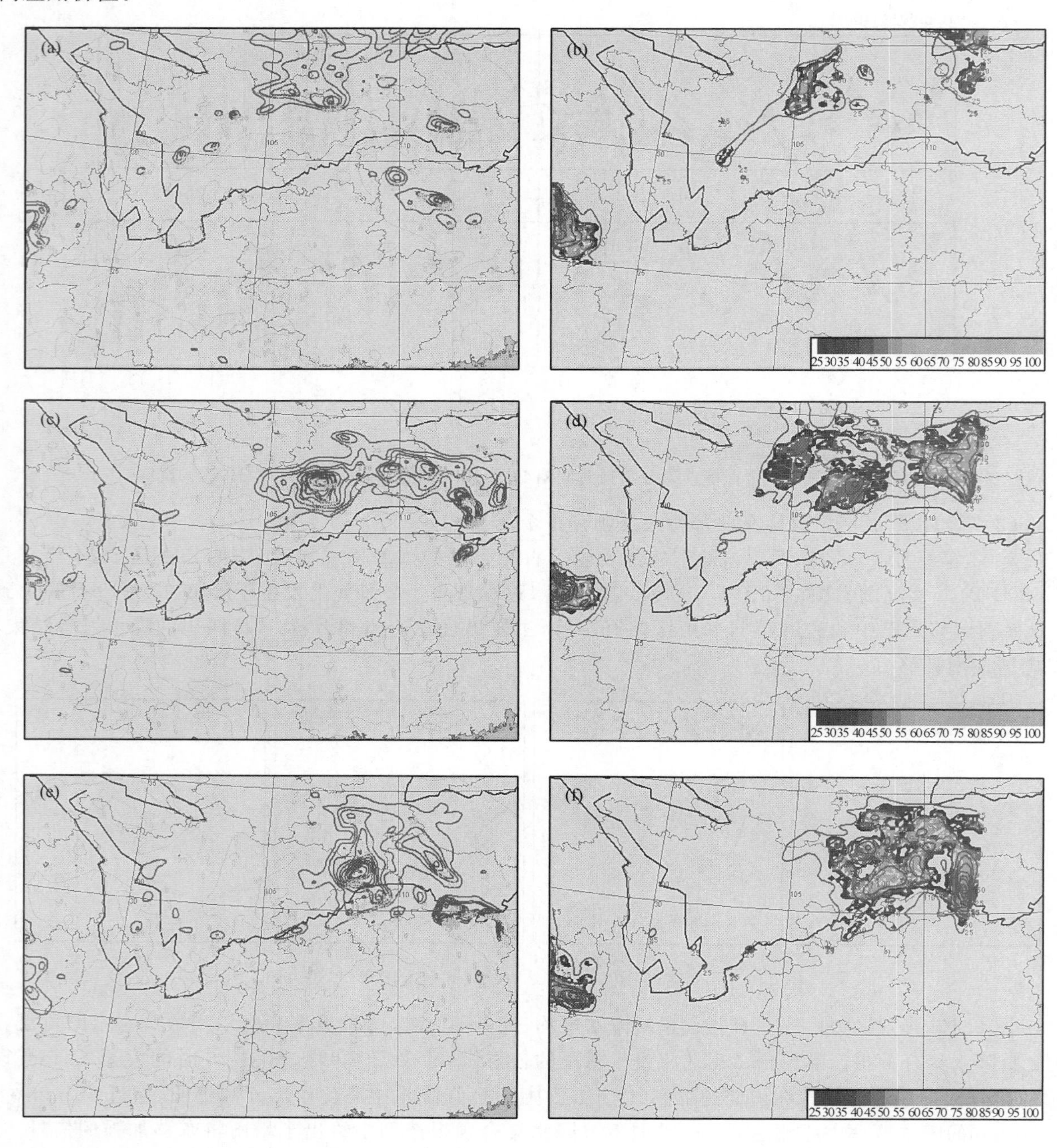

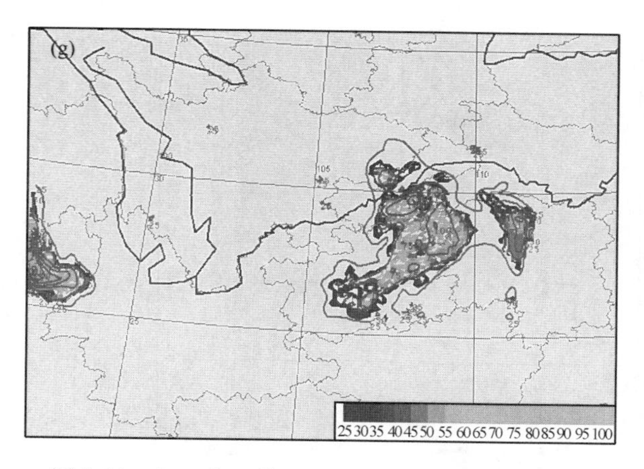

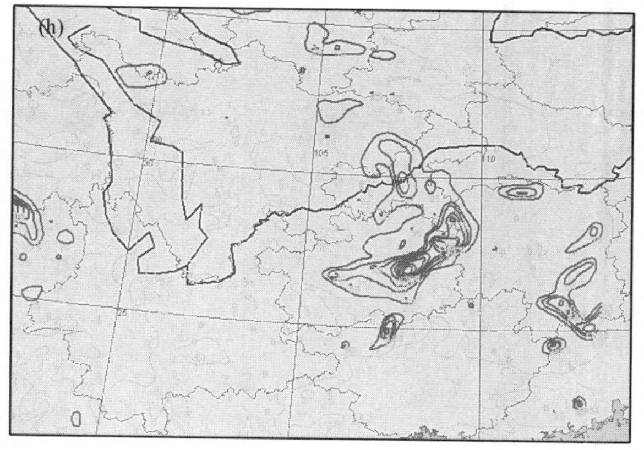

图 6.10　2004 年 9 月 2—5 日 24～48 h 控制预报降水量与集合预报平均降水量大于 50 mm 降水量的概率(%)
((a),(c),(e),(g):控制预报;(b),(d),(f),(h):集合预报)

(3)“2009.6.3”河南飑线强对流预报个例

2009 年 6 月 3 日中午到 4 日凌晨 05 时,山西、河南、山东、安徽北部、江苏北部先后出现了雷暴大风等强对流天气(图 6.11)。其中 3 日下午 15:46—23:00,河南郑州、开封、商丘以及山东菏泽出现了呈东北—西南走向的强飑线系统。飑线系统长约 140 km,以每小时 50～60 km 的速度快速向东南方向移动,3 日 21 时左右在商丘境内发展到最强。20:41—23:00 时扫过河南商丘,宁陵、睢县出现 9～10 级大风,永城县出现 11 级大风。这次过程主要以闪电和雷暴大风为主,每小时超过 20 mm 的短时强降水主要出现在安徽的北部。

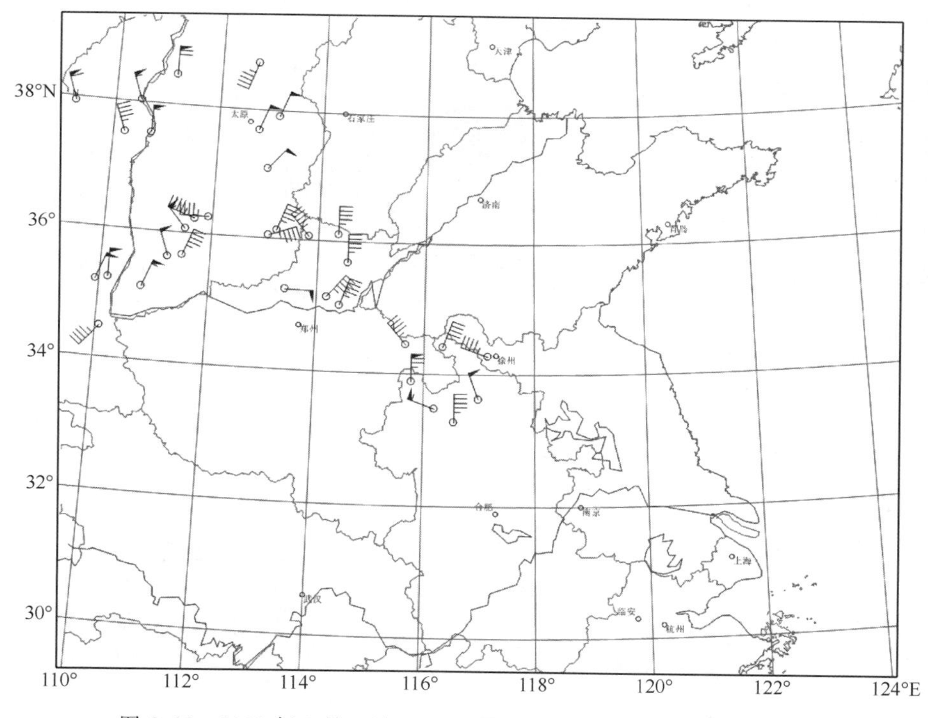

图 6.11　2009 年 6 月 3 日 20—23 时监测的大风实况(缺河南资料)

本次强飑线天气具有风力强、移速快、范围广的特点。对中尺度集合预报在“6·3”河南飑线预报能力进行了分析,分析变量为地面气象要素 10 m 风,3 h 降水,诊断量,模式雷达反射率 dBz,露点温度,MCAPE 的集合预报产品。

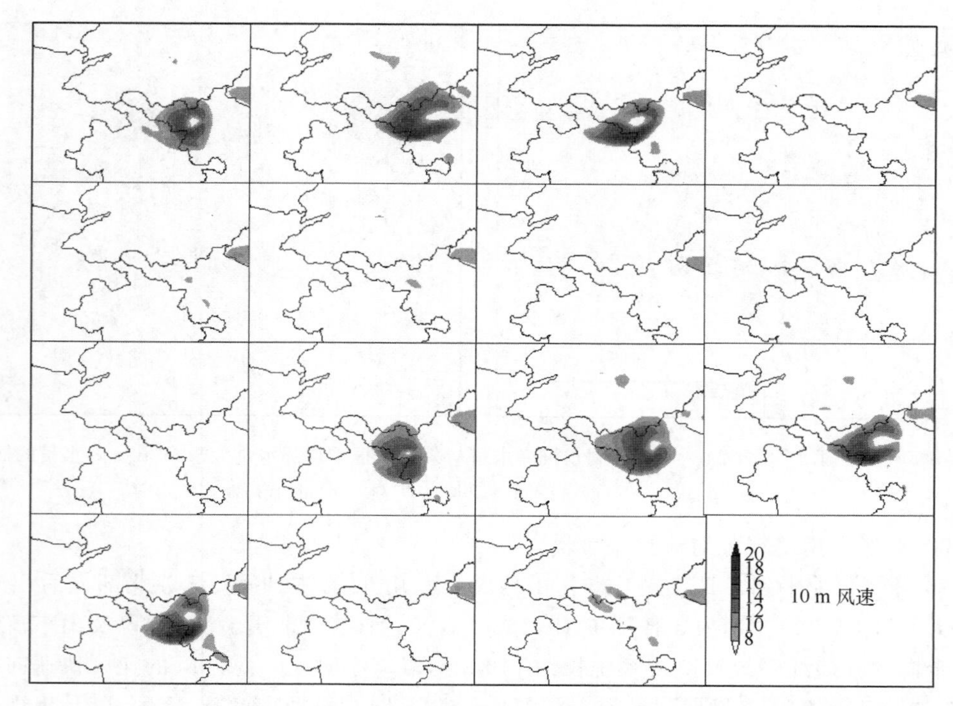

图 6.12　2009 年 6 月 3 日 20 时集合预报成员 10 m 风速(m/s)预报邮票图
(起报时间:20090603,00UTC)

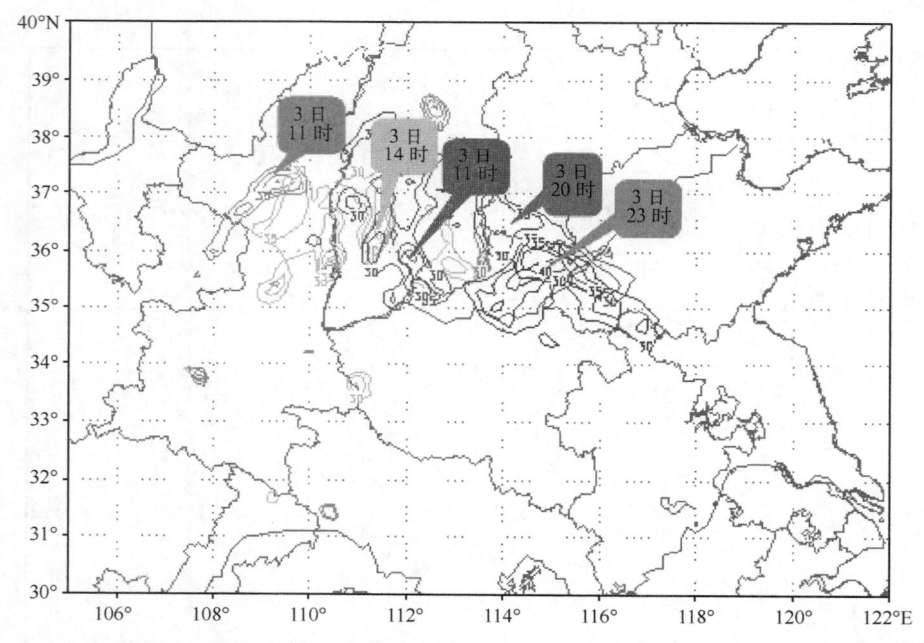

图 6.13　中尺度集合预报系统模拟的 2009 年 6 月 3 日 11—23 时 500 hPa 反射率因子
(单位:dBz)集合预报平均大值中心演变图(起报时间为 2009 年 6 月 2 日 20 时)

对这次过程的概率预报,集合预报表现为以下几点。

◆ 对地面气象要素 10 m 风和 3 h 降水,有 7 个集合预报成员预报安徽和江苏北部出现 10 m 风速大值中心,2 个成员中心最大风力接近 20 m/s,集合预报部分成员对大风有一定预报能力。对短时强降水预报,1 个成员预报了 10 mm/3 h 的降水,中尺度集合预报地面气象要素对这次过程有一定预报能力,但较实况偏弱。

◆ 模式雷达反射率 dBz 的集合预报平均值较好地给出了飑线的发生发展和演变,500 hPa dBz 大值区的演变特征与实况较吻合。连续两个时次都预报了 dBz 的发展过程:6 月 3 日 11 时,较强 dBz 出现在山西境内,并逐渐向东南方向发展移动,至3日20—23时,dBz大值区域发展到江苏和安徽北部。dBz的集合预报离散度表明,3日17—23时,dBz离散度明显大于白天,表明强对流地点和强度预报的不确定性。

◆ 3日11时和14时,混合层的MCAPE集合预报平均在河南、江苏、安徽三省交界处出现了大值区域,中心最大值超过了1000 J/kg^2,3日17时至4日02时,MCAPE在该区域一直维持一个大值中心。

◆ 对强对流预报重点关注的850 hPa露点温度和700 hPa风场集合预报平均分析发现,在850 hPa露点温度在河南至山西维持一条干线,3日11时至4日02时缓慢东移,4日08点开始减弱,在飑线发生区域,700 hPa风场存在明显的南北风辐合,dBz大值区正位于这些辐合线附近。

◆ 3日23时850 hPa露点温度,风,500 hPa dBz集合预报平均叠加组合显示,河南北部存在干线、风辐合线及dBz的大值中心,与实况卫星云图发生区域吻合。

中尺度集合预报的分析表明,地面气象要素集合预报产品对这次过程的大风、降水有一定预报能力,少数成员可以较好地预报出这类极端天气事件,主要问题是强度不够,落区不准;雷达反射率dBz集合预报产品可以很好地反应这次强对流系统的发生、发展和移动路径,其离散度可以给出预报不确定信息,对强对流预报重点关注的干线、风、CAPE等物理量,集合预报产品具有较好的指示意义,集合预报产品可以给预报员提供预报参考依据。

6.4 气候模式集合预报

在月—季节预测中,集合方法主要用于减小气候模式预测的不确定性。短期气候预测的理论研究及实践表明,气候模式预测的不确定性可归纳为两个来源:初值不确定性和模式的不确定性。初值的不确定性来源于气候模式系统运行时需要的所有初始状态的信息。由于对模式初始信息掌握得不足(包括信息量的不足和信息精度的不足),而造成的模式预测误差是气候预测的一个主要误差来源。预测模式的不确定性主要是由于其本身各种物理过程参数化(如云—辐射参数化、陆面过程参数化等)的不确定性而造成的,是模式预测误差的另一个主要来源。克服上述两种不确定性,目前主要依靠集合预测的手段,通过对多初值、多模式的集合预测信息的分析和提取,获得气候模式的集合预测产品,提供业务使用参考。

目前集合预测方法在气候预测中的应用,主要是对某一气候模式进行多初值的集合预测。对于月—季节尺度的气候预测来说,初值不确定性的影响非常重要。对于月尺度预测,大气初值的不确定性影响很大,而对于更长时间的季节尺度预测,海洋的初值不确定性影响更为重要。下面简单介绍一下初值和扰动的生成方法。

6.4.1 大气模式初值扰动与月尺度动力延伸集合预测业务流程

大气初值部分又分为两类,一个是实时资料类,由国家气象中心全球数值预报同化系统提供;另一个是回报资料类,该类资料是以NCEP/NCAR再分析资料(2.5°×2.5°的经纬度分辨率)为基础,转换得到大气模式的初始场。

大气初值包括的变量为两类:一类是地形、地面温度、深层温度、地面水汽、深层水汽、雪层厚度、陆/海分布、粗糙度高度、太阳反照率、降雪量、植被比率等一些模式陆面特征参数;另一类是散度、涡度、水汽、温度在模式各垂直坐标面上的谱系数场以及地面气压的谱系数场。这些模式的谱系数初值场是由同化分析或再分析的高度场、风场和相对湿度场等计算得到。

在月尺度动力延伸集合预测中,大气模式的初值扰动主要采取滞后平均预报(LAF)的方法产生,即采用邻近预报初始时间的不同时刻的初值场来形成集合预报的初值扰动。在实际业务运行中,采用了每日00/06/12/18UTC的大气同化或再分析资料作为LAF法的四个集合预报初值。

业务上还采用奇异向量法来产生大气模式的初值扰动。这种方法是利用切线性模式及其伴随模式来求解扰动的最大特征值和特征向量。对计算机资源有较高的需求。在业务中为了便于这一方法的应用,对切线性模式及其伴随模式进行降阶、简化处理。在实际业务运行中,对每日 12 h 的大气同化或再分析资料进行奇异向量分解,得到初值扰动中前四个最大扰动的方向,并据此形成四个奇异向量扰动初值,作为每日集合预测中的另外四个集合成员。

月尺度动力延伸集合预测业务流程主要包括三个部分,第一部分是初值形成部分,采用了两个方法的初值扰动——滞后平均方法和奇异向量方法,奇异向量基于 T42 谱模式,因而需要一个降阶和升阶过程;第二部分是模式运行部分,进行不同初值的模式积分运行,每个初值都是按并行运算的方式执行,模式后处理与模式积分本身并行,业务系统进行多个初值的同步运算;第三部分是月尺度动力延伸预测集合和模式有用信息提取。集合预测每候的第一天制作,即在每月的 1/6/11/16/21/26 日制作集合预测,每候的集合预测包括了前 5 天的所有滞后平均法和奇异向量法扰动初值的积分结果,因此集合成员多达 40 个。利用不同的方法进行集合信息提取,并形成最终产品,下发给各级用户。

6.4.2 海洋模式初值扰动与季节尺度海气耦合模式集合预测业务流程

海洋的初始状态对于季节尺度的气候模式预测有着十分重要的作用。相对于大气和陆地而言,海洋具有巨大的热容,是气候系统中重要的能量调节器,同时又是水循环中最主要的水汽源地。它的物理化学特性(海温、洋流和盐度等)极大地影响着大气以及其他气候子系统的变化。基本的海洋初始状态信息由海洋资料同化系统给出。由于海洋观测资料还相当稀少,观测存在着较大的误差,观测资料的时空和要素分布极不均衡。海洋资料同化系统的主要功能就是尽可能对这些误差和不确定性(包含模式的)进行估计,调整模式的初始场,使其更为合理有效,适合于海洋环流模式。

在气候模式预测业务系统中,海气耦合模式的海洋初值是由国家气候中心海洋同化系统(NCC_GODAS)提供的。主要包括:海面高度、海洋模式各垂直坐标面上盐度、海温和风应力、海冰厚度、冰场指数、冰面积百分率。海洋同化系统的海洋模式和海气耦合模式的海洋模式是同一个模式,这样得到的海洋初值应用于海气耦合模式,资料模式初始场的各个物理量之间以及初始场和模式之间也将得到很好的协调。

在利用海气耦合模式制作季节预测时,为了考虑海洋初始状态的不确定性,业务中对国家气候中心海洋同化系统中的两个同化参数矩阵执行一定幅度的扰动,从而形成不同扰动条件下的海洋同化初值资料。两个同化参数矩阵分别是背景场误差协方差参数矩阵和观测误差协方差参数矩阵。通过大量实验筛选出五种参数扰动的配制,与原控制参数配制一同组成了六个海洋初值同化生成的扰动方案,从而为业务预测提供六种海洋同化初值,用以反映海洋初始状态的不确定性。

利用海气耦合模式,每月制作一次季节集合预测,其业务流程主要包括三个部分。第一部分是初值形成,大气模式的初始场采用前一个月最后 8 天的每日 00 时次的大气同化资料,海洋环流模式的初始场则采用前面介绍的六种同化扰动生成方案生成。这样一共可以得到 48 个海洋大气初始场的组合,这 48 种组合构成了海气耦合模式集合预测的 48 个成员相应的初值。

第二部分是模式运行部分,进行不同海洋大气初值的模式积分运行,每个初值都是按并行运算的方式执行,积分预测的时间为 11 个月,这 11 个月的积分结果部分或全部作为每月的季节/多季节滚动集合预测的基本模式预测资料。

第三部分是模式有用信息提取和集合预测产品制作。集合预测在每月的 25 日之前制作,首先进行模式预测的后处理,获得所需的模式预测要素的基本预测信息,然后利用不同的方法和信息提取技术进行集合信息提取,并形成确定型和概率型的模式预测产品,下发给各级用户。

参考文献

Brankovic C, Palmer T N. 1990. Extended-range predictions with ECMWF models: Time-lagged ensemble forecasting. *Q. J. R. Meteorol. Soc.*, **116**, 867-912.

Brooks H E, Cortinas J V, Janish P R. 1995. Applications of short-range numerical ensembles the forecasting of hazardous winter weather. *In Preprints*, *11th Conf. on Numerical Weather Prediction*, Norfolk, Am. Meteorol. Soc., J70-J71.

Buizza R, Barkmeijer J, *et al*. 2000. Current status and future developments of the ECMWF ensemble prediction system. *Meteorol. Appl.*, **7**,163-175.

Buizza R, *et al*. 1999. Stochastic representation of model uncertainties in the ECMWF ensemble prediction system. *Q. J. R. Meteorol. Soc.*, **125**, 2887-2908.

Deque M, Adn Royer J F. 1992. The skill of extended-range extra-tropical winter dynamical forecasts. *J. Climate.*,**5**, 1346-1356.

Epstein E S. 1969. Stochastic dynamic prediction. *Tellus*, **21**,739-759.

Evans R E, Harrison M S J,*et al*. 2000. Joint medium range ensembles from the UKMO and ECMWF systems. *Mon. Wea. Rev.*, **128**,3104-3127.

Hoffman R N,Kalnay E. 1983. Lagged average forecasting, an alternative to Monte Carlo forecasting. *Tellus*, **35A**,100-118.

Hollingsworth A. 1980. An experiment in Monte Carlo forecasting procedure. ECMWF workshop on stochastic dynamic forecasting, ECMWF.

Houtekamer P L, *et al*. 1996. A system simulation approach to ensemble prediction. *Mon. Wea. Rev.*, **124**, 1225-1242.

Kalnay E, *et al*. 1996. The NCEP/ NCAR 40-year reanalysis project. *Bull Amer Meter. Soc*, **77** (3), 437-471.

Laurence J Wilson. 2000. *Canadian meteorological center ensemble prediction system*. WMO Workshop on the use of ensemble prediction, Beijing.

Leith C S. 1974. Theoretical skill of Monte Carlo forecasts. *Mon. Wea. Rev.*, **102**,409-418.

Molteni F, *et al*. 1996. The ECMWF ensemble prediction system: methodology and validation. *Q. J. R. Meteorol. Soc.*, **122**,73-119.

Murphy J M. 1988. The impact of ensemble forecasts on predictability. *Q. J. R. Meteorol. Soc.*, **122**, 121-150.

Murphy J M. 1990. Assessment of the practical ability of extended-range ensemble forecasts. *Q. J. R. Meteor. Soc.*, **116**,89-125.

Richardson D S, *et al*. 1996. Joint medium-range ensembles using UKMO, ECMWF and NCEP ensemble systems. *11th conf. On Numerical Weather Prediction* NORFOLK VA Amer. Meteor. Soc., J26-J28.

Stensrud D J, *et al*. 2000. Using initial condition and model physics perturbation in short-range ensemble simulations of mesoscale convective systems. *Mon. Weather Rev.*, **128**,2077-2107.

Tracton M S,*et al*. 1989. Dynamical extended range forecasting (DERF) at the National Meteorological Center. *Mon. Wea. Rev.*, **117**,2230-2247.

陈静,薛纪善,颜宏. 2005. 一种新型的中尺度暴雨集合预报初值扰动方法研究. 大气科学, **29**(5), 717-726.

陈丽娟,李维京. 1999. 月动力延伸预报产品的评估和解释应用. 应用气象学报, **10** (4) ,486-490.

董敏. 2001. 国家气候中心大气环流模式——基本原理和使用说明. 北京:气象出版社.

冯汉中,陈静 何光碧等. 2006. 长江上游暴雨短期集合预报系统试验与检验. 气象, **32**(8),12-16.

国家气象中心. 1991. 资料同化和中期数值预报. 北京:气象出版社.

李维京,张培群,李清泉等. 2005. 动力气候模式预测系统业务化及其应用. 应用气象学报, **16**(Appl.),1-11.

刘金达. 2000. 奇异向量法集合预报,月动力延伸预报研究. 北京:气象出版社. 48-53.

骆美霞,张道民. 2002. 实时海温对延伸(月)预报影响的数值试验研究. 应用气象学报, **13**,727-733.

第7章 专业(专项)数值预报业务

专业(专项)数值预报模式种类较多,本章介绍台风、污染物扩散、风暴潮海浪及水文气象数值预报业务系统。

台风往往在热带海洋地区发生、发展,而在这些区域观测资料相对缺乏,造成模式初始场中对台风结构的刻画有较大的误差,同时对热带地区大气运动过程的认识的局限也造成数值模式对台风发生、发展过程模拟的较大误差。台风模式从台风涡旋的初始化、适合于台风的物理过程计算方法、海—陆—气耦合、高分辨率模拟等改进来提高对台风的刻画能力。我国已经在国家、区域两级分别建立了全球与区域台风数值预报系统和台风概率预报系统。

国家级较早的专业气象模式为污染扩散传输紧急响应数值模式系统。该模式是为 1996 年 11 月国家气象中心被世界气象组织认定为亚洲区三个承担核应急响应气象保障任务的区域专业气象中心(RSMC)之一而建立的。大致经历了全球长距离拉格朗日轨迹扩散模式(LTTM)——基于美国海洋大气局空气资源实验室开发污染扩散传输模式(HYSPLIT)建立的全球污染扩散传输紧急响应数值模式系统——区域(中国东部 5 km)的 WRF/ HISPLIT4 精细污染物扩散模式。

目前我国水文气象耦合预报工作做得不多,2007 年淮河流域气象中心分别建立了以新安江模型为基础的王家坝和蚌埠闸以上流域的洪水预报系统;在淠河流域以 SWAT 模型为基础建立了该流域的径流模型。黄河流域气象中心最近也建立了黄河三花间和渭河流域水文预报模型。

对于由灾害性天气系统引发的灾害性海浪和风暴潮,许多沿海的省、市气象台的海洋气象服务尤其是专业气象服务需要相关的数值预报指导产品。2007 年 3 月国家气象中心"全球海浪数值预报系统"实现准业务化。上海区域气象中心、广州中心气象台等气象部门都开展了海浪和风暴潮模式系统的业务研发工作。

7.1 台风数值预报业务

7.1.1 台风数值预报业务概述

我国从"八五"开始研制第一代台风路径数值预报系统,并建立了三个台风路径数值预报系统,覆盖西北太平洋、南海、东海区域。1996 年 5 月,国家区域台风数值预报业务系统于开始投入业务运行,有台风时每天两次提供 48 h 台风路径预报。该系统采用 Kurihara 发展的分离背景场上浅台风的方法,利用 Iwasaki 发展的在背景场上嵌入人造台风模型方法,分析场采用多变量最优插值,并在分析场上再次嵌入人造台风模型,为数值模式提供初始场。区域台风路径模式是一个双重嵌套的有限区域模式,动力框架与 HLAFS 基本相同,内部区域分辨率约为 50 km。

从 2002 年起开发了基于全球谱模式 T213L31 的全球台风路径数值预报系统,采纳并改进了有限区域台风路径数值预报系统的初始化方案,其中包括人造台风模型温度垂直廓线的修改、非对称模型的构造、不同垂直坐标的相互转换。其中非对称人造台风模型的加入对提高台风路径预报能力起到了很重要的作用。全球台风路径数值预报系统于 2004 年台风季节进入准业务运行,2006 年起业务运行。

2006 年全球三维变分同化系统业务应用,可以对卫星资料进行直接同化,在该变分同化系统上开发了新的涡旋初始化技术,该技术使得台风涡旋同背景场更加协调,基于该技术的台风路径数值预报系统于 2008 年准业务运行。近 15 年来国家级全球台风路径数值预报系统的路径预报误差如图 7.1 所示。

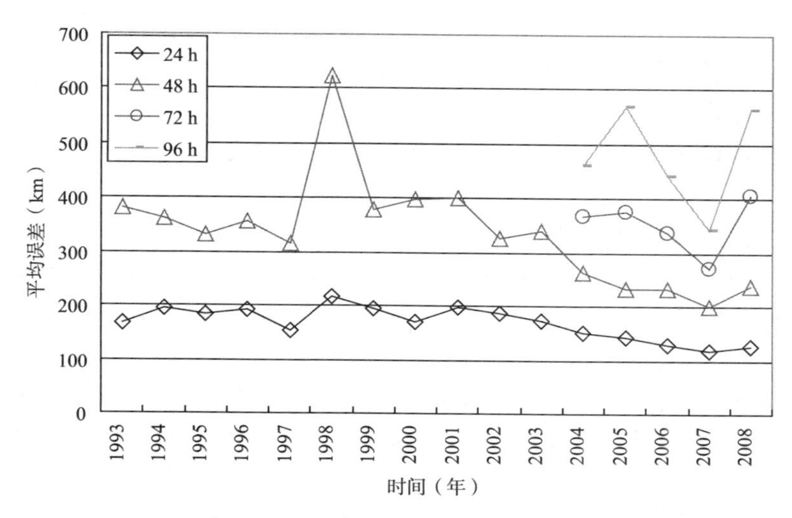

图 7.1 1993—2008 年国家级全球台风路径数值预报平均距离误差

随着中国气象局自主研发的全球及区域数值预报系统 GRAPES 的不断完善,2007 年基于 GRAPES 区域模式的区域台风路径数值预报系统 GRAPES-TCM 业务运行,2009 年 GRAPES 全球模式准业务运行,基于全球模式的台风路径数值预报系统正在研发中。

2006 年国家级基于全球集合预报系统的背景场扰动技术和人造台风涡旋技术建立了全球模式台风路径集合预报系统,并于 2007 年 7 月进入实时运行阶段。全球模式台风路径预报系统的背景场扰动技术采用全球中期集合预报 BGM 初值扰动技术,并在此基础上消除控制预报及集合成员分析场中的浅台风,加入人造台风涡旋。全球模式台风路径集合预报系统积分 120 h,提供 5 天的台风路径数值预报产品。

7.1.2 台风涡旋初始化技术

台风路径数值预报是在全球、区域数值天气预报模式的初值中加入台风涡旋初始化方案,以增强对台风涡旋的客观分析能力,并改善台风路径的预报效果。

(1)BOGUS 人造台风技术

Kurihara 等(1995)给出了一个复杂的热带气旋初始化方案的完整过程,包括从大尺度场中去除不真实的涡旋;生成一个包含真实信息且动力上协调的人造涡旋;将 BOGUS 合并到大尺度场中。英国气象局的全球模式利用热带气旋中心周围合成的切向风来进行涡旋的初始化,合成风的大小尽可能地同热带气旋的真实强度信息一致(Heming 等 1998)。在 MM5 模式中,于 2001 年集成了一个改进的台风 BOGUS 方案(Simon 等 2001)。这种传统的 BOGUS 方案构造的台风涡旋是一个概念上正确的理想模型,它的构建仅仅基于有限的观测和经验;另一方面,由于构造 BOGUS 涡旋时采用的一般是简单的动力约束,它可能与热带气旋模式并不协调,因而预报早期的预报场协调过程难以完全避免。如何构建动力和热力上协调的,并且与热带气旋模式的分辨率、动力框架和物理过程兼容的初始涡旋依然是需要解决的问题。BOGUS 人造台风技术在许多数值预报中心广泛采用,这种方法的缺陷也非常明显。目前的数值预报多采用改进的 BOGUS 技术。

(2)BOGUS资料同化技术

由于传统的BOGUS技术在构造台风涡旋时使用的动力约束比较简单,Zou (2000)基于四维变分同化技术提出了BDA技术(Bogus Data Assimilation)。在该技术中,各物理量间的调整通过同化过程来实现以保证台风涡旋与模式和背景场的协调性。Pu等 (2001)和Zhang等 (2003)的研究以及Wang等(2008)对MM5中的BOGUS方案与BDA技术的详细对比,结果都表明BDA技术具有更明显的优越性。更重要的,BDA技术是一种将台风涡旋初始化与资料同化结合起来的有效手段,而台风涡旋的初始化最终也将会随观测资料的增多和资料同化技术的改进而与资料同化过程融为一体。Liang等(2007 a,b)发展的MC-3DVAR技术来结合BDA技术和涡旋重定位技术,使用较少的计算资源,但同时能满足较全面的约束条件,以体现BDA技术的优越性。

(3)业务台风涡旋初始化技术

数值预报业务台风涡旋初始化技术包括三部分:初始涡旋生成技术、涡旋重定位技术以及涡旋强度调整技术。

1)台风生成初期的初始涡旋生成技术

在台风第一次编报时,模式初始场中往往没有完整的台风环流,涡旋初始化目标是在背景场中产生一个合理的台风涡旋环流,该环流系统不但三维结构要完整,而且还要与背景场比较协调。具体过程如下。

①根据实时台风报文(中心气压、大风半径、最大风速等),构造一个合理的涡旋系统,构造的方案主要依靠于现行业务中的人造BOGUS涡旋技术。构造过程中利用观测的台风位置、大风半径、海平面最低气压、最大风速以及成熟台风的结构特点,构造低层为气旋结构、高层为反气旋结构,高层(250 hPa附近)具有暖心结构的人造涡旋。我国的全球台风初始化采用了Iwasaki(1987)的人造台风技术,并经过修改,加入了非对称部分。非对称人造台风涡旋的加入有效地提高了全球数值预报模式T213L31对台风路径的预报能力。

②将构造的涡旋环流嵌入到背景场中作为模式初始场。

③利用全球中期预报模式对含有构造涡旋的初始场进行24 h的积分预报,这样在输出的各个时次的预报场中就会产生一个合理的台风涡旋环流系统。

④从各个时次的预报场中确定出涡旋环流系统,并挑选出与观测数据最接近的涡旋环流系统,然后从预报场中分离出来。

⑤将分离出来的台风涡旋环流嵌入到最初的背景场中,形成初始的台风涡旋系统。

从以上的步骤中可以看出,相比于BOGUS方案而言,更新的台风初始涡旋产生方案在依靠经验技术的同时,更多地是依靠模式的物理和动力学过程来产生涡旋环流系统。这样做的优点在于涡旋环流系统不但三维结构比较完整,而且其各物理属性与模式本身也比较协调。

2)涡旋重定位技术

经过初始涡旋生成后,在以后时次的滚动预报中,背景场就会存在一个涡旋环流系统,大部分情况下,由于模式误差和初始场的误差,这个涡旋系统与实际观测数据在位置、强度、结构上往往是不吻合的。当背景场中的台风涡旋环流位置与当前时刻的观测位置不匹配时,必须将涡旋系统从背景场中分离出来,并且平移到实际观测的位置,这就是涡旋重定位技术。其技术流程如下。

①将背景场的全球谱空间数据转换为高斯空间的格点数据,并选取一个以台风涡旋为中心的水平经纬网格区域;

②对所选区域进行分离,利用三点平滑算子,通过变化的平滑系数分别重复作用于经圈方向和纬圈方向,将背景场分成基本场和扰动场两部分;

③确定台风涡旋环流的范围,根据一些经验的判据(切向风速及其梯度值)来确定台风涡旋环流的范围;

④从扰动场中分离出非台风涡旋环流的大尺度形势场部分,在确定台风涡旋环流区域的范围内,通过最优插值的方法由扰动场插值求出非涡旋环流的大尺度形势场部分;

⑤计算出完全的涡旋场，将上一步从扰动场分离出来的部分大尺度形势场叠加到基本场中，就得到了不包含涡旋的环境场，从背景场中扣除环境场，就得到了台风涡旋环流场；

⑥将计算出的台风涡旋环流场平移到实际台风观测的位置；

⑦最后将调整后的背景场转换成全球谱空间数据，完成台风重定位技术。

如果有多个同时发生的台风，重复应用上面的步骤。

3)涡旋调整技术

由于洋面上缺少相应观测资料，经过重定位的台风涡旋系统在全球资料分析同化阶段往往不能得到有效的调整与改进，其强度与范围往往有很大的误差，如果不对背景场中的涡旋系统进行调整与加强，在后继几个时次的滚动业务预报中涡旋环流系统会逐渐减弱甚至消失，这种情况在台风初始发展阶段显得尤为明显。为了能使全球模式在整个台风生命史中对台风和周围的环流形势场产生一个合理的预报，有必要对重新定位后的台风涡旋强度进行调整。其基本思路是：在保持背景场台风涡旋空间结构的前提下，利用相关的经验和动力学关系式，调整涡旋气压场和风场，使其强度和范围向观测数据拟合。

在台风涡旋环流的海平面气压场分布遵循 Fujita(1952)公式分布的前提下，依靠如下公式求解调整后的气压场：

$$P^*(r)=P^b(r)-(P_b-P_{\text{obs}})\left[1+\left(\frac{r}{R_0}\right)^2\right]^{-1/2} \tag{7.1}$$

假设背景场中的涡旋中心气压为 P_b，观测到的台风中心海平面气压强度为 P_{obs}，$P^*(r)$即为调整后的海平面气压场。

当调整完气压场后，类似地，可根据相关的梯度风平衡动力关系式求出相应的风场。

$$\frac{V^2}{r}+fV=\frac{1}{\rho}\frac{\partial P(r)}{\partial r} \tag{7.2}$$

综上所述，新提出的涡旋调整方案在很大程度上保持了涡旋结构与模式本身的协调性，它在不改变背景场涡旋空间结构的情况下，使得涡旋强度逐步向观测数据拟合，既兼顾了涡旋与周围环境场的动力平衡，又考虑到了涡旋自身的强度与观测的接近。在目前业务上没有足够观测资料来对三维空间的台风结构进行初始化的情况下，新提出的涡旋调整方案不失为一个有效的解决方案。

4)涡旋初始化新技术对路径预报的影响

由于更新的涡旋初始化技术所构造的台风涡旋是从模式预报的背景场中分离出来的，相对于单纯的人造涡旋技术而言，由模式自身生成的涡旋同模式预报的背景场更加协调，有利于减小初始移动误差，从而减少后期的预报误差。由于新的涡旋初始化技术的应用，热带气旋的平均路径误差有明显的减少，其中 24 h 减少 12.3%，48 h 减少 12.2%，72 h 减少 17.9%，如表 7.1 所示。

表 7.1　更新的台风初始化方案和 BOGUS 涡旋方案的台风路径预报平均误差分析

预报时效(试验样本数)	BOGUS 方案路径误差(单位:km)	新初始化方案路径误差(单位:km)	下降百分比(单位:%)
00 h(506)	6.6	6.4	−0.3
12 h(461)	95.2	74.0	−22.3
24 h(413)	145.6	127.7	−12.3
36 h(369)	204.1	180.0	−11.8
48 h(328)	265.8	233.4	−12.2
60 h(289)	334.3	286.3	−14.3
72 h(252)	410.6	337.2	−17.9
84 h(217)	492.9	391.5	−20.6
96 h(185)	575.1	442.7	−23.0
108 h(157)	639.0	524.2	−17.9
120 h(127)	729.3	635.1	−12.9

注：不同预报时效的试验样本数不同是因为，仅当每个预报时效对应的观测时间有数据匹配时才会视为一个有效的统计样本数据。

将2007年业务BOGUS台风数值预报系统、更新的台风数值预报系统以及英国全球模式、日本全球模式、日本台风模式以及几个国家的主观综合预报进行了比较(图7.2)。从图中可以看出,由于整个台风路径数值预报系统的升级(变分同化系统和更新的涡旋初始化方案),使得我国的台风路径数值预报水平取得了明显的进步,从2007年的预报结果来看,我国的台风路径数值预报系统的预报水平相当于日本的台风模式,48 h、72 h同日本的全球模式相差大约50 km。

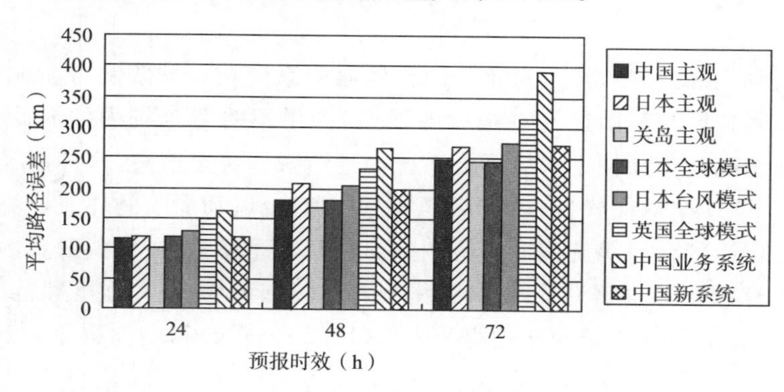

图7.2 不同业务中心的台风路径预报误差

7.1.3 台风路径集合预报

尽管目前台风数值模式还不能很好模拟台风内部的动力学和物理特性,但在台风移动路径预报方面已有很大改善,近年来热带气旋路径集合预报又成为研究热点。由于热带大气独特的动力学和热力学特征,热带地区集合预报扰动方法是一个研究重点和难点。与中纬度相比,热带大气斜压性弱、对流很强,对流活动成为模式误差增长的一个主要原因。热带大部分地区是海洋,观测资料稀少,增加了误差方差,扰动振幅需要重新调整。我国上海、澳大利亚、NCEP、ECMWF等都从气候预报、中短期天气预报等方面研究了台风或飓风路径集合理论和方法(Zhang和Krishnamurti 1997,1999, Buizza等2000, Puri 1999)。

NCEP用BGM方法、ECMWF用SVs方法研究了热带气旋路径集合预报。但是,ECMWF计算中高纬度的初始奇异向量时,对具有非线性结构的快速增长的误差作了线性化处理,这就要求相应的计算模式和伴随模式都是线性化的。而热带地区非绝热物理过程很重要,具有很强的非线性,中高纬的线性化绝热模式不能很好处理非绝热物理过程,所以在中纬度获得成功的奇异向量初值扰动方法在热带地区不是最优的。近来ECMWF将非绝热物理过程引入伴随切线性模式并考虑湿度场,计算热带地区的初始奇异向量,用该方法对两个西太平洋台风路径和强度作了集合预报试验,预报效果较好。也有采用扰动飓风初始位置和大尺度环境场的初始扰动方法(Zhang等1999)。具体过程如下。

①假设在初始时段,扰动场的误差增长是线性的;

②将飓风观测位置分别向东、西、南、北各位移50 km,产生四个飓风位置初始扰动值;

③对随机扰动分析场和同化分析场的差值用经验正交函数求第一主分量,获得初始状态的最快增长模;

④仅扰动温度场和风场。

应用该方法对飓风路径进行了集合预报试验,预报效果得到提高。

考虑到背景场在台风移动路径的重要引导作用,全球模式台风路径集合预报系统将首先考虑扰动背景场对台风路径集合预报的影响。由于洋面上可以同化的观测资料较少,使得台风涡旋的强度、结构均有较大的不确定性,所以台风涡旋的扰动技术既要包括强度的扰动技术,也要包括台风涡旋结构扰动。

(1)台风环境场扰动方法

目前在台风路径集合预报系统中环境场的扰动方法主要有两种,增长模繁殖法和非绝热奇异向量法。如NCEP背景场扰动采用的是BGM方法，ECMWF和日本则采用了非绝热奇异向量法来产生扰动的背景场。国家级台风路径集合预报的环境场扰动与全球集合预报系统的扰动完全相同，都采用BGM方法。

(2)涡旋扰动方法

由于台风生成及发展期间，台风环流附近云区可以同化的资料稀少，所以模式分析场不能很好地描述台风涡旋的结构和强度，导致分析场中的台风涡旋具有较大的不确定性。在台风路径集合预报系统中加入合理的涡旋扰动有利于改进台风路径集合预报的能力。

在台风路径集合预报中，从每对扰动成员中分离出两个的浅台风涡旋，将两个浅台风的差值经过尺度控制再分别加入到相应扰动背景场中的台风的观测位置，得到包括背景场扰动以及涡旋扰动的扰动场。根据目前台风观测当中台风强度的观测误差大概在5 hPa左右，将海平面气压的最大扰动幅度控制在5 hPa，得到的扰动涡旋分量将分别加、减在扰动背景场中台风中心的观测位置。涡旋扰动的加入有效地提高了台风路径集合预报袭击概率，在台风实际移动方向上的概率，改善了台风路径集合预报的预报能力，也有效地改善了台风路径集合预报发散度较小的情况，对某些台风来说可以减小台风路径集合预报的系统性误差，有利于提高台风路径集合预报的预报能力。

(3)台风集合预报业务

台风数值预报系统每天自动检索，如果发现台风生成标志性文件，会判断全球中期集合预报系统的扰动背景场是否产生，如果已经生成则消除控制预报与集合成员背景场的浅台风涡旋，并加入人造台风涡旋，进行120 h模式积分。台风集合预报产品包括集合预报路径图、袭击概率图、面条图(大风圈和平均海平面气压)以及邮票图等。产品将在第9章中介绍。

7.2 扩散传输模式

7.2.1 业务概述

核辐射、火山爆发及有害气体扩散等污染始终存在着严重危害大气环境及人类生命财产安全的可能性。对这类突发事件开展科学有效的环境紧急响应处理，是保障人民生命财产及其生存环境安全的一项重要措施。由于风、大气湍流、温度层结和降水等气象条件对上述有害污染物扩散传输，以及应急防护措施的选择和应急响应行动组织实施等有着直接的影响，因此，气象保障是环境紧急响应工作不可或缺的一个重要组成部分。大气污染扩散传输应急响应模式主要功能是依据突发性事件发生当时的污染源参数、气象条件以及天气预报模式对未来的气象场预报，对污染物颗粒或烟羽的弥散路径、空中和地面污染浓度与范围做出及时准确的预报，这些预报结果经过预报员和决策服务人员的订正分析，将及时分发给紧急响应决策、组织实施乃至公众部门。

1996年，我国基于当时的业务全球中期数值预报模式T106L19，开发了一个大范围长距离拉格朗日轨迹扩散模式(LTTM)。作为第一代污染扩散传输紧急响应数值模式系统，它使我们参与1997年到2001年间的四次正式国际核应急响应演习试验和一次实况事件的模拟预报及其评估有了基本的技术保障。自2001年9月起，国家气象中心引进美国海洋大气局空气资源实验室开发的较为成熟先进的污染扩散传输模式(HYSPLIT4)，并以此建立了第二代核污染扩散传输紧急响应数值模式系统。

2006年下半年起，又开展了基于精细中尺度模式的污染物扩散系统方法与技术研发工作，并于2007年6月初步建立起一套基于中尺度模式WRF和污染物扩散模式HYSPLIT4耦合的模式系统，利用地理信息技术对污染扩散模式的输出产品进行加工处理，开发了基于GIS的环境应急响应产品制作平台。该系统于2007年夏季的奥运气象环境应急响应演练中投入使用，在奥运环境气象服务等国内应急响应工作中都起到了重要作用。

7.2.2 污染物扩散模型

由于绝大部分核放射性或突发性污染过程发生在受地球表面(陆面或水面)直接影响的大气边界层(ABL)中,因此,这些污染物在大气中的扩散传输主要遵循大气边界层基本理论。关于大气边界层的理论研究已经有许多,其中一个重要成果即艾克曼模型(1905),它提供了整个大气边界层风变化的简单估计。为人们广泛接受的描述地面边界层的模型是由相似理论提供的。借助这些基本原理,可以考虑模拟大气中污染物的传输和扩散问题。所有大气传输模式都是以"平流扩散方程"为控制方程的,它是污染空气浓度 C 的连续方程:

$$\frac{\partial C}{\partial t}+u\frac{\partial C}{\partial x}+v\frac{\partial C}{\partial y}+w\frac{\partial C}{\partial z}=-\frac{\partial}{\partial x}\overline{u'C'}-\frac{\partial}{\partial y}\overline{v'C'}-\frac{\partial}{\partial z}\overline{w'C'}+So+Si \tag{7.3}$$

这一方程表示一个点上的污染物浓度的时间变化取决于几个不同的物理过程。

①平流项,依靠平均风的平流或传输:

$$u\frac{\partial C}{\partial x}+v\frac{\partial C}{\partial y}+w\frac{\partial C}{\partial z}。$$

②湍流扩散项,依靠不可分辨的扰动风涡旋的扩散或混合。平流和扩散过程的结合通常被称为弥散(dispersion):

$$-\frac{\partial}{\partial x}\overline{u'C'}-\frac{\partial}{\partial y}\overline{v'C'}-\frac{\partial}{\partial z}\overline{w'C'}。$$

③源项,为排放源(emission),它描述污染物在大气中释放的过程:So。

④耗损项,它一般考虑云和降水的作用(湿清除)、放射性衰减,以及由于地面各种捕捉特性造成的在地面上的沉降(干沉降):Si。

有许多模式模拟污染物在大气中的长期传输和扩散,主要分两大类,即拉格朗日模式和欧拉大气传输模式。拉格朗日模式描述按瞬时风流动的流体要素。它们包括将烟羽分成若干片段、烟团或质点的所有模式。平流的模拟是直接通过计算烟羽要素在平均风场中运动的轨迹进行的。在烟羽由相对少量的烟羽要素(烟团或烟羽片段)模拟的模式中,扩散的模拟通常是将一个高斯模式应用于每一个烟羽要素,其中,考虑大气边界层结构来计算其标准偏差。某些大气传输模式使用很大量的质点,通过使用蒙特卡罗技术在大尺度风上加上一个"半随机分量"来模拟扩散,模拟大气湍流的随机分量的概率密度函数也依赖于大气边界层的状态,使用那些伪速度来计算每个质点的轨迹,而浓度则是通过计算一定体积内的质点数来计算。欧拉模式直接在每个网格点求解扩散方程,使用可以特殊处理每个物理过程的数值技术(有限差分方法,分离法,有限元方法…)。依据 K 梯度理论(一阶闭合),湍流通量一般假定是与平均梯度成比例。水平和垂直 K 系数一般依赖于大气边界层结构。

排放源的模拟(或者说源项描述)是大气传输模式重要的部分,在多数情况下,污染物排放入大气的过程(爆炸、着火、高压急流等)以一些远不能被大气传输模式分辨的尺度发生。源项作用需要参数化处理,参数化类型依赖于大气传输模式是拉格朗日型的还是欧拉型的。有关初始释放高度和它的垂直范围的信息也是不可少的。不同的初始释放高度,其结果的污染弥散轨迹也可能会完全不同。

时间积分方案也是十分重要的。当然,大气状态随时间变化是相当大的:锋面过境、气压系统移动、大气边界层的日变化等,这些对污染云的演变有重要影响。例如,如果一个锋面移过源区,湿沉积可能是地面污染的主要因素;污染释放是在锋面到来之前还是之后开始,地面沉积区是完全不同的。此外,传输或扩散过程也将是很不同的,污染物烟羽将到达不同地区。

如果模式能够很好地描述源项的垂直结构和时间方案,那么粗略估计污染物的量即足以在人员保护、食品限制等方面做出一个合理的对策。在某些情况下,最大空气浓度区和沉积区只需要定性地了解,更精确的烟羽密度估计将来自地面测量。如果能精确地估计释放的污染物的量,大气传输模式可以产生定性和定量的输出结果,但这在紧急情况下一般是不可能的,通常的做法是输入模式一个标准的单位释放浓度来做定性判断。如果污染物是放射性元素或一些化学元素,那么有关释放的元素的信息也是很重要的,因为有一些参数(如干沉积速度、清除率及半周期等)依赖于污染物类型,扩散方程的所有耗损项直接与释放元素的性质有关。

一般地,为便于做到快捷和连续响应,紧急响应期间使用的大气传输模式是诊断性的或者非针对性的(off side)模式。弥散(Dispersion)计算不是一个完整意义的数值天气预报过程;然而,大气传输模式作为一个单独的模式,它必须以来自数值天气预报模式的气象数据作为其输入。因此,大气传输模式受到数值天气预报模式的影响,数值预报模式提供具有特定尺度的网格数据,数值预报模式提供的信息并非一定有效。大气传输模式只能模拟那些与输入数据网格尺度相同的现象,次网格尺度现象需要进行参数化,这正是业务大气传输模式较研究性的大气传输模式通常更粗糙地处理像对流或清除(scavenging)这样一些过程的一个主要原因。大气传输模式当然依赖于输入气象资料的质量,一个具有不确定性的因素是降水量场。数值预报模式一般只能提供地面降雨通量,因此大气传输模式必须估计湿层深度,即使降水区被很好地估计,湿沉积结果也不可能是很精确的。大气传输模式将再现甚至有时会放大数值天气预报模式的误差。在大气传输模式试验(Klug 等 1992)方面,就切尔诺贝利核事故进行的不同大气传输模式计算已经表明,当使用分析或观测的气象场时,污染云的演变可以被描述得相当好。但当使用预报气象场时,则大气传输模式的表现就会变坏,这就是为什么必须由资深的预报员来评价数值天气预报的原因。有经验的预报员可以给大气传输模式专家提供有关预报气象场质量的准确信息,从而有助于评价大气传输模式输出产品的质量。

大气传输模式一般提供两种输出:不同预报时效涉及不同层次上的空气中污染物浓度(以 m^{-3} 为单位),不同预报时效的干湿沉积(以 m^{-2} 为单位)。

7.2.3 全球大气环境应急响应模式系统

全球大气环境应急响应模式系统主要应用于污染物长距离大范围扩散传输预报,如核辐射、火山爆发、森林火灾等造成的污染传输扩散问题。长距离污染扩散传输事件影响尺度大,有时会造成跨国界影响,做好这类的预测服务工作需要密切的国际协作。联合国在20世纪80年代前苏联发生切尔诺贝利核事故后授权国际原子能机构(IAEA)成立紧急响应小组(Emergency Response Unit,简称 ERU),负责收集并通告核事故早期信息,协调和指导有关国际性的核应急响应工作;同时授权世界气象组织(WMO)成立承担环境紧急响应职能的区域专业气象中心(Regional Specialized Meteorological Centre for Environmental Emergency Response,简称 RSMC for EER),当大气环境可能或已经受到核辐射、火山爆发或有害气体扩散等污染时,承担污染监测、预报及产品发送等职责。为此,WMO先后在几大洲认定了八个这样的区域气象中心。它们分别是:美国国家环境预报中心、加拿大国家气象中心、法国气象局、英国气象局、澳大利亚气象局、中国气象局国家气象中心、日本气象厅、俄罗斯联邦水文气象中心。中国气象局国家气象中心是在1996年11月于埃及开罗召开的WMO基本系统委员会(CBS)第十一次届会上,被正式认定为亚洲区三个承担环境紧急响应任务的区域专业气象中心之一,并从1997年7月1日起履行相关义务。

中国气象局国家气象中心(RSMC BEJING)目前主要使用的污染扩散模式为引进的美国海洋大气局空气资源实验室开发的污染扩散传输模式 HYSPLIT4。系统中使用的气象模式是国家气象中心全球中期数值天气预报业务模式,将该模式系统与 HYSPLIT4 模式进行单向耦合,由气象模式输出全球范围的多个气象要素分析场和预报场作为气象背景场参与污染扩散模式的计算,从而实现对污染物扩散的路径、浓度和沉降的预报。输入 HYSPLIT 模式的大气背景预报资料包括:水平风分量(U,V),温度(T),高度(Z),垂直速度(W),相对湿度(RH),地面气压(Ps),海平面气压($P0$),降水(RR),10 m 水平风分量($U10$,$V10$)及 2 m 温度($T02$)。

依照蒙特利尔有关用户需求专题研讨会精神,要求区域专业气象中心(RSMC)提供地面至500 m高度间的污染物浓度时间积分图、自污染物释放的开始到模拟的结束期间累计总沉积(干湿沉积之和)图及不同层次的空气团轨迹图。

空气团轨迹表示一个空气包在三维风场中的运动。这些轨迹可以表示有关大气垂直结构及气流在排放源附近500 m、1500 m和3000 m高度上的差别等有意义的信息。它也可以帮助解释弥散烟羽形状。轨迹也可以提供有关来自不同气象模式预报风场差别的信息(图 7.3)。

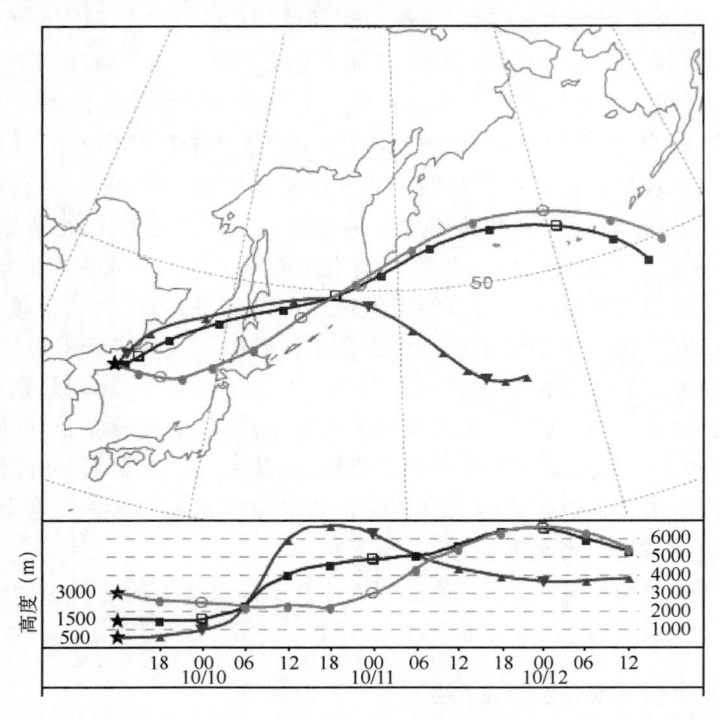

图 7.3 2006 年 10 月 9 日 12:00 起报不同高度上污染物(铯 137) 72 h 扩散轨迹预报图（源地★ 在 40.08°N,129.10°E)

时间积分污染物浓度参数是这样产生的:首先计算每个时间步地面以上 500 m 高度内平均空气中污染物浓度,然后,将这些平均污染物浓度在事先确定的时间段上积分。结果(以 s/m³ 为单位)可以很容易地与当时某一给定时段和给定地点处人体接收到的剂量联系起来(图 7.4(彩))。

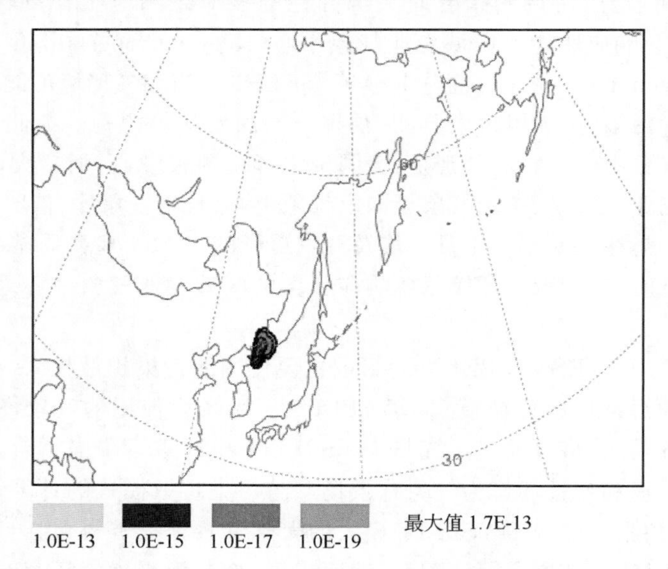

图 7.4 地面到 500 m 高度的污染物浓度扩散范围 24 h 预报图(源地★在 40.08°N,129.10°E)

就放射性污染物而言,总累积沉积参数表示模拟结束时地面存在的放射性。在图 7.5(彩)中,干沉积是由于地形抬升所致,而湿沉积是由于降水所致,这张图表示了放射性事件在地面上的影响。

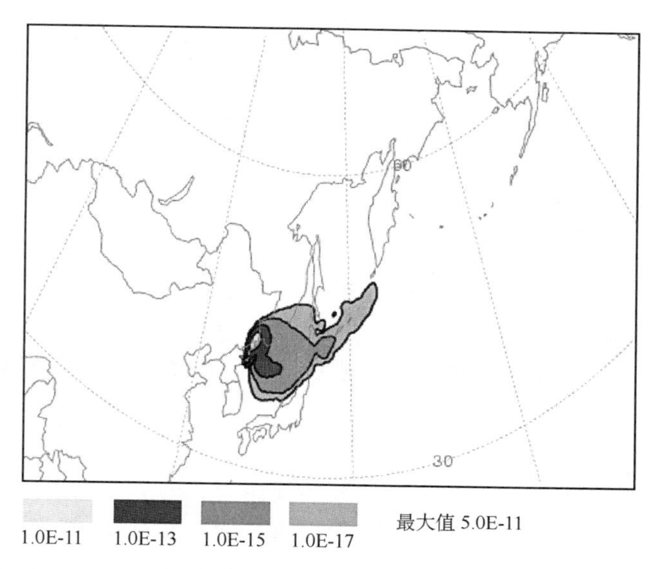

图 7.5 污染物的沉降分布 48 h 预报图(源地★为 0～500 m 40.08°N,129.10°E)

7.2.4 区域精细化大气环境应急响应模式系统

区域精细大气环境应急响应模式系统主要应用于非核污染物泄漏扩散事件,这类事件相对于核辐射事件在时间、空间上影响尺度较小,但其危害也是不容忽视的。近年来,国内有害物质(煤气、氯气等)的泄漏和扩散频频发生,对人民的生命财产安全造成巨大威胁和损失,如 2003 年重庆开县"12·23"特大天然气井喷事件,2004 年 4 月 15 日重庆市天原化工总厂发生氯气泄漏、爆炸事故,2005 年 3 月 29 日江苏淮安的氯气泄漏事件等。用中小尺度气象模式和污染物传输扩散模式相结合的方法进行区域污染物的输送/扩散研究或预报,可以得出更为精细的污染扩散预报结果。一些城市小区尺度模式,除考虑空气动力学作用外,引入了作为城市特征的街区建筑物布局及其高度、朝向和对短波辐射的遮蔽以及不同地表利用类型等特征影响,加入到污染物平流扩散方程中,从而使预报结果更有参考意义。

国家级区域精细污染扩散模式系统生成的产品包括给定时段内污染物的弥散三维轨迹点位置演变、污染物在空气中的浓度和地面沉降等。在图形产品制作时,为使模式产品更具指导意义,通常会将产品使用 GIS 地理信息系统进行处理,从而使污染扩散数据能够叠加行政区划、公路、铁路、水系等信息,并添加图例说明和文字说明,为决策服务提供更为直观的指导产品。

7.2.5 业务平台与流程

良好的业务运行平台对于环境应急响应工作来说是非常必要的,操作的便利、快捷可以大大提高应急响应的时效性,从而使应急响应产品更具决策意义。通常应急响应模式系统会配备良好的交互操作界面和平台来提高时效性。

大气环境应急响应模式系统的启动与运行是随时性的,值班预报员一旦接到要求响应的传真(或电子邮件)信号,要迅速启动模式,并以交互方式手动输入各项源参数,模式运行完成后将自动生成标准图形产品,紧接着,操作人员便可在终端上预览这些图形产品,同时系统根据操作指令可将其传输至指定地点。当事件持续时间超过一定时间时,操作人员将利用收到的有关污染源后续信息和更新的大气背景预报信息,重复上述操作过程,并及时向外发送更新的预报产品,直至得到终止响应信号为止。在获取终止响应信号之前,系统将每隔一定时间更新一次预报产品。

7.3 水文气象数值预报模式业务

数值天气预报模式与水文模型耦合分为单向耦合和双向耦合:单向耦合是将数值天气预报模式预

报的气象要素(主要是降水和温度或蒸发),直接输入到水文模型中做水文预报,这种做法相对比较简单,而在我国,这方面的技术研究和业务服务正处于起步阶段,目前国家气象中心的水文业务系统采用的就是单向耦合方法;双向耦合是把数值天气预报模式与流域水文模型结合起来,考虑它们之间的相互作用,进行水文气象预报,这方面的研究工作处于尝试阶段。

7.3.1 业务概述

中央气象台利用 T213 和陆面水文模式(VIC)单向耦合建立了大尺度水文模式系统;2007 年,国家气象中心应用气象室着手开展与中尺度模式耦合的精细水文模型并对水文模型输出产品进行解释应用技术研究,目前已经建立了基于淮河流域的精细渍涝风险预报系统以及重点水库流量的动态预报系统。

7.3.2 水文模型

水文模型是描述水文过程的数学模型,是水文循环规律研究的必然结果。水文模型可以分为确定性模型和随机性模型:确定性模型应用有限的物理学规律描述水文过程,其预测结果不存在不确定性;随机模型应用概率理论和随机性过程描述水文环节,其预测结果多为条件概率的形式。确定性模型根据模型对流域的描述是空间集总式的还是分布式的描述,以及对水文过程是经验性描述、概念性描述还是完全物理描述进一步划分为黑箱模型、概念模型和基于物理学的分布式模型。黑箱模型、概念模型和物理模型分别代表确定性水文模型的不同发展阶段。黑箱模型基于传输函数,几乎没有任何物理意义;概念模型处于完全物理描述和经验式黑箱分析的中间位置;基于物理的水文模型建立在人们对控制流域响应的水文过程的物理认识的基础上。

水文模型上百种,常用的也有十几种。对模型的选择应根据研究目的和需要而定。简单模型和分布式物理模型的区别不仅在于繁简之分,还和使用该模型的目的紧密相连。如果需要高分辨率的水文信息,流域特征的基本信息能够获取,而缺少流域观测资料时,分布式水文模型比较合适。目前,在国内外洪水预报生产实践中,采用的主流模型为集总式概念性流域水文模型,其中包括有澳大利亚气象局的 CBM 模型,法国海外科技研究办公室的 Girardi 模型,罗马尼亚气象和水文所的洪水预报模型 IMHZ-SSVP,美国陆军工程兵团的径流综合和水库调节模型 SSARR,美国国家天气局的水文模型 NWSH,美国国家天气局河流预报中心的萨克拉门托河流预报水文模型(SRFCH),意大利帕维亚大学的约束性系统模型 CLS 和我国的新安江系列模型,另外日本国家防灾研究中心使用是 TANK 模型。这些集总式概念模型的最大缺陷是忽略了地形、土壤、植被、土地利用、降水等流域特征参数空间分布的异质性,而把流域作为一个整体来处理。而日本业务使用的 TANK 系列黑箱模型,模型的结构基本上属于不定,参数与流域汇流的物理过程没有建立直接关系,所以确定参数主要靠试算。分布式水文模型是全面考虑降雨和下垫面空间不均匀性的模型,能够充分反映流域内降雨和下垫面要素空间变化对洪水形成的影响。与集总式相比,分布式水文模型具有明显的优势。首先,分布式水文模型可以对流域各特征要素的空间异质性分布进行参数化,可以深刻反映多源影响的水文过程的物理机制,输出重要的水文过程参数;其次,分布式水文模型是建立高精度水文模型的有效途径;另外,经过验证的分布式水文模型可以对无资料流域或欠缺资料的流域进行模拟和预测。当然分布式水文模型本身也存在缺陷,这就是需要建模者对水文变化的连续物理过程有深入了解,而且模型的参数众多,难以率定,需要大量的观测数据进行验证,因而建立分布式水文模型必须投入大量的人力和物力。目前国际上比较成熟、影响较大的分布式水文模型有美国的 TOPMODEL、VIC 以及美国农业部的 SWAT、丹麦、法国和美国共同提出的 SHE 等。其中以地形为基础的 TOPMODEL 严格来说是半分布式模型。该模型基于数字高程模型计算地形指数,并利用地形指数来反映下垫面的空间变化对流域水文循环过程的影响。模型虽然考虑了下垫面的空间不均匀性,但是没有考虑降雨、蒸发等因素的空间分布对流域产汇流的影响,其模型输入仍为面平均降雨量。

国家气象中心水文业务所使用的大尺度分布式陆面水文模型 VIC(Variable Infiltration Capacity)是由 TOPMODEL 和新安江模型(赵人俊 1984)发展而来的,模型考虑了水文过程对土壤湿度分布、地表径流大小和分布,进而对蒸发大小和分布的影响(谢正辉等 2004;Liang 等 1996)。

7.3.3 与业务模式的耦合

考虑到业务中尺度模式的不断升级,采用水文模式和气象模式的单向耦合方式。系统中使用的气象模式是国家气象中心奥运精细同化预报模式系统,该系统采用的基本模式是美国 NCAR 研发和维护的 WRF(Weather Research Forecast)模式。模式分辨率为 15 km,将该模式与 VIC 及汇流模式进行单向耦合,由气象模式预报的气温和降水驱动水文模式,进而实现对径流深、土壤湿度和水文站点流量的预报。

在水文模式与 WRF 模式耦合时,设计模式的水平分辨率与 WRF 模式输入的气象场水平分辨率相同,即同为 Lambert 投影下的 15 km×15 km。本系统中由 WRF 预报场输入水文模式的大气背景预报资料包括:近地表气温和降水。由于 VIC 模式要求的是日最高最低温度,因此我们需要对 24 h 内 WRF 逐时输出的 2 m 气温进行判断,得到最高最低气温预报场。图 7.6 是耦合气象水文系统的流程结构图。

VIC 模型及汇流模型的运行环境为高性能计算机 IBM CLUSTER 的 UNIX 工作站,整个运行过程受两个全局控制文件控制。VIC 全局控制文件决定了 VIC 模型中土壤层数、模型时间步长、模型模拟开始时间和结束时间、是否运行融雪模块和冻土模块、所有输入输出文件的路径等。汇流模型全局控制文件决定了汇流模拟开始和结束时间,DEM 等信息文件的路径,时间步长等。

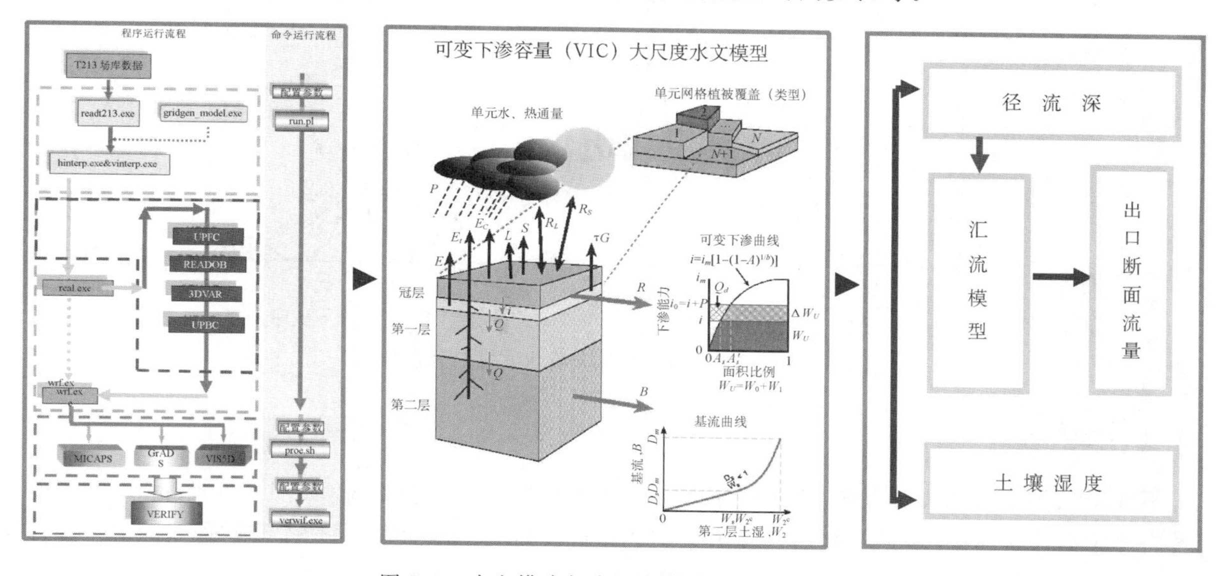

图 7.6　水文模式与中尺度模式 WRF 的耦合

这里给出了 15 km 水文气象耦合模式系统与之前 0.5°分辨率水文预报系统分别经过参数率定后对 1980—1990 年期间淮河流域的王家坝(图 7.7)、息县和班台(图略)三个水文站的月径流过程的模拟比较结果:从图中能明显看出 15 km 分辨率系统模拟的月径流与观测更为接近,尤其是峰值的模拟,相应地,15 km 分辨率系统的效率系数(Ce)明显高于旧的 0.5°分辨率系统,王家坝水文站由原来的 0.793 提高为 0.887,息县和班台水文站情况也类似,效率系数分别由 0.76 和 0.79 提升为 0.845 和 0.86。

我们利用率定参数后的 VIC 模式和汇流模式对 2007 年汛期期间淮河流域各个子流域的日径流过程进行了模拟。这里只给出王家坝(图 7.8)水文站的模拟情况。从图中我们可以看到新建的 15 km 系统模拟效果相对于原来的 0.5°分辨率系统有很大的改进,模拟的流量过程和实测过程基本吻合。而其中模拟效果最好的是在王家坝水文站,效率系数为 0.71,因为模式本身没有考虑人类活动的影响,而王家坝水文站的集水源出于上游,相对人类活动影响较小,所以模式模拟效果相对较理想。

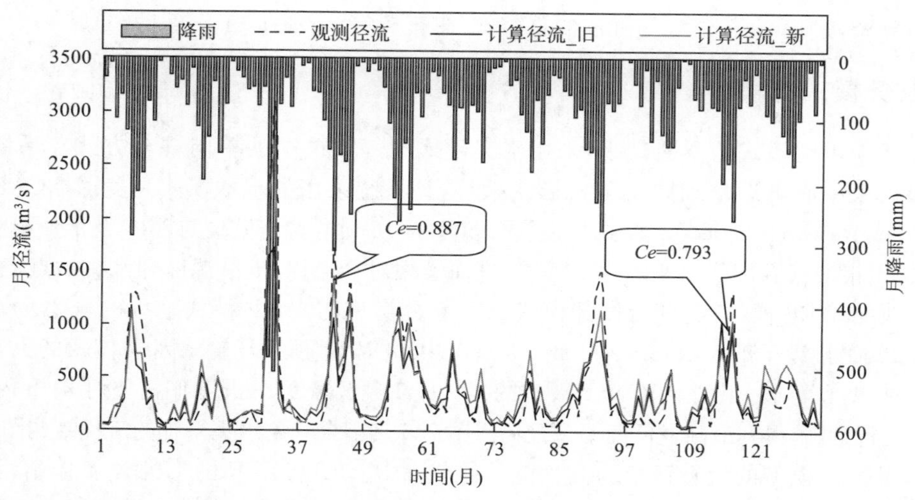

图 7.7 1980—1990 年王家坝水文站月径流模拟(计算径流的新旧方法分别代表 15 km 和 0.5°分辨率系统)

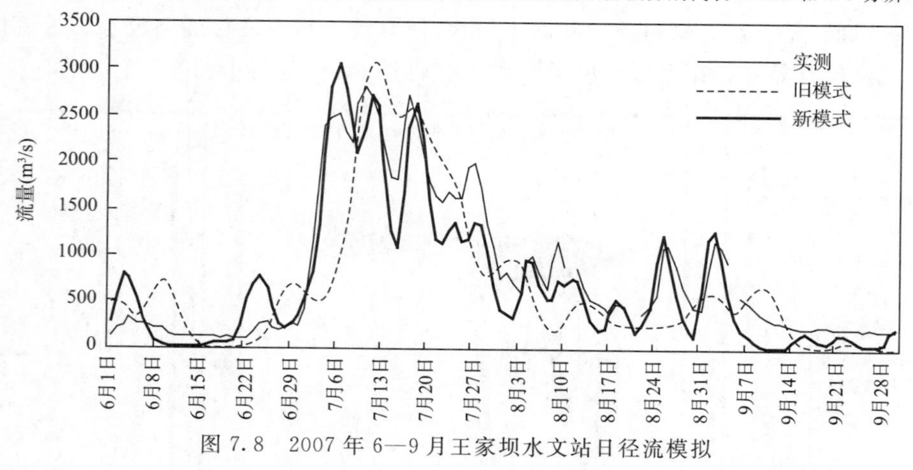

图 7.8 2007 年 6—9 月王家坝水文站日径流模拟

7.3.4 模式性能

下面给出的是精细耦合系统对 2007 年淮河流域汛期预报的检验情况，如图 7.9 所示，用实测的气象资料模拟的流量与实测比较吻合，说明水文模式具备较高的模拟能力，但是各时效预报的流量却与实况相差较大。分析其原因，主要是由中尺度模式预报的降雨偏低造成的。所以，所研发建立的水文气象耦合预报系统的预报效果很大程度上取决于气象模式的预报精度，因此提高气象模式精度是提高水文预报效果的前提。

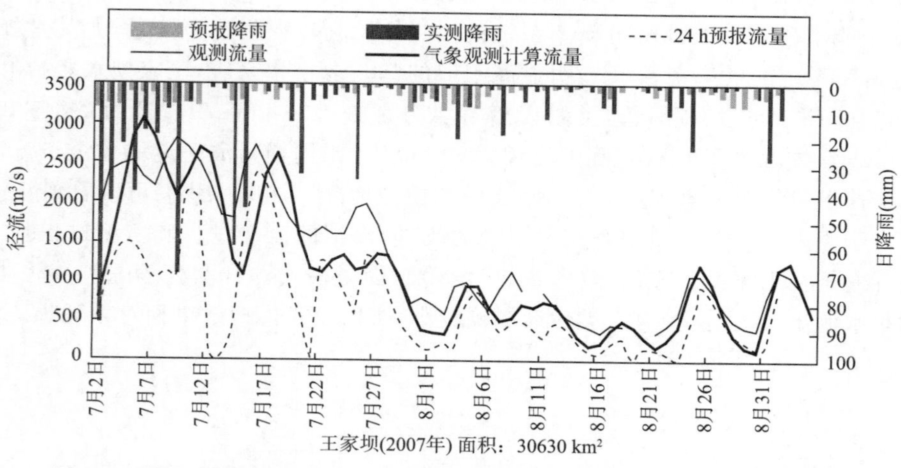

图 7.9 耦合系统对 2007 年汛期王家坝水文站流量 24 h 时效预报与实测比较

7.3.5 水文概率预报

不同于确定性水文预报,概率水文预报充分考虑降水预报不确定性、水文模型不确定性、模型参数率定的不确定性和地形参数输入不确定性等多种信息,强调充分利用一切可能的资料,定量地以概率分布的形式描述水文预报不确定性(Krzysztofowicz 2001)。概率水文预报充分利用多种不确定性信息,并根据一定的数学理论将这些不确定性信息进行处理,以分布函数图像的形式将结果展现给决策者,将最终的决策权转交给决策者,从而实现了水文预报与决策过程的有机结合。从更深层的意义而言,概率预报是水文预报发展的必然趋势,必将成为预报决策系统的重要组成部分。

水文概率预报的数学理论基础为贝叶斯理论,尽管贝叶斯在18世纪已经提出了这一理论方法,但真正将这一理论用于水文预报领域却是20世纪70年代。将这一方法应用于水文概率预报的数学理论介绍可参阅(Krzysztofowicz 1999)。贝叶斯概率水文预报系统的结构框架如图7.10所示。从图7.10可以看出,气象系统提供降水预报结果后,河流水位预报系统以根据降水预报结果做出水位预报,对这些信息进行综合处理,气象系统再在此基础上做出有关洪水的监视和警报的决策,同时,该系统还可以定量地给出降水量和河流水位预报的不确定性,并为用户提供有关河流预报和洪水警报的附加信息。

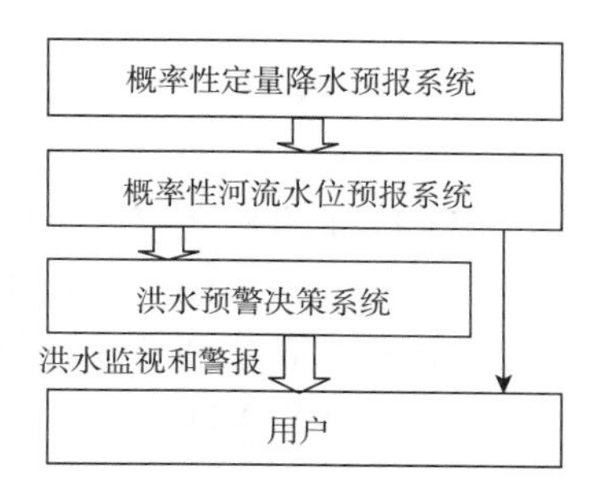

图7.10 综合概率水文气象预报系统框架示意图

其次,通过对模型预见期内任意时段预报值的校正,达到实时预报的目的,使得预报人员可以定量的、以概率分布的形式描述预报不确定性,为防洪决策提供了可靠的理论依据,实现了预报与决策过程的有机融合。基于贝叶斯理论的概率水文预报,在于应用贝叶斯理论的优点:它能综合考虑各方面的不确定性,并以分布函数形式描述水文预报的不确定度,从而能较好地满足优化决策的需要。

7.4 海浪预报模式业务

我国的海浪和风暴潮预报是由海洋部门对外发布的,但国家气象中心和许多沿海的省、市气象台的海洋气象服务尤其是专业气象服务中还是包含了海浪和风暴潮预报的业务内容,他们也需要相关的数值预报指导产品。事实上,绝大部分的灾害性海浪和风暴潮是由灾害性天气系统如热带气旋(包括热带低压、热带风暴、台风和强台风)、温带气旋和寒潮大风等引发的,气象部门对于海浪及风暴潮的预报有自身的优势。近几年国家气象中心、上海区域气象中心、广州中心气象台等气象部门都开展了海浪和风暴潮模式系统的研发工作。

7.4.1 业务概述

海浪的数值预报业务主要是为海洋气象预报人员提供洋面海浪的客观预报参考,从而为船舶导航、油井勘探、近海养殖、旅游等提供海浪预报指导产品。海浪的数值预报研究始于20世纪60年代,人们了解到海浪的传播可由海浪谱传输方程来描述,在此基础上,建立了第一代海浪数值预报模式,现在国际上的海浪业务预报已经从使用第一代海浪模式和第二代海浪模式发展到普遍使用第三代海浪模式。第三代海浪模式的特点是海浪谱只用积分谱传输方程来计算,事先不必对谱型加以任何限制,同时更充分地考虑了浪的波—波之间非线性相互作用、从风到浪的能量传输过程和波浪破碎导致的能量耗散作用。第三代海浪模式相比前两代模式可以提供更为精确的海浪谱估计场，因而受到了国际上普遍的欢迎。比较普遍使用的第三代海浪模式有 WAM 模式，WAVEWATCH III 模式和针对近岸浅水设计的 SWAN 模式。在各个国家气象中心和研究机构，第三代海浪模式被利用到从全球尺度到精细至百米尺度的海浪预报系统中。

在业务预报中，需要使用数值天气预报的预报场尤其是风场来驱动海浪模式。风作为驱动力，在海浪的数值模拟和预报中起到相当关键的作用，波浪预报的精度在很大程度上依赖于海面风场的预报精度。

海浪包括风浪、涌浪和近岸浪三种。风浪是在风的直接作用下产生的水面波动，涌浪是风停后或风速风向转变区域内尚存的海浪和传出风区的海浪，近岸浪是由外海的风浪或涌浪传到海岸附近时，受地形作用而改变波动性质的海浪。不同来源的波系叠加而形成的海浪称为混合浪，一般海浪数值预报的输出的主要预报要素为混合浪的统计特征值，包括有效浪高、浪向、浪周期、波长等，其中有效浪高是表述海浪状态最有意义的参数，它是指 1/3 大波的平均值。

海浪数值预报的检验主要通过海洋上的浮标站观测资料与模式插值到该站的预报结果相对比，对海浪数值预报的检验指标包括预测值与观测值的平均相对误差(mean error)、均方根误差(rms)、点聚指数(Scatter Index)和相关系数(r)等。近年来，使用卫星遥感资料与模式预报结果进行对比检验也越来越普遍。

7.4.2 海浪模型

这里以国内外普遍使用的 WAVEWATCH Ⅲ为例介绍海浪模型，它是美国 NOAA/NCEP 环境模拟中心海洋模拟小组(Marine Modeling and Analysis Branch)的 H. L. Tolman 在 Delft 技术大学和美国航空航天局 Goddard 空间飞行中心分别开发的 WAVEWATCH Ⅰ和 WAVEWATCH Ⅱ的基础上，新开发的一个全谱空间的第三代海浪模式，简称 WWATCH。

(1)能量谱平衡控制方程

对于随机海浪来说，海面的不规则变化可以用谱密度 F 描述，这种海浪谱通常称作能量谱，可以表示为相参数的函数 $F(k,\sigma,\omega)$，再考虑时间和空间的变化，就可以写成 $F(k,\sigma,\omega;x,t)$。参数 k,σ,ω 不是相互独立的，它们通过波动的频散关系和多普勒方程建立联系。WWATCH 模式选择以波数 k 和方向 θ 为基本的参数组成谱 $F(k,\theta)$，但模式的输出仍然采用以往模式的频率和方向谱作为基本输出，这两种谱的转换可以通过雅可比向前变换来实现。

在 WWATCH 模式的控制方程中使用了波作用量密度谱，即 $N(k,\theta)\equiv F(k,\theta)/\sigma$。这样，波浪的传播方程就可以表示为

$$\frac{\mathrm{D}N}{\mathrm{D}t}=\frac{S}{\sigma} \tag{7.4}$$

式中 S 代表与海浪谱有关的源和汇的总和。在球坐标下方程(7.4)的欧拉形式的平衡方程可写为：

$$\frac{\partial N}{\partial t}+\frac{1}{\cos\phi}\frac{\partial}{\partial\phi}\dot{\phi}N\cos\theta+\frac{\partial}{\partial\lambda}\dot{\lambda}N+\frac{\partial}{\partial k}\dot{k}N+\frac{\partial}{\partial\theta}\dot{\theta}_g N=\frac{S}{\sigma} \tag{7.5}$$

WWATCH 源函数项包括了风能量输入项，波波非线性相互作用项和耗散项，在浅水区考虑了底摩擦，用公式表示就是：

$$S=S_{in}+S_{nl}+S_{ds}+S_{bot} \tag{7.6}$$

式中 S_{in}——风能量输入项，通过两种流体的黏滞力，将风的能量带到海水中；

S_{nl}——波一波非线性相互作用项，由涌等波浪间相互作用而成；

S_{ds}——能量耗散项，由波浪破碎生成白头浪造成；

S_{bot}——浪与海底摩擦作用项，水深较浅时此项尤为重要。

(2)参数化方案

国家级海浪模式业务系统的海浪传播和源函数项参数化过程主要选择了以下几个方案：

◆ 海浪传播方案：ULTIMATE QUICKEST propagation scheme；

◆ 源函数项消减：Tolman and Chalikov source term package；

◆ 波—波非线性相互作用：Discrete interaction approximation；

◆ 底摩擦方案：JONSWAP bottom friction formulation。

(3)数值计算方法

WWATCH 模式是在波数和方向的二维谱空间上计算的，为计算非线性相互作用的经济性考虑，也采用一般第三代海浪模式的频率分段方法，即

$$\sigma_{m+1} = X_{\omega}\sigma_{m} \tag{7.7}$$

由频率和频散关系换算出波数的各个格点值，这样，波数空间的网格是随水深变化的，因此也克服了由于水深变浅带来的谱空间分辨率降低的问题。

在数值上解谱传播方程的时候，模式采用了数值计算中常用的分数步长方法，首先考虑水深在时间上的变化以及对应波数网格上的变化；这种劈开时间项的变化后，对余下的片段计算来说，波数网格就是不变的，水深也是准稳定的；最后的片段计算考虑了地理空间上的传播、内部谱的发展和源函数项。这种分裂格式的使用可以显著提高矢量计算和并行计算的效率。

7.4.3　海浪数值预报模式系统

从预报尺度和功能上来分，海浪模式系统包含全球海浪模式系统、区域海浪模式系统以及近岸海浪模式系统。区域精细海浪数值预报系统与全球海浪数值预报系统相比具有更高的模式分辨率和预报精细度，使用中小尺度的大气模式风场预报来驱动区域海浪模式，同时可使用全球海浪模式为区域海浪模式提供侧边界条件。

国家级的全球海浪数值预报系统使用全球中期数值天气预报模式系统为海浪模式 WAVEWATCHIII 提供气象场。系统计算区域覆盖了南北纬 80°内的范围，但只对海洋范围的数据进行计算，不考虑水流、水位的影响。模式格点分辨率为 1°×1°，每一点的离散化波浪谱的方向分辨率均为 15.0°，即 24 个方向。模式频率分辨率由 0.0418 Hz 至 0.4114 Hz，以 1.1 Hz 为间距，共计 25 个频带。系统在每天 00 时和 12 时各运行一次，没有进行海浪的数据同化，采用 12 h 后报的海浪场作为海浪初始场，系统还为区域海浪数值预报系统提供边界条件。

使用美国 NOAA 的浮标数据中心的浮标站实测资料和模式对各站的预报结果进行对比分析和检验。图 7.11 给出系统对有效浪高的预测值与 29 个浮标站观测值的均方根误差的月平均值变化曲线。从变化曲线来看，随预报时效增加，模式对有效浪高的预报效果逐渐降低，从月变化来看，模式夏半年的预报效果优于冬半年的预报效果，这与数值天气预报系统对洋面风的预报趋势有一定关系。

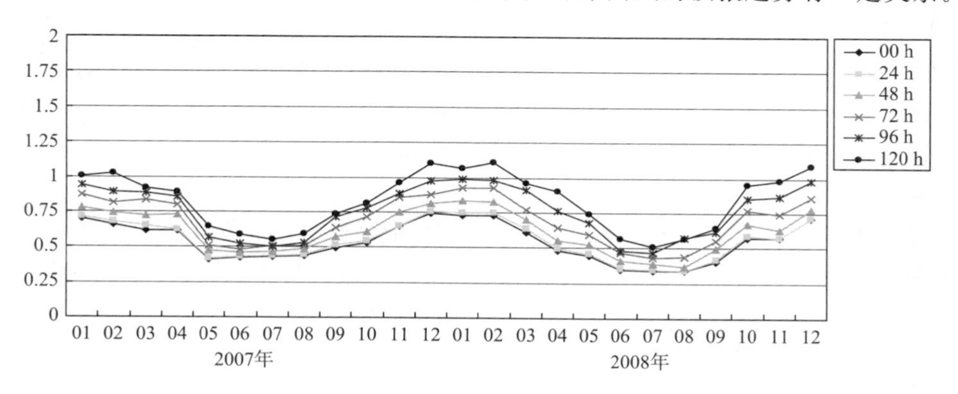

图 7.11　有效浪高的预测值与 27 个浮标站观测值的均方根误差(m)的月平均值变化曲线

7.4.4　海浪概率预报

由于目前洋面资料的使用及其同化技术的发展还较落后，在现阶段从模式和资料同化的角度去改进海浪系统预报效果具有很大难度。在天气预报领域，集合预报方法已成为现代数值天气预报技术发

展的新方向。传统海浪数值预报方法中使用的数值天气预报模式采用确定性的初始大气条件，从而计算出的海浪预报场也是确定性预报，但它不能包含海浪未来可能出现的所有状态。采用集合预报方法可把传统意义上单一的确定性预报变成不确定性预报，尽可能使得到的这组不确定性预报包含未来海浪变化可能出现的所有状态，从而达到提高预报水平的目的。

在国内外的研究中，已证明对于初始海浪场进行扰动的集合海浪预报方法只能改进1～2天内的海浪预报效果，而对更长时效的海浪预报效果无明显影响，但驱动海浪模式的风场的预报能力却对较长时效的海浪预报效果影响明显。因此目前我国选用的集合海浪预报试验系统基本方法为不对海浪场进行扰动，使用全球集合天气预报系统的15个成员的扰动风场预报结果来驱动多个海浪模式，生成含15个成员的海浪预报场。各海浪预报成员的初始扰动场是使用前24 h各成员模式后报的海浪扰动场来提供，并滚动运行。相应开发出各海浪要素的集合预报产品如集合平均、离散度、集合概率等产品。利用深海浮标观测资料分别与控制预报和集合预报结果进行分析比较和性能检验显示集合预报检验结果明显优于控制预报的检验结果。

7.5 风暴潮预报模式业务模型

7.5.1 风暴潮数值预报业务概述

风暴潮数值模式的研究开始于20世纪50年代，最初是通过对二维流体力学基本方程组的积分给出风暴潮增水的极值。随着计算机技术和风暴潮研究技术的发展，风暴潮的数值预报模式也日益完善。Jelesnianski等在20世纪70年代建立了SPLASH模式，并于80年代初期开发了一个二维流体动力学的数值模式——SLOSH模式，该模式已广泛应用于海、陆以及湖泊的风暴潮预报。王喜年等(1991)建立了覆盖整个中国沿海的五区块(FBM)模型。以往风暴潮研究主要采用二维模型计算风暴潮的增减水，多采用线性叠加原理进行水位预报，这样的线性叠加做法不能反映实际水位的时空变化。另外采用的网格分辨率较低，拟合岸线较差。有的在开边界上仅输入M2分潮作为边界条件，模拟精度不高。

下面介绍国家气象中心使用的基于FVCOM的风暴潮模式系统。

7.5.2 风暴潮模式

(1)模式特点

控制方程由球坐标系下垂向平均的动量方程、连续方程组成。数值计算方法采用非结构三角形网格有限元方法，对原始方程直接作有限差分。采用非结构三角形网格，是为了完全拟合岸线和局部加密。有限差分方法，是将每个计算单元(三角形和多面体)对写成通量形式的原始方程作面积分，采用高斯定律，再把面积分转化为线积分。线积分的物理意义为流过该边的法向通量，一个单元内经过各边的净通量，即为该单元物理量的变化率。因此，这种数值计算方法具有很高的计算精度。

(2)模式网格

计算域划分为相互不重叠的三角形单元。每一个三角形网格由三个节点、一个中心和三条边组成(图7.12)。令N和M分别为水平计算域内三角形中心和节点的总数，那么三角形中心点的坐标可表示为：

$$[X(i), Y(i)], i=1:N \tag{7.8}$$

同样，节点的坐标可以表示为：

$$[X_n(j), Y_n(j)], j=1:M \tag{7.9}$$

由于三角形网格互相不重叠，因此N同时也是非结构三角形网格的数目。在每一个三角形网格中，三角形的三个节点可以用整数$N_i(\hat{j})$来表示，其中$\hat{j}$按顺时针方向由1到3。具有公用边的相邻的三角形用整数$NBE_i(\hat{j})$来标记，其中$\hat{j}$也按顺时针方向由1到3。在开边界或海岸固体边界处，$NBE_i(\hat{j})$确定为0。在每一个节点处，与之相邻的三角形个数表示为$NT(j)$，用整数$NB_i(m)$来标记每一个三角形网格，其中m按顺时针由1到$NT(j)$。为了给出海洋表面水位和流速的更精确的计算，数值计算是在特殊设计的三角形网格上进行的,其中 η,H,D,A_m,A_h 放在三角形节点上,而 u、v 放在三角形中心上。节点上变量的计算通过与该点相连的三角形中心和边的连线的净通量进行,而在三角形中心上的变量通过该三角形三条边的净通量来计算。

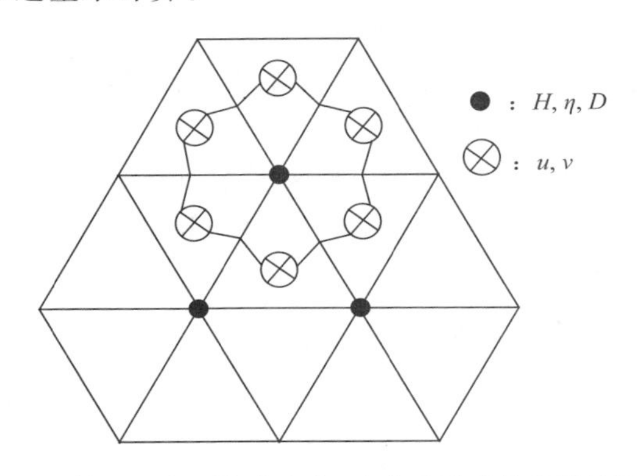

图 7.12　有限体元三角网格中水位、速度以及其他参量位置的示意图

模式的计算区域为整个渤海、黄海和东海陆架,台湾海峡和对马海峡为区域开边界,除日本九州西侧小范围内水深大于 200 m,计算区域在东海陆架水深均小于 200 m。模式的网格见图 7.13,在沿岸风暴潮敏感区域网格具有极高的分辨率,为几百米,且完全拟合岸线。在陆架,最粗的分辨率超过 10 km。

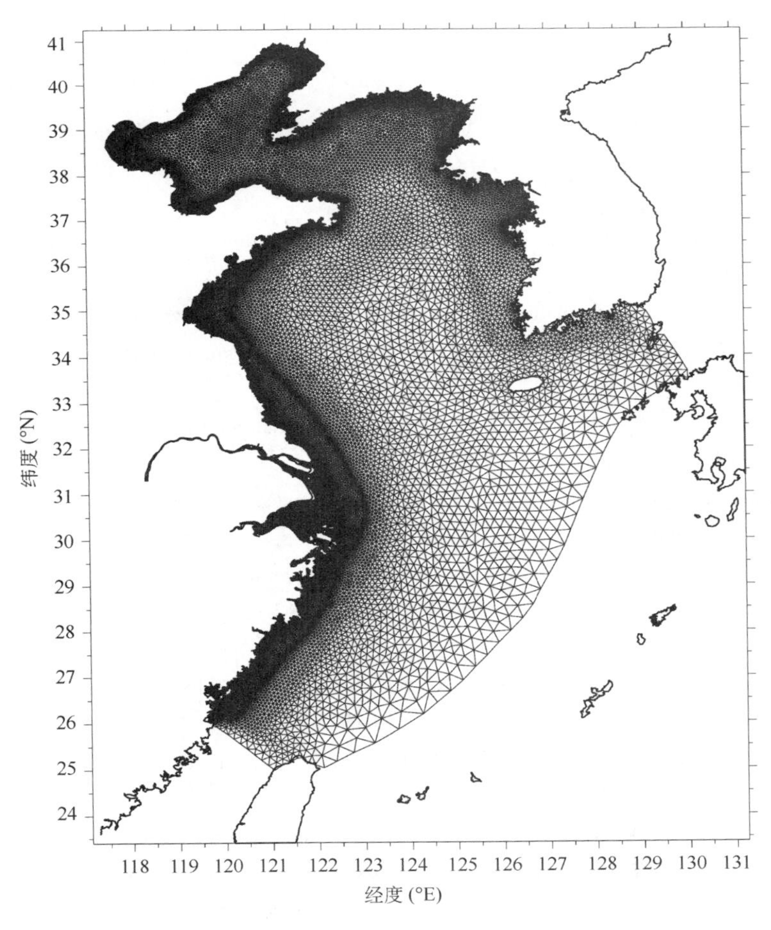

图 7.13　无结构三角形网格,沿岸最高分辨率约 200 m

7.5.3 风暴潮模式性能

中国沿海有大量的潮位站，利用实测资料，可对模式作有效的验证。同时也是计算风暴潮必须首先计算好天文潮。模式对 2004 年 1 月潮汐作了验证。模拟结果显示，绝大多数潮位站的平均误差小于 10%，所有潮位站的平均误差为 5.66%。验证结果表明模式计算的潮位与实测值吻合良好，能正确地模拟渤海黄海东海的天文潮。

考虑了天文潮、风暴潮及其非线性相互作用，模拟了 0509 号（麦沙）、0515 号（卡努）和 0608 号（桑美）三个台风和 0603、0604 和 0703 三个寒潮期间的总水位和增水过程，模式计算的水位过程线与实测资料吻合良好，上述三个台风的平均误差分别为 9.84%、12.31%和 6.85%，三个寒潮的平均误差分别为 14.95%、7.89%和 12.80%，具备了业务预报的能力。

参考文献

Buizza R, Barkmeijer J, *et al*. 2000. Current status and future developments of the ECMWF ensemble prediction system. *Meteorol. Appl.*, **7**, 163-175.

Ekman V W. 1905. On the influence of the earth's notation on ocean currents. *Ark Mat Astron Fys*, **2**, 1-53.

Fujita T. 1952. Pressure distribution within typhoon. *Geophys. Mag.*, **23**, 437-451.

Heming J T, Radford A M. 1998. The performance of the United Kingdom Meteorological Office global model in predicting the tracks of Atlantic tropical cyclones in 1995. *Mon. Wea. Rev.*, **126**, 1323-1331.

Iwasaki T, *et al*. 1987. The performance of a typhoon track prediction model with cumulus parameterization. *Journal of the Meteorological of Japan*, **65**, 555-570.

Klug W Klug, Graziani G, Grippa G, *et al*. 1992. *ATMES Report*, *Evaluation of Long Range Atmospheric Transport Models Using Environmental Radioactivity Data From the Chernobyl Accident*. Elsevier Science Publishers, England. 366 pp.

Krzysztofowicz R. 1999. Bayesian theory of probabilistic forecasting via deterministic hydrologic model. *Water Resource Research*, **35**(9), 2739-2750.

Krzysztofowicz R. 2001. The case for probabilistic forecasting in hydrology. *Journal of Hydrology*, **249**(1-4), 2-9.

Kurihara Y, Bender M A, *et al*. 1995. Improvements in the GFDL hurricane prediction system. *Mon Wea Rev*, **123**, 2791-2801.

Liang X, Lettenmaier D P, Wood E F. 1996. Surface soil moisture parameterization of the VIC-2L model: Evaluation and modification. *Global Planet. Change*, **13**, 195-206.

Liang Xudong, Wang Bin, Johnng CL chan, *et al*. 2007a. Tropical cyclone forecasting with model-constrainted 3D-Var. Ⅰ: Description. *Monthly Weather Review*, **133**(622), 147-153.

Liang Xudong, Wang Bin, Johnng CL chan, *et al*. 2007b. Tropical cyclone forecasting with model-constrainted 3D-Var. Ⅱ: Improved cyclone track forecasting using AMSU-A, Quick SCAT and clond-drift wind data. *Monthly Weather Review*, **133**(622), 155-165.

Pu Zhaoxia, Scott A Braun. 2001. Evaluation of Bogus vortex techniques with four-dimensional variational data assimilation. *Monthly Weather Review*, **129**, 2023-2039.

Puri K, *et al*. 1999. Ensemble prediction of tropical cyclones using targeted diabatic singular vectors. ECMWF Technical Memorandum 298.

Simon Low Nam , Davis C. 2001. Development of a Tropical Cyclone Bogussing Scheme for the MM5 System. *Preprints of the Eleventh PSU/ NCAR Mesoscale Model Users Workshop*. June 25227 , Boulder , Colorado. 1302134.

Wang Dongliang, Liang Xudong, *et al*. 2008. A comparison of two tropical cyclone bogussing schemes. *Weather and Forecasting*, **23**, 194-204.

Zhang X, Wang Bin, Ji Z, Xiao Q, Zhang X. 2003. Initialization and simulation of a typhoon using 4-dimensional variational data assimilation——Research on Typhoon Herb (1996). *Adv. Atmos. Sci.*, **20**, 612-622.

Zhang Z, Krishnamurti T N. 1997. Ensemble forecasting of Hurricane Tracks. *Bull. Amer. Meteor. Soc.*, **78**,

2785-2795.

Zhang Z, Krishnamurti T N. 1999. A perturbation method for hurricane ensemble predictions . *Mon. Wea. Rev.*, **127**, 447-469.

Zou X, Xiao Q. 2000. Studies on the initialization and simulation of a mature hurricane using a variational bogus data assimilation scheme. *J. Atmos. Sci.*, **57**, 836-860.

王喜年，尹庆江，张保明. 1991. 中国海台风风暴潮预报模式的研究与应用. 水科学进展，**2**(1),1-7.

谢正辉，刘谦，袁飞等. 2004. 基于全国 50 km×50 km 网格的大尺度陆面水文模型框架. 水利学报,**5**,76-82.

赵人俊. 1984. 流域水文模拟—新安江模型与陕北模型. 北京：水利电力出版社.

第8章 数值预报产品的解释应用与检验评估业务

数值预报产品解释应用(简称产品释用),就是利用统计、动力、人工智能等技术方法,并综合预报经验,对数值预报的结果进行分析、订正,最终给出更为精确的客观要素预报结果或者特殊服务需求的预报产品。随着对天气预报精细化需求的增加,天气预报业务量迅速倍增,预报员不可能再重复传统的预报流程精雕细刻每一份预报,而是不得不充分利用现代计算机技术最大限度地综合所有统计上或动力上能够对数值预报进行修正的因子产生客观要素预报,在此基础上进行修改和订正发布城市预报。此外,数值预报的精度在近几年有了很大的提高,如果只把它当成日常天气图来看,势必造成大量有用数值预报信息的浪费。另一方面,释用技术也是提高数值预报产品预报效果的需要。在现阶段,数值预报中高层环流形势预报质量已经超过了预报员的预报水平,但低层,尤其是近地面要素预报由于模式陆面过程及地形处理等方面存在问题,准确率较低,而要素预报在实际的预报业务中却是最重要的。从目前科学发现的现状来看时,提高模式近地面要素预报是非常困难的,而通过产品释用,综合有用的信息,特别是数值预报模式环流形势的有用信息,可以对要素预报做出非常好的订正。同时不同的数值预报模式有不同的特性,数值预报的结果在一定程度上存在系统误差,数值预报产品释用可以针对数值预报的系统误差做出订正,提高数值预报产品的预报效果。中外的释用实践表明,释用技术对于城市的温度、风、湿度、云等预报有较好的订正效果,在实际预报中发挥了很大作用。

模式检验评估业务是指通过客观的统计方法、动力诊断方法或主观判断方式,对模式的预报结果与实况观测(或当做实况的分析产品或其他替代产品)进行适当的时间和空间匹配,对模式的预报效果进行全面的评价。它是模式发展过程中必不可少的一个环节,不仅有助于发现模式中存在的问题,对模式进行不断的改进与提高,而且可以通过长期的连续检验来进行预报质量的跟踪测评,促进预报效果的提高。此外,模式检验评估也是模式产品得到最佳应用效果的前提,国际上受到广泛重视。

本章重点介绍天气模式和气候模式的统计释用方法和检验评估方法。由于天气模式和气候模式的预报重点不同,释用方法和检验方法虽有相似之处,但也各有侧重,将分别进行介绍。受篇幅所限,主要介绍统计检验方法。

8.1　天气模式产品解释应用与检验评估

8.1.1　解释应用方法与业务

数值预报产品释用，顾名思义就是对数值预报产品的进一步解释和应用，具体来说就是利用统计、动力、人工智能等方法，并综合预报经验，对数值预报的结果进行分析、订正，最终给出更为精确的客观要素预报结果或者特殊服务需求的预报产品。数值预报产品释用的目的是得到比数值预报产品更为精确的客观要素预报或其他特殊服务的预报产品，数值预报产品释用的基础是数值预报结果，数值预报产品释用的手段是统计的、动力的或者人工智能的方法。

数值预报产品释用是现代天气预报业务发展的需要，也是数值预报本身发展的需要。传统的天气预报业务是以天气图和历史资料为基础，以天气学知识并结合预报员的经验，以会商作为决策的方式，而现代天气预报业务向客观化、定量化发展，建立以数值预报产品为基础的现代预报系统，如何更好地应用数值预报产品是关键，数值预报产品释用是在预报业务中使用数值预报产品最有效最直接的途径。

随着天气预报业务量的增加，预报员不可能再重复传统的预报流程，而是需要客观要素预报结果作为基础，在此基础上进行修改和订正，这样可以大幅减少预报员的工作量，提高工作效率。随着数值预报精度的提高和对数值预报产品释用方法的不断研究，数值预报产品释用的质量也逐步提高，数值预报产品释用的客观预报结果逐渐成为日常天气预报业务和服务的重要基础。

数值预报产品释用也是提高数值预报产品预报效果的需要。数值预报环流形势的预报质量总体超过了预报员的预报水平，但其要素预报的水平比较低，而要素预报在实际的预报业务中非常重要。受多种因素限制，数值预报本身要在要素预报上有显著提高困难极大，这就需要通过产品释用，综合有用的信息，特别是数值预报环流形势的有用信息，来得到比较好的要素预报。同时不同的数值预报模式有不同的特性，数值预报的结果在一定程度上存在系统误差，数值预报产品释用可以针对数值预报的系统误差作出订正，提高数值预报产品的预报效果。

数值预报产品释用是有效利用数值预报信息的需要。数值预报的精度在近几年有了很大的提高，随着计算机能力的改善，提高模式分辨率成为可能；对大气运动规律的深入研究，物理过程参数化更客观，更细致；观测手段和观测资料的增加，同化技术的发展，使得模式初值更精确。如果只把数值预报产品当成天气图来看待，势必是大量有用的数值预报信息的浪费，要求数值预报产品释用充分、有效地来应用这些信息。同时数值天气预报不使用过去的资料是一个比较根本性的问题，是大量有用历史信息的浪费。

(1)产品释用的主要方法

数值预报产品释用的方法很多，大体上可分为四类：模式直接输出方法，即DMO方法；统计释用方法，即MOS方法和PP方法；人工智能方法，包括神经网络方法、相似方法等，还有一类天气学方法释用。下面分别介绍几种常用的方法。

1)DMO模式直接输出方法

DMO方法就是模式直接预报的要素，通过插值的方式获得站点上的要素预报结果。DMO方法的主要优点是不需要建立预报方程，甚至相同的程序可以应用于不同的模式，可以获得任意多站点的预报结果，同时可以得到任意要素的预报结果。对于非模式直接输出的量，可以通过其他量诊断得到。而DMO的缺点是预报精度不高，对模式误差没有订正能力，预报的精度完全依赖于模式，而模式对要素预报的精度往往不是很高，这就是人们仍然致力于研究其他释用方法的原因。

DMO方法中，模式地形与实际地形有比较大的差异，温度等对高度比较敏感的要素，需要在模式直接插值中考虑地形差异对预报结果的影响。图8.1(彩)是NCEP全球模式的高度与我国站点实际地形高度的差异。从图中可以看到大部分地区模式地形高度与实际地形高度差异在500 m内，但有的地区差异却很大，特别是青藏高原东南部地区和新疆西部地区模式地形高度与实际地形高度差异超过了

1500 m，因此这些地区对于温度等对高度敏感的要素如果不进行高度订正会引起比较大的误差。对于温度预报最简单的订正方法是在温度直接插值的基础上加上一个订正值，该订正值由高度差异乘上一个温度递减率 γ_d，γ_d 取常数 0.6℃/100 m。图 8.2 给出了 2007 年 8 月全国 2500 个站点平均的最高温度预报平均绝对误差，可以看到订正前和订正后有比较大的差异，所有时效订正后的误差都比订正前有明显的下降。

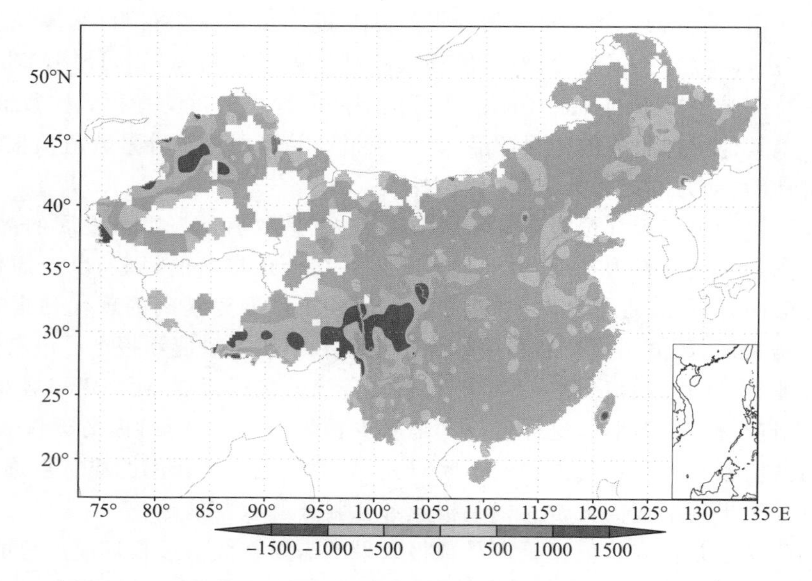

图 8.1 NCEP 模式地形高度与我国观测站点实际地形高度差异(m)

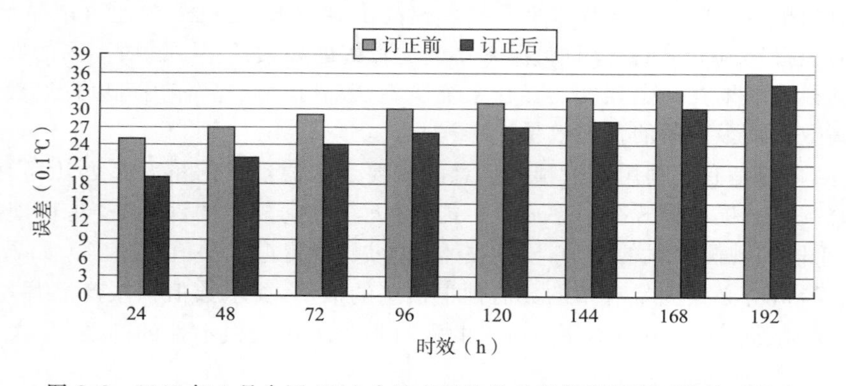

图 8.2 2007 年 8 月全国 2500 个站点平均的最高温度预报平均绝对误差

2)MOS(模式输出统计)方法和 PP(完全)方法

MOS 方法和 PP 方法的数学基础基于统计预报方法，包括回归方法、判别方法、集类方法等，但习惯上把回归分析方法的模式输出统计预报叫做 MOS 方法或 PP 方法。MOS 方法和 PP 方法的数学基础虽然一致，但它们的预报思路完全不同。

MOS 方法的预报思路是将数值预报的历史因子值与预报要素的历史实况建立统计关系(预报方程)，预报时代入模式的预报因子，因此 MOS 方法对模式的系统性误差有明显的订正能力。其优点在于不要求模式有很高的精度，只要模式预报误差特征稳定，就可以得到比较好的 MOS 预报结果，其缺点在于方程建立依赖于模式，模式有比较大的变化后，需要重新推导方程，如沿用老的方程，即使模式预报精度有了很大的提高，也有可能 MOS 预报的质量很差。在模式更新换代很快的今天，针对一个模式往往没有很长的历史样本资料，因而不可能建立很细的方程，这样对预报效果有一定的影响。

MOS 预报方法是比较常用的方法，在国家气象中心和一些省级台站的客观预报业务中有比较广泛的应用(刘还珠等 2004)。美国利用 MOS 除了制作温度、最高最低温度、露点温度、风向风速、阵风、降水等客观要素预报外，还制作风暴和强风暴、云量、能见度、云幂高度等要素的预报(Glahn 等 1972，

Mark 2000)。图 8.3(彩)是阿拉斯加地区 2006 年 7 月 7 日 18 时的闪电观测和相应的概率预报,可以看到预报的区域和中心位置都比较准确。

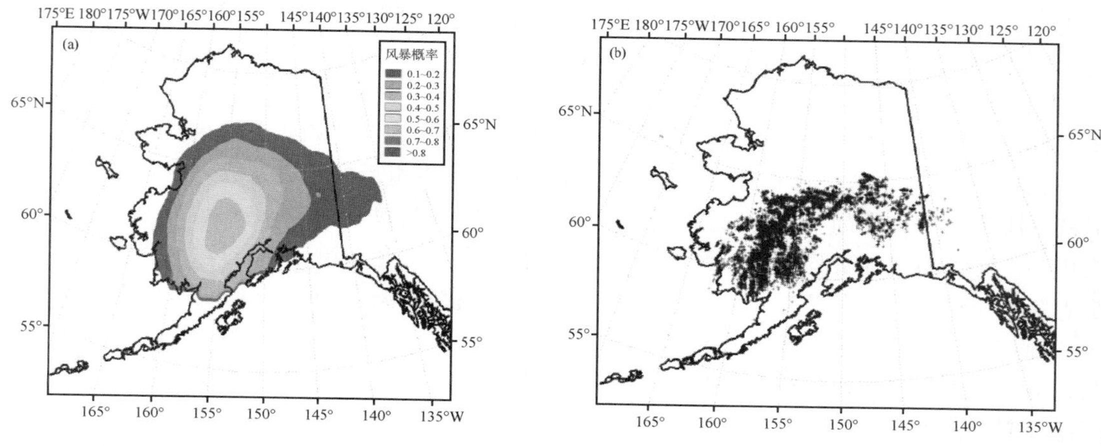

图 8.3　2006 年 7 月 7 日 1800 UTC 阿拉斯加风暴(a)概率预报及(b)相应时段闪电观测

PP 方法的预报思路与 MOS 方法相反,是以预报因子的客观分析历史值(实况)同预报要素的历史实况建立统计关系(预报方程),预报时则用模式预报的因子值代入方程,它要求模式预报是完全准确的,这样预报结果与同建立方程时的拟合结果一样好,因此其预报的精度完全依赖模式预报的质量。它的优点在于可以有很长的样本,可以分为很细的情况来建立方程,同时方程不依赖模式,模式更新换代以后,不需要重新推导方程,模式精度的提高可以提高 PP 方法的预报质量,其缺点在于不能对模式预报误差进行修正。

PP 方法 MOS 方法的优缺点明显互补,可以通过 PP 方法和 MOS 方法的结合来进行预报,即利用 MOS 方法建立预报方程,但在因子中加入了 PP 方法的预报,要求事先已建立 PP 的预报方程,这种方法可以理解为通过 MOS 方法对 PP 方法的预报结果进行订正,在一定程度上消除模式的系统性误差。

用 PP 方法建立预报方程,在做预报时不直接代入模式预报的因子,而是通过一定的统计方法对因子进行订正后代入,在一定程度上也消除了模式预报的系统性误差。也有的是利用 PP 方法对预报要素作出预报,而对预报结果一段时间的系统误差统计来做出相应的订正。

MOS 方法和 PP 方法的数学基础是统计学方法,主要有判别分析方法、聚类分析方法、回归分析方法等(黄嘉佑 1990),最常用的是回归方法。假定预报要素和预报因子满足如下的线性关系:

$$\begin{aligned} y &= \alpha_0 + \alpha_1 x_1 + \alpha_2 x_2 + \cdots + \alpha_n x_{n0} + e \\ \hat{y} &= \alpha_0 + \alpha_1 x_1 + \alpha_2 x_2 + \cdots + \alpha_n x_n ; \end{aligned} \tag{8.1}$$

式中 e 为随机误差,通过大量样本,可以得到因子系数的估计值,这样利用最小二乘法求解系数,即要求系数使得所有要素观测值与回归估计值的误差最小。

聚类分析方法是 MOS 预报中另一个常用的方法,它的基本思想是对样本进行相似分析,相似的样本归为一类。

在聚类分析中常用距离系数进行聚类,常用的距离系数有

欧氏距离:
$$d_{ij} = \sqrt{\sum_{k=1}^{p} (x_{ik} - x_{jk})^2} \tag{8.2}$$

平均距离:
$$d_{ij} = \sqrt{\frac{1}{P}\sum_{k=1}^{p} (x_{ik} - x_{jk})^2} \tag{8.3}$$

块域距离:
$$d_{ij} = \sum_{k=1}^{p} | x_{ik} - x_{jk} | \tag{8.4}$$

Pearson 距离:
$$d_{ij} = \sum_{k=1}^{p} \frac{(x_{ik} - x_{jk})^2}{s_k^2} \tag{8.5}$$

有了距离系数后就可以进行聚类分析了,通常聚类的方法有逐级归并法、平均权重串组法和最近矩

心串组法等。

逐级归并法是一开始假定每一个样本都为独立的一组，第一步根据每组之间的相似系数，最相似的两组归为一组；第二步把其余的组与第一次归并后的组进行比较，以最相似为原则进行进一步的归并，归并时由于相似系数(距离系数)具有可加性，因此以平均相似系数(距离系数)来作为衡量的判据。如此下去，直到每一个样本都归并到一个组中，聚类的过程完成。

平均权重串组法与逐级归并法类似，只是在每一级归并后，重新计算各组的相似系数阵。第一步把距离最小的点归为一类，这一过程称为串组，第二步重新计算串组后的距离系数，具体做法是，把第一次串组后的一类看为空间中的一点，计算其余点与这一类的距离系数，新的距离系数为上一步该点与归并为一类中各点距离系数的平均值。以此类推，直至所有的点都归到一组，串组过程结束。

最近矩心串组法是一种既考虑因子也考虑预报量的可供预报使用的分类方法，聚类的过程使得组内因子和预报量的方差变小，而组间距离增大。

判别分析方法是根据历史样本资料建立判别方程、选择适当的判别准则并确定判别值，在预报时根据因子值计算出判别方程的值与判别值比较，并由此作出预报。通常选取的判别准则是费歇尔判别准则，它的核心是不同类间的方差与类内方差和的比值最大。

3)卡尔曼滤波方法

卡尔曼滤波方法是由 Kalman(1960)建立的，他在 Wiener 平稳随机过程的滤波理论基础上建立了一种新的递推式滤波方法，可借助于前一时刻的滤波结果，递推出现时刻的状态估计量，利用前一时刻预报误差反馈到原来的预报方程，通过修正原预报方程系数，来提高下一时刻的预报精度。

卡尔曼滤波方法与 MOS 和 PP 方法相比，最大的优点是不需要保存大量的历史观测资料和历史模式预报结果，从而极大地减少了数据的存储量和计算量，克服了 MOS 方法不能适应预报模式频繁更新的弊病。目前该方法正在各国气象部门流行，主要用于作连续性的气象要素预报，如温度、湿度、风等要素的中、短期预报。

4)支持向量机方法

支持向量机(SVM，Support Vector Machine)方法是一个比较新的统计预报方法，与传统的统计预报方法不一样的是其基本思想是把在低维空间中线性不可分的样本通过非线性映射到高维空间中，使得在高维空间中线性可分，再在高维空间中采用处理线性问题的方法。由于样本空间到特征空间的映射是非线性的，从而解决了样本空间中的高度非线性问题。SVM 方法已在图像识别、信号处理等方面得到了广泛的应用，但在气象上的应用还很少。关于 SVM 陈永义等(2004)有详细的介绍。冯汉中等(2004)把 SVM 应用于四川盆地分片的面雨量预报，取得了很好的效果。

5)动力释用方法

利用反映特定天气不同背景条件的物理量，判断这种特定天气出现的可能性。这些物理量可能是比较复杂的综合量，比如，整层大气的水汽含量情况、层结的稳定情况、冷暖平流的情况、辐散辐合情况等，同时还可以考虑反映天气过程的物理量。如果满足了所必须的条件，则预报出现这种天气。这种方法一般用于大降水或其他极端、灾害性天气的预报，这类天气一般样本较少，如果用传统的统计方法很难得到理想的预报效果，配料法就是动力释用方法中的一种。

背景条件的判据依赖于丰富的天气学知识和实践经验给出，一般判据是通过历史实况资料或者较长时间的在分析资料获得，而预报时是用模式预报结果，其优缺点类似 PP 方法；如果有足够长的资料，判据也可利用数值预报的历史资料，通过客观的方法给出，则其优缺点类似 MOS 方法。

6)相似方法

相似预报方法是一种人工智能的方法，它的预报思路是利用历史资料提取天气个例的天气学特征值建立相似预报资料库和相应的实况资料库，预报时利用当天的天气特征与资料库中的个例寻找相似，取头几个最相似的个例来预报当天的天气发生概率，例如取 $m=15$，对照实况资料库，如果这 15 个个例中，北京下小雨的个数为 12，则预报北京当天出现小雨的概率为 12/15 即 80%。由于建立相似预报资料库需要很长的样本，同时建立相似预报资料库的工作量也很大，所以不可能使用数值预报的结果，使得相似预报同样具有 PP 方法的缺点。

7)神经网络方法

神经网络方法是一种人工智能的方法，它是由模仿人体神经系统信息储存和处理过程中的某些特性而抽象出来的数学模型，是一个非线性的动力学系统。神经元是神经网络的基本结构单元，单个的神经元虽然结构简单，功能有限，但大量的神经元所构成的神经网络却是一个结构复杂的高度非线性系统，它能实现极其丰富多彩的行为。

对神经网络的研究已有 40 多年的历史，近十几年来，神经网络在自动化控制、计算机科学、模式识别等方面的应用取得了显著的发展。近几年在气象领域也得到了广泛的应用。神经网络有很多种结构模型，气象中常用的是 BP 网络，它是一种单向传播的多层前向网络(赵振宇等 1996)，其基本结构如图 8.4 所示。

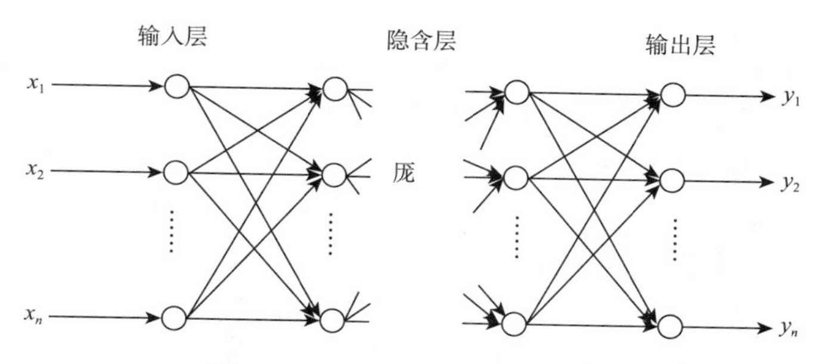

图 8.4　BP 神经网络结构示意图

BP 网络包括了输入层、隐含层和输出层三个部分，隐含层可以是多层也可以是一层，隐含层上的节点称为隐节点。输入信号向前传播到隐层节点，通过权值和作用函数的作用形成隐节点的值，隐节点的值再向前传播到下一层，最后获得输出结果，每一层节点的输出只影响到下一层节点的输出。BP 网络可以看成是一个从输入到输出的高度非线性映射。作用函数通常为 Sigmoid 型函数，通常采用的作用函数如下所示：

$$f(x)=\frac{1-e^{-x}}{1+e^{-x}} \tag{8.6}$$

网络的权值通过学习获得，常用的学习方法是误差反向传播算法，误差反向传播算法的基本过程是：

①初始化，即给网络权值赋以初值；

②分别计算隐层和输出层的值，得到输出结果的误差；

③根据误差结果由后向前采用梯度下降法修正各层各节点的权值；

④重复②、③步直到网络收敛或达到一定的误差要求，学习结束。

神经网络预报系统的建立包括三个部分：①预报因子选取，根据历史因子资料及预报要素的历史实况资料选取预报因子；②模型建立，把所选取的历史因子和实况资料代入 BP 网络，通过学习获得网络权值；③预报流程的建立，包括预报因子读取，预报，结果处理。

神经网络预报系统主要应用于温度和降水的预报，目前国家级、部分省级气象台站都在进行神经网络预报的试验工作，有的已进行了准业务运行，结果表明神经网络预报系统对温度的预报较好，对降水也有一定的预报能力(陈声蓉等 2006,2007)。

8)其他释用方法

释用方法还有天气学方法。天气学方法释用是最早的数值预报产品释用方法，主要是预报员对模式形势预报通过自己对模式预报的了解进行订正后，在形势预报的基础上作出要素预报，基本上还是把数值预报的形势场作为天气图来看，也有通过模式物理量场进行深入的分析，并总结出适合不同地区、不同要素的预报参考指标，进行预报。天气学方法释用目前还是数值预报产品释用的一个重要方法。

(3)综合集成预报

集成预报包含两个方面的内容,一是多个模式预报结果的集成,二是多个客观预报结果的集成。综合集成预报是产品释用的一个重要方面。在实际的预报业务中预报员往往要面对很多的预报产品,对预报产品的不同使用依赖于预报员的判断,从而带有更多的主观性。

美国从20世纪50年代末进行PP试验,60年代投入业务运行,70年代MOS方法进入业务运行,其他发达国家也相继开展了MOS方法和PP方法的试验或业务运行,到目前,用于业务系统的预报方法主要有MOS方法、相似预报方法、动力方法等。英国用于业务的数值预报产品释用方法主要是卡尔曼滤波方法,所使用的模式主要是全球模式;加拿大利用PP方法制作降水概率预报,并在预报系统之后接上了一个误差反馈系统,以此来订正系统误差,同时还利用PP方法制作云量,气温,5天、7天和10天的温度异常,空气质量预报,利用相似方法制作降水概率、云量和风的预报;日本利用卡尔曼滤波方法预报温度,MOS方法预报云量和降水。

我国数值预报产品释用的研究和试验开展比较晚,这和我们数值预报发展较晚有关。国家气象中心1982年B模式投入业务运行,在此基础上开展了一些数值预报产品释用的工作,主要以模式直接输出和统计释用为主。1991年以来,国家级业务全球模式T42,T63,T106,T213,T639相继投入业务应用,同时还有区域模式以及台风路径模式、沙尘模式等专业数值预报模式,部分省和区域中心也开始运行中尺度模式。在此基础上,我国数值预报产品释用得到了很大的发展,相继建立了统计释用、天气学释用、人工智能方法、模式直接输出等释用技术,精度上也在不断提高。在各级台站的数值预报产品释用应用比较多的方法有MOS方法、卡尔曼滤波方法、相似方法以及神经网络方法(冯汉中等2001,林开平等1999,孙田文等2000,杞明辉等2003,张华等2003)。地方各级台站由于需要预报的站点不是很多,所以对因子的选取和处理很细致,有很多经验的预报指标也引用了进来。

(4)数值预报产品释用中的几个重要问题

1)对预报方法要有充分的了解

对预报方法的充分了解是用好释用方法的关键。很多方法在推导过程中本身含有假设,如多元回归方法就是假设预报量遵从正态分布,因而多元回归方法在温度预报上有比较好的效果,而对降水则预报效果并不好,原因是降水并不是正态分布的变量。如果对降水进行一些预处理,使得处理后的变量能够接近正态分布也是提高预报效果的一种方式,或者对降水等非正态分布的要素采用概率回归的方法,建立概率回归方程。预报的时候可以得到某一天气现象,如小雨、中雨、大雨等的概率,同时结合一定的方法确定事件发生的判别值,通过概率预报和判别值可以得到该事件出现与否的预报结果(赵声蓉2009)。

2)因子的选取是关键

不管是什么预报方法,预报因子的选取是关键,没有好的预报因子,任何方法都难得到好的结果。预报因子的选取要注意以下几个方面:

- ◆ 要选取物理意义明确、代表性好的因子;
- ◆ 选取数值预报精度相对较高的因子;
- ◆ 因子的选取要涵盖预报对象发生、发展的动力、热力、水汽以及其他条件;
- ◆ 根据需要推导出非模式直接输出的因子;
- ◆ 可以根据经验得到一些综合因子;
- ◆ 可以把一些预报经验变为有效的数据形式代入方程;
- ◆ 一般情况所用因子都是单站上的值,可以考虑引入反映因子场的结构和空间结构的因子,以及不同因子空间配置的因子。

有时通过对因子和预报要素的预处理可以提高预报质量,例如,事先对因子和降水根据经验进行分级处理;对因子进行非线性处理,如 x^2、$\log(x)$等。

8.1.2 检验评估方法与业务

目前国家级开展的检验评估业务包含业务运行的全球模式、区域模式、预报员常用的国外数值预报模式及预报员综合预报。随着数值集合预报业务的建立，集合预报检验业务也在逐步建立。

预报产品不同，检验方法会有不同，与模式产品的性质有关，一般检验分为两分类检验、连续变量检验、概率预报检验等。全球模式和区域模式常规预报变量的检验多用连续变量检验方法，降水及其他极端天气预报的检验多用两分类检验，而集合预报的检验多用概率预报检验。

（1）形势场统计检验

形势场检验采用WMO推荐的数值预报标准化检验方案（刘还珠 1992），包括两类检验：一是用各自的客观分析资料为实况，对预报产品进行检验，即预报对分析的检验；二是用探空观测资料为实况，对预报产品进行检验，即分析和预报对观测的检验。

1）用客观分析资料来检验预报结果

客观分析场和各时效预报场资料均采用2.5°×2.5°等经纬度网格点资料，常用的检验区域是东亚（中国及周边区域）、北半球、赤道地区、南半球四个区域。对数值预报细化的检验按照全球28个区域进行检验。检验统计量包括平均误差、均方根误差、距平相关系数、倾向相关系数、技巧评分、误差标准差等。在检验中，由于在等经纬网格中，纬度越高，格点分布越密集，该纬度上的格距越小。为了使区域评分计算更为合理，计算时先得到每个格点的评分值，然后用纬度权重 $\cos\Phi$（Φ 为纬度）对该区域的所有格点作加权平均。

2）用观测资料来检验客观分析和预报结果

检验资料利用世界气象组织选定的426个探空观测站的观测资料作为实况场，检验与之相对应的分析场和各时效的预报场。这426个站基本遍布全球大陆地区，其中欧洲80个，北美95个，亚洲142个，澳大利亚39个，热带地区70个。数值预报分析场和各时效预报场资料均为2.5°×2.5°等经纬度网格点资料。检验区域有亚洲、欧洲、北美洲及澳大利亚，检验统计量是平均误差、均方根误差、相关系数、风矢量均方根误差等，统计方法是将网格点资料双线性内插到站点，再与探空资料进行比较并计算区域评分。矢量风评分仍为风分量合成结果。统计方法未加纬度权重 $\cos\Phi$ 处理。

常用的检验统计量的数学表达式如下：

平均误差：
$$ME = \frac{1}{N}\sum(F - A_v) \tag{8.7}$$

均方根误差：
$$RMSE = \left[\frac{1}{N}\sum(F - A_v)^2\right]^{\frac{1}{2}} \tag{8.8}$$

倾向相关系数：
$$TEN.COR = \frac{\sum(F - A_0 - M_{f0})(A_v - A_0 - M_{v0})}{\left[\sum(F - A_0 - M_{f0})^2\sum(A_v - A_0 - M_{v0})^2\right]^{\frac{1}{2}}} \tag{8.9}$$

距平相关系数：
$$ANM.COR = \frac{\sum(F - C - M_{fc})(A_v - C - M_{vc})}{\left[\sum(F - C - M_{fc})^2\sum(A_v - C - M_{vc})^2\right]^{\frac{1}{2}}} \tag{8.10}$$

SI评分：
$$SI = 100 \times \frac{\sum(|F_x - A_{vx}|)(|F_y - A_{vy}|)}{\sum[\max(|F_x|, |A_{vx}|) + \max(|F_y|, |A_{vy}|)]} \tag{8.11}$$

误差标准差：
$$SIDF = \left[\frac{1}{N}\sum(F - A_v - M_{fv})^2\right]^{\frac{1}{2}} \tag{8.12}$$

对风矢量，其评分为 u，v 分量合成结果。

$$ME(\mathbf{V}) = [ME(u^2) + ME(v^2)]^{\frac{1}{2}} \tag{8.13}$$

$$RMSE(\mathbf{V}) = [RMSE(u^2) + RMSE(v^2)]^{\frac{1}{2}} \tag{8.14}$$

$$COR(\mathbf{V}) = \frac{1}{2}[COR(u^2) + COR(v^2)]^{\frac{1}{2}} \tag{8.15}$$

上列各式中，F 为预报值，A_v 为分析值，A_0 为预报初值，C 为气候平均值，N 为检验区域中的格点数。参数的计算关系是：

$$M_{f0}=\frac{1}{N}\sum(F-A_0),\quad M_{v0}=\frac{1}{N}\sum(A_v-A_0),\quad M_{fc}=\frac{1}{N}\sum(F-C),$$

$$M_{vc}=\frac{1}{N}\sum(A_v-C),\quad M_{fv}=\frac{1}{N}\sum(F-A_v),$$

$$F_x=\frac{\partial F}{\partial X},\qquad F_y=\frac{\partial F}{\partial Y},\qquad A_{vx}=\frac{\partial A_v}{\partial X},\qquad A_{vy}=\frac{\partial A_v}{\partial Y}。$$

根据以上公式,我们很容易知道平均误差计算时,正负误差抵消,它反映的是统计区域内预报值与实况值平均的偏离程度,当平均误差与绝对误差值相近时,可以当成系统误差进行预报订正,但当二者差别较大时,说明误差的系统性不强,不能轻易用于模式的预报订正。均方根误差给出统计区域内误差幅度的平均情况,对大误差会给较大的权重,当其与平均绝对误差相近时,说明区域内大误差较少,模式预报较为稳定,当与平均绝对误差相差较多时,说明区域内有较大的误差,是模式改进应重点关注的地区。因而它是衡量预报误差最常用的一个统计参数。倾向相关系数反映预报场与实况场变化趋势的相似程度。从天气学意义上讲,它反映的是槽脊移动和强度变化的预报效果。随着预报时效的增加,倾向相关系数也随之减小,但有时会出现增加的情况,这是因为如果模式预报槽脊移动的速度误差较大,而预报时效较长时,会出现预报的槽脊与分析的非对应槽脊重合而造成虚假的倾向相关系数的上升,因而欧洲中期预报中心提出了距平相关系数的概念。距平相关系数也反映槽脊位置和强度的预报效果,但因它利用的是分析和预报的气候距平相关,避免了倾向相关系数随预报时效增加所出现的虚假增长的现象。技巧评分主要反映预报场的梯度预报精度,对应到天气图上即反映对锋面的预报能力,因而能够反映出模式预报的"技巧"。这一评分的取值范围是 0～200,评分越低越好。

随着预报时效的增加,预报精度下降,反映在统计检验指标上是均方根误差、平均误差增大,相关系数减小,技巧评分增加,均方根误差和技巧评分在预报时效较短时增加较快,而预报时效较长时,增长变慢。均方根误差随预报时效的继续增长,而趋于一个渐近值即大气的自然变化率。相关系数随预报时效增加减小的变率,表明了预报模式的好坏。一般把距平相关系数 0.6 作为可用预报的界限,如在该值以上,则认为在日常预报中有参考价值,可利用的正确预报信息要多于错误信息。事实上,当距平相关系数小于 0.6 时,预报结果中仍有可利用的预报信息。

(2)降水预报检验

1)降水量预报检验方案

国家级降水预报检验以检验落点预报为主,检验区域为中国。对 T639 等全球模式、GRAPES_MESO 等区域模式的格点场降水预报及中央气象台制作的 08 时全国范围区域降水预报的检验,选取全国 400 个台站(加密检验为 2510 个站)作为降水检验指标站。将模式降水预报的格点场资料采用双线性插值方法插到站点上,对中央气象台制作的区域降水预报产品,利用 MICAPS 系统将其由雨量等值线资料反演成降水检验指标站上的站点降水数据,然后逐站统计预报值与实况值,得出一天的降水预报检验结果。当某站的实况观测资料缺报,则在检验时将此站剔除。对客观要素预报的降水预报检验,有两种检验选择:一种为以一天预报的所有站为一个样本序列,逐站统计预报值和实况值,得到某种预报方法针对某一天的预报的检验结果;另一种为以一个站一个月(或若干日)为一个样本序列,逐日统计该站预报值和实况值,得到某种预报方法针对某一站的预报的检验结果。

在具体检验计算时,有两种检验方式,一种为分级检验,即当对某一降水量级作检验时,预报和实况必须均为此量级才正确;另一种为累加量级检验,当对某一降水量级进行检验时,若预报和实况均为大于此量级的降水即为正确。根据以上两种原则分别计算报对站(次)数和空报、漏报个数,最后得出相应的统计检验量。检验产品包括 TS、漏报率、空报率、预报效率(预报准确率)、预报偏差、公平 TS 评分。

2)降水预报检验内容

对降水预报的检验分为三类:一类为晴雨检验,即只对有雨、无雨两种类别进行检验;第二类为量级检验,将降水分为五个量级,分别检验对这五个量级的预报情况,降水量级分类见表 8.1;第三类为累加量级检验,即分别对≥中雨、≥大雨、≥暴雨、≥大暴雨的情况的预报质量进行检验。

表 8.1　降水量分级表(mm)

降水等级	小雨	中雨	大雨	暴雨	大暴雨
12 h 降水量	0.1～4.9	5～14.9	15～29.9	30～69.9	≥70.0
24 h 降水量	0.1～9.9	10～24.9	25～49.9	50～99.9	≥100.0

对模式和中央气象台区域降水预报的检验范围为中国区域，为具体考察在全国各大地区的预报情况，将整个中国区分为八个区域，分别为：东北地区、新疆区、西北地区东部、华北地区、青藏高原中南部、西南地区东部、长江中下游地区、华南地区。近几年为了满足各省台预报员对数值预报降水预报检验产品的需求，建立了以省市自治区为分区的分省预报检验，检验共有 32 个区(王雨等 2007)。

3)降水预报检验统计量

降水检验统计量有：TS 评分、漏报率 PO、空报率 NH、预报偏差 B、预报效率 EH、预报技巧评分 SS。其中，预报技巧评分只对模式预报和中央气象台区域降水预报作夏季检验时计算。最近几年又引入了公平 TS 评分，代替计算没有长时间气候序列资料台站的技巧评分。各检验量定义如下。

TS 评分：
$$TS = \frac{NA}{NA + NB + NC} \tag{8.16}$$

漏报率：
$$PO = \frac{NC}{NA + NC} \tag{8.17}$$

空报率：
$$NH = \frac{NB}{NA + NB} \tag{8.18}$$

预报偏差：
$$B = \frac{NA + NB}{NA + NC} \tag{8.19}$$

预报效率：
$$EH = \frac{NA + ND}{NA + NB + NC + ND} \tag{8.20}$$

预报技巧评分：
$$SS = \frac{TS - QY}{100 - QY} \tag{8.21}$$

公平 TS 评分：
$$ETS = \frac{NA - R(a)}{(NA + NB + NC - R(a))} \tag{8.22}$$

其中，
$$R(a) = \frac{(NA+NB)\cdot(NA+NC)}{(NA+NB+NC+ND)}$$

式中 NA、NB、NC、ND 分别由表 8.2 定义，QY 为各站点某月的降水气候概率。

表 8.2　K 级降水的检验分类表

实况\预报	有	无
有	NA	NC
无	NB	ND

从上述检验公式可知，TS 评分的理想评分是 1，取值范围是 0～1，当评分为 0 时，表示没有技巧。TS 评分也叫严格成功指数，对降水的气候概率有一定依赖性，当降水频率较高时，评分往往容易较高。该评分的特点是对预报准确的降水较敏感，对空报和漏报都有惩罚，因此单从 TS 评分本身是分析不出预报误差的来源的。

漏报率的理想评分是 0，取值范围是 0～1，当评分为 1 时，表示对预报事件完全没有预报。该评分对漏报较敏感，而与空报完全无关。主要描述对实际发生的预报事件有多少遗漏率。

空报率的理想评分也是 0，取值范围是 0～1，当评分为 1 时，表示对预报事件完全空报。该检验量只对空报敏感，并与气候概率有很大的相关，但完全忽略漏报。主要描述在所有的预报事件中空报的比率。

预报偏差的理想评分是 1，取值范围是 0～∞，主要描述预报事件的频率与实际观测事件频率的比例。当取值小于 1 时，表示预报频率小于实际发生的频率，而大于 1 时，则表示预报频率高于实际发生的频率，但不能描述预报与实况是否一致，只能衡量相对的频率。在我们的检验系统中也可以理解为预报站数(当检验站分布均时，也可以理解为预报面积)与实况降水站数的比率。

预报效率的理想评分是1，取值范围是0～1，又名预报准确率，对于越少发生的事件评分越高。这也就是为什么小雨的预报效率评分不及暴雨高的原因。一般对于累加检验而言，其小雨的预报效率可以当做晴雨预报的准确率来使用。

技巧评分有很多种，我们使用的技巧评分是以气候概率为标准的。理想评分是1，取值范围是$-\infty$～1。如果正确预报的数目等于期望正确的数目，技巧评分为0，如果控制预报是完全的，则技巧评分为负无穷。负值表示对于所取的标准来说是负技巧。

公平TS评分的理想评分是1，取值范围是[−1/3,1]，0表示没有技巧。该评分能修正与随机变化有关的降水预报准确率。但由于对空报和漏报都有惩罚，所以不能区分预报误差的来源。一般而言，该评分低于TS评分。

上述七种检验量基本能从预报事件的准确率、预报的误差来源等说明预报产品的性质。国际上常用的降水检验的检验量还有真实技巧评分TSS、HK评分、让步比OR、探测概率POD等，不论是哪一种评分都有评分自身存在的缺陷。因此，在实际检验工作中，应综合几个检验量来分析预报的性能。

(3)概率预报检验方法

检验集合预报的目的，一方面是评估集合预报的准确性以及其相对于常规确定性预报或者气候值所能提供的额外信息，另一方面是评估系统的偏差并分析误差来源。一个好的集合预报系统，不仅具有较高的可靠性和适宜的离散度，能够代表观测值的分布特征并恰当的体现数值模式预报的不确定性，还应该对不同的观测事件具有一定的分辨率，即观测事件出现的频率与集合预报概率相符合。

1)Talagrand 分布

常用于检验一个集合预报系统的概率分布，其基本思想是观测值或分析值应该以同样概率落在一个好的集合预报各预报成员附近。做法是把N个集合预报成员按照升序排列，得到$N+1$个区间，分别计算每个格点上$N+1$个区间内分析(或观测)发生的次数，取区域平均得到$N+1$个区间上预报正确的概率，画出柱状图即为Talagrand分布。它可以描述集合预报的离散度在何种程度上体现观测值的不确定性，从而检验系统的可靠性。Outlier则表示观测落在集合成员以外的概率，即预报失误概率。

2)集合离散度和集合平均的均方根误差对比(RMSE和Spread)

一个可靠的集合预报系统，其集合成员的离散度应该和集合平均的预报技巧相同，离散度太小，则“真值”被漏掉的概率大，预报系统的可靠性差，反之则集合预报系统设计不够集约。

3)可靠性曲线(reliability diagram)

可靠性曲线表示一个事件的预报概率和观测频率间的一致性。预报概率取值为0～1(或0～100%)，将其分成K个等级(如0～5%，5%～15%，15%～25%，…)，则可靠性曲线画出沿着预报概率变化的方向相应观测出现的频率。通常表示每个等级样本大小的柱状图通常也要包括在这个可靠性曲线中。

4)简约中心随机变量(RCRV)

RCRV是一种较新的度量集合预报系统可靠性的方法：$y=\dfrac{x_0-x_m}{\sqrt{\sigma_0^2+\sigma^2}}$。

式中x_0是某一变量的观测值，σ_0是观测误差，x_m和σ是集合平均和相应集合预报的标准偏差。其还可以分解出偏差和发散性两项。理想的预报系统是无偏差的(值为0)，而发散性为1。

偏差：y的平均可以来度量集合平均和观测值之间的偏差，偏差的符号显示偏差的类型，负值(正值)代表负(正)偏差；发散性：y的标准偏差反映集合发散度和观测误差的一致性，可用来度量集合预报系统的发散特性。发散性的值大于(小于)1意味着发散度过小(过大)。

5)Brier 评分(BS)及其分解

均方概率误差，可用来检验集合预报准确性，$BS=\frac{1}{N}\sum_{n=1}^{N}(p_n-o_n)^2$。其中，$p_n$ 是第 n 个样本的被检验事件的集合预报概率，其值为 0～1。o_n 是第 n 个样本的被检验事件的观测频率，如果观测到检验事件，o_n 的值为 1，否则其值为零。BS 取值范围 0～1，越小越好，0 最理想；对于特定的二分类事件，对于 N 个样本，BS 可分解为可靠性、分辨率和不确定性：

$$BS=\frac{1}{N}\sum_{i=1}^{K}n_i(f_i-o_i)^2-\frac{1}{N}\sum_{i=1}^{K}n_i(o_i-\bar{o})^2+\bar{o}(1-\bar{o}) \tag{8.23}$$

式中三项依次为可靠性、分辨率和不确定性。其中 N 为总体样本数；K 为概率箱子的数目，对于集合成员数是 N 的系统，K 的值为 $N+1$；n_i 为在第 i 个概率箱子中的样本数；f_i 为在第 i 个概率箱子中的预报概率；o_i 为当预报概率为 f_i 时被检验事件出现的观测频率；$\bar{o}$ 为在总样本中被检验事件出现的观测频率。

6)Brier 技巧评分(BSS)

$BSS=1-\frac{BS}{BS_{ref}}$，表示概率预报相对于一个参考系统(通常是事件是否发生的气候概率)的提高程度，取值范围 $-\infty$～1，越大越好，1 最理想；其中 $BS_{ref}=s(1-s)$，s 是被检验事件发生的气候概率。BSS 值对气候参考系统比较敏感，当检验样本数小时，BSS 的值可能出现明显的负值，但并不能真实体现系统的预报性能。一般来说，检验样本数越多，得出的 BSS 值越稳定可靠。

7)连续分级概率评分(CRPS)

$$CRPS(P,x_a)=\int_{-\infty}^{\infty}[P(x)-P_a(x)]^2\mathrm{d}x \tag{8.24}$$

其中，

$$P(x)=\int_{-\infty}^{x}\rho(y)\mathrm{d}y, P_a(x)=H(x-x_a)$$

P 和 P_a 分别表示是集合概率预报和观测真值的累计分布。$\rho(x)$ 是集合预报系统的概率密度函数，$H(x)=0$，当 $x<x_a$；$H(x)=1$，当 $x\geqslant x_a$。

CRPS 也分解为可靠性和分辨率。CRPS 及其分解分量的值的单位与被检验变量的单位相同，因此，可以定量地评价集合预报系统的性能，被认为是比较先进的评分，CRPS 及其分解量是负定向的。

8)相对作用特征(ROC)

相对作用特征 ROC，表示预报区分时间发生和不发生的能力，把 1 分为 K 个概率区间(如 0～0.1，0.1～0.2，等)，每个分位数所对应的命中率(POD)相对于空报探测率(POFD)的变化曲线称为 ROC 曲线，曲线下的面积称为 ROC 面积，曲线越靠近命中率，则预报越好；ROC 面积取值范围 0～1，越大越好，1 为理想值。

9)面向用户的经济价值评分(EV)

相对价值(价值评分)表示对于根据某一预报采取行动的耗/损比(C/L)来说，其经济价值相对于参考预报的相对提高程度，而参考预报是从气候概率不断提高直到完全正确间的某一值，取值范围 $-\infty$～1，越大越好，1 最理想；利用集合预报不同概率分类所对应的命中率，假警报率，及用户定义的花费/损失比，计算出不同概率分类 j 所对应的预报的经济价值：

$$V(p_j)=\frac{\min(C/L,\bar{o})-F(p_j)(C/L)(1-\bar{o})+H(p_j)(1-C/L)-\bar{o}}{\min(C/L,\bar{o})-\bar{o}C/L} \tag{8.25}$$

对于某个 C/L 比，其最优经济价值为所有概率分类对应的最大经济价值。

(4)数值天气预报检验评估业务系统

对众多的数值天气模式的检验需要建立统一的客观检验平台，国家级近几年对所有检验业务进行了全面整合，建立了统一检验用站点数据标准，以及自动化检验平台，结构如图 8.5 所示，分为系统驱动层、数据提取层、检验层、产品加工输出层四个组织层次，每个层次内部由不同的模块组成。

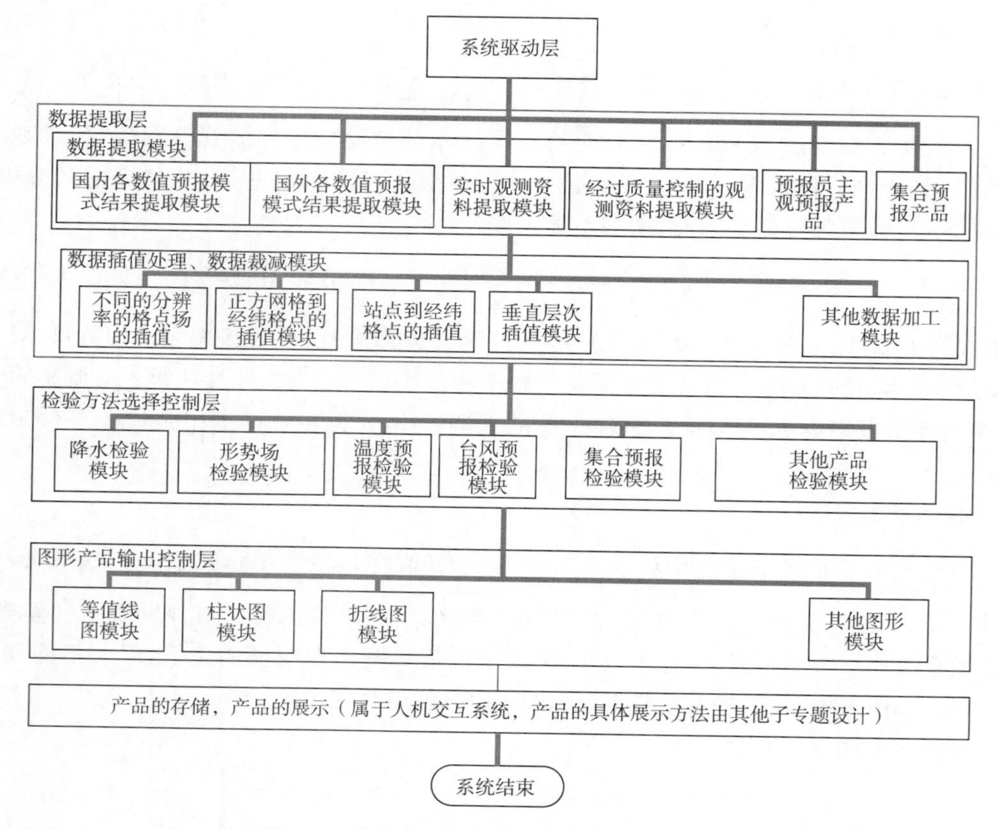

图 8.5　数值预报检验模块调用驱动平台设计

8.2　气候模式产品解释应用与检验评估

8.2.1　解释应用方法与业务

(1)降尺度释用方法

在月、季气候预测业务中，降水、气温等要素的预测是关注的重点和难点。动力气候模式对大尺度环流的特征模拟较好，而对于降水、温度等地表气候要素的模拟技巧相对偏低。同时，由于目前全球气候模式输出的空间分辨率较低，缺少区域气候信息，很难对区域气候做精确的预测。因而如何利用模式预报技巧较高的大尺度信息给出技巧更高的降水、温度等要素的预测，或者给出局部区域更高空间分辨率的预测信息，即动力气候模式产品的解释应用(或降尺度)技术就显得十分重要。

气候模式预测产品的解释应用是对动力气候预测模式结果运用动力学、统计学再一次加工和修正，以达到提高要素预测的应用价值水平。近年来(降尺度)释用技术成为动力气候数值模式产品应用的主要方法。目前降尺度释用方法主要有以下三种。

1)统计降尺度法

统计降尺度法利用多年的观测资料建立大尺度气候状况(主要是大气环流)和区域气候要素之间的统计关系，并用独立的观测资料检验这种关系，最后再把这种关系应用于气候模式输出的大尺度气候信息，来预测区域气候(如气温和降水)。统计降尺度法的提出基于以下假设，即大尺度气候场和区域气候要素场之间具有显著的统计关系；大尺度气候场能被气候模式很好地模拟与预测；在变化的气候情景下，建立的统计关系是稳定有效的。

统计降尺度法的优点在于它能够将气候模式输出产品中物理意义较好、模拟较准确的气候信息应用于统计模式，从而纠正气候模式的系统误差，而且不用考虑边界条件对预测结果的影响。它最大的优点就是与动力降尺度方法常用的区域模式相比，计算量相当小，节省机时；它的缺点则是需要有足够的观测资料来建立统计模式，而且统计降尺度法不能应用于大尺度气候要素与区域气候要素相关不明显的地区，或这种相关关系不稳定的地区。

在以往的统计降尺度法研究中常用的统计降尺度方法很多，概括起来主要有转换函数法、环境分型技术和天气发生器等。

2)动力降尺度法

动力降尺度法有两个发展方向，一种是提高全球气候模式的水平分辨率，这无疑会大大增加计算量，提高对计算机性能的要求。这种方法往往由于计算存储资源的限制，降低模式的预报时效或限制了集合预测样本数量。另一个方向是在低分辨率气候模式中嵌套高分辨率有限区域模式。

与统计降尺度方法相比，动力降尺度法的优点是物理意义明确，能应用于任何地方而不受观测资料的影响，也可应用于不同的分辨率。但它的缺点是计算量大、费机时；区域模式的性能受大尺度气候模式提供的边界条件的影响很大，区域模式在应用于不同的区域时需要重新调整参数。此外区域模式与大尺度气候模式的嵌套技术以及区域模式系统性误差的减少都是难点，会影响预报效果。

3)动力与统计相结合的降尺度法

鉴于统计降尺度方法和动力降尺度方法难以克服的固有缺陷，近年来逐渐兴起了将动力与统计相结合的降尺度法，以满足气候数值预测产品的解释应用。动力与统计相结合的降尺度法主要是通过寻求预报因子和预报对象之间的动力学关系。例如，李维京等从大尺度大气动力学方程组出发，根据月尺度大气环流的演变特征，推导出月降水异常与 500 hPa 月平均高度距平场的关系，所得到的方程反映了预报对象和预报因子两者之间具有明确的物理意义。然后利用气候模式的 500 hPa 月平均高度距平回报资料和站点的实际降水资料，使用统计学中的反演方法确定出预报方程中的系数，得到所预报站点的月降水预报方程，将该方程应用于实际预报试验中去，并经过独立样本检验，结果表明这种动力与统计相结合的方法对模式预报产品的释用具有较好的效果。

(2)气候数值预测产品的误差订正

在气候预测实际业务流程中，除对模式结果进行系统误差的去除外，气候模式产品误差订正还常常结合观测事实，依据气候动力学理论和对造成气候变率的关键物理过程的认识，修正模式产品，达到科学应用模式产品的目的。目前常用有模式输出产品自身的订正和从模式输出的大尺度要素场估计其他要素场等方法。

对于利用模式输出产品自身订正，Zeng 等(1994)提出了基于自然正交分解方法(EOF)的模式输出订正方案，分别将实况场与预报场 EOF 展开，然后假设二者的空间向量相差不大，将实况场的空间向量取代预报场的空间向量，再与预报场的时间系数相乘，得到模式订正场。这种方法的核心思想在于充分利用观测资料本身的大尺度演变特征和信息来对模式结果进行订正。类似的订正方案还有张道民等(2001)根据模式(T42L9)500 hPa 高度存在的纬向系统误差(低纬高度偏低)，进行的各纬圈的 500 hPa 高度订正。王会军等(2000)根据模式输出降水总体变化有两年周期的特点，提出的降水距平百分率订正方案。赵彦等(1999)也对模式输出降水距平百分率订正进行了研究。Henrik 等(1999)用 SVD 提取的模式输出北美雨季降水场和实况场时间系数，构造线性函数，改进降水场预报。

一般说来，大气的众多要素中，大尺度环流场和温度场特征预报或模拟的效果要远好于降水等尺度较小、局地性较强的要素。因此，国内外许多工作根据实际大气中大尺度环流场与降水等要素场的统计关系，利用模式预测的大尺度环流场结果推断降水要素的预测结果，从而订正模式在这方面的误差，这种做法的原理与气候模式产品的解释应用类似。

(3)解释应用业务

目前，在国家级业务中，以上的第二类动力降尺度方法主要是利用高分辨率的东亚区域气候模式进行的，其他的三类方法也都初步建立了相应的业务模型，这些模型与月一季节气候模式预测模式的直接输出相连接，构成相应的气候模式解释应用系统，并可方便地输出模式预测解释应用产品。目前，此类产品还仅限于温度降水等要素指导预测产品类，未来将朝着多样性实用产品类发展。

8.2.2 检验评估方法与业务

由于气候模式预测的特点，对其质量检验评估的办法，与天气预报模式的检验有类似之处，但也有气候模式预测（主要是概率型预测）所特有的。目前国际上应用较为普遍的是世界气象组织（WMO）推荐的长期预报标准化检验系统（SVS-LRF），该系统所检验评估的指标方法，是世界各气候模式预测业务中心所采用的基本方法。

长期预测也称为短期气候预测，一般是指 30 天以上 2 年以内的预测。它又分为月尺度预测、3 个月或 90 天滚动预测和季节预测三类。长期预测的确定性预测：主要是对某一预测变量给出一个单一的预测值，可以是分类的，也可以是不分类的；可以是一个模式的结果，也可以是多个模式结果的集成。长期预测的概率性预测，是对一类事件给出发生和不发生的概率是多少，通常有偏多（高）/少（低）两分类预测，或偏多（高）/正常/少（低）三分类预测。在一个检验系统中还要明确预测时段和预测的提前时间。

（1）检验的分级

检验水平分为三级。第一级为大范围面积平均的整体检验。全球分为三个区域：热带地区，北半球热带外地区，南半球热带外地区。这级检验主要是对模式的整体技巧进行评估。第二级为格点检验。这级检验主要是对模式技巧的区域性进行评估。第三级为格点的列联表。这级检验主要是为用户提供更细节的信息和方便用户针对自己的区域进行进一步的统计性工作。

（2）检验评分的方法

WMO 的长期预报标准化检验系统对于不分类的确定性预报，采用平均方差技巧评分（Mean Square Skill Score，简称 MSSS），进行检验评估。对于分类的确定或概率预测，采用 ROC 评分（Relative Operating Characteristics）。而我国的业务预测还采用了一些其他的指标。与数值天气预报的检验方法类似的见上节，本节仅介绍部分气候模式检验方法。

1）平均方差技巧评分 MSSS（Mean Square Skill Score）

WMO 推荐的模式长期气候预测检验指标之一，用于不分类的确定性预报检验，具体计算如下。

设 $x_{ij}(j=1,2,\cdots,n)$ 为某一格点或站点 j 的 $1-n$ 时段观测序列，f_{ij} 为一同时段确定性预测序列。

两个序列的平均值为：$\overline{x}_j=\frac{1}{n}\sum_{i=1}^{n}x_{ij}$，$\overline{f}_j=\frac{1}{n}\sum_{i=1}^{n}f_{ij}$；

二者各自的方差为：$s_{xj}^2=\frac{1}{n-1}\sum_{i=1}^{n}(x_{ij}-\overline{x}_j)^2$，$s_{fj}^2=\frac{1}{n-1}\sum_{i=1}^{n}(f_{ij}-\overline{f}_j)^2$；

预测的均方根误差为：$MSE_j=\frac{1}{n}\sum_{i=1}^{n}(f_{ij}-x_{ij})^2$；

气候预报的均方根为：$MSE_{cj}=\left(\frac{n}{n-1}\right)s_{ij}^2$。

则某一格点的平均方差技巧为：$MSSS_j=1-\frac{MSE_j}{MSE_{cj}}$，经分解（Murphy 1988），

$$MSSS_j=\left\{\underline{\underline{2\frac{s_{fj}}{s_{xj}}r_{fxj}}}-\underline{\underline{\left(\frac{s_{fj}}{s_{xj}}\right)^2}}-\underline{\underline{\left(\frac{\overline{f}_j-\overline{x}_j}{s_{xj}}\right)^2}}+\frac{2n-1}{(n-1)^2}\right\}\bigg/\left\{1+\frac{2n-1}{(n-1)^2}\right\} \tag{8.26}$$

其中

$$r_{fxj}=\frac{\frac{1}{n}\sum_{i=1}^{n}(f_{ij}-\overline{f}_j)(x_{ij}-\overline{x}_j)}{s_{fj}s_{xj}}$$

为第 j 点的预报与观测相关系数。

可见 MSSS 可分解为三部分，即位相误差（MSS1）、振幅误差（MSS2）和整体偏差（MSS3）。理想状态下（预测与实况完全一致）MSS1 为 2，MSS2 为 1，MSS3 为 0，MSSS 为 1。实际应用时，MSSS 越接近 1 技巧越高。

在完成区域内所有点的 MSSS 计算后，可对该区域进行区域性综合评估，计算方法如下：

$$\mathrm{MSSS}=1-\frac{\sum_j \cos(\theta_j)MSE_j}{\sum_j \cos(\theta_j)MSE_{cj}} \tag{8.27}$$

式中 θ_j 为 j 点的纬度，单位：rad。

2)时序相关系数(TCC)

反映预测量的时间序列与实况观测变化趋势的相似程度。

3)距平符号一致率

预测与观测距平符号一致的站点个数占总预报站点个数的百分率，反映模式对预测区域或某个时间序列内异常信号的综合预测能力。该值在 0～1 之间，越接近 1，准确率越高。

$$Ratio=\frac{N_0}{N}\times 100\% \tag{8.28}$$

式中 N_0 为距平报对的站数，N 为预报总站数。

4)PS 评分

预报评分 PS 是在距平符号预报准确百分率的基础上加上异常级加权得分构成，表示在预报区域内预报的总得分。PS 评分立足于对大范围距平趋势预测能力的评估，用百分制表示。当预报和实况完全一致时，P 值为 100。计算如下：

$$P=\frac{N_0+f_1\times N_1+f_2\times N_2}{N+f_1\times N_1+f_2\times N_2}\times 100 \tag{8.29}$$

式中 N_0 为距平符号报对的以及预测和实况虽距平符号不同但都属正常级的站点；N 为参加评分范围内的总站数；N_1、f_1 和 N_2、f_2 分别为一级异常报对和二级异常报对的站数和权重。关于权重的确定请参考陈桂英和赵振国(1998)。

5)技巧评分(SS)

相对于无技巧对比预报的预报技巧，当无技巧的对比预报采用随机预报时为相对随机预报的技巧评分(Ratc)，当对比预报采用气候预报时为相对气候预报的技巧评分(Cltc)。具体计算如下：

$$\mathrm{SS}=\frac{N_a+N'}{N-N'} \tag{8.30}$$

$$N'=F\times N \tag{8.31}$$

式中 N_a 为预报准确的站数；N 为参加评分的站数；N' 为基于某种无技巧预报期望能预报准确的站数；F 为随机预报或气候预报的准确率，具体计算请参考陈桂英和赵振国(1998)。

当 N_a 等于 N' 时，SS 为 0，当 N_a 等于 N 时，SS 为 100%，当 N_a 小于 N' 时，SS 为负值。故当 SS 在 0～1 之间时，具有一定的预报技巧，值越大，预报技巧越高。

(3)月尺度动力延伸集合气候预测检验业务

目前国家气候中心每月对 500 hPa 高度场和中国 160 站的降水和温度的实时预报进行检验。包括以下几方面：①用 NCEP/NCAR 再分析资料和月动力模式每月 1 日预测的 1～30 天平均、21 日预测的 11～40 天平均、26 日预测的 6～35 天平均的 500 hPa 高度场，计算全球 5 个区域的距平相关系数；②用 NCEP/NCAR 再分析资料计算北半球 500 hPa 高度场的应用绝对/相对误差、半球 500 hPa 高度场预测距平和观测距平的绝对/相对误差；③用中国 160 站观测资料和每月 21 日预测的 11～40 天降水量和平均温度，计算 PS、RATC、CLTC、ACC 和 TS 五个指标，并给出预测距平异常级别分布图；④用中国 160 站观测资料和最近 12 个月每月 21 日预测的 11～40 天降水量和平均温度，用图形反映预测与观测温度距平或降水距平百分率的直方图和同号率。

(4)耦合模式季节预测检验

历史回报(Hindcast)试验事实上是利用过去的观测资料作为模式的初始场进行的“预测试验”，回报事实上是一种针对过去的实际“预测”的模拟过程，它和实际的预测操作完全一样。海气耦合模式完成了 20 年(1983—2002 年)汛期回报试验，检验以每年 3 月初预测当年汛期(6—8 月)中国区域降水异常的结果做检验评估，采用国家气候中心汛期预测业务评分标准进行定量评估(包括中国汛期预测业务预报评分 PS、相对于气候预报的技巧评分 CLTC、相对于随机预报的技巧评分 RATC、距平相关系数 ACC 和异常技巧评分 TS)。与国家气候中心多年的业务预测评分相比,模式预测能力已经基本接近,有些指标甚至超过了业务预测的得分。

(5)气候模式检验业务的支撑平台

气候模式检验业务的支撑平台包括三部分:模式检验资料管理模块、模式检验指标与方法模块和模式检验产品模块。模式检验资料管理模块负责管理和调用模式结果和检验用观测资料,模式检验指标与方法模块则负责包括格点检验、站点检验,以及区域平均和综合检验等在内的多种指标的计算,模式检验产品模块负责管理各种不同提前时间、预测时间、检验指标的检验结果的查阅和调用,供业务预测参考使用。模式检验的业务流程如图 8.6 所示。

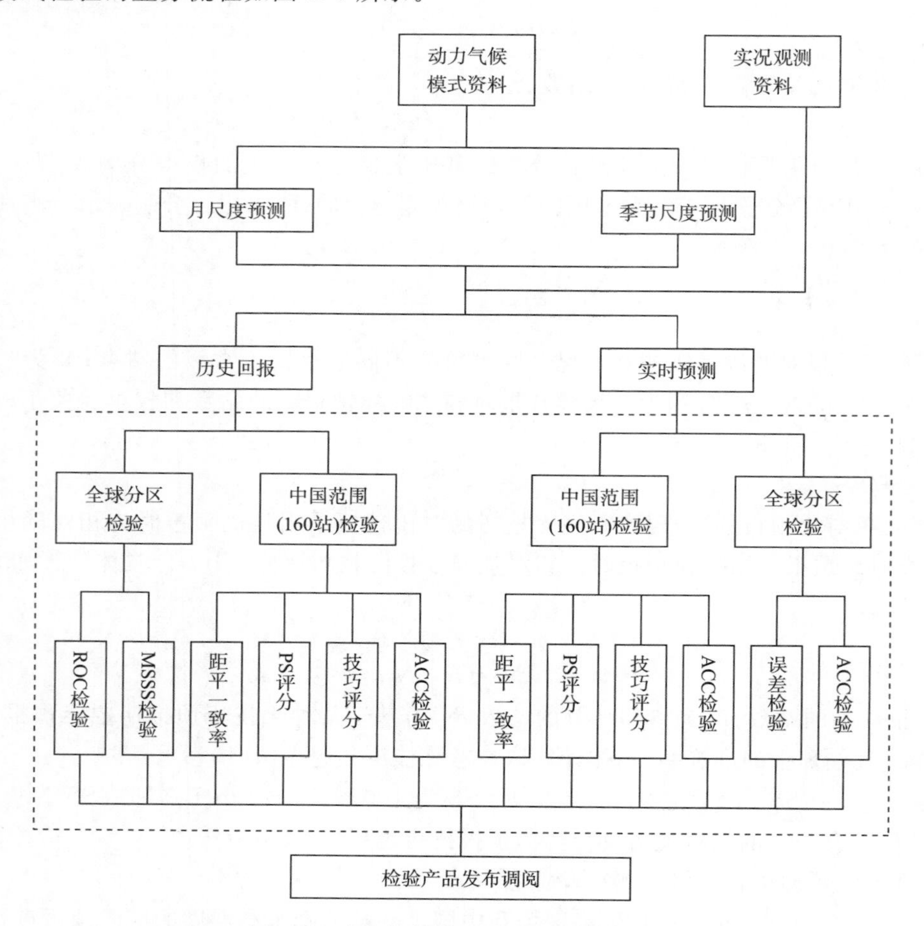

图 8.6 动力气候模式预测检验业务流程

参考文献

Glahn H R, Lowry D A. 1972. The use of Model Output Statistics (MOS) in objective weather forecasting. *J. Appl. Meteoro.*, **11**(1), 1203-1211.

Henrik Feddersen, Antonio Navarra, Ward M Neil. 1999. Reduction of model systematic error by statistical correction for dynamical seasonal predictions. *Journal of Climate*, **12**, 1974-1989.

Kalman R E. 1960. A New Approach to Linear Filtering and Prediction Problems. Transactions of the ASME. *Journal of Basic Engineering*, **82**, 35-45.

Mark S A. 2000. An overview of the National Weather Service's centralized statistical quantitative precipitation forecast. *Journal of Hydrology*, **239**(9), 306-337.

Murphy A H. 1988. Skill scores based on the mean square error and their relationships to the correlation coefficient. *Mon. Wea. Rev.*, **16**, 2417-2424.

Zeng Qingcun, Zhang Banglin, Yuan Chongguang, *et al*. 1994. A note on some methods suitable for verifying and correcting the prediction of climate anomaly. *Adv. Atmos. Sci.*, **11**(2), 2-12.

Henry R Stanski, Laurence J Wilson, William R Burrows. 1991. 气象学中常用检验方法概述. 国家气象中心编译. 北京:气象出版社. 52-60.

陈桂英,赵振国. 1998. 短期气候预测评估方法和业务初估. 应用气象学报,**9**(2),178-186.

陈永义,俞小鼎,高学浩,冯汉中. 2004. 处理非线性分类和回归问题的一种新方法(Ⅰ)——支持向量机方法简介. 应用气象学报,**15**(3),345-354.

冯汉中,陈永义. 2004. 处理非线性分类和回归问题的一种新方法(Ⅱ)——支持向量机方法在天气预报中的应用. 应用气象学报,**15**(3),355-365.

冯汉中,李万昌. 2001. 卡尔曼滤波方法在四川盆地面雨量预报中的应用. 四川气象,**21**(2),13-17.

黄嘉佑. 1990. 气象统计分析与预报方法. 北京:气象出版社.

林开平,郑宏翔,董良森. 1999. 用数值预报产品根据相似法制作广西暴雨落区预报. 广西气象,**20**(2),1-5.

刘还珠,赵声蓉,赵翠光等. 2004. 国家气象中心气象要素的客观预报——MOS系统. 应用气象学报,**15**(2),181-191.

刘环珠,张绍晴. 1992. 第四讲 中期数值预报的统计检验分析. 气象, **18**(9),50-54.

杞明辉,肖子牛,晏红明. 2003. 一种改进的考虑环流特征的MOS预报方法. 高原气象,**22**(4),405-409.

孙田文,纪建军,胡淑兰. 2000. 用数值产品作分县分级降水预报. 陕西气象,(2),12-13.

王会军, 周广庆, 赵彦. 2000. 降水和大气环流距平年际预测的一个高效的修正方案. 应用气象学报,**11**(S1),41-50.

王雨,闫之辉. 2007. 降水检验方案变化对降水检验评估效果的影响分析. 气象,**33**(12),53-61.

张道民,纪立人. 2001. 动力延伸(月)数值天气预报中的信息提取和减小误差试验. 大气科学,**25**,778-786.

张华,叶燕华. 2003. 利用最近资料改进MOS预报的方法. 高原气象,**22**(2),128-131.

赵声蓉,裴海英. 2007. 客观定量预报中降水的预处理. 应用气象学报,**18**(1),21-28.

赵声蓉,赵翠光,邵明轩. 2009. 事件概率回归估计与降水等级预报. 应用气象学报,**20**(5),521-529.

赵声蓉. 2006. 多模式温度集成预报. 应用气象学报,**17**(1),52-58.

赵彦, 李旭, 袁重光, 郭裕福. 1999. IAP短期气候距平预测系统的主要评估及订正技术的改进研究. 气候与环境研究, **4**(4),353-364.

赵振宇,徐用懋. 1996. 模糊理论和神经网络的基础与应用. 北京:清华大学出版社,南宁:广西科学技术出版社.

第 9 章 数值预报产品与分发

数值模式产生的大量数据通过复杂的后处理过程生成各类产品，不断满足不同预报服务用户的需求。方便可靠的数值预报产品，可显著增强对预报员的指导作用，从而提高天气预报的准确率。数值预报产品按数值预报系统种类可分为单一数值预报产品，也即通常所说的数值模式预报产品，这类产品主要是基于某个单一的数值模式预报输出数据进行加工处理的产品，可以是模式直接输出的要素，也可以通过多种要素进行诊断运算，描述支配各种天气现象和天气系统的物理和动力过程以及它们的相对作用。在预报系统中，根据预报模式的不同产品的侧重点也有所差异，全球预报模式的产品主要重点在预报 1～10 天内全球大尺度环流的演变、大范围降水的发生发展等，如：高空槽脊、副热带高压，地面高、低气压和冷、暖锋面，大范围雨带等；区域模式的产品主要重点在对中国区域的降水进行短期 3 天内的预报，如：降水发生区域、降水强度、降水出现时段等。专业数值预报系统也提供一些专门用途的产品，在相关的专业预报服务中参考，如：台风的预报服务，污染扩散应急响应服务等。另一类是概率预报产品，这类产品是基于多个样本的集合预报系统的预报数据进行加工处理的产品按照天气和气候来分，可以分为支持天气预报主要是短期、中期天气预报指导产品，和支持更长预报时效的气候预测指导产品。此外，还有针对模式产品性能的检验产品，这对在预报业务中更好的应用模式产品具有重要作用。本章重点介绍了天气与气候预报产品。同时，随着数值预报产品的增加、时空分辨率的提高，数值预报产品成几何级数增加，数值预报产品快速、准确地分发到需要的天气预报部门是及时准确的作出天气预报必不可少的条件。

9.1 数值预报产品的后处理

表达在模式三维离散网格上或谱系数上、垂直方向采用地形追随坐标的数值预报模式的分析及预报数据输出，一般称为模式输出的元数据(meta-data)。这类数据多含有温、压、湿、风等大气状态变量的信息和降水、模式中间过程等信息，并不完全适合于用户使用，必须通过模式后处理过程，进行插值转换，将非规则格点的数据、非等压面数据插值到用户所需的水平网格和等压面上，进行多要素综合计算，根据需求导出必要的物理诊断量。对部分时间累积量或时间变化量，如累计降水或 24 h 变温，还要利用前后时次的预报场进行计算。

后处理过程主要包括以下步骤：

①把分析场或预报场通过垂直插值，从模式垂直坐标插值到预报员熟悉的等压面坐标；

②把数据在等压面上水平插值得到所需的等经纬度网格，对全球谱模式通过谱格变换，获得所需分辨率的等经纬网格点的要素；

③把模式状态变量采用的涡度、散度转化为东西风、南北风；

④把模式状态变量采用的位温等转化位等压面上的温度；

⑤由模式输出的 2 m 的温度、2 m 的露点温度和地面气压的对数导出 2 m 的相对湿度；

⑥由模式输出的大尺度降水、对流降水和降雪生成地面降水；

⑦从不同预报时效的高度、温度及海平面气压计算变高及高度、温度、气压的预报误差；

⑧从后处理场中读取高度、温度、风场、比湿等计算物理诊断量，如温度平流、涡度平流、温度露点差、水汽通量及散度、假相当位温和 K 指数。

通过以上过程，生成预报员所熟悉的等压面上的数值预报产品。

9.2　单一数值预报产品

顾名思义，单一数值预报产品是由单一模式产生的，其数值预报产品可分为：模式直接预报变量、诊断变量，以及组合因子综合分析变量；按空间分布又可分为高空量、低层变量、近地面和地面量。业务产品的应用有很多途径，产品可以直接提供给预报员做大气环流形势和降水预报，每天预报员要分析高空高度场、温度场以及低层的风切变等。

不同的数值预报系统因其侧重点不同提供的产品有所区别。全球中期预报系统的产品主要侧重于预报 1～10 天内全球大尺度环流的演变，如高空槽脊、副热带高压，地面高、低气压和冷、暖锋面，以及大范围降水的发生发展等，而区域预报系统主要提供预报员对中尺度天气系统的预报服务，重点对中国区域的降水进行短期(60 h 以内)预报，如降水发生区域、降水强度、降水出现时段等。由于中尺度天气系统具有水平尺度小、生命周期短的特点，所以区域预报系统提供水平分辨率、时间分辨率都更加精细的预报指导产品。此外全球模式和较大范围的中尺度模式的基本预报量作为初始场和侧边界条件可用于驱动区域模式进行更为精细的数值预报，如 GRAPES_MESO 区域模式以 T639 全球模式分析和预报作为初始场和侧边界条件。短期气候模式预测系统所提供的产品主要是日平均和月平均的全球范围温度、降水和大气环流、海面温度(SST)等。

9.2.1　模式基本预报产品

由压、温、湿、风等模式基本状态变量输出或导出的数据，包含位势高度、温度、湿度、风等。这类产品比较普通，如 T639 全球模式产品包含表 9.1 中的基本量。

表 9.1　T639 全球模式基本变量产品

序号	要素	单位	层次	时效(h)
1	位势高度	gpm	(36 层，hPa) 0.1，0.2，0.5，1，1.5，2，3，4，5，7，10，20，30，50，70，100，150，200，250，300，350，400，450，500，550，600，650，700，750，800，850，900，925，950，975，1000	0，3，6，9，12，15，18，21，24，27，30，33，36，39，42，45，48，51，54，57，60，63，66，69，72，75，78，81，84，87，90，93，96，99，102，105，108，111，114，117，120，126，132，138，144，150，156，162，168，180，192，204，216，228，240
2	温度	K		
3	东西风	m/s		
4	南北风	m/s		
5	垂直速度	Pa/s		
6	涡度	s^{-1}		
7	散度	s^{-1}		
8	比湿	kg/kg		
9	相对湿度	%		

9.2.2　模式诊断量

诊断量是根据模式预报基本量计算出来的，对描述支配各种天气现象和天气系统的物理和动力过程的热力学和动力学方程各项进行定量计算和分析，以了解它们的相对作用。通过诊断量的计算，可以使我们从有限的几种常规气象观测资料中获取更多重要的天气信息，从而有助于我们对各种天气系统和天气过程的动力和热力特征作出深入的、定量的解释，并在此基础上建立起关于各种天气系统和天气过程的概念模式，给天气预报提供可靠的信息。

诊断量根据其物理性质可以分为动力因子、热力因子和水汽因子等。其中动力因子主要包括 K 指数、抬升凝结高度、对流有效位能、对流抑制能量、抬升指数等。热力因子反映了大气的热力状况，主要包括假相当位温、温度平流、0℃层高度、总指数等（表 9.2）。水汽因子主要是用在做降水特别是暴雨分析和预报时必须考虑的因子，主要包括水汽通量、水汽通量散度、温度露点差等。

（1）水汽因子

形成暴雨的必要条件之一，是要有足够多的水分。有计算表明，单靠当地已有的水分是不可能形成暴雨的，必须要有水汽从周边源源不断地输入暴雨区。水汽通量和水汽通量散度，就是为了定量描述水汽输送的方向、大小、积聚，从而了解形成暴雨的水汽条件而引入的。其中水汽通量，是指单位时间内流经与速度矢量正交的某一单位截面积的水汽质量。从水汽通量的数值和方向，可以了解暴雨过程的水汽来源，以及这种水汽输送和某些天气系统的关系。至于暴雨究竟出现在何处，雨量有多大等，则与水汽通量散度的关系更为密切。水汽通量散度的意义是指单位时间内单位体积中水汽的净流失量。

温度露点差也是日常天气分析预报业务中经常用以表示空气干湿程度的一个物理量，当 $T=T_d$ 时，空气达到饱和；$T-T_d$ 的数值越大，代表空气距离饱和程度越远。

（2）热力因子

热力因子反映了大气的热力状况，其中温度平流是描述温度的水平输送强度的物理量，对于温度的再分布、天气系统的发生、发展，从而对于天气变化，都起着决定性的作用。

假相当位温的意义为未饱和湿空气块上升，直到气块内水汽全部凝结后，再按干绝热下沉到 1000 hPa处，此时气块所具有的温度，通常以 θ_{se} 表示。它相当于湿空气通过假绝热过程将其水汽全部凝结降落后所具有的位温。在假相当位温中，不仅考虑了气压对温度的影响，也考虑了水汽的凝结和蒸发对温度的影响。它实际上是把温度、气压、湿度包括在一起的一个综合物理量。总指数的表达式为

$$TT=T_{850}+T_{d850}-2T_{500}$$

TT 越大，越容易发生对流天气。

（3）动力因子

K 指数的定义为 $K=(T_{850}-T_{500})+T_{d850}-(T-T_d)_{700}$，它能够反映大气的层结稳定情况，K 指数越大，层结越不稳定。在暴雨的分析预报中，常被作为一种较好的稳定度指标。

抬升凝结高度 LCL 是当未饱和湿空气微团被抬升时，随着空气微团抬升，温度按干绝热递减率降低，与其温度对应的饱和水汽压也随之减小。这样，必然会找到一个高度，在此高度处饱和水汽压等于空气微团的水汽压，即温度与露点相等，于是水汽开始凝结，这一高度称为抬升凝结高度。

对流有效位能 CAPE 是一个从自由对流高度（气块温度超过其环境温度，气块相对于其环境是不稳定的高度）到平衡高度（环境温度超过气块的温度，气块相对其周围环境是稳定的高度）测量自由对流层的累积浮力能垂直积分指数。近些年来已成为最常用的计算大气是否发生对流的方法。CAPE 为在自由对流高度之上，气块可从正浮力作功而获得的能量。表示大气浮力不稳定能的大小。就几何意义而言，对流有效位能正比于 T-ln$p$ 图上的正面积。

对流抑制能量 CIN 等于平均大气边界层气块通过稳定层到达自由对流高度所做的负功。CIN 是气块获得对流必须超越的能量临界值。

抬升指数 LI 是表示条件性稳定度的一个指数。它的定义为平均气块从修正的低层 900 m 高度沿干绝热线上升，到达凝结高度后再沿湿绝热线上升至 500 hPa 时所具有的温度（T''）与 500 hPa 等压面上的环境温度（T_{500}）的差值。当 LI 为负值时表示气块不稳定，负值越大，对应的气块不稳定能面积越大。

表 9.2 部分模式诊断量产品的计算公式

要素名称	单位	计算公式	性质
水汽通量	g/(cm · hPa · s)	$FH=\frac{1}{g}\lvert\boldsymbol{V}\rvert\cdot q=\frac{1}{g}(\sqrt{u^2+v^2}q)$ $g=9.8$ m/s，$\boldsymbol{V}$ 取 m/s，q 取 g/kg	水汽因子
水汽通量散度	g/(cm² · hPa · s)	$D_q=\nabla\cdot FH=\frac{1}{g}\nabla\cdot\boldsymbol{V}\cdot q=\frac{1}{g}\left(\frac{\partial uq}{\partial x}+\frac{\partial vq}{\partial y}\right)$	水汽因子

续表

要素名称	单位	计算公式	性质
温度露点差	℃	① $T_d=[b\ln(pq/3.8)-273.16a]/[\ln(pq/3.8)-a]$ 其中 $a=17.26$，$b=35.86$，水面；$a=21.87$，$b=7.66$，冰面。 ② 迭代法求露点：第一次初值取 $T_d=T$，由公式 $q_s=\dfrac{0.622\times 6.11\exp\left[\dfrac{a(T_d-273.16)}{T_d-b}\right]}{P-0.378\times 6.11\exp\left[\dfrac{a(T_d-273.16)}{T_d-b}\right]}$ 计算出 q_s，如果 $q_s>q$ 让 T_d 减去 0.05℃，再用 q_s 表达式计算 q_s，每迭代一次 T_d 减去一个 0.05℃，直到 $q_s=q$ 或 $q_s<q$ 时，这时 T_d 即为要求的露点。a、b 同①，现用方法②求出 T_d，$T'=T-T_d$	水汽因子
温度平流	K/s	$-\mathbf{V}\cdot\nabla T=-\left(u\dfrac{\partial T}{\partial x}+v\dfrac{\partial T}{\partial y}\right)$ $-\mathbf{V}\cdot\nabla T<0$ 为冷平流 $-\mathbf{V}\cdot\nabla T>0$ 为暖平流	热力因子
假相当位温	K	$\theta_{se}=\theta\exp\left(\dfrac{Lq}{C_pT_L}\right)=T\exp\left(\dfrac{Lq}{C_pT_L}\right)\left(\dfrac{1000}{P}\right)^{R_d/C_p}$ $\dfrac{L}{C_p}=2500\ \mathrm{K}$，$T_L=\dfrac{4715-36D}{17.17-D}$，$D=\ln\dfrac{p\cdot q}{3.8}$	热力因子
总指数	℃	$TT=T_{850}+T_{d850}-2T_{500}$	热力因子
涡度平流	s^{-2}	$A=-\mathbf{V}\cdot\nabla\zeta$ 其中 ζ 为相对涡度	动力因子
K 指数	℃	$K=(T_{850}-T_{500})+T_{d850}-(T-T_d)_{700}$ T_d 是露点温度，T、T_d 单位：℃	动力因子
对流有效位能	J/kg	$CAPE=g\int_{z_c}^{z_e}\dfrac{\theta_v'}{\theta_{vs}}\mathrm{d}z$ 式中，θ_v' 表示扰动虚位温，θ_{vs} 是大气中虚位温的典型值，Z_c 为自由对流高度，Z_e 为平衡高度。	动力因子
对流抑制能量	J/kg	$CIN=g\int_{Z_i}^{Z_{LFC}}\dfrac{T_e-T_p}{T_b}\mathrm{d}z$ 其中 T_b 是该层的平均温度，T_e，T_p 分别表示环境与气块的温度，z_i 表示气块起始抬升高度。	动力因子
抬升凝结高度	hPa	$z=\dfrac{T(z_i)-T_d(z_i)}{r_d+\dfrac{\mathrm{d}T_d}{\mathrm{d}z}}$	动力因子
抬升指数	℃	$LI=T_{500}-T''$	动力因子

9.2.3 近地面要素

近地面和地面量要素通常包括：10 m 风、2 m 温度、2 m 相对湿度、地表温度、海平面气压、地面气压、土壤温度和土壤湿度、降水等变量。如何使用好近地面产品需要大致了解产品的来历和特性。10 m风、2 m 温度和 2 m 相对湿度是在边界层中的近地面层参数化中用地面量和模式最底层的量通过近地面层的风、温、湿廓线诊断出来的。日常城市预报中的风温湿分别指的就是 10 m 风、2 m 温度和 2 m相对湿度。因此这些包括降水都是天气预报中日常的要素预报。土壤温度和土壤湿度是有陆面模式中的土壤温度和湿度预报方程得到的预报量，通常作为区域模式的输入驱动陆面模式正常运行。

9.3 概率预报产品

概率预报产品主要是根据集合预报系统输出数据经过加工处理形成的预报指导产品，从理论上可以从这类产品中获得更接近实际的结果，如集合平均；更丰富的有用信息，如不确定性的离散度，极端事件的可能出现等，从而为预报决策提供参考。产品主要包括有集合平均场和离散度产品，阈值概率预报产品，图形产品（如面条图、邮票图、站点胡须图、盒子胡须图）等。

9.3.1 集合平均预报和离散度产品

集合平均是集合预报成员的数学平均。集合平均可以过滤掉每个成员的不可报预报因素，给出总体的预报趋势，因此集合平均预报通常比单个预报，甚至比用更高分辨率模式所产生的单个预报准确。平均预报仅提供了未来大气状态的一种可能性，而没有包括所有的可能性，在大气不稳定而可能出现分叉而且多平衡态的情况下，平均意义上的预报往往无能为力，甚至误导，因此集合平均不能预报极端天气。

离散度是集合预报不确定性或者集合成员相对于集合平均的波动振幅的量度指标。它可以用各成员同控制预报场的均方差或标准差场量度，也可用各成员同总体平均场的距平相关系数的平均值量度。离散度在一定程度上可代表模式的预报技巧，一般说来，离散度小，预报技巧较高，预报可信度高；但是离散度大，预报技巧不一定低，预报可信度也不一定很低。目前国家级全球集合预报系统产品如表 9.3 所示。

表 9.3 T213 全球集合预报系统的相关产品

要素	层次	间隔	单位
降水	地面	0.1,5,10,25,50,100,250	mm
10 m风速	10 m	4	m/s
2 m温度与2 m变温	2 m	2	℃
海平面气压	海平面	5	hPa
等压面位势高度	700 hPa,500 hPa,200 hPa	4	dagpm
等压面温度	850 hPa	4	℃
等压面风场	850 hPa,700 hPa,500 hPa,200 hPa	风向标形式	
等压面散度	850 hPa,700 hPa,200 hPa	4	$10^{-5}s^{-1}$ 同 Micaps
等压面涡度	500 hPa	4	
等压面相对湿度	850 hPa,700 hPa	10	%
等压面垂直速度	700 hPa,500 hPa	2 ($\lvert w\rvert<20$),10($\lvert w\rvert\geqslant 20$)	m/s
等压面间厚度	700～850 hPa	2	dagpm
	850～1000 hPa	4	
等压面变温	850 hPa	2	℃
等压面变高	500 hPa	2	dagpm
海平面变压	海平面	2	hPa

9.3.2 图形产品

（1）面条图产品

含义与集合预报离散度类似，也可以表示数值预报的可信度，只是形式有所不同。通过选取一条等值线，把所有预报成员对该等值线的预报都综合绘在一张图上来表示。一般来说等值线的发散程度大致反映出预报的可信度，越集中时可信度越大，反之则越不可信。如果各个预报成员对某一要素的预报结果是类似的，则表明这一气象要素在未来时刻变化的幅度是比较小的，否则预报员应随时关注天气的演变情况，发生异常天气变化的可能性较大。主要产品可参考表 9.4。

表 9.4 预报中常用的面条图产品列表

要素	层次	等值线(dagpm)	说明
位势高度	500 hPa	(512,564);(532,580);(548,588)	5—9 月
		(512,560);(544,588)	10—4 月
	700 hPa	(268,308); (284,312); (300,316)	
	850 hPa	(116,148);(132,164)	
	海平面气压	1000; 1020; 1040	

续表

要素	层次	等值线(dagpm)	说明
变温	850 hPa	(−16,0);(−12,3);(−8,6);(−6,9)	
24 h总降水		(0,50);(10,100);(25,250);	
风场	10 m	5J(8.0),8J(17.2)6J(10.8),10J(24.5),7J(13.9),12J(32.7)	
温度	2 m	(−35,10);(−30,20);(−25,30);(−20,35);(−10,38);(0,40);	

(2)邮票图产品

将所有集合成员的预报图缩小,依预报时效排列组成一张大图,每个成员图的大小形似邮票。预报员可同时浏览所有预报样本,借此判断天气系统未来可能的发展方向,特别是对其中出现了异常的情况,可以一目了然,起到提醒作用。

(3)盒子胡须图产品

对单点的随时间演变的集合预报,对某个时刻的预报图,像是一个竖长的盒子,上下又有突出的线,形似胡须而得名。如城市单点预报胡须演变图,预报要素可以是降水、2 m温度、10 m风、天空云量等。将定点定时的所有成员的预报,按照从小到大的顺序排列并连成一条线,这条线就是"胡须";再用盒子按顺序圈出其中25%~75%的成员,即是"盒子",也有用更细的盒子圈出其中10%~90%的成员的盒子胡须图。参考胡须图(图9.1),预报员可以了解单点相应要素预报的集合分布和演变。

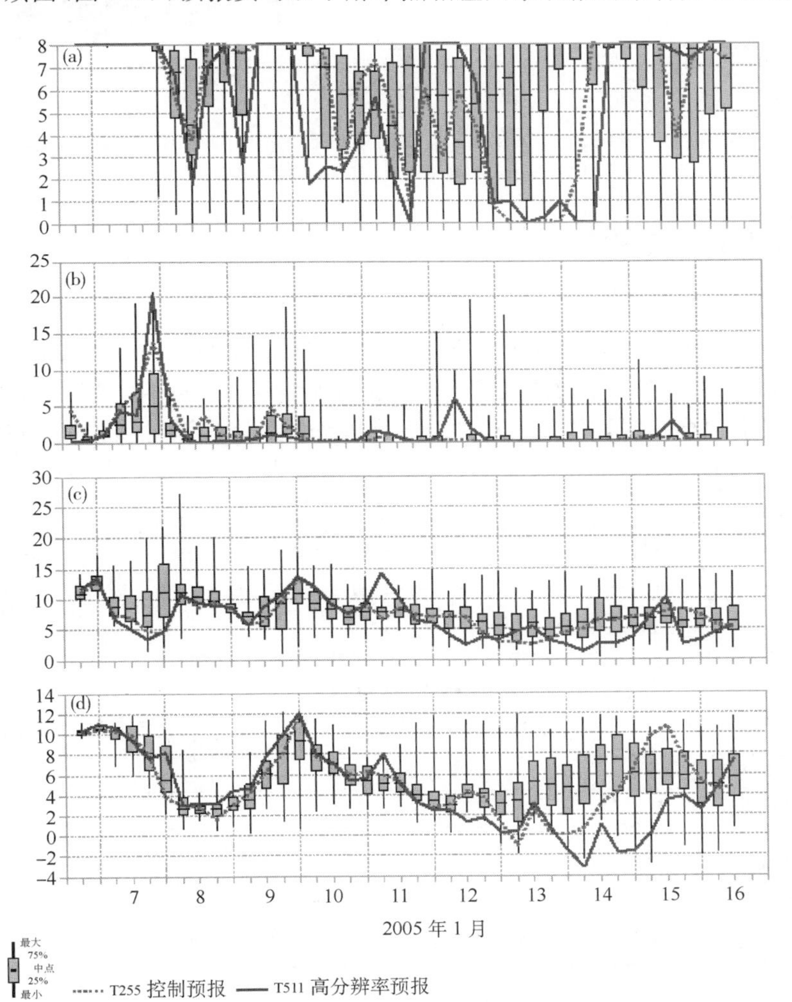

图9.1 ECMWF提供的单点盒子胡须图

(对于给定经纬度的点,由上至下给出了(a)总云量(okla)、(b)总降水(mm/6 h)、(c)10 m风速(m/s)和(d)2 m温度(℃)的集合分布和演变)

(4)单站烟羽图

为了了解给定空间点上要素预报的可信度，可以分析各成员对选定要素预报的概率分布，统计计算集合预报各成员对这些点上要素预报的概率分布，然后将所有预报时效的要素概率绘制成等值线图，称为概率分布烟羽图。如温度概率烟羽(图 9.2(彩))：温度间隔取 1℃，从该图可以形象地看出各预报时效内对 850 hPa 温度预报值的概率分布情况，一般而言概率烟羽分布范围较大时，可信度较差；另外，实际温度值落在预报概率大的区间内的可能性较大。

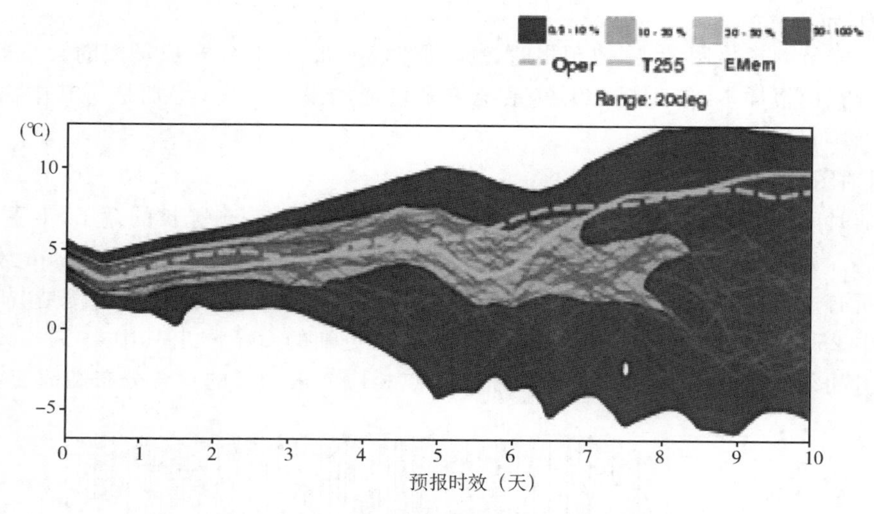

图 9.2 ECMWF 提供的单站 850 hPa 烟羽图
(阴影表示概率，各个成员的预报值用线条表示)

9.3.3 特点阈值的概率预报产品

对于某个特定预报对象，可以从集合所有的成员预报中算出其发生的相对频率，最大程度地包含了实际大气可能发生的种种情况，概率预报对于分叉而出现多平衡态的天气状态也能很好地表达出来(如概率密度的多峰分布)。在预报中常用的概率产品包括降水量概率，地面风速等级概率，2 m 温度概率，24 h 变温概率等。根据预报所关心的要素都可以通过概率产品来加深对预报可能性的理解，具体的产品可参考表 9.5～9.7。

表 9.5 降水概率预报产品(定义：累计降水量，单位：mm)

要素	参考量
总降水量	0.1；10；25；50；100；250
降雪(等效降水量)	0.1；2.5；5；10

表 9.6 10 m 风速概率预报产品

时效	12 h	24 h
时次(北京时)	20 时	
预报时数(h)	12～108(72)	(96)120～240
等级(级和 m/s)	5 级(8.0)；6 级(10.8)；7 级(13.9)； 8 级(17.2)；10 级(24.5)；12 级(32.7)	

表 9.7 2 m 预报时效内的最高、最低温度概率预报产品

时效		24 h
时次(北京时)		20 时
预报时数(h)		24～240
等级(℃)	5—9 月：最高温度(>)	30；35；38；40
	10—4 月：最低温度(<)	−30；−25；−20；−10；0；5

9.4　专业数值预报产品

专业数值预报产品是由专业模式，如台风、海浪、污染物扩散模式与天气模式的耦合产生的各种专业预报指导产品。

9.4.1　台风数值预报产品

在台风路径预报产品中，台风袭击概率是比平均路径更为有效的参考产品，袭击概率指在未来一段时间内台风经过某点的可能性。计算袭击概率通常采用如下方法：以某点 X 为圆心，以 δ 为半径画圆，如果有 N_δ 条路径落在此圆内，则 x 点的袭击概率 P_{strike} 为：

$$P_{\text{strike}}(X)=\frac{N_\delta}{N_{\text{total}}} \tag{9.1}$$

式中 N_{total} 为整个台风路径集合预报系统所包含的总的预报路径。根据国际各大业务中心如欧洲数值预报中心及日本气象厅的实际经验，半径 δ 通常取 120 km。图 9.3 为袭击概率计算方法示意图。

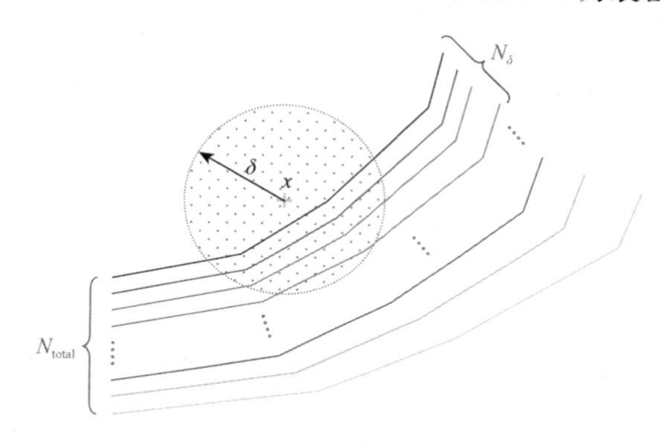

图 9.3　袭击概率计算方法示意图

通常最大袭击概率方向为未来台风最可能的移动方向。图 9.4(彩)给出国家级台风概率预报的图形产品。

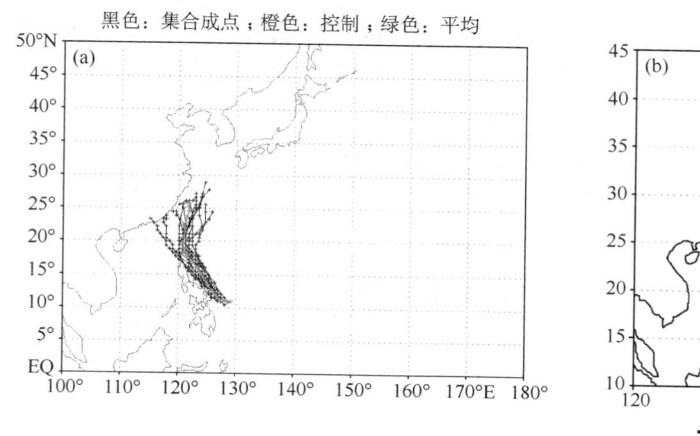

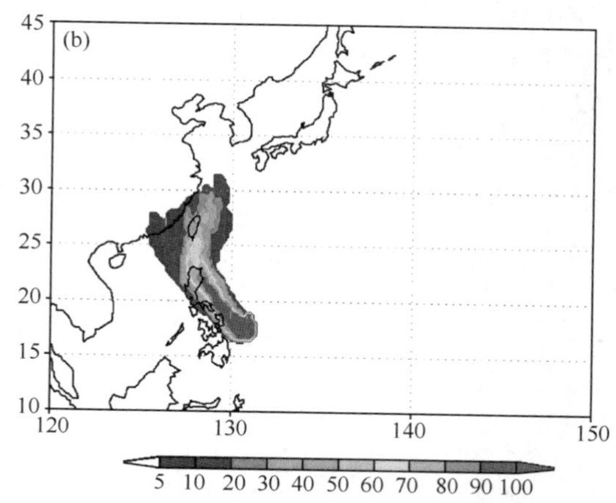

图 9.4　国家级台风集合预报路径与袭击概率图

((a)台风集合预报路径示意图，不同成员的预报路径都画在同一张图上；

(b)台风集合预报袭击概率预报图，用阴影表示概率)

9.4.2 环境应急响应数值预报产品

是针对核扩散紧急响应产品和非核污染物扩散的精细产品。主要应用于对核放射性同位素弥散(如切尔诺贝利核事故)、有毒化学物质泄漏、火山爆发、森林大火、油井大火、强沙尘爆发等突发性事件的环境应急响应服务工作。在上述紧急事件发生后尽可能短的时间内,利用当时或稍早前的大气实况监测信息,借助大气污染扩散传输模型,对事件中可能释放的各种污染物在大气中扩散传输路径与地面沉降分布及其对环境产生的影响进行快速的预报评估,并迅速提供给应急响应决策与实施部门,以便于更有效地组织实施事件应急响应工作,以此来避免或减少生命财产与生存环境安全受到的威胁与影响。提供的主要产品包括:事件发生后核污染物在大气中的三维扩散路径图、24 h时段内的平均污染浓度、累积地面总沉降分布图。此外还可以制作根据多个监测点采样平均污染浓度回算产品,来追溯核泄漏可能原发地。

针对非核污染物的扩散应急响应,提供根据精细的短时效内的三维扩散路径图、平均污染浓度、累积地面总沉降分布图等;各产品通过叠加至县一级的行政地理信息。为指挥决策提供指导。

9.4.3 海浪数值预报产品

海浪数值预报产品要素主要有有效浪高、平均浪周期、平均浪向、洋面风速与方向、洋面海气温差、平均浪波长等。海浪产品主要用于为全球导航、近海渔业等海洋气象服务工作提供技术支持和海浪预报参考。

9.5 模式检验产品

目前我国针对公众开展的天气预报业务主要预报天空状况,风及温度。对做出这些预报重点参考的形势场预报及近地面要素预报做出相关检验,为预报员使用这些产品提供客观的参考依据。如对模式降水、10 m风及2 m温度预报的检验,分别对天空状况、风及气温的预报是非常有帮助的,尤其是夏季的强降水预报是一年之中天气预报关注的重点,因此在降水检验方面也做了最多的工作,不仅提供大范围的总结性的统计检验,也提供每一个站的空间误差分布检验,以及不同地区降水过程变化趋势及强度检验,希望能对强降水的预报提供最有力的帮助。

当然任何要素预报都是基于一定的天气形势变化规律做出的,形势场的预报性能也对要素预报有很大的影响,所以高层形势的预报检验也是工作重点。针对预报员最常用的数值预报产品提供天气学和统计学两种检验,方便预报员从不同视角了解模式的预报性能,在预报中加以订正。如副高是对我国影响最显著的天气系统,针对副高特点所做的一些检验可以为预报员了解这一主要天气系统的变化特点及误差特点,在预报中加以订正。很多统计检验也能提供模式预报性能的基本指标,说明误差的大小,或形势场波形变化的吻合度等,对预报员合理应用数值预报产品提供客观依据。参考国家级的检验业务产品内容如表9.8所示。

表9.8 数值天气预报业务中的检验内容

检验项目	要素名称	层次	区域
模式10 m风场区域检验	风速相对误差	10 m	长江中下游、东北、华北、华南、青藏地区中南部、西北地区中东部、新疆、西南地区东部、全国
模式2 m温度区域检验	温度相对误差	2 m	
多模式降水区域统计检验	系统偏差	地面	
	预报效率		

续表

<table>
<tr><th colspan="2">检验项目</th><th colspan="2">要素名称</th><th>层次</th><th>区域</th></tr>
<tr><td colspan="2"></td><td colspan="2">空报</td><td></td><td></td></tr>
<tr><td colspan="2"></td><td colspan="2">漏报</td><td></td><td></td></tr>
<tr><td colspan="2"></td><td colspan="2">ETS 评分</td><td></td><td></td></tr>
<tr><td colspan="2"></td><td colspan="2">TS 评分</td><td></td><td></td></tr>
<tr><td colspan="2"></td><td colspan="2">模式降水预报绝对误差</td><td></td><td></td></tr>
<tr><td colspan="2"></td><td colspan="2">模式降水预报相对误差</td><td></td><td></td></tr>
<tr><td colspan="2"></td><td colspan="2">区域平均降水量逐日演变检验</td><td></td><td></td></tr>
<tr><td rowspan="4">客观要素
预报检验</td><td rowspan="4">温度</td><td colspan="2">最高温度预报绝对误差</td><td rowspan="4">地面</td><td rowspan="4"></td></tr>
<tr><td colspan="2">最低温度预报绝对误差</td></tr>
<tr><td colspan="2">最高温度预报相对误差</td></tr>
<tr><td colspan="2">最低温度预报相对误差</td></tr>
<tr><td rowspan="6"></td><td rowspan="6">降水</td><td colspan="2">系统偏差</td><td rowspan="6">地面</td><td rowspan="6"></td></tr>
<tr><td colspan="2">预报效率</td></tr>
<tr><td colspan="2">空报</td></tr>
<tr><td colspan="2">漏报</td></tr>
<tr><td colspan="2">技巧评分</td></tr>
<tr><td colspan="2">TS 评分</td></tr>
<tr><td rowspan="4">统计学
检验</td><td rowspan="4">温度，高度，
风场</td><td>欧洲中心</td><td>东亚距平相关系数</td><td rowspan="4">500 hPa</td><td rowspan="4">东亚
北半球</td></tr>
<tr><td>日本</td><td>北半球距平相关系数</td></tr>
<tr><td>中国</td><td>东亚均方根误差</td></tr>
<tr><td>美国</td><td>北半球均方根误差</td></tr>
<tr><td rowspan="4">天气学
检验</td><td rowspan="3">高度、海平面气压及温度相对误差</td><td>欧洲中心</td><td>500 hPa 高度相对误差
海平面气压相对误差
850 hPa 温度相对误差</td><td rowspan="3">500 hPa、850 hPa、海平面气压</td><td rowspan="4">东亚</td></tr>
<tr><td>日本</td><td>500 hPa 高度相对误差海平面气压相对误差
850 hPa 温度相对误差</td></tr>
<tr><td>中国</td><td>500 hPa 高度相对误差海平面气压相对误差
850 hPa 温度相对误差</td></tr>
<tr><td colspan="3">副高面积(0～168 h/月)
副高西脊点(0～168 h/月)
西风指数(0～168 h/月)</td><td>500 hPa</td></tr>
</table>

9.6 气候模式主要预测产品

气候模式预测产品，是基于气候模式的直接输出，通过不同时间尺度平均，得到的针对未来一定时段气候异常状态分布的相关数值预测产品。根据预测的不同时效，可分为月尺度预测和季节预测。根据预测变量的表述形式，可分为确定型预测和概率型预测。根据预测变量的性质，可分为模式直接输出产品和模式释用产品。下面简单对模式的直接输出产品做一介绍。

9.6.1 月尺度预测产品

月尺度预测产品来源于月尺度动力延伸集合预测模式，模式的直接输出为逐日的大气环流和地面气象要素变量，对其进行简单的加工处理，形成月尺度预测的模式直接输出产品，产品的预测要素见表

9.9,预测时效为未来40天的月尺度预测,产品可提供预测时段内的逐日、5天平均、10天平均和30天平均等多个时间尺度的预测产品。其中逐日产品主要是为加工其他类型产品和模式解释应用之用。产品以数据文件和图形文件两种形式提供。模式输出产品的基本分辨率为2.5°×2.5°。目前已有1983年以来的20余年历史回报(Hindcast)和预测资料。

表9.9 月动力延伸集合预测模式要素

序号	要素名称	单位
1	200 hPa 位势高度	gpm
2	500 hPa 位势高度	gpm
3	700 hPa 位势高度	gpm
4	200 hPa 纬向风	m/s
5	700 hPa 纬向风	m/s
6	200 hPa 经向风	m/s
7	700 hPa 经向风	m/s
8	海平面气压	hPa
9	2 m 气温	K
10	大尺度降雨	mm
11	对流降雨	mm
12	降雪	mm

9.6.2 季节尺度预测产品

季节预测产品来源于季节预测的海气耦合,模式的直接输出为逐日的海洋与大气环流、地面气象要素等变量,对其进行简单的加工处理,形成季节预测的模式直接输出产品,产品提供全球范围和东北半球范围的预测资料,其中东北半球的预测为一日两次(00时和12时),为东亚地区的区域气候模式提供边界驱动场。季节预测的时效为未来1~11个月,其中每年9月初值预测的未来1~11个月的预测(即10月至来年8月的预测)供年度气候预测使用,每年2月初值预测的未来1~6个月的预测(即3—8月的预测)供汛期预测使用,最为常用的是未来1~3个月的预测,作为滚动的未来一个季节的预测。产品可提供预测时段内的逐日和逐月平均等多个时间尺度的预测产品。其中逐日和逐月产品均可作为加工其他类型产品和模式解释应用之用。

目前的业务系统模式预测产品有以下两个。

(1)全球范围预测产品

①全球范围2.5°×2.5°网格点月平均环流数据产品,包含高空要素7个,垂直分层17层,海平面要素2个;

②全球1.875°×1.875°分辨率的高斯格点月平均地面数据产品,包含32个物理变量;

③全球月平均海温场预报产品,6个要素场,T63水平分辨率,垂直海洋深443.94 m以上的16层;

④全球逐日环流场预报产品,2.5°×2.5°格点分辨率,垂直7层,包含5个高空要素场和1个海平面气压场;

⑤全球逐日日平均地面场高斯网格1.875°×1.875°格点预报产品,32个变量;

⑥全球逐日海温场预报产品,高斯格点1.875°×1.875°,目前主要是海表面温度和16层海温场;

所有数据有1983年以来的BCC_CM1.0模式模式季节预测结果。

(2)东北半球数据产品

①包含东北半球逐日环流场数据产品两种,覆盖范围(0~180°E, 0~90°N),1.875°×1.875°高斯格点,每日两个时次(GMT:00时,12时),高空要素5个,海平面要素1个;

②东北半球逐日地面场,包含数据产品和图形产品两种,覆盖范围(0~180°E, 0~90°N),1.875°×1.875°高斯格点,每日两个时次(GMT:00时,12时),8个地面要素。

所有数据有 1983 年以来的 BCC_CM1.0 模式模式季节预测结果。

表 9.10　全球月平均环流场预报产品

序号	代码	要素名称	单位	层次*
1	Hgt	位势高度	m	17
2	T	气温	K	17
3	Uwnd	风—U 分量	m/s	17
4	Vwnd	风—V 分量	m/s	17
5	Shum	比湿	kg/kg	17
6	Omega	垂直速度	Pa/s	17
7	Rhum	相对湿度	%	17
8	Slp1	海平面气压	hPa	1
9	Slp2	海平面气压	hPa	1

*：等压面(17～1 层,hPa)：1000，925，850，700，600，500，400，300，250，200，150，100，70,50,30,20,10

表 9.11　全球逐日环流场预报产品

序号	代码	要素名称	单位	层次*
1	Hgt	位势高度	m	7
2	T	气温	K	7
3	Uwnd	风—U 分量	m/s	7
4	Vwnd	风—V 分量	m/s	7
5	Rhum	相对湿度	%	7
6	Slp	海平面气压	hPa	1

*：等压面(7 层,hPa)：1000，850，700，500，200，100,50

表 9.12　全球月平均地面场预报产品

序号	代码	要素名称	单位	层次
1	Pres	地面气压	hPa	1
2	Ts	地面温度	K	1
3	Wet_s	地面土壤湿度	kg/kg	1
4	Snow_Depth	积雪深度	m	1
5	Sca_R	大尺度降水	mm	1
6	Cov_R	对流降水	mm	1
7	Snow	降雪量	mm	1
8	Total_R	总降水量	mm	1
9	Sens_Flux	表面感热通量	W/m^2	1
10	Latent_Flux	表面潜热通量	W/m^2	1
11	MSLP	平均海平面气压	hPa	1
12	Total_Cloud	总云量		1
13	U_10	10 m 风—U 分量	m/s	1
14	V_10	10 m 风—V 分量	m/s	1
15	T	2 m 温度	K	1
16	T_dew	2 m 露点 T	K	1
17	Deep_ST	深层土壤温度	K	1
18	Deep_SW	深层土壤湿度	kg/kg	1
19	ALBEDO	行星反照率		1
20	Sur_S-Rad	地面太阳辐射	W/m^2	1

续表

序号	代码	要素名称	单位	层次
21	Sur_L-Rad	地面热辐射	W/m^2	1
22	Top_S-Rad	对流层顶太阳辐射	W/m^2	1
23	Top_L-Rad	对流层顶热辐射	W/m^2	1
24	U_Stres	纬向风应力	N/m^2	1
25	V_stres	经向风应力	N/m^2	1
26	Evap	蒸发量	mm/d	1
27	Clim_DS_T	气候深层土壤温度	K	1
28	Clim_DS_W	气候深层土壤湿度	kg/kg	1
29	Cov_Cloud	对流云量		1
30	Low_Cloud	低云量		1
31	Mid_Cloud	中云量		1
32	Hih_Cloud	高云量		1

表 9.13 全球月平均海温场预报产品

序号	代码	要素名称	单位	层次
1	SST	海平面温度	K	1
2	SSTA	海平面温度距平	K	1
3	SST	海温	K	16
4	SSU	纬向速度	m/s	16
5	SSV	经向速度	m/s	16
6	SALT	盐度	g/kg	16

注:海洋深度层(m)(从表面层向下):12.50,37.50,62.50,87.50,112.50,137.50,162.50,187.50,212.50,237.50,262.50,287.50,312.50,341.59,382.84,443.94

表 9.14 全球逐日海温场预报产品

序号	代码	要素名称	单位	层次
1	SST	海平面温度	K	1
2	SST	海温	K	16

表 9.15 东北半球逐日环流场预报产品

序号	代码	要素名称	单位	层次
1	Hgt	位势高度	m	17
2	T	气温	K	17
3	Uwnd	风—U 分量	m/s	17
4	Vwnd	风—V 分量	m/s	17
5	Rhum	相对湿度	%	17
6	Slp	海平面气压	hPa	1

东北半球:经纬度格点 2.5°×2.5°,73×37 个格点,垂直:1～17 层;东—西:0～180°,北:0～90°

表 9.16 东北半球逐日地面场预报产品

序号	代码	要素名称	单位	层次
1	Ts	地面温度	K	1
2	Wet	地面湿度	kg/kg	1
3	Snow_Depth	积雪深度	m	1
4	Rain	总降水量	mm	1
5	SLP	海平面气压	hPa	1
6	U_10	10 m 风—U 分量	m/s	1
7	V_10	10 m 风—V 分量	m/s	1
8	T	2 m 高度温度	K	1

9.6.3　气候预测中的概率产品

利用气候模式集合预报产品，可以制作多种概率表述形式的产品，除常见的集合平均、离差分布等，还有一种基于三分类预报的最大可能概率（Most Likely）的产品在业务中也被广泛采用。三分类预报结果有偏多（高）、正常、偏少（低）三种情况。利用其预报产品的气候参考值（通常为回报试验的结果），将气候回算结果按从大到小排列，对于三分类产品来说，当预测结果值落在最大的前33.3%个气候回算值内，预报概率即为偏多（高）；落在中间的33.3%个气候回算值内，预报概率即为正常；落在最小的33.3%个气候回算值内，预报概率即为偏少（低）。再根据预报集合中出现三种分类可能性的组合形成最后的最大可能概率的概率预测产品。

9.7　数值预报产品的分发

各级数值预报业务产品的最重要的用户就是本地气象台，对于这种实时性强的业务用户通过高速局域网采用直接发送的方式送达用户专用服务器，进入用户产品库。如国家级数值预报系统直接通过千兆局域网络将数值预报产品发送到中央气象台的产品服务器，进入气象预报业务的数据平台，预报员可以方便地在预报工具中调阅最近的数值预报产品。在提供主动推送的同时，数值预报系统的各种数据产品一般都会在局域网内提供更多用户的共享服务，共享的数据产品往往比主动推送的产品在数据、种类上都要多和全，适合更广泛的用户和应用，更好地提供局域网内的非实时业务和科研用户的访问。

除了局域网内部用户，还有很多非局域网内的用户，对于这类用户的服务，主要是各级气象信息部门承担着产品分发任务。对于气象局内部，省市地的各级气象部门，目前主要的分发是通过DVB-S（Digital Video Broadcast-Satellite）广播系统进行实时数据的广播服务，该系统采用卫星广播方式具有时效快，覆盖范围广的特点，目前在全国地市级以上城市和部门外都安装有接收站，每天可以接收实时广播的各种数值预报产品。该系统播发气象资料按通道播发，每个通道需设定保证带宽、最大带宽、及优先级，统计复用可根据卫星总带宽的利用情况和通道的优先级，实现对卫星总带宽进行流量控制，从而提高卫星带宽利用率，并保证播出节目的可靠性。在系统能同时开展多种业务时，不同的业务占据不同的信道，不同的信道具有独立的系统优先级、数据率等。统计复用模块可对播出的每一路气象信息和远程培训节目提供以下三组服务质量（QoS）策略，从而实现带宽的统计复用和动态分配。除了主动推送的广播服务，气象部门通过气象宽带的建设，为国家级和省级的产品共享开辟了新的途径，数值预报的大数据量通过在宽带上提供下载，更好地支持国家级数值预报在省级区域数值预报中的应用。

数值预报产品还需要提供给非气象的其他重要部门的应用，通常会通过同城专用网络的方式来分发给这类用户，在国家级目前涉及的同城用户有总参水文气象中心、空军气象中心、海军海洋水文气象中心、国家海洋环境预报中心、民航北京气象中心、水利部信息中心、国家地震环境预报中心、武警森林部队司令部、二炮气象中心、国务院、新华社、总参作战部、国土局环境监测院等。线路连接方式有SDH、DDN、光缆、帧中继等专线或异步拨号。

中国气象局作为一个国家级数值预报业务中心，承担着数值预报产品对国外交换的任务，通过GTS（Global Telecommunication System）系统在全球进行产品服务。此外为了提供更广泛用户的使用，通过INTERNET下载服务，为全球用户提供更广泛的服务，将数值预报业务产品更加方便地提供给需要的用户。

数值预报产品从数据格式上看有Grib压缩格式、Micaps、GrADS、Vis5D、文本格式等。国家气象中心各数值预报模式主要提供了如下几类产品。

①Grib格式产品：是一种国际通用的数据格式，按照规范的格式压缩成Grib码，是数值预报下发的主要数据格式。

②Micaps格式产品：Micaps气象信息综合分析处理系统在我国气象部门广泛使用，各数值模式后处理都生成了大量的Micaps数据格式产品，这些产品主要提供给中央气象台。

③传真图格式产品:传真图是将数值预报产品以直观清晰的图形方式提供的一种气象服务,它不仅提供给气象部门使用,其他很多行业也都利用气象传真图进行相关服务,并且有些周边国家也利用我国的传真图进行气象服务。

④GrADS 数据格式及 GIF 格式产品:多数模式的后处理部分都利用 GrADS 气象图形制作软件包,制作 PS 格式图形,或进而转换成 GIF 格式图形,提供业务分析、特殊气象保障服务及在网上发布。

⑤用户特定文本格式和特定平台二进制数据文件。

第10章 数值预报支撑系统

数值预报支撑系统是一个包括高性能计算机、海量存储、并行计算、资源管理、作业管理、数据管理、数值预报产品图形显示平台的系统。

数值预报支撑系统主要是为中国气象局数值预报模式的研究、开发和业务运行提供有力的支持和保障。以软件工程技术实现对程序管理和软件质量控制；以资料存储与检索技术搭建数值天气预报模式开发试验所需的数据访问平台；通过可视化数值模式配置界面和运行监控界面实现便捷的模式试验平台，通过优化现有的运行监控系统，使业务运行得到更好的管理；建立高效、完善的图形系统，支撑模式开发所需的模式诊断、数据可视化应用；同时依托网格技术实现支撑合作开发，推广应用的网络平台。数值预报支撑系统的建设和发展，主要是采用“引进、消化、吸收、再创新”的发展思路，移植、借鉴欧美等发达国家气象部门的经验和技术，结合中国气象局的数值预报模式特点，逐步建立一个满足业务和科研双重需求的核心支撑系统。

10.1 高性能计算机

10.1.1 国家级高性能计算机建设和发展历史

以数值预报为基础，并结合其他方法建立起的综合气象预报是气象分析和气象预报的重要手段，数值预报模式采用高性能计算机系统作为它的基础运算支撑平台，在高性能计算机系统上完成复杂的数值运算。高性能计算机是现代气象预报业务的重要工具，中国气象局在数值预报业务上新台阶时，总是需要最先进的高性能计算机系统来支撑。

自 20 世纪 80 年代末、90 年代初期，为了促进和发展我国的数值天气预报业务系统，中国气象局开始引进高性能计算机系统，特别是在“九五”和“十五”期间，作为数值预报业务系统的基础设施，中国气象局在计算环境和计算能力上有了显著提高。银河-II、CRAY C92、CRAY J90、CRAY EL98、IBM/SP2、IBM/SP、曙光 1000A、神威Ⅰ、银河-III、神威新世纪系列和 IBM 集群 1600、神威 4000A 等高性能计算机系统先后安装并投入使用，业务用高性能计算机系统经历了从向量机到标量机的重大转变。

到 2008 年，中国气象局国家级高性能计算机系统的总体计算能力已经超过 45 万亿次/s (TFLOPS)，如表 10.1 所示。

表 10.1 中国气象局主要高性能计算机系统能力一览表

计算机系统	安装时间	峰值速度	CPU(核)数
IBM SP	1999 年 11 月	70 GFLOPS	80
神威	1999 年 8 月	384 GFLOPS	384
神威新世纪 32P	2003 年 12 月	153 GFLOPS	32
神威新世纪 32I	2004 年 5 月	166 GFLOPS	32
IBM 集群 1600	2004 年 10 月	21.5 TFLOPS	3200
IBM	2005 年 2 月	707 GFLOPS	104
SGI ALTIX3700	2007 年 7 月	6.8 TFLOPS	1024
IBM	2008 年 4 月	2.1 TFLOPS	288
神威 4000A	2009 年 8 月	15.75 TFLOPS	1344

10.1.2 欧美等发达国家气象部门

欧美等发达国家气象部门根据应用的阶段性需求，高性能计算机系统能力处于不断提升的状态。欧洲中期天气预报中心(ECMWF)峰值计算能力从 2002 年的 9.8 TFLOPS 逐步升级到 2009 年的 300 TFLOPS；美国国家环境预报中心(NCEP)2005 年的峰值为 20 TFLOPS，2008 年安装峰值性能为 91 TFLOPS 的 IBM P575 系统，又在 2009 年最新安装了峰值性能为 78 TFLOPS 的 IBM P575 系统；美国国家大气研究中心(NCAR)现有计算机系统整体计算能力接近 100 TFLOPS。

10.1.3 国家级在用的主力平台

2004 年中国气象局引进的 IBM 高性能计算机是一个业务与科研共用系统，既要保证业务的实时运行，又能有效地利用非业务时段的剩余资源，为科研与业务开发提供平台，在系统设计和规划时，特别考虑了整个系统的高可靠性能与高可用性。IBM 集群 1600 高性能计算机包括 376 个 P655 结点、6 个 P690 节点、4 个 P630 管理节点、25 个 HMC 硬件管理控制台、72 个高性能 SWITCH 互联网络、FastT900 磁盘阵列、网络交换机以及其他的相关配件。整体峰值性能为 21.76 TFLOPS。IBM 高性能计算机提供了完善的系统软件运行环境，安装 Visual Age C/C++ for AIX 和 XL Fortran for AIX 编译器，并行操作环境采用 POE，包含一组软件工具，用于提供开发、执行、调试、定义并行 C、C++、Fortran程序的环境，为了实现集群节点间数据的快速访问，采用了并行文件系统，并通过作业管理软件实现对资源的统一分配及作业的统一管理和调度。

2009 年引进的神威 4000 A 高性能计算机系统，计算子系统峰值计算能力 15.75 TFLOPS。有处理服务器 42 台，每台有 4 个子结点，每个子结点配置 2 颗 4 核 CPU，共享 36 GB 内存。存储结点 16 个，提供 128 TB 全局存储容量。元数据服务器结点 2 台，登录结点 2 台，管理服务器结点 2 台，通过 40 Gbps 的 Infiniband 网络互联，并配有监控系统工控机 1 台，共有 10 个机柜。神威 4000 A 系统采用 Intel 主流的低功耗处理器，每个计算结点含 2 颗 2.93 GHz 的 4 核至强处理器(Intel Xeon Nehalem X5570/2.93 GHz)，单 CPU 核配置的内存为 4.5 GB；结点互连采用最新的 Infiniband 网络，结点间的高速互联网络双向带宽为 80 Gbps。

10.1.4 未来国家级高性能计算机的发展

随着中国气象局数值天气预报模式和气候预测模式的不断改进、分辨率的不断提高以及预报逐步向延伸期预报和短时预报发展，对计算能力和存储资源的需求不断增大。数值天气预报模式系统的资源需求主要包括资料同化、全球模式、区域模式、台风模式、集合预报和专业模式等领域；在气候预测模式系统方面，将从单一的大气模式发展到大气和海洋耦合模式，进而到全球气候系统模式，气候模式对高性能计算机系统的需求主要为大气模式的研发、气候系统模式的开发以及气候变化的检测和评估。

数值预报系统对计算机能力的需求是一个逐步增长的过程，高性能计算机系统的能力需要逐步提升，在未来 5 年内计划将中国气象局的整体计算能力提高到千万亿次每秒(PFLOPS)浮点运算。

10.2 海量存储系统

10.2.1 国家级气象资料存储检索系统

中国气象局国家级存储检索系统承担作为气象信息的存储管理、服务和对外数据共享平台，支持气象业务应用和高性能计算机系统存储池的存储需求。

国家级气象资料存储检索系统是基于存储区域网(SAN)之上的存储检索平台，所有主机与磁盘阵列及磁带库之间的数据传输速率均可达到 200 MB/s。系统配置了 9 台惠普高端服务器，分别应用于数据库管理、应用检索、管理监控、对外共享等多个应用子系统，同时提供了 7 天×24 h 不间断服务，保障应用的高可靠性。采用了惠普虚拟磁盘阵列作为在线存储空间，可有效地利用磁盘阵列资源，总容量为 64 TB。STK9310 自动磁带库提供近线存储空间，该磁带库可容纳 5500 盘磁带，容量达到了 740 TB，并配置了高效的双机械手抓取磁带以及 12 台高速磁带机，应用于迁移和备份业务，可提供多用户同时快速访问和大容量的磁带近线存储。

(1)数据备份

数据备份是保证数据安全性的重要保护手段。由于数值预报产品均以文件形式存储，采用文件系统备份方式，通过备份软件制定的备份策略每天将数据文件备份到磁带上后，磁带仍在磁带库中存放，当需要恢复时，通过备份软件能够直接从磁带中读出需要的数据，既保护了数据又可以随时恢复需要的数据。

(2)数据归档

数据归档技术是用于资料的永久保存。数值预报数据在经过资料加工处理的后，需要进行数据归档工作以便永久保存。由于数据量较大，采用磁带的介质作为数据归档载体。归档的实施是遵循气象部门的归档规范来完成的，在系统环境、磁带使用、记带、核查等方面都有着严格的规定，如在 Unix/Linux 系统下，采用兼容的标准系统命令进行批处理记带；每个记录数据的磁带要保留 2 个以上的拷贝；归档后的资料要求每隔 3 年倒带 1 次；每年对磁带档案按 5%的比例随机抽样读检；正常保存的磁性载体档案，每 10 年复制一次等方面。目前每个月都要对加工处理后的数值预报数据进行批量磁带归档。

(3)用户访问方式

数值预报产品数据通过备份软件制定的备份策略每天将数据文件备份到磁带上，然后根据磁盘空间的情况，对已经备份过的数据进行删除。针对数值预报用户调用历史数据频繁的特点，为了方便用户获取磁带备份数据，同时降低操作复杂性，存储系统自行研发了备份数据检索恢复接口，用户可通过检索恢复接口了解数据备份存储情况并根据需要随时回调数据。

10.2.2 未来国家级存储系统发展

随着国家级高性能计算机能力的不断提升和数值预报模式在空间分辨率、时间分辨率和多种专业数值预报模式的不断发展，数据从 GB、TB 到 PB 量级海量急速增长。存储系统已不再是附属于计算机的外围设备，已成为数值预报模式发展中的一个重要制约条件。未来几年内将建立新的存储系统。

未来通过新一代存储检索系统的建立，数值预报产品数据可以通过分级存储来实现数据的统一管理，可根据数据访问频率的不同将经常访问的数据放在盘阵上，很少访问的数据迁移到磁带上。对于用户来说，对于数据的访问完全是透明的，所有数据信息在文件系统中均可见，用户可随时访问到需要的数据，也可以对数据进行整理或更改，简化用户在访问数据操作上的复杂性。

10.3 并行计算

10.3.1 并行计算技术

并行计算(Parallel Computing)是在并行计算机或分布式计算机等高性能计算系统上所作的超级

计算。目的是提高数值计算速度;扩大问题求解规模。

并行计算的研究一般包含并行计算机体系结构、并行算法设计、并行程序设计等三个方面的内容。并行计算机是指能在同一时间内执行多条指令(或处理多个数据)的计算机,是并行计算的物理载体。并行计算机的体系结构主要是指高性能计算机系统的体系结构与存储模型、高速互连网络等计算机的物理结构特性,主要包括并行向量处理机(PVP)、对称多处理机(SMP)、大规模并行处理机(MPP)、工作站机群(Cluster)及分布共享存储器(DSM)多处理机。并行算法的研究主要体现在数值并行算法和非数值并行算法、程序性能优化等方面。并行程序设计主要研究并行程序设计模型、共享存储和分布存储系统的并行编程。

目前主要的并行编程模式有消息传递模式(MPI, PVM)、共享内存并行模式(OpenMP, pthreads)及两种模式同时使用的混合模式。MPI 的两种最基本的并行程序设计模式是对等模式和主从模式。可以说绝大部分 MPI 的程序都是这两种模式之一或二者的组合。实现消息传递,有 SPMD 和 MPMD 两种模式。SPMD(Single-Program Multiple-Data)程序各个进程是同构的,多个进程对不同的数据执行相同的代码,一般指数据并行。MPMD(Multiple-Program Multiple-Data)程序各个进程是异构的,多个进程执行不同的代码,一般指任务并行。

并行程序设计模型分为隐式并行模型、数据并行模型、消息传递模型,共享变量模型。共享内存并行模式编程相对较为简单,程序员不用考虑数据在内存中的位置,进程管理及同步操作由系统完成,属于细粒度并行,主要针对循环进行并行处理,只能运行在共享内存类型的计算机系统上。消息传递的并行方式虽然是在分布式内存的计算机结构基础上发展而来的,但是几乎所有类型的计算机都支持这种并行模式,因此更具通用性。消息传递方式的并行属于粗粒度并行,程序员负责进程管理、消息传递及同步,工作量要大于共享内存并行模式。但同时程序员可以控制的也更多,通过仔细考虑任务分配,并行算法等方式对程序进行优化,可以获得较高的并行效率。

10.3.2 并行计算技术在气象数值预报中的应用

在气象领域,并行计算技术得到广泛的应用(陈国良 1999,都志辉 2001)。中国气象局新一代业务数值天气预报系统 GRAPES 模式、中国气象局新一代气候系统模式、全球业务中期谱模式及区域模式等主要业务数值预报模式都采用了并行计算技术(薛纪善等 2008)。

GRAPES 模式并行处理是基于框架结构基础上进行的,适用于采用消息传递(MPI)的分布式内存计算机和使用共享内存(OpenMP)计算机。GRAPES 模式是一个格点模式,在计算区域的并行分解上采用了通用的水平网格划分。

CCSM 气候模式全局计算采用 MPMD 的并行方式,各分量模式相互独立地运行采用 MPI 或 OpenMP 局部并行方式,周期性地与耦合器交换数据。BCC_CSM 气候系统模式所采用的并行计算方法和实现过程都是比较复杂的,模式的核心是耦合器 CPL。耦合器用来连接各气候分量模式,使它们构成一个整体,并从宏观上对模式运行流程和数据交换进行控制。

全球谱模式采用的是 SPMD 并行方式,并采用 Fortran90 语言编程,在节点内部使用 OpenMP 进行共享内存方式的多线程并行处理,在节点间仍然采用 MPI 消息传递的并行处理方式。实现了 MPI/OpenMP 的混合并行模式运算,大大减少了模式的通信量,减少了内存的使用量,提高了模式的运算效率。在 MPI 通信中采用非同步、非阻塞的消息传递机制,进程产生一个发送或接收信息的操作,不用等通信完成,即可继续下面的计算工作,使通信和计算时间重叠,从而隐藏通信延迟。

10.3.3 并行计算技术在气象领域应用的展望

大规模并行计算机为数值预报业务应用的主流机型,并行计算的研究对气象应用越来越重要,美国、日本等国家及欧洲中心非常重视高性能计算机和大规模并行计算的应用。模式开发人员致力于不断提高预报模式的分辨率、丰富物理过程、提高初始资料的质量,使数值气象预报的精确性和时效性得以提高。在未来并行计算技术将与数值气象预报的应用研究日益融合,不断创新发展。

随着计算机硬件的不断发展，出现了多核CPU及GPU并行计算等新的技术发展趋势。这些新的技术正在或已经对现有并行计算技术产生了不可忽视的影响和促进，未来的发展趋势将是它们的融合，在很大程度上对软件的发展是个挑战。

10.4 资源管理

10.4.1 概述

国家级管理和使用的高性能计算系统构成日趋复杂，从单个孤立同构计算机集群转变为多个集群系统构成的异构网格环境，服务用户从国家级业务数值天气预报用户扩大到多个国家级业务科研单位。如何实时清楚地了解用户资源的使用情况，并把这些由异构环境构成的计算资源合理、公平地分配给用户使用，成为一个亟待解决的问题。另一方面，随着系统资源紧张和旺盛的用户需求之间的供需矛盾，必须要对所掌握的资源使用情况做到心中有数，分配资源、调配资源时才能有理有据，使资源的分配公平、合理，达到最优的使用效果，得到最高的使用价值。

资源管理包括资源统计和资源分配两个方面。通过资源管理，实现资源的合理分配和科学调配。资源记账包括对单集群系统CPU资源使用记账、在全局用户一致性管理的基础上实现同一资源账户在不同计算集群使用的统一记账、实现不同统计单位(个人、课题小组等)的资源记账；通过资源统计得到的用户数据进行分析，制定资源分配计划，判断下一季度、下一年度或更长时间的计算能力的供需情况，拟定下一季度、下一年度或更长时间的计算能力分配规划方案；同时为资源引进提供决策，对于资源能否满足需要，是否有必要引进购置更大能力的计算机系统，提供决策支持和数据依据。

10.4.2 资源管理系统

资源管理系统的管理对象限定为目前最主要、也是使用竞争最激烈的CPU机时。对于各种异构高性能计算机系统的CPU计算资源进行管理，系统设计引入了资源虚拟计算单元“GCU(General Computing Unit)”，1个GCU相当于目前IBM集群1600高性能计算机系统1个CPU小时的计算能力。按照不同系统CPU的主频和计算能力，换算出现有运行的计算机系统的1个CPU小时等于多少个GCU。比如，神威32I计算机系统1个CPU小时就等价于0.3 GCU。

通过一个统一的计算单元“GCU”，实现了各种不同架构、不同型号计算机系统计算资源的统一管理。同时，经过对高性能计算机系统引进购置费用和运行维护费用统计起来，再按照通用的高性能计算机系统的生命期(5年计算)，即可折算出1个GCU在各个系统的成本价格，为资源记账和分配管理提供了分析基础。

资源管理系统的设计和实现充分借鉴了GOLD开源技术。GOLD系统是一个开源的资源分配管理器，由美国的太平洋西北国家实验室PNNL研发。在PNNL管理主要的集群，作为业务运行的资源分配平台，实现了生产业务使用。此外还在美国十几个计算中心和研究机构进行了应用。国家级的资源管理技术基于GOLD，同时根据实际需求及使用情况，对相关软件功能进行二次开发，通过本地资源管理软件实现对资源使用情况的统计，同时建立资源账务信息数据库，通过关系数据的形式记录了资源账户、资源使用记账、分配管理等信息，初步建立了国家级的资源管理系统。

目前已经在神威32I、神威32P、神威48I上部署安装了资源管理软件系统，实现了全局的、综合的、动态的、精细粒度的资源使用记账系统。资源统计包括对系统整体、用户、作业、存储容量、应用情况等内容的统计。主要功能如下：

◆ 基于GOLD系统，实现了资源记账、分配管理的基本功能，包括集群系统计算作业记账、资源账户管理操作、用户—组织的管理、分配、查询等；

◆ 资源记账、分配管理的基本功能以命令行界面的形式提供；

◆ 数据库选用了开源的PostgreSQL数据库技术，建立了账户、用户、组织、计算机系统、作业记录、记账、分配等关系表，安装运行在 IBM 高性能计算机系统的一个登录节点；

◆ IBM 高性能计算机系统的三个分区、神威 32I、神威 32P、神威 48I 上部署安装了资源管理软件系统，实现了与作业管理软件的集成；

◆ 建立了单位(项目)—个人的两层管理机构。

10.4.3 未来资源管理目标

随着系统开发工作的完成和稳定运行，将制定和实施配套的高性能计算资源账户、资源分配管理的规范，实现资源分配管理，进一步发挥该系统在资源精细化管理、提高资源使用效益等方面的作用。未来的资源管理系统将实现的目标如下。

◆ 实时动态：能够实时动态地跟踪、反映用户对高性能计算资源的使用情况，并能及时实施资源使用控制策略；

◆ 精细粒度：以一种统一的量化手段描述资源的数量，精确地记录和控制用户资源使用量，从而实现最细粒度的资源记账和分配控制；

◆ 跨集群(网格)：资源管理范围不仅限于单个高性能计算机系统，而是把国家级所有的计算资源作为一个整体、使用全局统一的策略管理。

10.5 作业管理

10.5.1 概述

数值天气预报系统是复杂的分布式系统，每天有几万个实时批处理作业在高性能的网络和计算机平台上有序地运行。网络、计算机等运行环境上的问题和系统内部数据异常或者程序的缺陷都有可能引发整个运行系统的中断。由于天气预报的时效性很强，必须实现自动化流程和必要的人工干预来提高整个系统的运行效率。

作业管理的目标是以数值预报业务管理为核心，构筑具有统一控制界面、基于网络、具有可扩展性、可操作性、可维护性、高可用的管理平台，制定行之有效的配套管理措施，形成具有气象业务保障特色、安全可靠、实用有效的高性能数值预报业务及平台管理体系。实现数值预报业务管理，提供业务定义、业务运行控制、作业管理、业务状态监控、业务状态统计数据处理、故障报警、处理报警等功能。

综合运行管理与监控系统监控管理调度系统(Supervisor Monitor Scheduler，以下简称 SMS)是欧洲中期天气预报中心(ECMWF)为数值气象业务系统开发的，经过不断的改进和完善，目前已经在 ECMWF 服务了快 30 年，而且该系统的服务范围已经不仅仅局限于数值气象业务系统本身，凡是涉及的实时作业系统的监视和管理都采用了该系统。SMS 的用户已经遍布世界各地，包括 ECMWF、欧洲成员国、美国国家气象中心等。中国气象局在 2003 年从 ECMWF 引进了该软件系统并从数值预报系统这样的典型作业系统开始应用，2005 年在新一代高性能计算机平台应用到业务数值预报系统运行中。

基于 SMS 开发数值预报业务运行监控调度系统，确保用户在一个合理容忍软硬件故障同时具备良好的重启能力的环境下能及时运行多个相互关联的程序。如果把所有的过程集合成一个时间线工作流，SMS 提供了一个面向工作流的集成平台，描述工作过程，调度运行和监控管理。

10.5.2 数值预报模式的作业管理

基于 SMS 建立可视化的数值天气预报作业流程，具有良好的人机交互界面和跨平台远程运行操控的功能。这种可视化的技术的实现使得数值天气预报这种高科技能够更加直观展现在用户面前。

该系统从 2006 年 4 月正式作为业务系统启动运行，目前每天通过 SMS 管理的作业数多达几万个。通过多年实时运行的检验，该系统可操控，易维护，稳定性有很好的表现，使得维护的成本大大降低，只需要 2～3 个人就可以轻松做好十几个模式系统的运行。此外，SMS 在科研试验特别是对大量批处理试验也非常适用，将作为 GRAPES 科研试验平台中作业调度的重要工具。现有业务和准业务的作业调度及管理如图 10.1 所示。

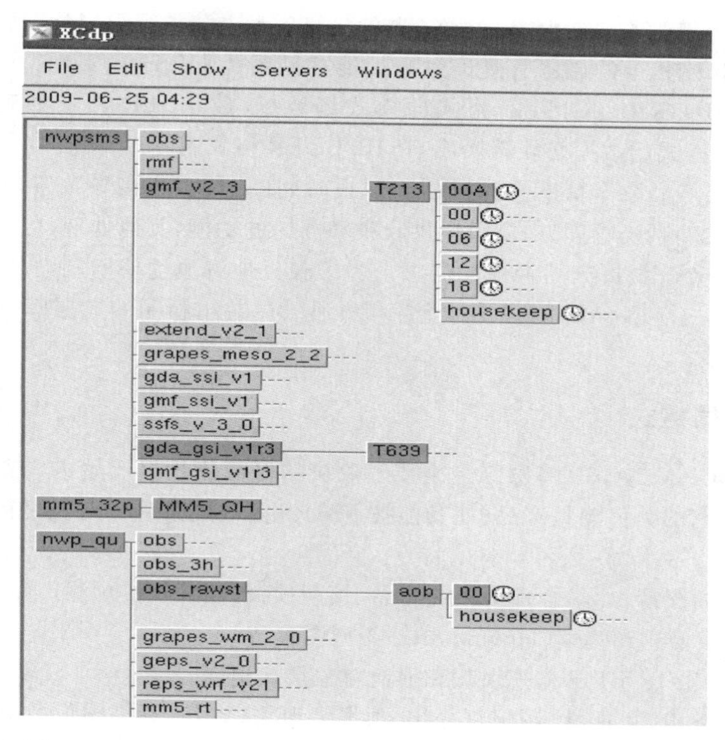

图 10.1　国家级业务/准业务系统运行 SMS 作业调度管理示意图

10.6　数据管理

10.6.1　概述

数据管理是利用计算机硬件和软件技术对数据进行有效的收集、存储、处理和应用的过程。数据管理技术经历了手工处理文件阶段、文件管理系统和数据库管理系统阶段。目前，数据管理技术已进入数据结构多元化、存储异构化的时代。从手工处理文件到文件管理系统，从文件管理系统到数据库管理、企业信息门户、商业智能、内容管理、知识管理和企业竞争情报系统。

现代数值预报技术水平的提高，产生了大量预报时间间隔短、高精度、高分辨率的数据预报产品。受限于磁盘容量，当前系统只在线保留几天的模式产品数据。超过设置的在线时间期限，产品数据就需要转移到二级存储如磁带库中。而实际中需要经常使用这些数据，必然要从二级存储中导出这些历史数据，但是这种操作涉及许多手工操作，给数据的管理带来了极大的不便，另外当前的数据管理系统已越来越接近其能力极限。为了解决这些问题，迫切需要对硬件和软件进行升级，使用新的数据管理技术。结合实际情况，考虑到以下几个重要方面：

◆ 实现中国气象局用户无缝访问数值预报产品；
◆ 更宽广更容易地访问数值预报产品；
◆ 系统能提供分布式数据服务；
◆ 提供对现有系统重大升级的替代方案；
◆ 更好地接入图形显示和可视化软件。

ECMWF 历经 20 多年开发的气象数据归档与检索系统 MARS (Meteorological Archival and Retrieval System)正是解决上述问题的潜在候选方案。MARS 是一个在 UNIX/Linux 环境下运行的客户端/服务器端架构的软件。数据可从通过安装有 MARS 客户端的 PC 机或工作站上从 MARS 服务器端获取。MARS 是一个独立的应用程序,可以通过 UNIX 命令行方式 shell 或嵌入到脚本中使用。用户以伪气象语言描述所需要的数据内容,在服务器的分级磁盘上分类组织好数据后,旧数据将会最后转移到深层磁带机上。磁带机上的磁盘管理通过高性能存储系统 HPSS 来实现。MARS 中归档或检索的数据是保存为 GRIB(GRIB1,GRIB2)格式的模式场数据,或 BUFR 格式的观测数据。为了应用 MARS 管理数据,其他格式的数据必须转换成 GRIB/BUFR 格式。

现有数值预报模式产品数据精度高、时效长、预报时间间隔短,直接导致管理的文件增大、个数增加。以前采用简单的文件系统管理方式,只提供收集和存储的功能,其他处理、应用、增值服务的功能并无涉及,已经不能满足数值预报产品管理的需求。为了较好地解决这些问题,国家级引进 ECMWF 的 MARS 系统来管理数据。利用 MARS 系统,业务和科研人员共用相同的数据库,能轻松实现科研产品向业务产品的平滑迁移。

10.6.2 MARS 数据格式

参考 ECMWF、NCAR、NCEP 等国际上主要气象机构对数值预报产品格式支持的趋势,国家级采用 GRIB2 格式编码现有的数值预报产品,使其能被 MARS 高效地管理。对比之前标准格式 GRIB1 来说,GRIB2 格式具有以下 GRIB1 所不具备的特点。

◆ 对新产品编码的支持:如集合预报系统产品、长期预报产品、气候预测产品、集合海浪预报产品、传输模式、GRIB 交叉段信息和哈莫(Hovmooller)类型图表;

◆ GRIB2 结构相比 GRIB1 结构模块化和面向对象层次更深;

◆ GRIB2 允许在集合、可能性、预报百分比、预报错误场、矩阵、卫星图像数据编码,提供增强的能力来描述多时次的场。另外 GRIB1 格式兼容于 GRIB2 格式,且 GRIB2 格式支持更多的压缩策略(特别是引入了 JPEG 200 和 PNG)。

基于 ECMWF 开发的 GRIB_API1 库、应用控制文件、参数文件、Fortran 中 namelist 输入文件和原始数据文件,参考 GRIB2 中已有和自定义扩展的模板文件,依次写入 GRIB2 各个段,将原始数据中的气象场类型和数据写入 GRIB2 文件中,完成 GRIB2 的编码。

10.6.3 MARS 在业务中应用

为使当前 MARS 系统能够处理自行编码的 GRIB2 数据,必须对其进行一定的修改。由于 MARS 采用面向对象的设计方法,可通过扩充修改一些模板配置文件,达到 MARS 能处理 GRIB2 格式数据的目的。

(1)MARS 归档和检索

对于数据的获取,可通过发送 MARS 请求经过 SMS 或以授权用户登录 MARS 客户端服务器执行 MARS 请求来实现。用户不需要了解 MARS 客户端和服务器端以及磁带库的操作,简化了处理流程。MARS 数据流程如图 10.2 所示。

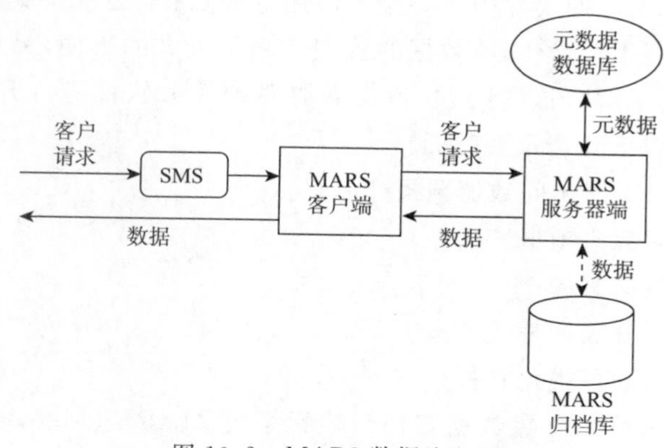

图 10.2　MARS 数据流程图

（2）MARS 后端存储

MARS 系统中的后端数据存储管理，主要依托于后端强大的分级存储系统。在 MARS 系统中设计了 flush 功能，该功能是将 MARS Server 端的数据合成为少量文件直接写入磁带。Flush 命令是在 MARS Server 端发起的，可以在管理界面中直接输入 flush，也可以写在程序中定时执行。例如 ECMWF的 MARS 归档系统每天定时进行 flush 操作，通过自行开发的接口将数据直接写到高性能存储系统（HPSS-High Performance Storage System）中。HPSS 系统作为一个全局归档支持系统，具备层次存储管理，控制着多种类型的磁盘系统以及多个磁带库设备系统工作，同时也控制着数据在多层次存储设备间的迁移流动，并保持数据全局的完整性。MARS 系统作为 HPSS 的前端，可以将 flush 数据直接写入磁带上，永久在线存放，当 MARS 客户端访问数据时，可以根据具体的数据需求从 HPSS 中的磁带上提取相应的数据，提供访问服务。

10.6.4　未来 MARS 在 CMA 的应用

由于 MARS 系统专用于气象数据，针对 GRIB/GRIB2 场数据和 BUFR 观测数据的特征，能解决市面上主流商业数据库文件个数限制的问题，支持大批量数据（数据大小和场的个数），同时适用于业务科研环境，具有批处理和交互的访问方式，支持大量不同需求的用户，支持异构环境等重要特征，十分适合在气象领域数据的数据管理。将来，会把更多当前运行中的数值业务模式的产品数据的管理移植到 MARS 系统平台中，还可包括一些观测数据。同时会进一步完善 MARS 系统平台的建设，如提供后端存储系统支持。

数值预报产品数据，通过 MARS 系统的管理可实现数据存储、检索、flush 管理等功能。未来通过新一代存储检索系统的建立，可以将 MARS 系统中的 flush 数据通过分级存储软件实现 flush 数据在存储设备（磁盘阵列和磁带库）之间的自动迁移，根据 flush 数据的访问频率、保留时间、性能要求等因素确定的最佳迁移策略，将大量不经常访问 flush 数据存放在磁带库。当用户检索 MARS 中数据时，如果被访问的 flush 数据不在磁盘阵列上而是保存在磁带库中，那么通过分级存储软件系统将自动地把这些数据回迁到磁盘阵列上，再通过 MARS 系统提供数据检索服务。对于用户来说，数据迁移操作完全是透明的，只是在访问磁盘的速度上略有怠慢，而在逻辑磁盘的容量上明显感觉大大提高了。这样一方面可以减少大量 flush 数据在磁盘阵列上所占用的空间，还可加快整个系统的存储性能，从而实现数值预报产品数据通过 MARS 系统存储、检索、恢复、后端存储全自动化的要求。

10.7　数值预报产品图形显示平台

中国气象局在数值预报模式方面已经有了很大的发展，已经建立了 T639 等全球中期数值预报系统、GRAPES_MESO 等中尺度数值天气预报系统、T213 全球台风路径预报系统、T213 全球集合预报系统，这些数值预报系统已经成为各种业务天气预报的重要基础和持续提高天气预报准确率的重要途径。

数值预报产品图形显示平台是以数值天气预报业务系统为基础，依托网络平台，采用气象数据可视化技术和 web 技术，建立以数值天气预报业务产品为主题的指导网站，同时为国家级数值预报业务展示提供窗口，促进中国数值天气预报模式产品在预报预测气象服务中的应用广度和深度。

10.7.1　NCL 汇图语言

NCL（The NCAR Command Language）是一种专门为科学数据处理以及数据图形化设计的高级编程语言，尤其在气象数据处理及图形化领域得到广泛的应用。NCL 较其他绘图软件的优越性表现在：除了图形显示功能外，还有完整的数据处理模块，常用的数据处理方法如经验正交函数展开法（EOF），滤波（Filters），小波分析（Wavelets）都可以用它进行处理；同时，由于支持 C 语言和 Fortran 语言外部调用，使得其程序易于扩展。另外，NCL 还有完整的地图投影系，丰富的色彩效果，使其图形的视觉效果更加直观，成为气象数据显示的新型平台。

10.7.2 总体架构

平台的系统整体结构如图 10.3 所示，平台可以分为四个子系统，分别是产品服务网站、图形产品制作系统、产品数据管理及后台支撑系统。

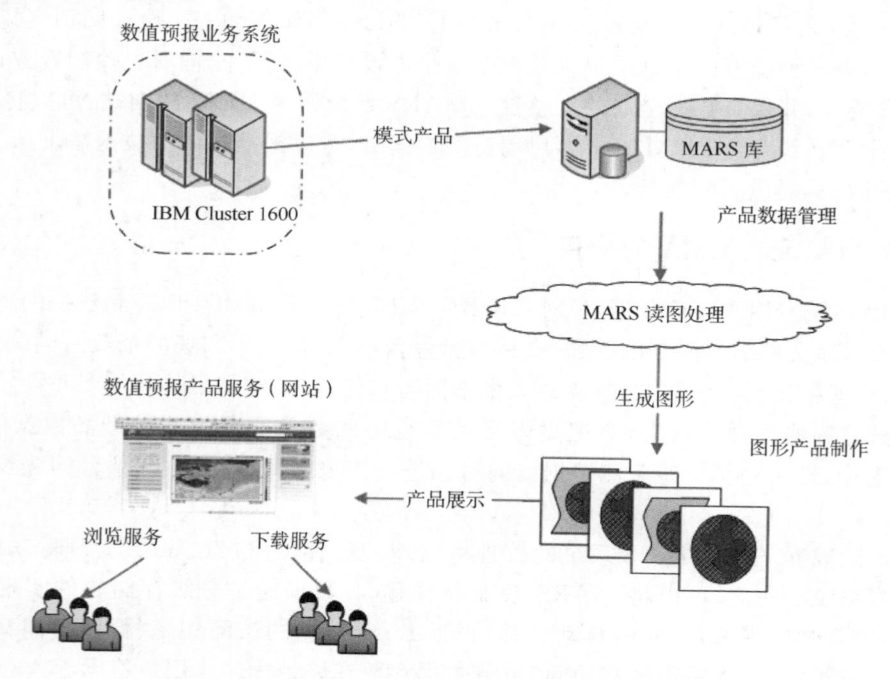

图 10.3 数值预报产品图形显示平台的系统整体结构

产品服务系统（网站）。针对预报员使用习惯，提供专业的数值预报产品服务门户，建立数值预报展示平台。在界面设计上要满足预报员的需求，并且根据预报员的需求逐步进行改进。界面设计参考了ECMWF、NCEP、澳大利亚、韩国、日本等国外气象部门网站。

图形产品制作系统。图形产品制作系统主要是完成图形产品的制作，产品内容要能够针对预报员预报的需求，图形的质量要能够满足网络浏览的要求。图形开发工具可以选择 MAGICS 或者 NCL 图形软件开发工具。其中 MAGICS 支持用于集合预报图形产品显示的单点时间演变图。

产品数据管理系统。利用 MARS 软件实现对展示系统所需要的产品数据的归档和检索。

后台支撑子系统。通过 SMS 软件实现对流程的统一调度、管理和监控，满足业务运行的要求。

10.7.3 系统主要特点

（1）采用 GRIB2 的标准化数据格式

参考 WMO GRIB2 标准和 ECMWF GRIB2 格式，建立符合国家级模式输出要求的 GRIB2 格式规范；并且提供了基于 UNIX 和 LINUX 版本的 GRIB2 格式转换处理程序，对模式产品数据分别进行压缩。

（2）基于 MARS 的数值预报产品高效管理

扩展 MARS 软件功能模板，实现对 T639 模式和 GRAPES 模式数据的统一管理；简单扩充模式数据格式描述模板，实现其他模式数据的管理；模式数据实时生成后直接归档到 MARS 库；用户通过 MARS CLIENT 端检索数据。

（3）采用 NCL 和 MAGICS＋编程工具

图形种类包括模式系统的预报图、概率预报图、面条图、邮票图、单点胡须图、观测资料的分布图和统计图等。

(4)简单、实用的服务平台

调研了ECMWF、NCEP、澳大利亚气象部门、韩国气象厅、日本气象厅等数值预报网站，建立了“数值预报业务在线”门户。服务门户系统实现图形显示、放大、缩小、自动循环播放等功能，根据预报层次、要素、预报时间等参数提供了丰富的图形产品，图形格式JPG，并且提供了用户反馈窗口。

10.7.4 现有提供图形产品及未来发展计划

图形产品包括T639全球模式、GRAPES区域模式、T213台风路径预报系统、T213全球模式集合预报等系统的产品、观测资料，包括二维和三维图形显示。图形产品包括122类图，目前已经完成74类图的制作。

未来对网站内容不断改进，持续发展，拓展用户需求，继续开发模式系统产品，逐步开展对科研用户的支持服务，健全工作机制，建立持续发展开发模，为数值预报模式及预报人员提供服务。

10.8 交互式协同开发中试平台

随着时间的积累及多种参数的引用，数值预报模式程序越来越庞大。科研人员若要对模式进行比较实验，或修改，就感到很困难。因为不同的实验方案，需要不同的初始数据与不同的配置。面对众多的变量因子，如果某些缺省值的设置有变化的话，就很难对实验结果进行比较。因而如何为广大的研究人员设计一个简捷明了，使用方便的通用界面，研究人员可不受计算机平台与地域的限制，随时均可进行模拟运算已成为一个亟待解决的问题。ECMWF设计了一个通用的应用界面PrepIFS，欧洲各国的科研人员可以通过Internet交互地设置各种参数值与选择不同的模块，进行数值预报模式比较实验与分析。

PrepIFS是ECMWF开发的为科学研究准备试验样本的交互气象应用系统。最初该软件由C语言实现，提供X-windows界面。在1997年，采用Java技术对代码进行了重写，最终形成通用的配置工具。为用户提供了更多的交互式功能，并对日趋复杂的IFS模式配置需求提供了简单的管理功能。现今，PrepIFS已经有了广泛的用户。

中国气象局对于中试平台尚处在研究阶段，未来将通过对引进的PrepIFS进行二次开发，建立基于GRAPES模式应用的中试支撑平台。通过GRAPES中试支撑平台的建立，为用户提供一个高度模块化的、灵活的、统一的开发运行调试平台，用户只需了解平台的接口而不必深究其内核，就可以方便地把自己的子模式改进连接到统一的平台上，从而实现与其他部分一起构成一个完整的模式系统。此平台建立后，将为用户提供更多的交互式的界面支持，并且简化不断增长、日趋复杂的模式配置需求。在执行的过程中能够结合SMS/XCdp软件，对运行过程进行监控，使用户对气象应用的配置、运行、管理流程尽量简化，建立GRAPES协同调试运行环境，共享开发成果，加速模式开发和改进，提高软件质量，通过可视化数值模式配置界面和运行监控界面实现便捷的模式试验平台，通过优化现有的运行监控系统，实现业务运行的更好的管理。

参考文献

陈国良. 1999. 并行计算. 北京：高等教育出版社.

都志辉. 2001. 高性能计算并行编程技术. 北京：清华大学出版社.

薛纪善，陈德辉等. 2008. 数值预报系统GRAPES的科学设计与应用. 北京：科学出版社.

常用英语缩写词中文名称

序号	英语缩写	中文名称
1	GRAPES	(中国气象局)新一代全球与区域同化数值预报系统
2	ECMWF	欧洲中期天气预报中心
3	NCEP	美国国家环境预报中心
4	NCAR	美国国家大气研究中心
5	OI	最优插值,也称为统计插值
6	3DVAR	三维变分资料同化
7	4DVAR	四维变分资料同化
8	ENKF	集合卡尔曼滤波
9	CQC	综合质量控制决策方案
10	VARQC	变分质量控制
11	GPS	全球定位系统
12	NOAA	美国海洋大气管理局
13	ATOVS	先进型大气垂直探测仪
14	T639	$T_L639L60$ 简称,国家气象中心目前使用的业务全球中期模式
15	DFI	数字滤波初始化方案
16	LBL	逐线辐射积分模式
17	CFL	柯朗-弗里德里希斯-列维条件
18	SV	奇异向量
19	BGM	增长模繁殖法

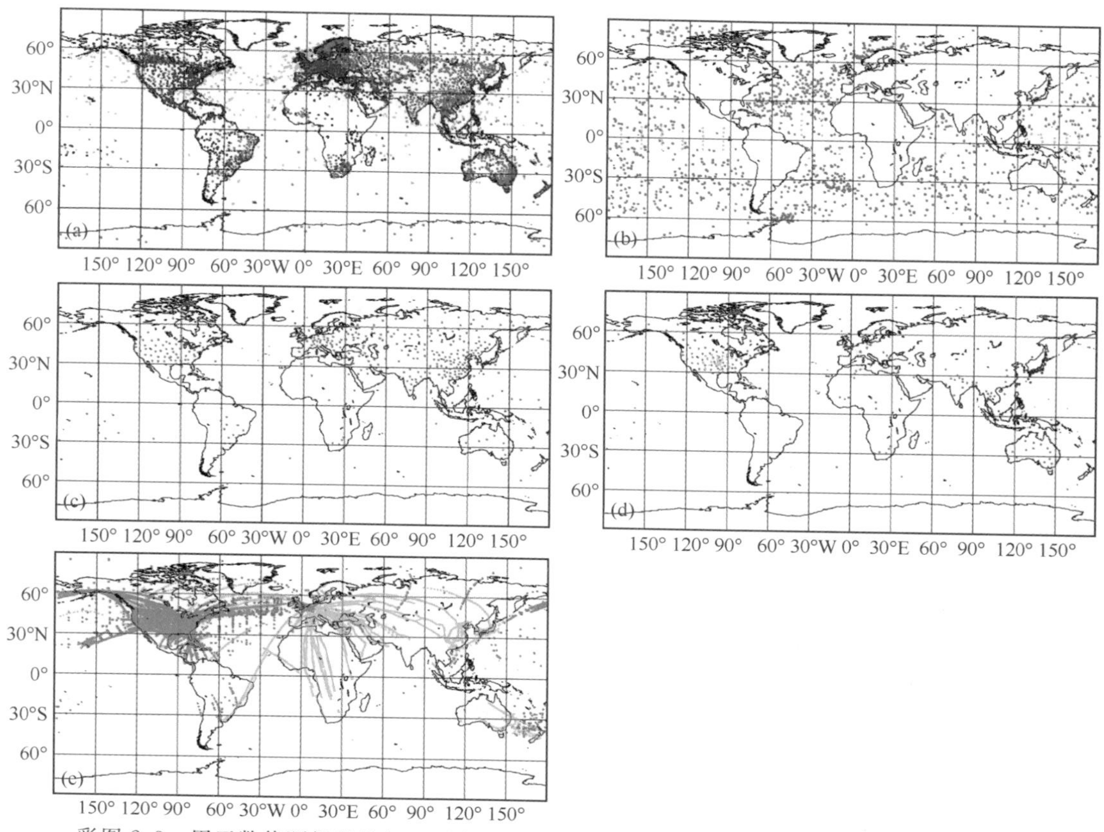

彩图 2.3　用于数值预报的常规观测资料及其分布特点((a)地面与船舶观测;(b)浮标气象观测;(c)无线电探空观测;(d)小球测风关观测;(e)飞机报告,不同颜色代表不同的资料种类)

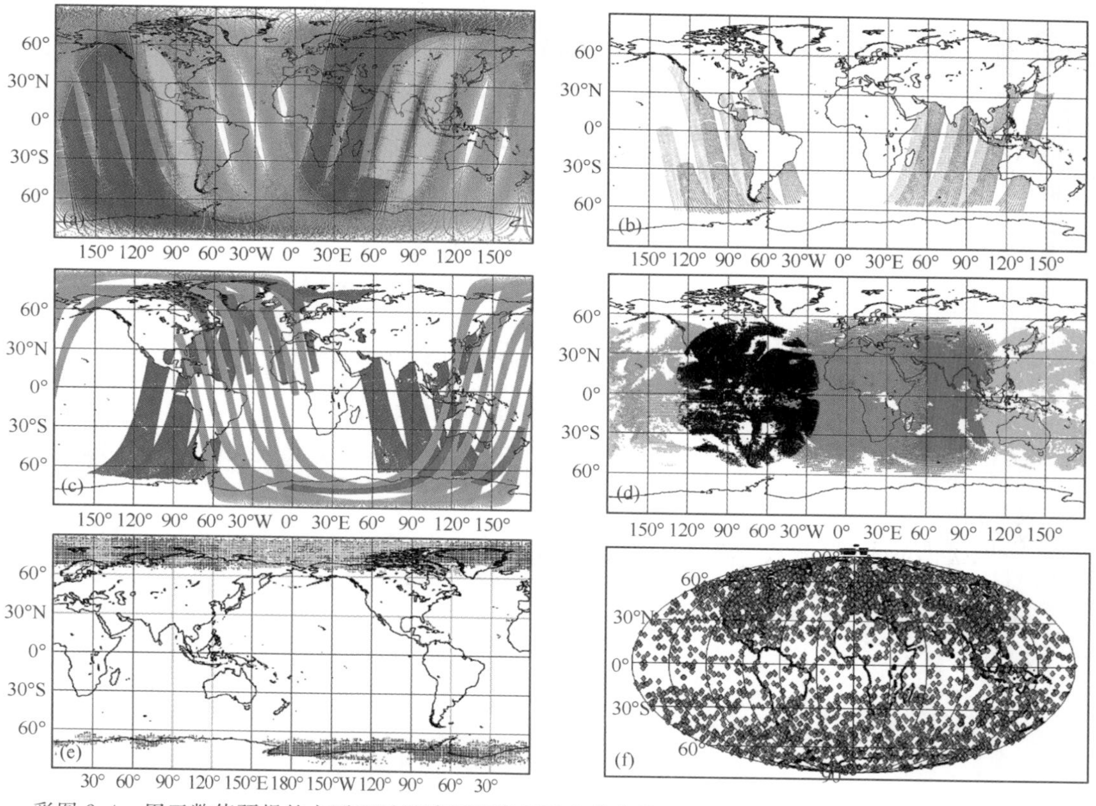

彩图 2.4　用于数值预报的主要卫星遥感探测资料及其分布特点((a)大气垂直探测仪资料;(b)微波成像仪资料;(c)洋面散射仪测风资料;(d)静止卫星导风资料;(e)极轨卫星导风资料;(f)GPS 掩星资料。不同颜色代表不同的资料种类)

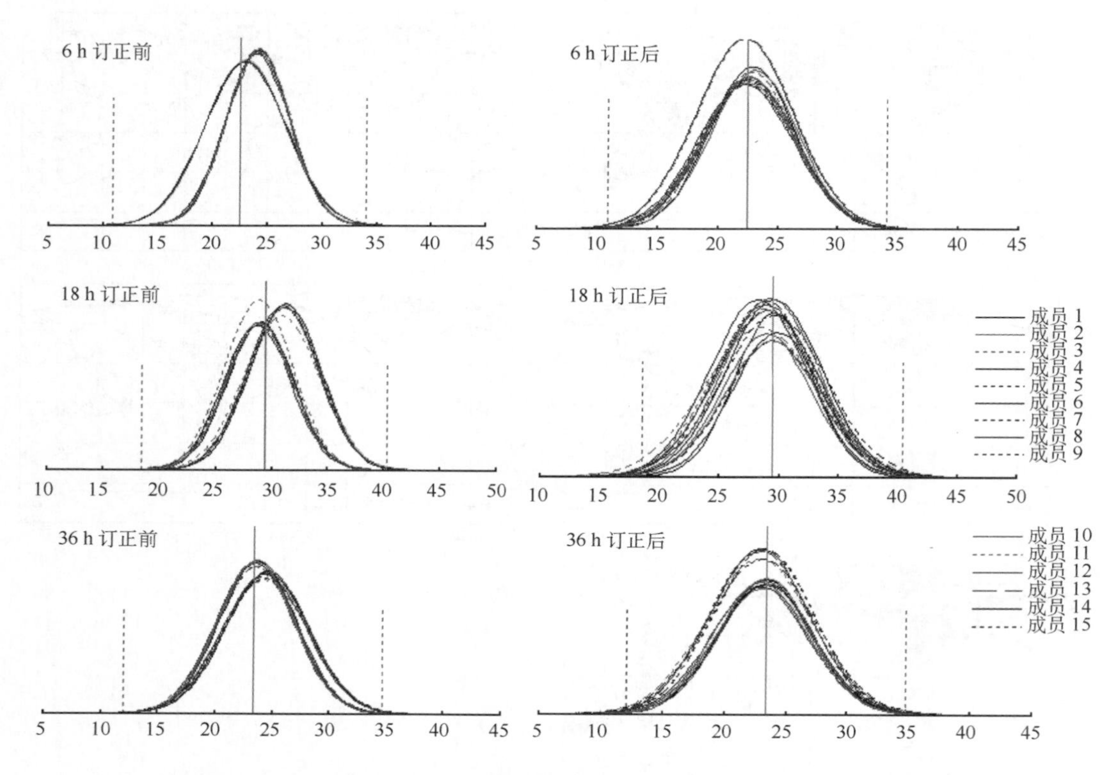

彩图 4.10　2 m 温度订正前后集合成员的 PDF 分布预报时效为 6 h,18 h,36 h;
实竖线为观测期望值,虚竖线为 $\pm 3\sigma$,模坐标为 2 m 温度(℃)

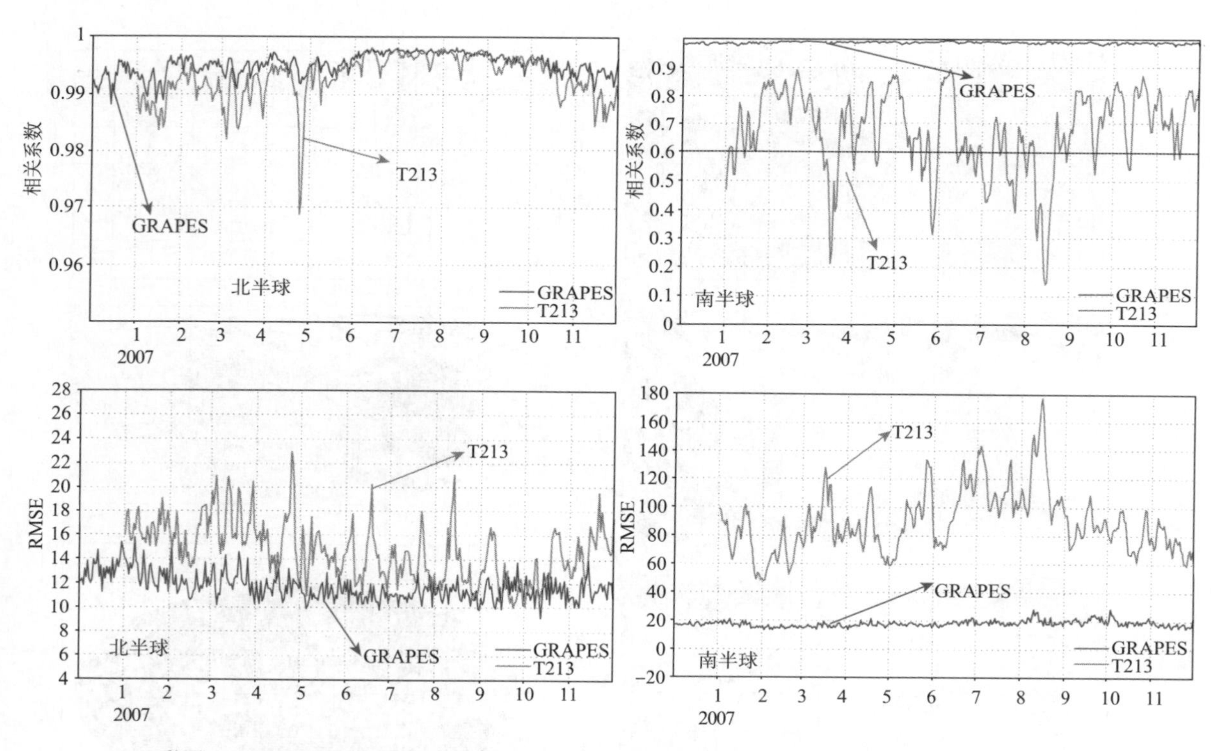

彩图 5.7　GRAPES_GFS 南北半球 500 hPa 位势高度分析与 NCEP 分析的相关系数及
均方根误差(RMSE)随时间的演变

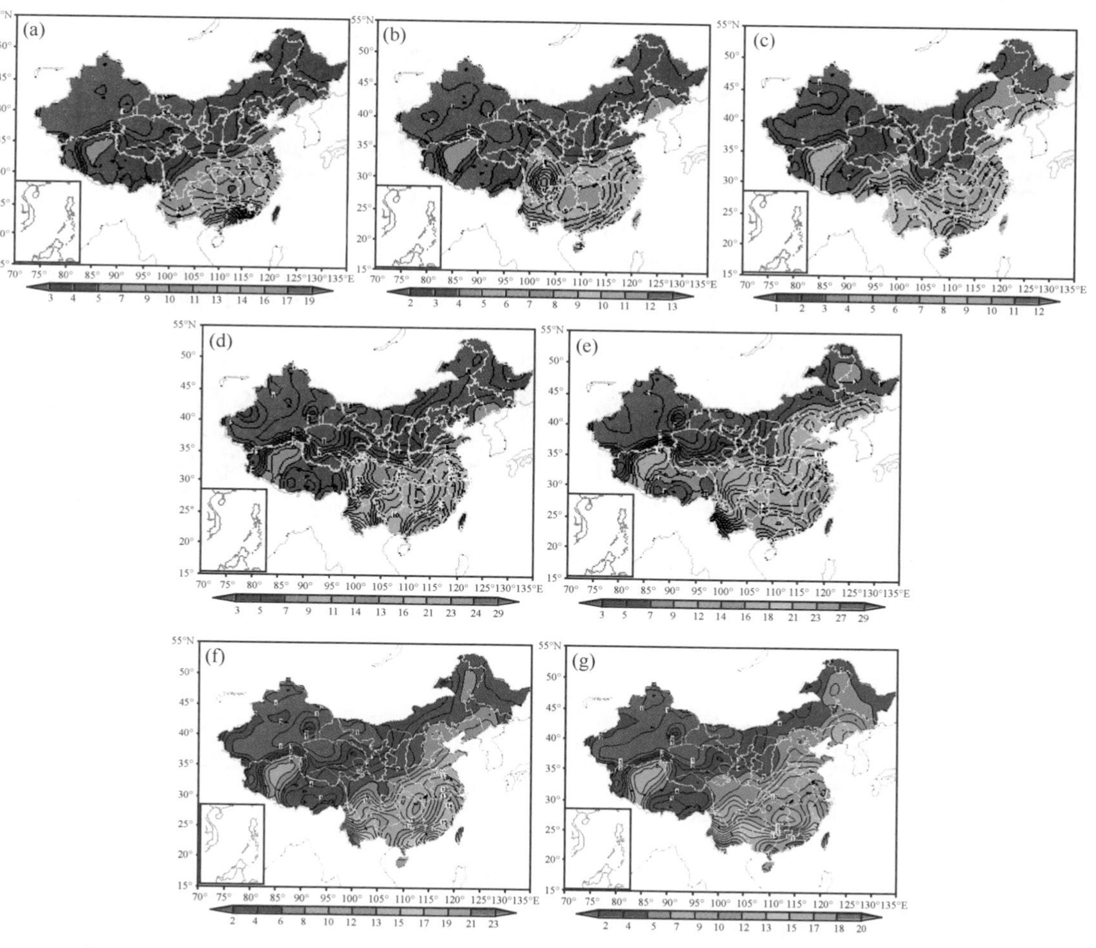

彩图 5.13　2008 年 6 月 1 日至 2008 年 8 月 31 日实况降水率分布图和版本与 3.0 版本及 WRF 模式预报的季节平均降水率(mm/d)分布图

((a)实况;(b)2.5 版本 24 h 预报;(c)2.5 版本 48 h 预报;(d)3.0 版本 24 h 预报;(e)3.0 版本 48 h 预报;(f)WRF 24 h 预报;(g)WRF 48 h 预报)

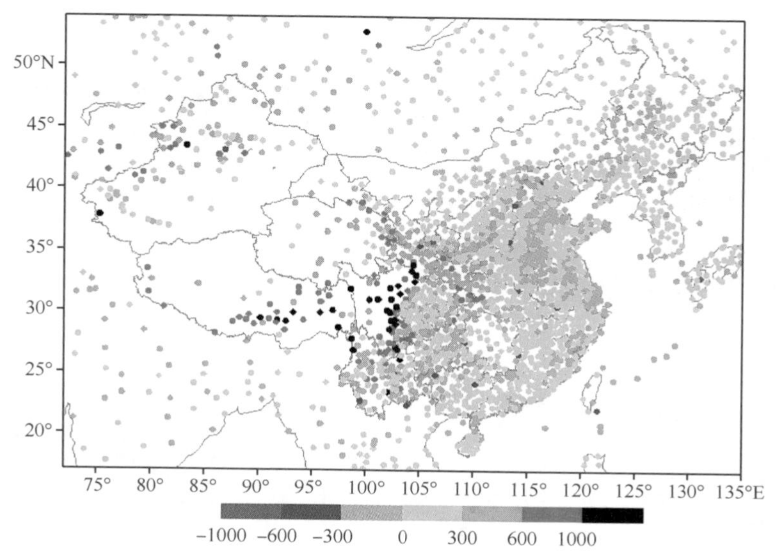

彩图 5.15　地面站点及站点海拔高度与模式面最低层高度差的分布

(所示区域为(70°～136°E,15°～56°N)范围地面观测站点分布,站数约 3000 个。图中实心圆点代表站址,色标代表站点海拔高度与模式面最低层的高度差(单位:m))

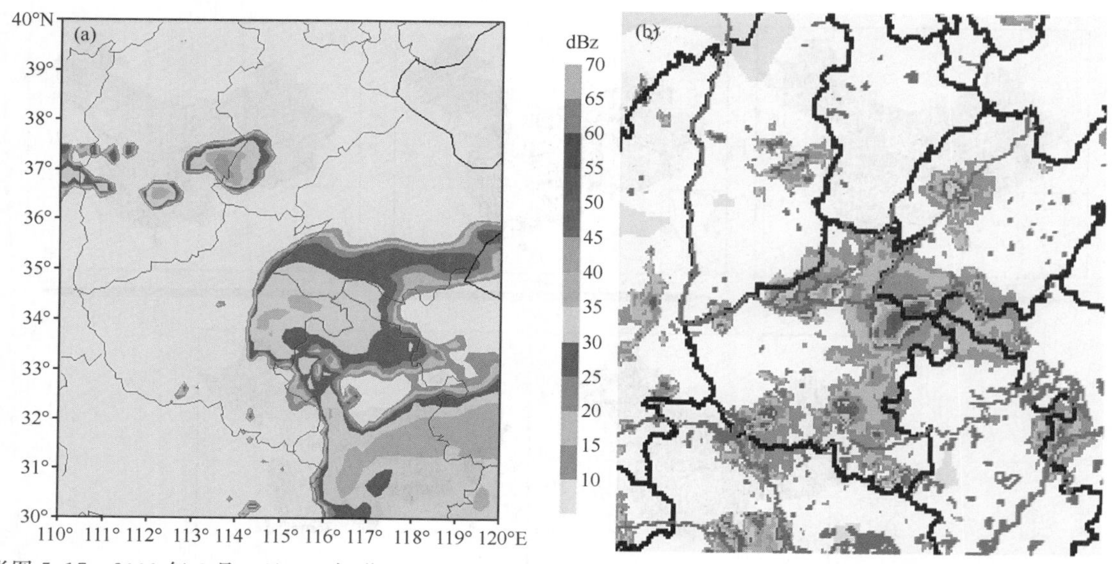

彩图 5.17　2009 年 6 月 3 日 13 时(世界时)雷达组合反射率图(a)03 时起报预报时效为 10 h 的结果；(b)雷达观测图

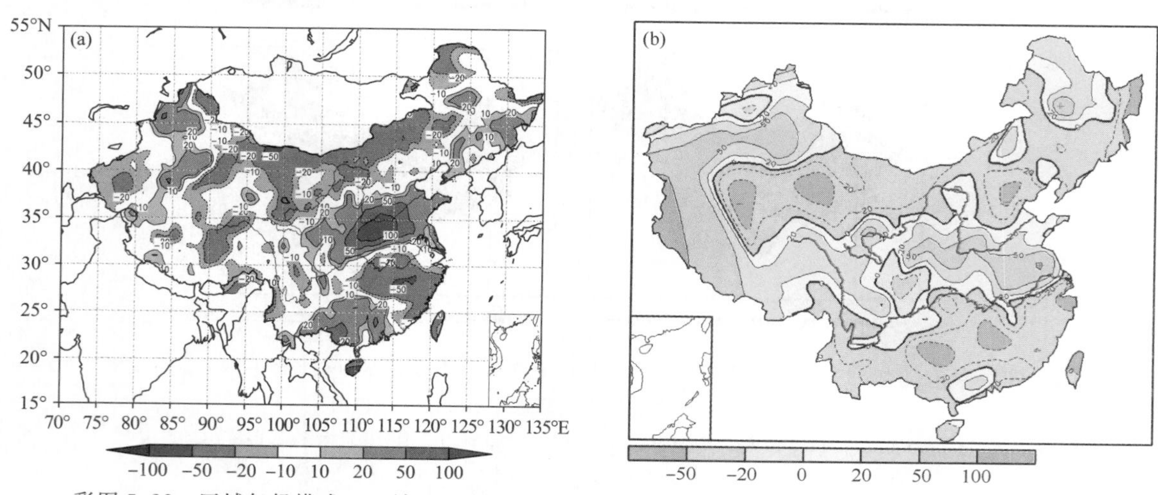

彩图 5.22　区域气候模式(a)预报的 2003 年汛期(JJA)降水距平百分率(%)和(b)实况(%)的比较

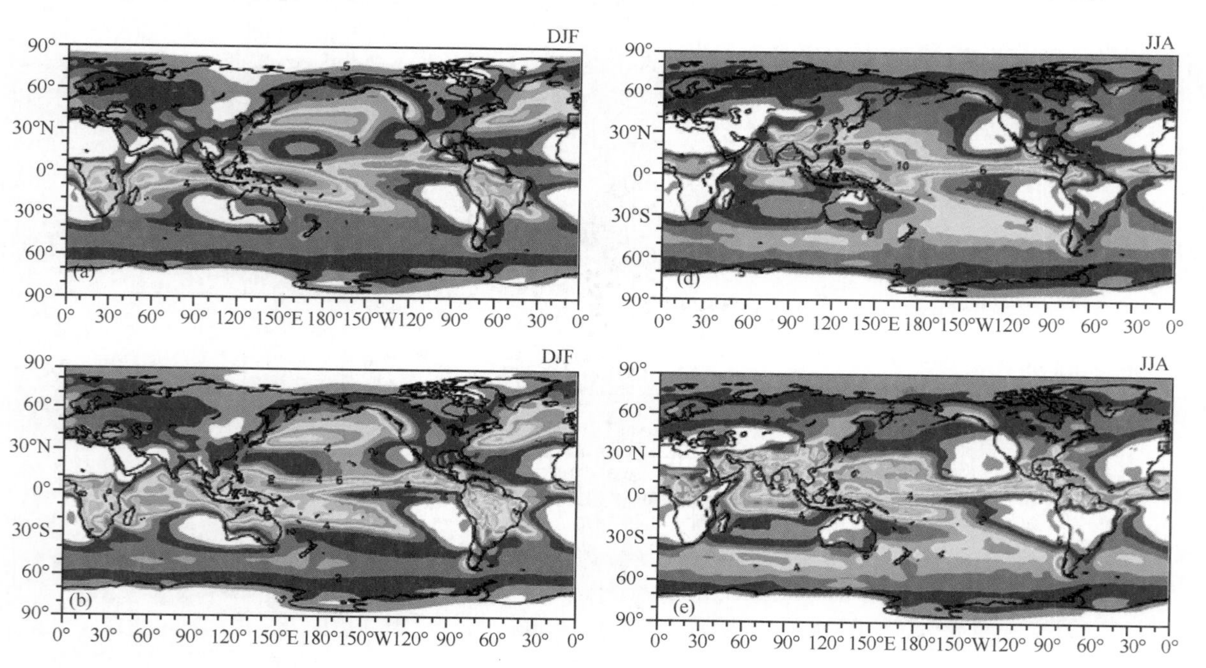

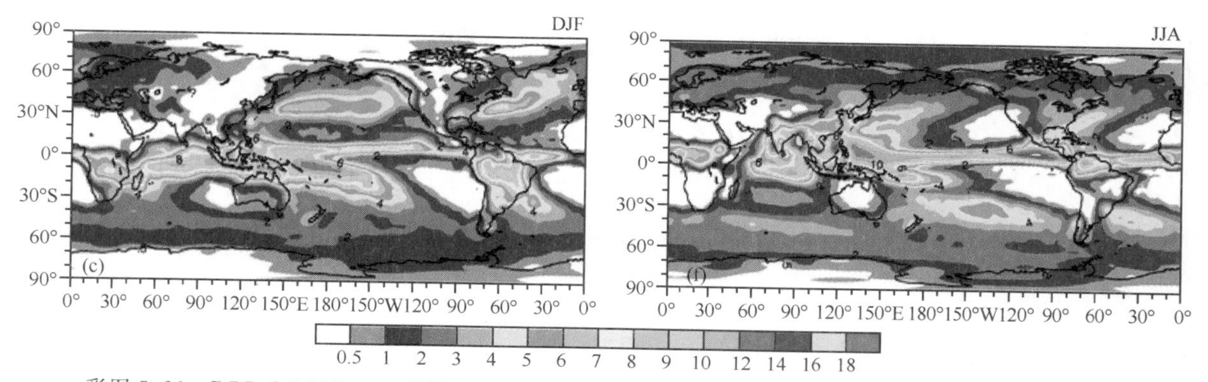

彩图 5.26　BCC_AGCM2.0.1 所模拟的 30 年平均冬季(DJF,(a))和夏季(JJA,(d))平均降水率(mm/d)气候和 NCAR CAM3 模式模拟((b)、(e))、Xie-Arkin 实测的冬季((c))和夏季((f))降水气候的比较(Wu 等 2010)

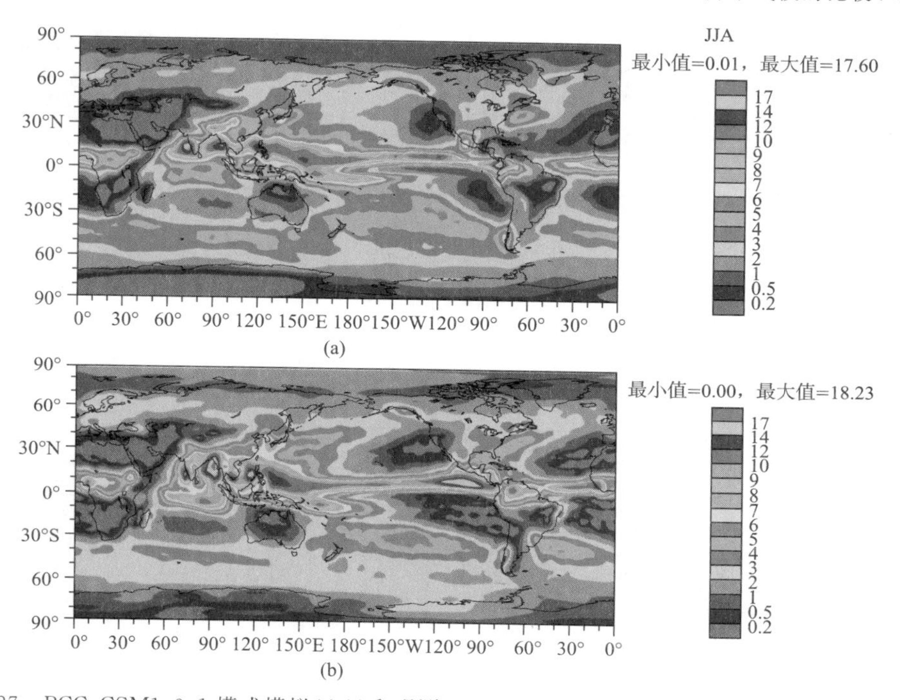

彩图 5.27　BCC_CSM1.0.1 模式模拟((a))和观测((b))的 1979—1998 年平均夏季降水率(单位:mm/d)

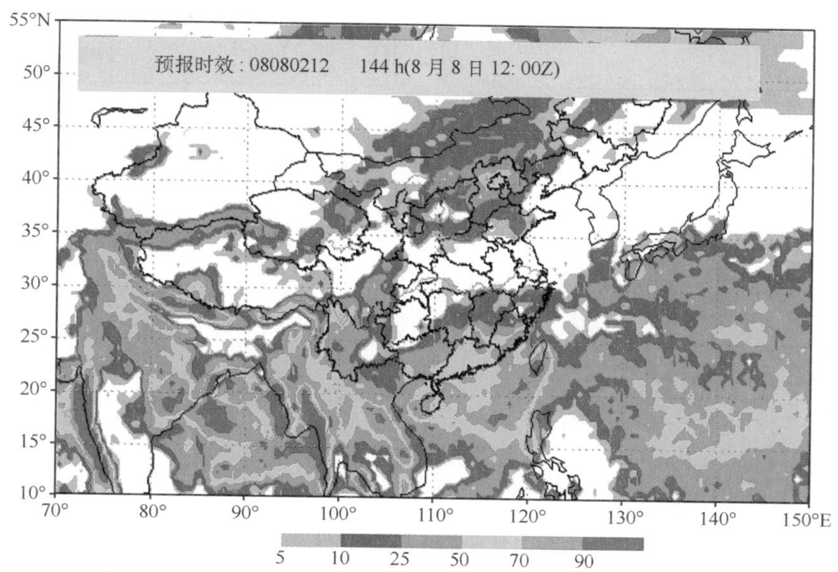

彩图 6.7　T213 全球集合预报累计降水大于 10 mm 概率预报图(预报时效 144 h,模式初值:2008 年 8 月 2 日 12UTC)

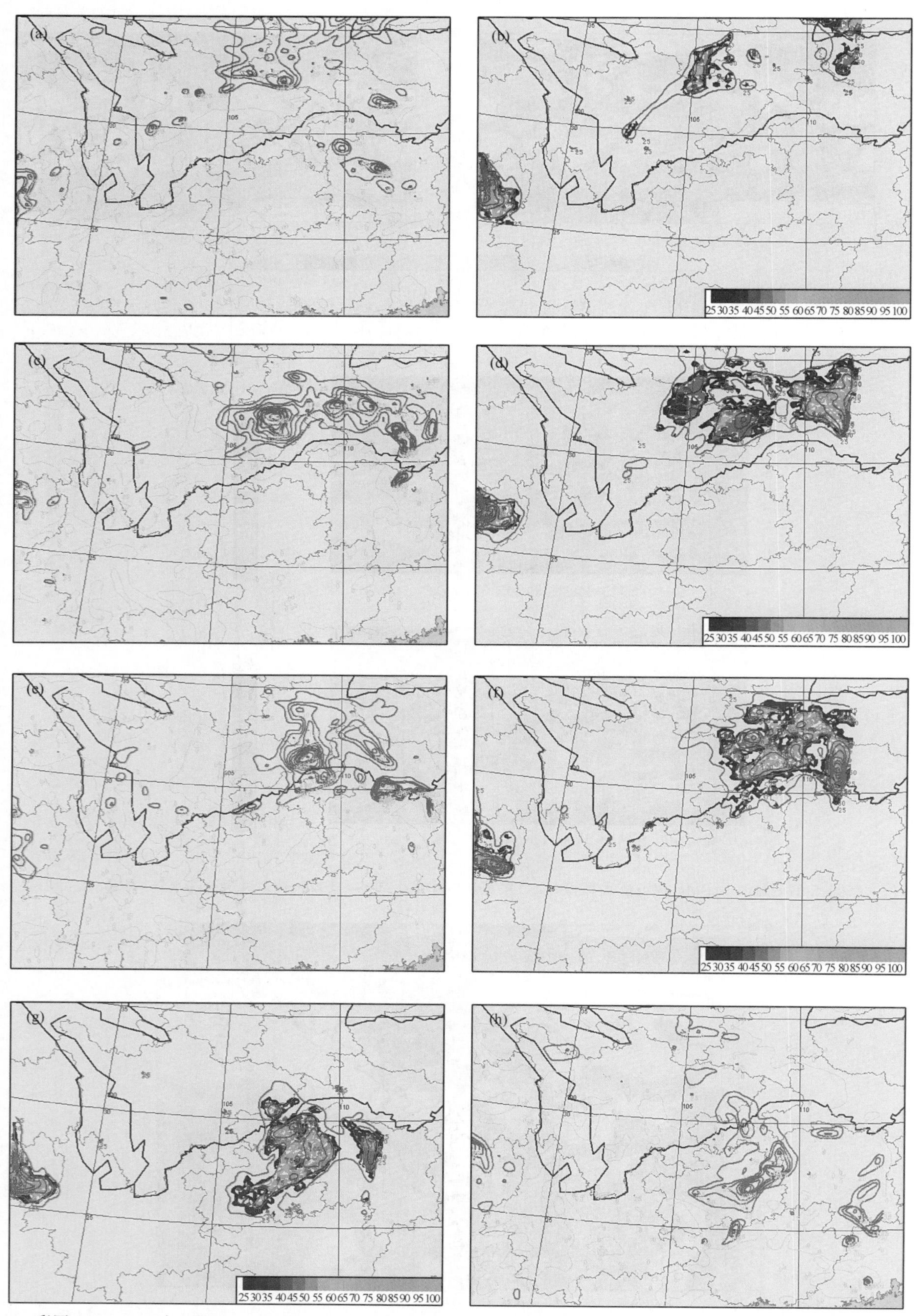

彩图 6.10　2004 年 9 月 2—5 日 24～48 h 控制预报降水量与集合预报平均降水量大于 50 mm 降水量的概率(%)

((a),(c),(e),(g):控制预报;(b),(d),(f),(h):集合预报)

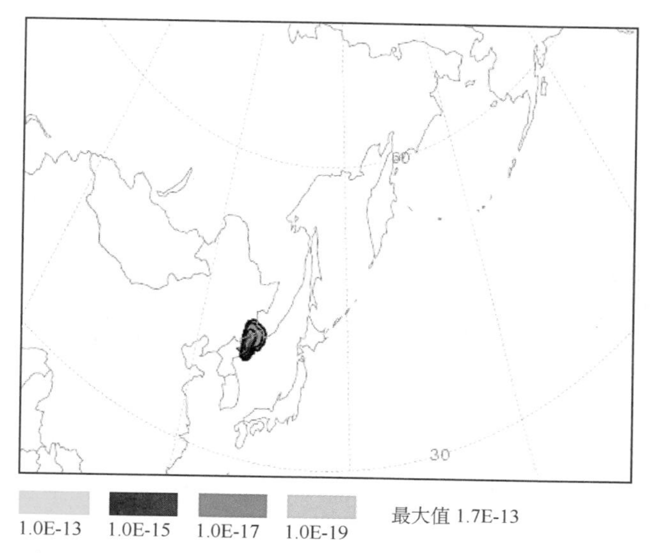

彩图 7.4　地面到 500 m 高度的污染物浓度扩散范围 24 h 预报图(源地★在 40.08°N,129.10°E)

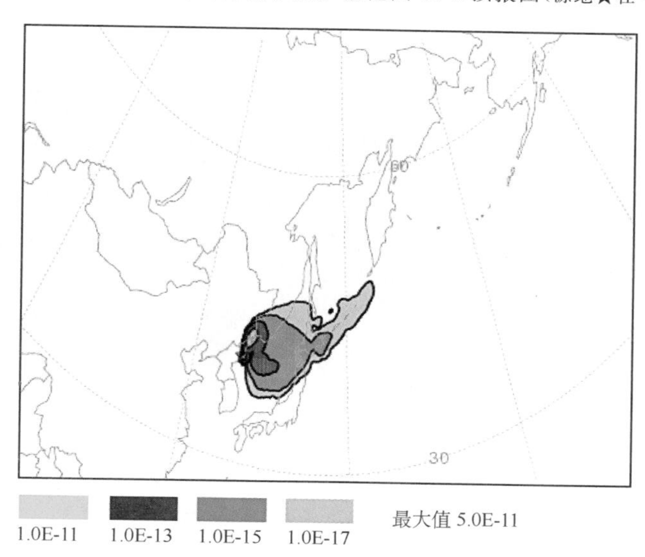

彩图 7.5　污染物的沉降分布 48 h 预报图(源地★为 0～500 m 40.08°N,129.10°E)

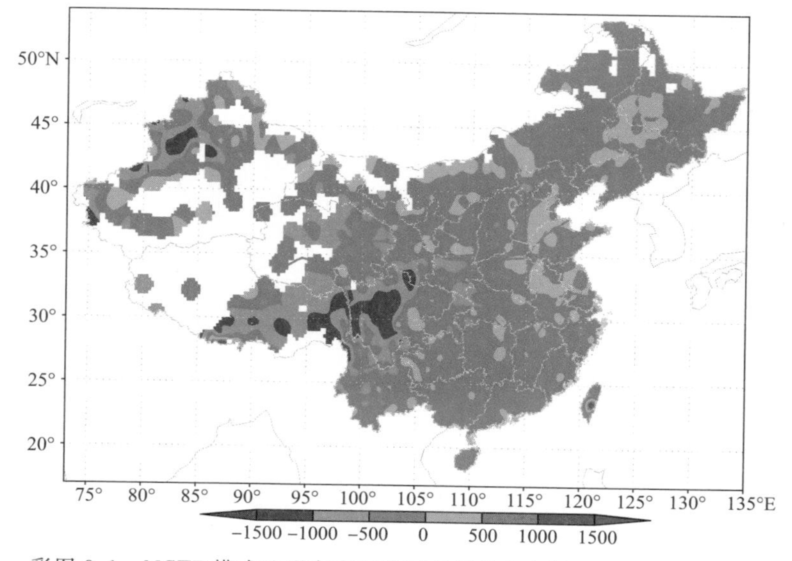

彩图 8.1　NCEP 模式地形高度与我国观测站点实际地形高度差异(m)

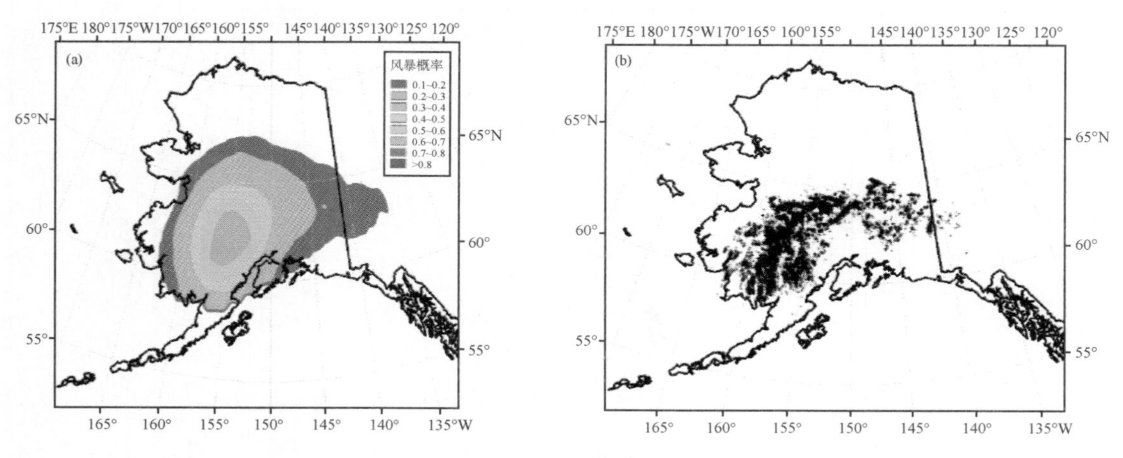

彩图 8.3　2006 年 7 月 7 日 1800 UTC 阿拉斯加风暴(a)概率预报及(b)相应时段闪电观测

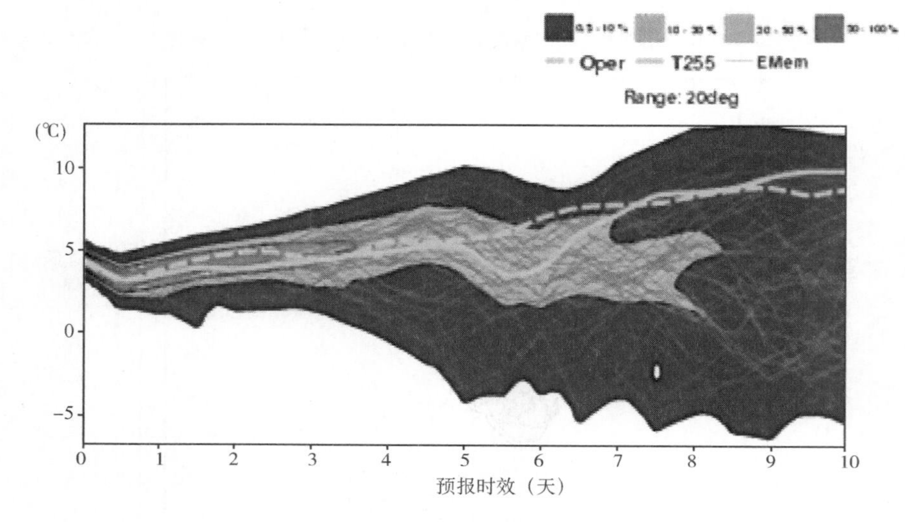

彩图 9.2　ECMWF 提供的单站 850 hPa 烟羽图

（阴影表示概率，各个成员的预报值用线条表示）

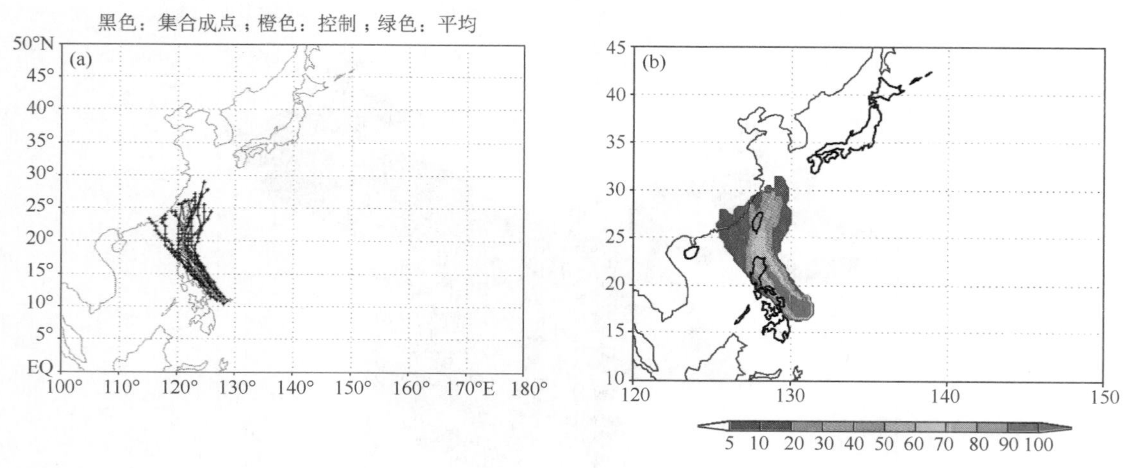

彩图 9.4　国家级台风集合预报路径与袭击概率图

（(a)台风集合预报路径示意图，不同成员的预报路径都画在同一张图上；

(b)台风集合预报袭击概率预报图，用阴影表示概率）